한국 국방의 도전과 대응

DEF 시리즈 1

한국 국방의 도전과 대응

The Challenges and Responses of the ROK's National Defense

국방전문가포럼(DEF: Defense Experts Forum)

한국학술정보㈜

머리말

　본 책은 국방이슈에 대한 현상을 진단하고 전망하면서 한국이 추진할 수 있는 전략과 정책대안을 제시하는 데 있다. 그동안 안보 관련 연구는 많았지만 군사이슈에 대한 심층적인 분석과 대안 제시는 매우 드물었다. 특히 국제정치학적인 식견과 정책 경험을 겸비한 전문가들이 분석한 연구는 찾아보기 힘들다. 이 점에서 국방현안에 관한 한 문제의 핵심에 직진하여 해결책을 모색하는 것은 필수적이라 하겠다.

　2010년은 천안함 피격에 이어 연평도 포격으로 대한민국 안보가 백척간두에 선 위기의 해였다. 국내외 위협으로부터 국가를 수호하고, 국민의 생명과 재산을 지키는 것을 존재 이유로 하는 정부와 군대의 기능이 제때에 정상적으로 작동하지 못한 뼈아픈 경험을 남겼다. 이에 국방전문가포럼(DEF: Defense Experts Forum) 집필진은 군을 떠나 민간인 신분으로 대학과 대학원에서 후학들을 가르치는 가운데에도 한국안보의 현실에 당혹감을 떨쳐낼 수 없었으며, 국가의 생존이 걸려 있는 안보문제가 더 이상 표류해서는 안 된다는 위기의식을 공유하였다.

　이 책은 국가안보가 굳건하게 바로 설 수 있는 정책을 개발하고 군과 민의 가교역할을 하기 위해 뜻을 함께한 지우(志友)들이 매달 정례적으로 만나 핵심 군사이슈에 대해 발표와 치열한 심층논의를 통하여 정책적 조치와 해결방안을 모색한 산물이다. 집필진은 국제정세 분석에 치우친 안보문제 토의로부터 군사이슈들에 정책대안을 제시한다는 관점에서 2010년 1월에 발족한 국방전문가포럼 회원들로 구성되었다. 야전과 정책부서의 실무경험과 전문지식을 가지고 전술정보와 전략정보는 물론 합동작전과 연합작전, 안보협력과 군사협력을 아우르는 국방외교, 정신전력과 리더십, 군사력 건설을 포함한 국방개혁 등 분야에서 남다른 문제의식을 가지고 오랜 기간 현장에서 정열을 바쳐왔다.

2001년 9·11테러 사태 이후 미국의 세계전략 변화와 한국의 유화적 대북정책 등 다양한 요인이 복합적으로 작용하여, 한미 양국 정부는 전시작전통제권 전환과 동시에 한미연합사령부 해체를 포함하여 용산기지 이전, 주한미군 재배치와 감축 등 한미동맹 재조정에 합의하였다. 참여정부의 안보정책은 통일, 외교, 국방정책을 대북포용이라는 민족주의적 틀에 고정시킴으로써 결과적으로 북한 핵과 미사일 등 전략무기를 허용하는 결과를 초래하였다. 또한 동두천 일대 미군병력을 평택으로 재배치하기로 합의한 것은 수도권을 겨냥하고 있는 북한군 장사정 포병의 후방재배치와 교환 협상할 수 있는 매우 유용한 사안이었음에도 이를 간과한 아쉬움이 크다.

한편, 이명박 정부의 '비핵·개방 3000' 및 상생공영의 대북정책은 실용주의적 접근을 통해 한반도의 새로운 평화구조를 창출하겠다는 정책구상으로 일관성 있는 정책을 추진함으로써 북한에 끌려가지 않는 입장을 견지하였다. 그러나 북한이 도발한 천안함·연평도 사태로 인하여 미국과 중국이 한반도 개입을 강화하는 계기가 되었다. 특히 2008년 한중관계를 전략적 협력동반자관계로 격상했음에도 불구하고 중국의 북한 감싸기 행태는 대중외교에 허점이 있었음을 깨닫게 하였다.

천안함과 연평도 사태 등으로 증대된 위협 때문에 전시 작전통제권 전환 및 한미연합사령부 해체시기를 2015년 12월 1일로 조정하였으며 국방개혁을 추진하고 있다. 아울러 아프간에 지방재건팀(PRT) 파견과 경비병력 파병, 레바논·아이티·UAE 등에 PKO 파병을 통하여 국제사회의 평화와 안정에 기여하고 있다. 그러나 북한의 핵, 미사일, 특수전, 잠수함, 사이버 등 비대칭 위협이 지속적으로 강화되고 있으나, 국방개혁은 약속한 바와 같은 성과를 나타내지 못하고 있다. 여전히 한국의 안보는 상당한 취약점을 나타내고 있고, 앞으로도 대내외적인 도전은 더욱 증대될 것이다.

특히 북한의 위협은 계속하여 강화될 것이다. 핵실험, 천안함·연평도 사태, 사이버 공격에서 보는 바와 같이 북한은 무력에 의한 통일의 의도를 버리지 못하고 있다. 권력승계의 불안정성, 경제적 피폐, 국제사회로부터 고립심화 등으로 북한이 또 다른 무력도발을 자행할 가능성을 배제할 수 없다.

G2로 부상한 중국은 국제질서 유지에 대한 책임보다는 군사력 증강에 치중하는 모습을 보임으로써 지역 내 안보질서에 심각한 우려를 자아내고 있다. 중국은 영토 내 장기 소모전략에서 영토주변부 단기 고강도분쟁전략으로 전환하고 있으며, 경제력뿐 아니라 정보화능력과 합동작전능력을 대폭 강화하고 있다. 우주선 및 위성요격무기(ASAT) 발사, 신형 대륙간탄도미사일 개발, 제5세대 전투기 J-20 스텔스 시험비행, 조기경보통제기(KJ-2000) 개발, 고고도무인 정찰기, 항모 시험항해, 사이버전 무기체계 강화 등 군비증강을 해오고 있다. 앞으로 중국이 주변국에 대하여 어떤 강압적인 정책을 선택할지는 알 수 없다.

미국의 경제위기와 국방비 삭감계획은 주한미군의 전력 약화와 한반도 유사시 증원전력에 영향을 미칠 것으로 예상된다. 미국은 아프간전쟁과 이라크전쟁을 치르면서 1조 2천억 달러라는 엄청난 전비를 사용한 바 있다. 미국은 천문학적인 국가부채를 줄이기 위해 향후 10년에 걸쳐서 4,870억 달러의 국방비 삭감액을 추진하고 있다. 이로 인하여 주한미군 장병들이 가족을 동반하여 3년간 안정적 근무를 추진하는 계획과 평택기지 확장계획에 차질이 예상되고, 한반도 유사시 전개토록 계획되어 있는 증원전력에도 차질을 초래할 것이다.

따라서 한국 입장에서는 어떠한 상황의 변화가 발생하더라도 효과적으로 대처할 수 있는 만반의 태세를 갖추는 것이 무엇보다 중요하다. 주변 상황의 변화를 우려할 것이 아니라 스스로의 역량과 대비태세를 강화할 필요가 있다. 특히 국민들은 안보상황을 정확하게 인식하는 가운데 바람직한 국방의 개혁방향을 성원할 수 있어야 할 것이다. 이러한 상황인식과 문제의식하에 불확실성과 불안정한 안보상황을 직시하면서 대처할 수 있도록 모든 국민들이 국방의 제반문제를 제대로 올바르게 이해할 수 있는 기회를 제공한다는 취지에서 본서를 기획하게 되었다.

아무쪼록 우리 국방전문가포럼이 작성한 이 책이 국가안위(國家安危)를 걱정하는 국민, 조국 강토를 지키는 군인, 특히 외교안보 및 국방정책을 수립하는 정책입안자를 위해서 조금이라도 도움이 되었으면 좋겠다. 또한 국제정치는 물론 안보학과 북한학을 전공하는 학자 및 학생들이 국가안보를 함께 고민하는 또 다른 계기가 되길 바란다.

마지막으로 현 정부와 차기 정부는 국가 존립의 양대 기둥인 안보와 경제의 역학관계의 중요성을 재인식하여 국가안보전략을 정립하고 이를 시스템화 할 필요가 있다. 육·해·공군과 해병대 그리고 예비군은 심기일전하여 적을 압도할 수 있는 전략을 구사하면서 군사대비태세를 확고히 견지해야 한다. 대한민국 국민 모두도 경제발전과 자유민주화를 이룩한 모범국가의 일원으로 자긍심을 가지고 국방안보태세를 적극적으로 지원해야 한다. 이 책이 국가안보를 바로 세우고 국가발전에 기여하여 통일한국과 선진화에 기여한다면 집필진은 그보다 더 큰 보람이 없을 것이다.

2012년 6월
국방전문가포럼(DEF) 집필진

CONTENTS

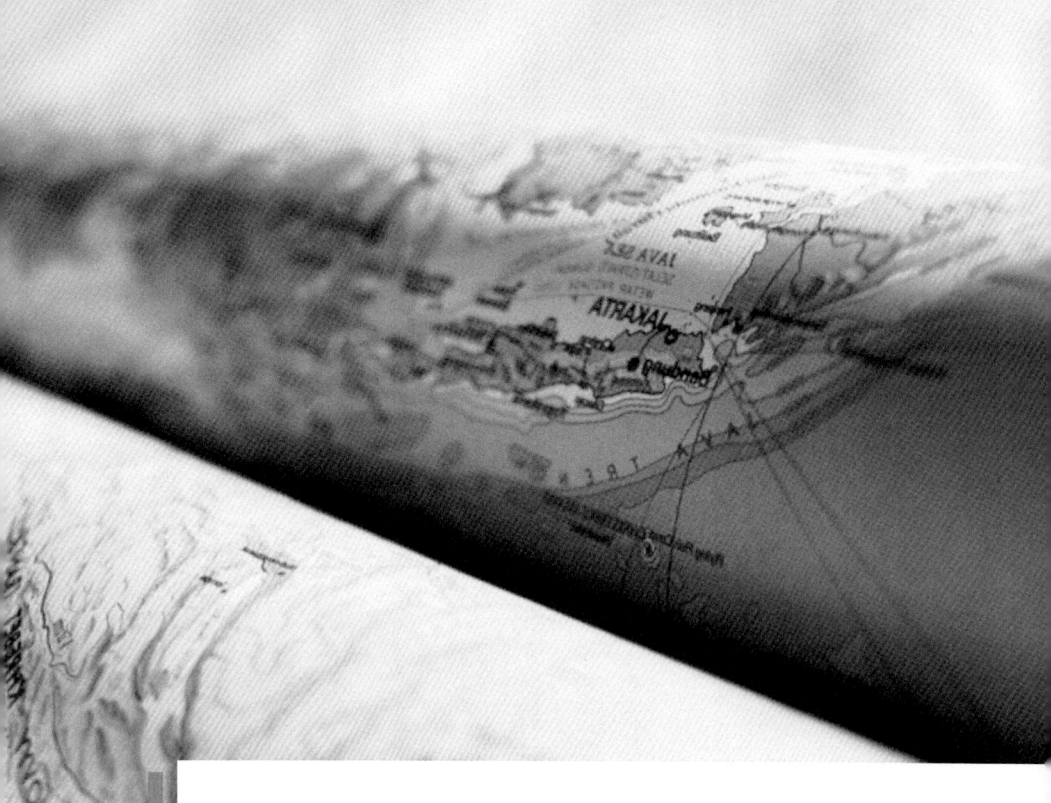

서장

대한민국 국방이 직면한 도전과 위협요소를 식별하여 현상을 진단하고 전망하면서 전략과 정책대안 개발에 주안을 두고 기획된 본 책은 안보환경 변화와 대응, 북한 위협과 대비, 자주국방 태세, 정신전력 강화 등 4개부로 구성되어 있다.

제1부 안보환경 변화와 대응에서는 동북아 안보질서 재편과 한국의 안보전략, 중국과 상생하는 한국의 군사정책방향, 북중관계의 심화와 한국의 대응전략 등 3개장으로 편성되어 있다.

먼저 제1장 동북아 안보질서 재편과 한국의 안보전략에서는 동북아의 역학구도가 갈등과 협력이 공존하고 있다고 평가하고 있다. 중국의 부상에 따라 국제질서는 심대한 파장을 주고 있다.

특히 경제력에 힘입어 군사력을 지속적으로 증강해온 중국은 미국의 패권에 도전하는 공세적 외교안보정책과 군사력을 투사함으로써 지역 내 안보질서에 극심한 파란을 일으키고 있다. 천안함·연평도사태를 둘러싸고 전개된 남북한·미중 간의 갈등·대립은 물론 한중일 對 북중러의 신냉전 블록이 형성되고 있는 형국이다.

한편 월가에 시작된 글로벌 금융위기와 쓰나미 등 자연재해에 공동 대처하기 위한 한중일 협력과 한미정상의 한미동맹 공동비전 천명은 양국 간 협력의 역동성을 보여주고 있다.

중국의 부상에 따른 미중 갈등을 분석하기 위해 세력전이론(勢力轉移 理論)을 고찰해보고, 미국의 대중국 포위전략과 중국의 팽창적 해양전략을 포함한 군사력 증강을 살펴보면서 양국 간 분쟁가능성을 전망하고 있다. 이어서 협력의 역동성에서는 한중일 협력과 한미동맹 공동비전에 합의한 배경과 한반도, 아태지역, 글로벌 차원에서 안보분야 이행(履行)방향을 제시하고 있다. 동북아국가 간 갈등을 완화시키고 협력을 증진하기 위해 동북아 안보협력체를 구상하면서 냉전적 안보질서를 화해와 상호존중의 협력적 안보질서로 변환하기 위한 방안을 집중적으로 논의하고 있다.

마지막으로 요동치는 한반도와 동북아 안보질서가 재편되는 중대한 기로에서 한국안보가 추구할 방향을 논의한다. 무엇보다 통합된 안보전략 시스템을 구축할 필요가 있으며 단선적 외교에서 다변외교로의 변환을 강조하고 있다.

제2장 중국과 상생하는 한국의 군사정책방향에서는 중국이 한반도에 미친 영향력을 과거와 현재 그리고 미래의 관점에서 살펴봄으로써 한국의 대중(對中) 군사정책 수립방향을 모색하는 것이다.

과거 역사 속에서 중국에 강성한 세력이 등장할 때마다 한반도는 큰 위협에 봉착하였으며, 대륙세력인 중국의 한반도에 대한 높은 관심은 1200여 년 이상 한반도에 영향력을 행사해왔다. 오늘날 중국의 안보정책과 전력증강은 미국 등 서방과 대립하는 방향으로 나아감으로써 대륙세력과 해양세력 간 충돌 위협이 높아지고, 중국의 지역패권 추구는 동북아와 동남아에서 분쟁 촉발이 우려된다. 경제안보가 중시되는 상황에서 중국의 경제력은 2030년경 미국의 패권에 도전하는 세력으로 부상될 가능성이 있다. 이에 따른 전쟁예방 문제가 심각히 고려되어야 하며, 상생(win-win) 방안이 강구되어야 할 것이다. 이에 한국의 대중(對中) 군사정책의 수립방향은 다음과 같다.

첫째, 동맹정책이 정치·군사 위주에서 경제·사회·환경안보를 포함하는 비전통적이고 초국가적인 안보위협까지를 감안하는 포괄적 방향으로 발전한다는 점에서 정책수립에 융통성을 가져야 하며, 한국군은 핵전쟁, 미사일전쟁, 정보전쟁에 대비하여 전쟁회피가 아닌 유사시 대응책을 강화해나가야 할 것이다.

둘째, 미국 등 서방세력에게는 동맹국으로서 책임 있는 행동을, 중국에게는 서방세력과의 갈등을 완화시켜주는 촉매역할(catalyst)을 강구해야 한다. 이를 위해 한미일중 정치군사대화체를 구성하여 동북아 안보현안을 진단하고 문제점을 개선해나가야 하며, 군사투명성을 통해 중국을 국제규범으로 유인해야 한다.

셋째, 전쟁예방을 위하여 대응전략 없이 중국위협을 회피하고자 하는 경향을 확실히 배제해야 하며, 중국과의 우호협력관계와 한미·한미일 안보협력관계를 공히 포용해나가야 한다. 따라서 대중 군사정책은 양적(量的)인 전력증강과 질적(質的)인 군사외교를 병행하는 지혜를 통하여 강온양면(强溫兩面)의 정책추진이 요구된다.

제3장 북중관계의 심화와 한국의 대응전략에서는 한국의 최대교역국이자 한반도 분쟁 시 자동개입토록 되어 있는 중국과 증대된 위협세력인 북한과의 관계가 날로 발전되어가고 있다는 데 따른 대응책을 모색하고 있다. 2010년 후반기부터 2011년 9월까지 김정일의 네 차례의 중국 방문에서 알 수 있는 바와 같이 북한의 대중의존도는 깊어져 가고 있다. 특히 북중경제관계는 날로 확대, 발전되어가고 있다. 북중관계의 심화는 한반도에 어떠한 파장을 주고 있으며, 북한 급변사태와 통일에는 어떠한 영향을 미칠 것인가, 우리의 대북정책은 어떻게 재정립해야 할 것인가가 초미의 관심사가 되고 있다.

북중관계가 발전되고 있는 데는 먼저 중국의 입장에서 볼 때, 지속가능한 경제성장을 위해서 갈등보다 한반도 안정이 우선이며, 한국 또는 미국이 주도하는 통일을 할 경우 중국에게는 심각한 위협이 될 수 있기 때문이다. 특히 동북진흥전략 구상하에 창춘-지린-투먼 경제개발특구에서 쏟아져 나올 공산품과 동북3성의 농산물의 물류항만에 대한 확보가 절실하기 때문이다.

북한의 입장에서도 핵실험은 물론 천안함·연평도 사태로 인한 경제제재 등으로 한국으로부터 경제지원이 중단되고 국제사회로부터 경제지원은 물론 인도주의적인 지원까지 격감되자, 북한의 경제가 더욱 피폐하게 되었다. 또한 김정은으로의 권력승계를 위해 중국으로부터 세자책봉식 지지가 절실하였다. 바로 이러한 점들이 북한으로 하여금 중국의 경제적 지원과 외교적 지지가 절박한 이유이다. 또한 남북관계가 소원해져 가는 것과는 대조적으로 중국이 이념적으로 경제적으로 그리고 외교·군사적으로 더 가까운 나라라는 인식이 확산되고 있다.

이어서 북중경제협력관계의 동향과 파장을 예측하고, 북한 급변사태 시 중국의 개입 가능성을 분석하고 중국의 개입을 차단할 수 있는 전략을 제시하고 있다.

제2부 북한 위협과 대비에서는 북한의 천안함 피격과 연평도 포격과 대응전략, 북한의 급변사태와 군사대비 방향을 논의하고 있다.

제4장 천안함 피격과 대응전략에서는 2010년 3월 26일 21시 22분에 발생한 천안함 피격사건을 평가하고 대응전략을 제시하고 있다. 남북한의 군사적 대결구도라는 한반도의 국지적인 관점은 물론이고 주변국이 관련된 동북아라는 지역적 그리고 미국과 중국이 패권경쟁을 주도하고 있는 글로벌한 관점에서도 중요한 의미를 지닌 사건이다. 한반도 안보는 적어도 3가지의 차원에서 종합적으로 조명해야 그 본질과 해법을 강구할 수가 있지만 본 연구는 천안함 피격사건이 한반도 안보에 미치는 영향을 중점적으로 분석한 것이다.

천안함 피격사건은 백령도 남단 약 1.8km에서 야간경비를 하던 천안함이 우리 영해로 몰래 침범한 북한 잠수정에서 발사한 어뢰(CHT-02D)에 명중되어 두 동강이 난 채로 침몰되면서 46명의 젊은 장병이 영문도 모른 채 차가운 바다 속으로 수장된 사건이다. 천안함 피격사건은 그동안 노출되지 않았던 한국군의 실체와 문제점을 적나라하게 보여준 충격적인 사건인 동시에 김대중 정부로부터 시작된 햇볕정책의 허상과 북한의 침략성을 분명하게 보여주었다는 점에서 중요한 의미를 갖는다.

5개국의 전문가들로 구성된 민군합동조사단이 천안함 피격사건을 과학적으로 조사하고 첨단기법인 시뮬레이션까지 동원해서 얻어낸 결론은 '북한 연어급 잠수정이 발사한 어뢰(CHT-02D)에 의해 천안함이 피격되었다'이다. 우리 안보의 기막힌 현실은, '북한 잠수정이 몰래 우리 영내로 침투하여 우리 초계함을 공격하여 침몰시킬 수 있다는 점과 이것을 과학적이고 객관적으로 조사하여 북한의 공격이라는 조사결과를 밝혔음에도 우리 국민의 30% 정도가 믿지 않는다'는 점인데, 이러한 사실은 우리 국민의 안보의식에 중대한 문제가 있음을 보여주는 경고신호다.

그런데 정작 도발을 한 북한은 남한 내 친북 및 종북세력의 주장에 편승하여 천안함 피격사건은 북한의 소행이 아니라 우리가 만들어낸 거짓 모략극이라고 주장하면서 우리의 방어적 훈련에 대해 군사적 위협과 핵 억제력 사용까지 들먹이고 있다. 이러한 북한의 도발에 대한 근원적 억제와 우리 내부의 친북·종북세력에 대한 대응과 국민의 안보의식을 강화하는 국가전략이 필요하다.

제5장 북한의 연평도 포격과 대응전략에서는 북한은 2010년 11월 23일 연평도에 약 170여 발의 무차별 포격을 가했던 사건을 평가하고 우리의 대응전략을 다루고 있다. 북한의 1차 포격은 오후 2시 34분부터 2시 46분까지 150여 발을 발사했고, 이 중 60여 발이 연평도에 떨어졌으며, 2차 포격은 3시 12분부터 3시 29분까지 실시되었으며, 20여 발 모두 연평도에 떨어졌다. 북한군의 포격에 대응하기 위해 우리 군도 북한의 첫 타격 13분 후, K9 자주포를 무도 포진지에 50발, 개머리 포진지에 30발, 총 80여 발을 발사하면서 즉각 대응조치를 했다. 아울러 우리 정부는 긴급 안보관계장관회의를 소집했고 전군은 비상경계 태세

를 유지하면서 한반도는 일촉즉발의 위기 순간을 맞이했다.

연평도 포격은 북한의 도발에 대한 우리의 인내가 한계상황에 도달했다는 것을 분명하게 인식시켜준 계기였다. 우리 국민 모두는 포를 쏘며 공격하는 북한에 대한 협력과 지원은 불가하다는 강경하고 단호한 목소리를 쏟아내기 시작했고 남북한관계는 더욱 경색되었다.

북한은 지금 경제문제 그리고 김정은으로 권력이 승계되는 3대 세습체제를 안정화시켜야 할 내부적 문제를 안고 있을 뿐만 아니라 핵과 미사일 문제를 둘러싼 국제적 문제를 안고 있다. 2012년은 북한이 주창하는 강성대국 원년인 동시에 김일성 탄생 100주년이 되는 해로 한국과 미국은 대통령 선거가 실시되고 중국지도부도 후진타오에서 시진핑체제로 전환되기 때문에 2012년은 대북정책과 한반도 안보 그리고 북한의 핵과 미사일이 관련된 문제가 중요한 이슈가 되고 있다.

북한의 도발양상이 우리가 예기치 못하는 방식이라는 점이 주목된다. 최근 북한의 대남행동을 보면, 백령도 맞은편 고암포에 상륙기습을 위한 고속정 기지구축과 포사격 훈련을 강화하고 있다. 대북 전단살포 단체의 풍선띄우기 원점에 대한 조준포격 위협을 하고, 북한군사력부 특별작전행동소조의 막말 위협을 하는 등 북한의 도발에 대한 만반의 대비태세가 필요한 시점임을 강조하고 있다.

제6장 북한 급변사태와 우리의 대응전략에서는 북한 내에서 급변사태가 발생했을 때 우리는 군사적인 측면에서 무엇을 준비하고 어떻게 대응할 것인가에 대해 현실적이고 실천적인 대비방안을 모색하고 있다. 발생 가능한 급변사태를 유형별로 검토하고, 군사대비는 주로 위기확산방지와 사후조처 차원의 대비방안에 주안을 두고 논의하고 있다. 2011년 12월 김정일의 사망으로 김정은이 권력을 세습하였다. 젊은 나이의 김정은은 장성택(노동당 행정부장), 최룡해(인민군 총정치국장), 리영호(총참모장), 우동측(국가안전보위부 제1부국장) 등 당·정·군 엘리트들의 강력한 지지를 받으면서 북한을 통치하고 있다. 그러나 김

정은의 리더십의 불확실성과 경험부족 등 정치적 자질과 관련하여 체제의 안정성과 변화, 그리고 급변사태로의 상황발전에 관심이 집중되고 있다.

북한의 급변사태 발생은 한국의 위기관리의 중요한 변수로 작용할 것이다. 북한 내부의 불안정한 상황이 한국에 대한 전면전 또는 국지전으로 전이될 수 있고, 대량난민이 한국으로 유입된다면 재난에 가까운 상황을 초래할 수도 있다. 게다가 대량살상무기의 우발적 사용 및 해외 이전을 예방하기 위한 주변국의 군사개입 가능성도 배제할 수 없다.

한편 북한의 급변사태는 안보위기이면서도 통일의 호기로 작용하여 남북한 국가통합을 앞당길 수도 있다. 우리는 북한 급변사태 발생 시 외교·정치·경제·사회적인 측면의 대비방안에 관한 연구는 활발히 이루어졌으나 군사대비에 관한 연구는 심층 깊게 이루어지지 않았으며 연구물도 대부분 실천적이 아닌 개념형 연구가 주류를 이루고 있다고 볼 수 있다.

북한 급변사태에 대한 개념형 군사대비계획인 『개념계획 5029』도 참여정부 시절에 북한을 자극한다는 이유로 논의가 중단되었다가 최근 한미 간에 협조가 이루어진 것으로 알려졌다. 물론 군사대비계획은 내용의 비밀성과 자료접근의 곤란성으로 인해 민간 학자에 의한 심층 깊은 연구가 이루어질 수 없는 제한사항이 있으나, 군사문제가 국가안보의 핵심임을 인식할 때 다양한 의견이 종합되어야 군사대비계획의 실효성은 제고된다고 볼 수 있다. 북한의 급변사태의 유형을 상정해보고 여기에 대한 군사대비 과제를 도출하고자 하는 이유다. 즉, 군사측면에서 북한 급변사태에 대한 대비를 위해 관련된 사실을 살펴본 후에 실질적 군사대비방안을 자위적 군사대비와 적극적 군사개입준비로 구분하여 종합적으로 제시하고 있다.

제3부 자주국방태세에서는 현대 군사작전 수행이론과 한국군의 군

사작전 수행개념, 자강·연합·협력모델의 자주국방과 실천방향, 전시 작전통제권 전환과 한국군 군사대비 과제 그리고 한국의 미사일 방어 구축 방향을 다루고 있다.

제7장 현대 군사작전 수행이론과 한국군의 군사작전 수행개념에서는 현대전에서의 승리를 보장할 수 있는 방향으로의 군사력 건설을 도모하기 위하여 각국의 군대는 최선의 군사작전 수행개념을 발전시키고 있다는 것을 강조하고 있다. 따라서 최근 효과기반작전, 신속결정작전, 네트워크중심전 등의 다양한 현대적 군사작전수행개념이 발전되고 있고, 그 외에도 스와밍, 분산작전, 제4세대전 등의 새로운 개념들이 연구되고 있다.

한국군의 경우에도 이러한 개념들의 기본개념, 강점과 제한사항을 정확하게 이해한 바탕 위에서 미래전에서 승리할 수 있는 군사작전 수행개념을 정립하고, 그에 근거하여 군사력 증강을 도모하는 것이 중요하다. 예를 들면, 한국군의 군사작전 수행개념도 요망하는 효과를 달성할 수 있는 최선의 표적, 수단, 방법을 선택하고자 노력하고, 짧은 시간 내에 결정적인 성과를 달성할 수 있어야 하며, 모든 부대 및 개인들은 첨단의 네트워크로 연결시킴으로써 지리적 이격과 상관없이 실시간 정보를 공유하여, 신속하고 정확한 의사결정을 보장하는 시스템 구축이 요구된다. 특히 분산된 상태에서 필요시에 집중하고 또다시 분산하는 방식을 강조할 필요가 있다.

제8장 자강·연합·협력모델의 자주국방과 실천방향에서는 한미동맹의 현실진단, 북한위협과 한미일 안보협력 가능성 증진, 중국의 군사력 강화와 미일의 전략적 요구, 한미동맹 관련 한국 내 갈등완화와 글로벌 네트워크 구축 필요성 등을 기반으로 자주국방 실천방향을 논의하고 있다. 한국은 자강(自强)+연합(聯合)+협력[多者安保] 메커니즘을 통하여 동북아지역의 조정자(調整者) 내지 지원자(支援者) 역할을 수행하는 것을 '광의의 자주국방' 모델로 하여 다음과 같은 사안들을 검토

하여 추진해나가야 할 것이다.

첫째, 2015년 12월 전시작전통제권 전환을 고려 시, 전쟁지도와 국가안보 지도력 강화가 절실하며, 대통령으로부터 각급 지휘관에 이르기까지 유사시 권한과 책임이 표준절차(SOP)화되어야 한다. 이는 현대전에서 고가의 첨단장비도 중요하지만, 전쟁지도와 지휘역량 강화가 우선적으로 요구되기 때문이다.

둘째, 전작권 전환을 상정 시 문민통제, 3군 균형발전, 전면전 상황, 연합작전과 상호운용성 등 현재의 한미연합사 기능을 대체할 합동작전사령부(합작사)를 창설하여 육·해·공군 작전사와 합동부대들을 작전통제 및 운용할 수 있어야 한다.

셋째, 적극방어 개념과 병행하여 확장억제력(extended deterrence)을 활용하기 위해 미국 네브래스카에 위치한 전략사령부(USSTRATCOM)에 한국대표단을 파견하여 미국과 공동으로 동북아의 핵 상황에 대처하는 방안을 강구할 필요가 있다.

넷째, 전력증강 방향은 핵무기와 미사일을 포함한 WMD 공격에 가장 효과적으로 대응할 수 있도록 해야 하며, 한국형 미사일 방어체제(MD)가 조기에 구축되고, 유사시 미일의 MD와 연동될 수 있는 시스템 검토도 요구된다.

다섯째, 한미일 안보협력을 NATO로 확장하고 동남아와 중앙아 국가들 및 호주, 인도 등과 네트워크를 강화하여, 한미동맹과 한중관계 병행 발전에 지렛대로 활용하고 러시아와 호혜관계를 위한 다자외교 활동 증진이 요망됨을 강조하고 있다.

제9장 전시작전통제권 전환과 한국군 군사대비 과제에서는 50여 년간 한미동맹은 한반도에서의 안정과 평화를 유지하고 전쟁재발을 방지하기 위한 억제력 발휘뿐만 아니라 특히 한국안보의 핵심 축으로 역할을 다하여 왔다고 평가하고 있다. 이러한 한미동맹이 한국군의 전시작전통제권 전환문제로 노무현 정부 들어 2006년에 국민적인 논의로 한

미동맹관계의 변화 움직임이 나타났다. 그 논쟁의 주요 내용은 주권국가로서 자국의 전시작전통제권 전환은 당연하다는 주장과 한미동맹관계의 약화를 초래할 수 있다는 우려 등 남남갈등으로 나타나고 국론분열 현상을 보이기도 하였다.

한국정부 수립과 동시에 창건된 한국군의 지휘권은 한국이 보유하고 있었으나 북한의 남침으로 국가의 존망이 걸린 6·25전쟁기간 한국은 유엔군사령관에게 한국군의 작전지휘권을 이양한 후 작전통제권, 평시작전통제권, 전시작전통제권으로 변화되었다. 한국군의 지휘권이 변천되어온 과정을 분석한 결과는 국제정치 요인과 국내정치 요인이 상호작용하여 변화되어 왔음을 확인하였다. 최근의 전작권 문제를 군사주권으로 정치화하여 한국으로의 전환 추진으로 한미동맹관계에 영향을 미쳤다.

특히 2007년 2월 23일 한미 국방부장관은 2012년 4월 17일 한국군의 전작권을 연합사에서 한국 합참으로 전환하기로 합의하였다. 이처럼 한국군의 전작권을 전환하기로 결정한 배경에는 미국의 동아시아·태평양 전략(주한미군의 전략적 유연성)과 한국의 국내정치 상황과 맞물려 한미 간의 이해의 일치가 합의로 나타났지만, 한미동맹관계에서는 불신과 이완현상을 보였다. 그러나 이명박 정부 들어 한미동맹관계의 신뢰를 회복하면서 2010년 6월 26일 캐나다 토론토 G20 정상회의에 참석한 한미정상은 전작권 전환을 2015년 12월 1일로 연기하기로 합의하였다. 전작권 전환 결정에 따라 전작권 전환의 의미와 한국군에 미치는 영향을 알아보고 이에 따른 군사대비 방향과 우선 추진해야 할 과제를 제시하고 있다.

제10장 한국의 미사일 방어구축 방향에서는 북한은 1960년대부터 미사일 개발을 시도하여 현재 800발 정도의 미사일을 보유한 상태이고, 미사일에 탑재할 수 있도록 핵무기를 개발 및 소형화하고 있다는 위협판단으로부터 시작한다. 그럼에도 불구하고 한국은 아직까지 신뢰

할만한 미사일 방어체제를 구축하지 못한 채 시간을 보내고 있을 뿐만 아니라 북한 미사일 위협의 심각성조차 충분히 이해하지 못하고 있는 실정이다.

한국은 하층방어와 상층방어를 중심으로 한 전반적인 미사일 방어체제의 구축방향을 토의 및 연구하는 한편으로, 수도와 핵심전략시설을 방호할 수 있는 정도의 PAC-3 미사일을 최단 기간 내에 획득할 필요가 있다. 또한 북한 탄도미사일에 대한 실제적인 감시 및 추적이 가능한 X-밴드 레이더를 조기에 확보하기 위한 대미협력을 추진하고, 해상배치 요격미사일인 SM-3 미사일도 획득하며, 국가 수준의 미사일 방어 담당조직을 설치하고, 최소한 국방부 예하에 독립된 '미사일 사령부'를 설치할 필요가 있다.

제4부 정신전력강화에서는 군사사상의 발전을 통한 무형전력 강화, 6·25전쟁은 무승부의 전쟁이었다. 한국군의 정신전력 진단과 발전방안을 모색하고 있다.

제11장 군사사상의 발전을 통한 무형전력 강화에서는 군사사상이 전쟁관, 전쟁의지 및 신념, 군사력 운용, 군사력 건설이라는 구성요소로 볼 때 무형전력과 밀접한 관련이 있다고 주장한다. 그러나 유감스럽게도 군사력 건설이나 운용 면에서는 군사 선진국의 영향을 받아 어느 정도 수준에 올랐다고 할 수 있지만 전쟁의지 분야는 그렇지 못한 형편이다. 따라서 말단병사로부터 최고 리더에 이르기까지 전군에 걸쳐 공통적으로 일치되는 인식이나 합의에 의해 군사적 노력이 목표달성에 집중되어 정신적 구심점을 설정하고 이러한 공통의 합의에 따라 사상적 기조를 정립해야 한다. 특히 현대 및 미래전은 '전자적 진주만 공격' 용어에서 알 수 있듯이 적의 기습은 컴퓨터 네트워크를 축으로 디지털 정밀타격과 화력전투의 비중이 높아질 것이라는 점에서 군사사상의 발전은 중요하다.

대한민국 군대의 군사사상은 상고시대에서부터 뿌리를 찾고 있다. 고조선시대의 도의원리(道義原理), 고구려의 상무정신(尙武精神), 신라의 화랑도정신(花郞徒精神), 고려의 호국정신(護國精神), 조선시대의 충효정신(忠孝精神)에 근거를 두고 발전되었다. 그러므로 21세기적 군사사상은 어떠해야 할 것인가에 대해 문제를 제기하고자 하는 것이 본 논의의 핵심 배경이다. 따라서 군사사상과 무형전력의 일반적인 내용을 고찰해보고, 이를 바탕으로 육성체계의 현상을 살펴본 다음 군사사상과 연계하여 무형전력을 강화하는 방안을 기본적인 문제와 군사사상과 연계한 무형전력 강화방안으로 구분하여 제안하였다.

먼저 기본적 문제는 군사사상의 연구 및 교육, 무형전력 육성기구 기능 복원을 제시하고 있고, 이어서 군사사상과 연계한 무형전력 강화방안으로 전쟁에 대한 인식을 통한 무형전력 강화, 역사의식을 통한 전쟁의지 및 신념 고양, 한국적 여건에 맞는 군사력 건설 및 운용 등을 제시하고 있다.

제12장 6·25전쟁은 무승부의 전쟁이었나에서는 6·25전쟁이 정전협정에 의해 멈춘 후 양측은 각각 자신들이 승리했다고 주장했지만 최근의 평가는 '승자도 패자도 없는 참혹한 동족상잔의 전쟁이었다'는 것이다. 따라서 '무승부'라는 평가가 정설로 되어 있었다.

반면 『2010 국방백서』는 6·25전쟁 60주년을 기해 6·25전쟁에 대한 역사적 차원의 재해석으로 과거의 무승부 주장과 다르게 6·25전쟁을 '자유민주주의가 승리한 전쟁'으로 규정했다. 본 연구는 클라우제비츠가 전쟁의 목적에서 제시한 '상대의 전투력 파쇄, 영토 점령, 저항의지 말살' 등의 3개 요소와 함께 전쟁의 명분, 전쟁이 국민과 국가에 미친 영향 등을 중심으로 국방백서의 내용을 검증한 결과 다음과 같은 결과를 얻었다.

첫째, 전쟁의 목적 달성 여부다. 전쟁을 도발한 북한군은 개전 초기 국군의 주력을 무력화하고 서울을 점령하면서 기세를 올렸다. 그러나 남한의 주민과 전쟁지도부의 저항의지를 극복하지 못해 결국 전쟁의 3개 목적 중 어느 것도 달성하지 못했다.

둘째, 전쟁의 명분이다. 전쟁의 명분은 자국의 주민은 물론 상대의 주민들에게도 설득력이 있어야 한다. 그러나 북한이 제시했던 '미제의 식민지상태에 있는 남조선의 해방'이라는 명분은 김일성 등 소수 북한 지배층의 주장이었을 뿐 남한의 주민은 물론 북한의 주민들에게조차 설득력을 갖지 못했다.

셋째, 전쟁의 결과가 국민과 국가에 미친 영향이다. 가장 결정적인 요소라고 할 수 있는데, 남한은 전쟁에 의해 야기된 변화를 역동적으로 수용해 세계 10위권의 경제대국으로 성장할 수 있었다. 반면 북한은 그것을 반대파를 제거하는 구실로 삼아 김일성 독재 및 세습체제를 구축했다. 이어 김일성과 김정일로 이어지는 군사적 모험주의는 북한 주민들의 식량문제조차도 해결하지 못하는 국제적 망나니 또는 불량국가로 만들고 말았다.

이상과 같은 분석결과를 감안해볼 때 국방백서가 제시한 6·25전쟁의 성격 및 승패에 대한 평가는 적절한 내용인 것으로 확인되었다. 따라서 정부는 이 같은 내용이 국민 모두에게 널리 전파될 수 있도록 토론의 기회를 더욱 확대하면서 전쟁에 대한 인식과 안보의 중요성을 일깨우는 계기가 되어야 한다고 주장한다.

마지막 제13장 한국군의 정신전력 진단과 발전방안에서는 선 정신전력 혁신, 후 선진국방 달성을 강조한다. 2010년 3월 26일 천안함 피격 침몰 사건과 11월 23일 연평도 포격 도발이 있은 지 1년반이 지났다. 해군과 해병대 장병의 희생을 통해서 북한의 호전성을 알게 되었고 국민의 안보의식은 어느 정도 회복되었으며, 우리 군도 지난 정부부터 추진해온 국방개혁을 현 국내외 여건을 고려한 수정 및 보완한 「국방개혁 2011-2030」을 발표하였다.

발표된 국방개혁은 목표를 다기능 고효율의 선진국방에 두고 중점으로는 합동성 강화, 적극적 억제능력 제고와 효율성 극대화 등 3가지를 설정하였다. 군 및 사회공감대 형성을 위해 공청회 및 토론, 세미나 등을 가졌으나 일부 군 원로들의 반대와 각 군들의 시각차로 반대에 부딪쳐 국방개혁이 추진되지 못하고 있다. 국방개혁추진 상황과 반대 주장을 보면서 군 및 원로들이 너무 상부지휘구조 및 전력구조 등 보이는 유형전력에만 관심이 있고 미래 전장에서 더욱 중요시되는 무형전력, 특히 정신전력에는 관심이 미약하다는 생각을 지워버릴 수가 없다.

천안함 피격 사건 이후 이명박 대통령은 2010년 4월 19일, 「천안함 장병 추모 담화」에서, '강한 군대는 강한 무기뿐만 아니라 강한 정신력에서 나오는 것이며, 지금 우리에게 필요한 것은 그 무엇보다도 강한 정신력이다'라고 말했다. 군 통수권자인 대통령의 발언으로 군은 여러 분야에서 장병들의 강한 정신력을 강화하기 위한 노력을 추진하였다. 부대별로 특별 집중 정신교육을 실시하고, 특히 '주간 정신교육의 날'이 2011년 9월부터 다시 부활되었다.

그러나 '국방정신전력학교(안)' 창설 문제는 중단되었다. 국민정신이 군 정신전력에 영향을 주는 현대사회 구조 속에서 국방정신전력학교는 군과 사회를 연결하고, 군 복무기간에는 강한 전사로서, 그리고 전역 후에는 사회에서 건전한 민주시민을 양성하는 데 중요한 역할을 할 것이다.

본 장에서는 정신전력의 국방환경을 고찰하여 현 한국군의 정신전력을 진단해보고 한국군의 정신전력 강화를 위한 발전방향을 제안하고 있다.

제1부 안보환경 변화와 대응

제1장 동북아 안보질서 재편과 한국의 안보전략

정경영

요약

동북아의 역학구도는 갈등과 협력이 공존하고 있다. 중국의 고압적 외교 행보와 해군력 팽창과 미국의 대(對) 중국 포위전략, 천안함·연평도 사태, 센카쿠 분쟁 등이 갈등이 표출된 것이라면 한미 양국정상의 한미동맹 공동비전 천명, 한중일 협력 사무국 개설은 협력의 상징이다.

G2로서 중국의 부상은 국제질서에 심대한 파장을 주고 있다. 특히 경제력에 힘입어 군사력을 지속적으로 증강해온 중국은 미국의 패권에 도전하는 공세적 외교안보정책과 군사력을 투사함으로써 지역 내 안보질서에 극심한 파란을 일으키고 있다. 천안함·연평도사태를 둘러싸고 전개된 남북한, 미중 간의 갈등과 대립은 물론 한미일 대(對) 북중러의 신냉전 블록이 형성되어가고 있는 형국이다. 또한 센카쿠 분쟁사태와 관련한 중국의 위협에 미일이 대규모 연합훈련으로 맞섰다.

한편 월가에 시작된 글로벌 금융위기와 쓰나미 등 자연재해에 공동 대처하기 위한 노력은 한중일정상회담을 통해서 가시화되고 있다. 또한 기존의 북한 위협에 주안을 둔 군사동맹에서 한반도를 넘어서 안보는 물론 경제, 외교, 문화 등 외연을 확대하는 포괄적 한미전략동맹으로 발전시켜 나가기로 한미정상이 합의한 한미동맹 공동비전이행 방향을 논의하고 있다. 이어서 갈등완화와 협력을 증진하는 전략구상으로서 동북아 안보협력체를 논의하고 있다.

마지막으로 본장에서는 요동치는 한반도와 동북아 안보질서가 재편되는 중대한 기로에서 한국안보가 추구할 방향을 논의한다. 무엇보다 통합된 안보전략 시스템을 구축할 필요가 있으며 단선적 외교에서 다변외교로 변환을 강조하고 있다.

I. 들어가면서

동북아의 역학구도는 갈등과 협력이 공존하고 있다. 중국의 부상에 따라 국제질서는 심대한 파장을 주고 있다. 특히 경제력에 힘입어 군사력을 지속 증강해온 중국은 미국의 패권에 도전하는 공세적 외교안보정책과 군사력을 투사함으로써 지역 내 안보질서에 극심한 파란을 일으키고 있는 것이다. 천안함·연평도 사태를 둘러싸고 전개된 남북한, 미중 간의 갈등과 대립은 한중일 대(對) 북중러의 신냉전 블록이 형성되는 직간접적인 화근이 되었다.

한편 월가에 시작된 글로벌 금융위기와 쓰나미 등 자연재해에 공동 대처하기 위한 노력은 한중일정상회담을 통해서 가시화되고 있다. 또한 기존의 북한 위협에 주안을 둔 군사동맹에서 한반도를 넘어서 안보는 물론 경제, 외교, 문화 등 외연을 확대하는 포괄적 한미전략동맹으로 발전시켜 나가기로 한미정상이 합의한 한미동맹 공동비전은 양국 간 협력의 역동성을 보여주는 사례가 아닐 수 없다.

중국의 부상에 따른 미중 갈등을 분석하기 위해 세력전이론(勢力轉移理論)을 고찰해보고, 미국의 대중국 포위전략과 중국의 팽창적 해양전략을 포함한 군사력 증강을 살펴보면서 양국 간 분쟁가능성을 전망하려 한다. 천안함·연평도 사태 관련 남북한 갈등은 물론 미중, 한미일 대(對) 북중러가 대치되는 현상도 분석한다. 또한 중국어선 납치에서 촉발된 센카쿠 분쟁 관련 중국에 저항하는 미일의 대응, 한미일 안보 공조체제의 걸림돌이었던 한일군사협력관계의 변화를 추적하면서 신냉전체제의 블록화 현상도 논의한다. 이어서 협력의 역동성에서는 한중일 협력과 한미동맹 공동비전에 합의한 배경과 한반도, 아태지역, 글로벌 차원에서 안보분야 이행(履行) 방향을 제시하고 있다. 또한 동북아 국가 간 갈등을 완화시키고 협력을 증진하기 위해 동북아 안보협력체를 구상하면서 갈등과 적대의 냉전적 안보질서를 화해와 상호존중의 협력적 안보질서로 변환하기 위한 방안을 집중적으로 논의하고 있다. 마지막으로 요동치는 한반도와 동북아 안보질서가 재편되는 중대한 기로에서 한국안보가 추구할 방향을 모색하려 한다.

II. 갈등의 역학구도

1. 중국의 부상과 미중 분쟁 가능성

중국이 G2로 부상함에 따라 미국의 쇠퇴론과 미국의 패권적 지위가 존속될 것인가에 대한 논의가 활발히 전개되고 있다. 신자유주의자(neo-liberalist)들은 미국이 소련과 일본위협론을 극복하였던 것처럼 미국 주도의 세계시장 및 금융질서, 미국이 보유하고 있는 인적 및 전략적 자원 등을 활용하여 경제위기를 극복할 수 있을 것이며, 중국도 미국과의 경제적 상호의존성이 심화되어 미국 경제회복을 바라고 있다고 주장한다. 이에 비해 중국은 연안지역과 내륙지역간의 개발격차, 소수민족 문제 등 내부의 문제와 미국 주도 국제질서를 대치하는 새로운 질서를 구축하는 데는 한계가 있다고 주장한다.[1]

하지만 현실주의자(realist)들은 미중 간 충돌 가능성을 충분히 예상할 수 있으며, 미국은 중국을 견제, 봉쇄하는 전략을 그리고 중국은 팽창적 해양전략을 구사함에 따라 미중분쟁은 불가피하다는 시각이다.[2] 특히 미중관계의 갈등의 본질을 파악하기 위해서는 국제정치 이론에서 논의하고 있는 세력전이이론(Power Transition Theory)을 고찰해보는 것

---

1) 하버드대학교의 Joseph Nye와 프린스턴대학교의 John Ikenberry, 조지타운대학교의 Robert Sutter 등이 neo-liberalist에 해당된다.

2) Realist 학자로서 The Rise and Fall of the Great Powers를 저술한 Paul Kennnedy, The Tragedy of the Greaf Power Politics를 서술한 시카고대학교의 John Mearsheimer, 위스컨신대학교의 Alfred McCoy를 들 수 있다.

이 필요하다. 세력전이이론이란 세계질서를 주도하는 패권국에 대해 신흥강대국이 도전하거나 패권국이 위협하는 세력을 견제하기 위해 전쟁을 도발한다는 이론이다.[3] 이러한 세력전이이론에 비추어 경제대국이 된 중국이 가파르게 군사력을 증강하면서 미국의 패권에 도전할 가능성이 있는가를 알아보기 위해서는 미중 양국의 안보전략과 중국 위협의 실체를 규명해 볼 필요가 있다.

　미국이 패권에 도전하는 중국에 대해 어떠한 전략을 구사하고 있는 가를 알아보기 위해서 우선적으로 미국의 세계전략을 고찰해보려 한다. 오바마 행정부는 글로벌 리더십을 발휘하여 지속적으로 국제질서를 주도하겠다는 구상을 국가안보전략(National Security Strategy)에서 분명히 밝히고 있다.[4] 안보측면에서 미국은 테러와 대량살상무기의 확산을 차단하기 위해 동맹국은 물론 우방국들과 협력체제를 강화해나가면서, 동시에 교육, 과학기술, 지속가능한 성장으로 번영을 주도하면서 글로벌 공동체를 구축하고, 민주주의와 인권, 인간의 존엄성 등 보편적 가치를 확산시켜나가며, 글로벌 도전에 적극 대처함으로써 국제질서를 주도하겠다는 복안이다. 최근 오바마 행정부가 동아시아중시전략(Pivot to East Asia) 즉 동아시아에 외교역량을 집중시키고 있는 데는 중국의 위협론이 가시화되고 있기 때문이다. 오바마 행정부는 부시 행정부의 일방적 적대적 외교안보정책에서 균형의 힘(Power of Balance)을 중시하는 전략으로 외교안보정책의 기조를 전환하고 있다.[5] 즉 외교력과 군사력의 균형, 동맹과 지역 및 국제기구와의 균형, 유럽과 아시아 지역과의 균형을 추구하고 있는 것이다. 이러한 정책의 변화에는 미국이 이라크 및 아프간전쟁에 함몰되어 있는 동안 동아시아지역에 중국의

---

3) A. F. K. Organski, *World Politics,* New York: alfred A. Knopf, 1958; Ronald L. Tammen, *Power Transitions: Strategies for the 21st Century,* New York: Chatham House Publishers, 2000.

4) The White House, *National Security Strategy,* May 2010.

5) Kurt Campbell, Nirav Patel and Vikram Sing, *The Power of Balance: America in iAisa,* Washington, D. C.: Center for a New American Security, 2008.

영향력이 위협적으로 확산되고 있는 데 따른 위기의식의 산물로 중국의 경제적·군사적 영향력의 확산을 차단할 필요성이 절실해졌기 때문이다.

미국은 중국의 영향력을 견제하기 위해 기존동맹을 강화하고 동아시아 국가들과 우호협력관계를 확대해나가고 있으며, 동아시아지역의 현안에 적극 관여하면서 미국의 강력한 영향력을 유지, 확장시켜나가고 있다. 이처럼 동아시아를 중시하는 정책에는 세계최대 경제성장지역으로서 미국의 경제회복과 일자리 창출에 필요한 수출시장이자, 인도네시아와 말레이시아 등 동남아의 자원확보와 인도의 신흥시장을 개척할 필요성이 맞물려서 요구되기 때문이다.

미국의 대 중국 포위전략은 다방면에서 가시화되고 있다. 러시아의 반발을 가져왔던 미사일 방어계획을 중단하고, 전략핵무기감축 등을 통해 러시아와 협력관계를 복원하고 있으며, 아프간전쟁에서 승리를 추구함으로써 서남아시아를 통해서 서진하려는 중국의 진출을 차단하고 있다. 중국의 위협과 테러리즘의 위협에 대처하기 위해 주한미군을 평택기지로 재배치하여 주한미군의 전략적 유연성을 발휘할 수 있는 여건을 조성하는 계획을 추진하고 있다. 또한 일본 자마기지에 미1군단의 전방지휘사령부를 전개하고, 요코다 주일미공군기지에 일본항공자위대 작전사령부를 공동배치하며, 특히 전략적 요충지인 괌도에 해공군력을 증강시키고, 2014년까지 오키나와의 미국 해병 5천 명을 재배치하는 계획 등은 대중국 견제를 위한 조치들이다. 또한 2011년에는 대만에 중국의 강력한 반발에도 불구하고 대중 견제를 위해 67억 달러의 전략무기 판매를 강행하였다. 미국이 남사군도 영토분쟁에 개입함은 물론 민주주의 이념과 가치를 공유하면서 10억의 인구와 IT 등 최첨단 산업으로 급성장하고 있는 인도와 협력을 강화해나가는 이유도, 필리핀과 베트남을 포함한 동남아국가들과 연합훈련 등 군사협력을 확대하는 이유도 중국의 날로 팽창하는 위협을 차단하겠다는 총체적인 대중국 포위전략의 일환으로 판단된다.

한편, 중국의 안보전략은 국가발전에 최대의 역량을 집중하면서 협력을 통한 패권을 지양하고, 해양이익을 수호하기 위한 전략을 추진하며, 국제안보협력을 증진한다는 것을 골자로 하고 있다.[6] 이러한 중국의 안보전략은 평화공존 5원칙, 즉 주권과 영토의 상호존중, 침략전쟁 불허, 상호공존, 내정불간섭, 평등과 상호주의를 통해서 뒷받침된다.

중국의 외교안보전략은 미, 일, 러, 인도, 유럽 등 강대국과 중소국을 차별화하여 추진하는 것이 특징이다. 특히 중국의 대외전략은 미국과의 관계 설정을 어떻게 하느냐에 따라 좌우된다고 볼 수 있으며, 전통적 지정학파, 발전도상국 외교론자, 신흥대국 외교론자 등 3대 계파로 분류할 수 있다. 전통적 지정학파는 미국과의 협력과 조화보다는 구조적 경쟁관계에 더 주목하며, 지정학적으로 중국의 세력권과 완충지대의 확보를 중시한다. 노년 세대의 엘리트와 일반인들, 군부, 군사과학원의 국방백서 작성 그룹이 이에 해당된다. 발전도상국 외교론자들은 중국 외교전략의 주류를 형성하며, 국제사회로 하여금 아직 중국은 강대국이 아니며 발전도상국으로 인식하게 함으로써 능력을 기르면서 때를 준비한다는 덩샤오핑의 도광양회(韜光養晦) 국가전략을 지속해야 한다는 그룹으로 중국 최고지도부와 외교부가 이 노선을 견지하고 있으며, 중국 핵심 싱크탱크의 주류가 이 부류에 해당된다. 마지막으로 신흥대국 외교론자들은 신흥대국이 된 중국은 국제무대에서 자신의 목소리를 내고 자국의 이해를 적극적으로 개진해야 한다는 입장이다. 민족주의적 감성에 호소하면서 젊고 유능한 국제정치 전문가들 사이에서 지지가 확산되고 있으며, 최근에는 군부가 이를 주도하는 형국이다.

특히 중국의 해양이익을 추구하기 위한 신 안보전략과 이를 구현하는 팽창적 해양전략은 여러 측면에서 구체화되고 있다. 영토 내 장기

---

6) 국방대학교 안보문제연구소 엮음, 『미・일・중・러의 군사전략』(서울: 한울 아카데미, 2008); Robert G. Sutter, *Chinese Foreign Relations*, New York: Rowman & Littlefield Publishers, INC, 2008.

소모전략에서 영토주변부 단기 고강도 분쟁전략으로 전환하고 있다. 이에 따라 연안방어전략에서 근해방어전략으로 전환하고, 장기적으로 는 원해작전이 가능한 대양해군전략을 추진하겠다는 것이다. 중국의 해군력 팽창은 말라카 해협을 거쳐 남중국해, 동중국해를 따라 한반도 와 일본에 이르는 해상교통로를 위협함은 물론 미국의 태평양 제해권 에도 도전하고 있다.[7]

중국이 경제력뿐 아니라 군사력 또한 G2 위상수준으로 빠르게 성장하 고 있다. 중국은 우주선 및 위성요격무기(ASAT) 발사, 신형 대륙간탄도미 사일 개발, 제5세대 전투기 J-20 스텔스 시험비행, 조기경보통제기(KJ-2000) 개발, 고고도무인정찰기, 바라그 항모시험운항, 핵 항모 건조 추진, 사 이버전 무기체계 강화 등 군비증강의 영역이 중국 특색 군사변혁의 기 치하에 우주, 항공, 해양, 사이버 공간으로 빠르게 확대되고 있다. 또한 중국군은 정보화능력과 합동작전능력을 대폭 강화하고 있다.[8]

한편 G2체제를 통한 미중협력 및 공조체제도 무시할 수 없는 흐름 으로 미중관계를 전망할 때 주목해야 될 대목이다. 2005년 8월 이후 미중 간 안보고위대화와 경제전략대화를 실시해왔으며, 오바마 정부 출범 이후에는 2009년 7월과 2010년 5월, 2011년 6월, 2012년 6월 등 네 차례에 걸쳐서 미중전략경제대화(U. S.-Chinese S & ED)를 개최해왔 다. 미중 고위급회담을 통해서 녹색성장, 북핵 폐기, 이란핵 개발, 테러 와의 전쟁, 지구온난화 등의 이슈에 대해 일정부분 협력해오고 있으며, 균형 있고 지속가능한 경제성장, 세계금융위기 공동대처 등에서 보는 바와 같이 미중 양국 간 공조체제를 유지하고 있다.

미중관계가 과연 어떻게 발전될 것인가를 전망하는 데 있어서 미국

---

7) Seth Cropsey, "Keeping the Pacific Pacific: Looming U.S.-Chinese Naval Rivalry", *Foreign Affairs,* Sep. 2010, http://www.foreignaffairs.com/articles/66752/seth-cropsey/keeping-the-pacific-pacific(검색일: 2011. 6. 28).

8) Chinese People's Liberation Army, *2010 Defense White Paper*(Beijing: Chinese PLA, 2011); 권태영, "동북아 4강의 전력증강 변화 특징", 한국전략문제연구소 주최 세미나, 2011. 7. 6, 호텔 캐피탈.

과 중국의 국력을 비교 분석하는 것은 중요한 시사점이 있다. 국력지수 모든 면에서 미국이 압도적으로 우위를 점유하고 있으며, 향후 상당한 기간 미국 우위체제를 유지할 것으로 판단된다.

〈표 1〉 미중 국력 비교

분류	GDP($) 1인당개인소득	인구(명)	국방비($)	병력
미국	14.2조 46,842	308,740,000	7,110억	1,506,000
중국	5.88조 4,300	1,313,313,000	1,430억	2,255,000

* 출처: IISS(2010), SIPRI(2012), World Bank(July, 2009).

한편 미국과 중국은 중단기 내에서 전략경제대화를 통해 양국의 이해관계를 조정하고, 이 틀 내에서 경쟁을 지속하면서 갈등관리를 통해 급격한 무력충돌로 비화되지 않도록 전략적 협력관계가 상당기간 지속될 것으로 전망된다. 그러나 중국의 국력이 미국을 따라잡는 2020~2050년에는 미중 간 군사적 분쟁 가능성도 배제할 수 없다.[9] 특히 인구, 경제규모 면에서 소련, 일본과 대비되는 차별성에 유념해야 한다. 만약 미국이 장기 침체에서 벗어나지 못하고 아프간 전쟁을 영예롭게 종식하지 못할 경우, 미국의 7천억 달러를 넘어서는 국방비는 급속도로 감축 국면으로 치달을 것이며,[10] 이에 비해 중국이 연 7% 이상의 경제성장을 지속할 경우 가파르게 국방비를 증액시켜나갈 때 경제력은 물론 군사력에서도 2020년대 미국의 국력을 추월할 최악의 시나리오도 배제할 수 없다. 이때까지 중국이 민주화되지 않고 계속 일당 공산당 독재체제가 존속된다면, 마음만 먹으면 미국에 도전하는 전쟁을 감행할 수도 있을 것이다.

---

9) 골드만 삭스는 2027년 중국의 GDP가 미국을 추월할 것이라고 예측하고 있다.

10) 미국은 2조 4,000억 달러의 부채 감소를 위해 향후 10년간 4,000억 달러의 국방비를 감축하기로 하였다. 또한 의회에 상정한 2011회계연도 5,700억 달러의 국방비를 5,130억 달러로 감축하였다.

2. 천안함·연평도 사태 및 센카쿠 분쟁과 신 냉전 블록화

2010년은 천안함 피격에 이어 연평도 공격으로 대한민국의 안보가 일대 위기에 직면한 해였다. 동시에 미중 간 갈등, 경쟁, 협력관계가 극명하게 노출된 사태로써 한반도 문제에 강대국의 개입이 더욱 증대된 해였으며, 중국의 위협에 공동대처하기 위한 한미일 안보공조체제가 한층 강화되고, 이에 맞서 북중러가 블록을 형성, 새로운 냉전체제로 전환되는 형국이다.

천안함·연평도 사태로 정전 시에도 한미연합 군사대비태세를 더욱 긴밀히 확립하는 계기가 되었다. 김태영 국방장관은 로버트 게이츠(Robert Gates) 미국 국방장관과의 전화통화를 통해 공동대응방안을 협의하였고, 합참의장과 연합사령관은 화상회의를 통해서 한미연합 위기관리반을 운용하였으며, 감시태세(WATCHCON)를 격상, 정찰 감시자산을 증가시켰다. 특히 미국은 핵 항공모함인 조지워싱턴호를 한반도에 급파하여 서해에서 대규모 연합훈련을 실시함으로써 정치외교적인 대북·대중 압박과 함께 유사시 막강한 전력이 즉각 전개될 수 있다는 것을 과시하였다. 특히 한미합참의장 협의회를 개최하여 북한의 추가 도발시 전투기 폭격에 대해 미국 측은 존중할 것이며, 한국이 주도적인 역할을 하고 미국이 지원하는 대 침투작전체제를 구축하기로 합의한 것 등은 수준 높은 한미연합 군사대비태세의 조치로 평가된다.

한편, 연평도 공격 직후 한국 외교라인은 긴밀하게 움직였다. 이명박 대통령이 오바마 대통령과 일본 총리는 물론 유엔안보리 의장국인 영국 수상과 통화를 하였다. 이를 통하여 국제사회에 북한의 천인공노할 야만적 행위의 실상을 전파하고 우방국들과 협력체제를 구축했다. 한국의 외교적 노력은 궁극적으로 북한을 향했다. 이명박 대통령과 통화이후 오바마 대통령은 후진타오와의 전화통화를 통해 북한의 도발적인 행동에 대해 용납할 수 없다는 메시지를 북한에 전달하라는 주문과 함께 중국의 책임 있는 역할을 강조하였다. 한미일 외교장관회의에서는 한국이 북한의 추가도발에 대해 군사적으로 강력히 대응하겠다는 것에 미일은 반대하지 않을 것임을 명확히 했다. 이는 최고위 외교라인의 실력 시위로 볼 수 있다.

북한의 상상을 뛰어넘는 도발은 남북한 역학관계는 물론 미중관계의 역학구도에도 파장을 주었던 사건이었다. 천안함·연평도 사태는 미중 간에 갈등·경쟁관계가 상징적으로 표출되어 한반도에 직간접적으로 영향을 미쳤던 사건이었다. 천안함·연평도 사태를 통해서 과거와 달리 중국은 동아시아에서 미국의 영향력을 배제하여 패권에 도전하겠다는 무력시위와 공세적 외교를 방자하게 전개하였다.[11] 뿐만 아니라 천안함 피격사건 조사단을 별도 파견하면서 보인 러시아의 행태와 유엔 안보리 의장성명에서 북한이 천안함 사태에 아무런 관련이 없다는 주장에 중국과 함께 북한 편에 서서 공조체제를 보인 것은 북중러 간 새롭게 블록을 형성하는 것으로 비쳐진다. 미국 역시 중국에 의해 한반도를 포함한 동북아지역에서의 기 싸움에 결코 밀리지 않겠다는 의지가 역력하였다. 천안함 사태 시 미국은 조지 워싱턴 항모의 서해진입에 중국이 강력 반발하여 동해지역에서 한미연합훈련을 실시할 수밖에 없었다. 그러나 북한이 연평도에 공격한 직후에는 서해에서 미국 항모가 참여한 대규모 연합훈련을 강행하였고, 중국 역시 이를 수용할 수밖에 없었다. 동시에 중국이 서울과 평양을 오가면서 영향력을 행사한 것은 미중경쟁관계를 나타내주고 있다.

한편, 중국이 천안함 사태 유엔안보리 의장성명서 관련 북한의 입장을 대변해주는 활동을 하여 북한에게 더 강력한 제재를 할 수 없도록 함으로써 결과적으로 연평도 사태를 예방할 수 없었다는 차원에서 중국의 전략적 판단에 심대한 문제점이 있었던 것으로 평가할 수 있다. 결과적으로 연평도 사태는 중국에게 부메랑으로 돌아와 국제사회로부

---

11) *Yoichi Kat*, "China's Naval Expansion in the Western Pacific", *Global Asia*, Vol. 5, No. 4, Winter 2010.

터 중국의 입지와 인식이 악화되는 결과를 자초하였다. 또한 중국이 북한의 전략에 이용당하는 결과가 되었다고 판단된다.[12]

한편, 중일 간 영토분쟁지역인 센카쿠 일대에서 어로활동을 하던 중국선박을 일본 해양순시선이 나포하자 중국 선장의 석방을 요구하면서 일본에 대해 희토류 수출 금지 등 강력한 제재를 하자 일본정부가 선장을 석방하는 조치를 취했다. 이러한 일본의 석방조치를 중국에 투항한 것으로 평가되기도 하였다. 한편 미국의 힐러리 국무장관은 센카쿠섬은 일본이 실효적 지배를 하고 있는 일본 영토임을 분명히 하면서 중국의 공세적 행동에 대해 미일 간 대규모 해상훈련으로 맞섰다.

결과적으로 천안함·연평도 사태와 센카쿠 사태에 대한 미국의 적극적인 조치는 미국이 이라크전쟁과 아프간전쟁에 함몰되어 있는 동안 동북아지역에서 중국의 영향력이 급부상함으로써 나타나고 있는 역학구조의 변화를 방관할 수 없다는 것으로 미국이 동북아에 복귀하는 상징적 조치로 평가된다. 또한 중국의 위협에 공동 대처하기 위해 한미일의 안보공조체제를 공고화하는 계기가 되었다. 미국은 오랫동안 한미일 공조체제를 구축하기 위해서는 한일 간 양국의 군사 분야의 실질적인 협력증진이 없이는 불가능하다고 판단하였다. 한국은 2011년 1월 10일 한일국방장관회담을 개최하여 상호군수지원협정(ACSA) 체결을 협의하기로 하였으며, 정보보호에 관한 협정에 대해서도 협의하기로 하는 등 국방교류, 협력을 확대해나가기로 합의한 것은 한국이 해방 이후 일본과 사상 첫 군사협정 체결을 위한 의미 있는 조치였다. 이는 2010년 11월 북한의 연평도 포격 도발 이후 한국이 미·일 연합훈련에 참관하는 등 한일간 군사협력을 증진시키려는 징후들과 함께 한미일의 공조체제 구축이 가시화되는 사건으로 궁극적으로 중국의 위협을 겨냥한 조치로 평가된다.

---

12) 2011년 2월 베이징, 7월 동북3성, 9월 다롄 방중 시 익명의 전·현직 외교 안보관계관과 전문가들과의 세미나 및 인터뷰에서 필자가 느낀 판단이다.

III. 협력의 역동성

1. 한중일협력

동북아 역내국가간의 갈등이 심화되는 한편, 2012년 현재 한중일 3국간 교류협력이 가일층 활성화되고 있다. 3국 정부 간에는 장관급 협의체 17개를 포함해 모두 50여 개의 협의체가 가동되고 있다. 협력사업도 민관을 포함해 100개 이상이 진행되고 있다. 1999년과 비교할 때 3국 간 인적교류는 658만 명에서 1,655만 명으로 2.5배, 교역액은 1,294억 달러에서 5,884억 달러로 4.5배 증가했다.[13] 경제·통상·문화분야에서 안보, 재난관리, 대(對) 테러 등 협력의 지평을 끊임없이 확대해나가고 있다. 그동안 한중일은 자유무역협정(FTA) 민간공동연구, 황사 공동대응, 3각 항공셔틀 개설, 청소년 교류, 재난방지, 북핵문제 등을 논의해왔다.

한중일 3자간 협력의 상징은 한중일 정상회담이다. 1999년부터 ASEAN+3 정상회의 참석 기간에 3국 정상들의 회의로 시작하여, 2008년부터 3국 정상들은 순차적으로 돌아가면서 별도 회의체로 발전시켜, 3국 협력을 제도화한다는 측면에서 상징성이 높다. 2008년 12월 13일 일본 후쿠오카에서 개최된 1차 한중일 정상회담은 BESETO 3국 동반자 관계 공동성명을 발표하였으며, 한중일 3국 협력증진을 위한 행동계획을 통해 3국 외교안보 장관회의 및 차관보회의를 정례적으로 개최키로 하고, FTA 민간공동연구 심화 및 투자협정 체결교섭을 가속화하며, 재난관리협력에 관한 한중일 3국 공동발표문을 채택하였다.[14] 2차 한중일 정상회담은 2009년 10월 베이징에서 개최하여, 각국의 국내정치적 변화를 뛰어넘는 3국의

---

13) 김성환, "한중일정상회담, 동북아 미래 향한 새 이정표",『동아일보』, 2011년 5월 20일자.
14) 이영섭, "한중일정상회담, 정상회의 개최 정례화 합의", *Views and News*, 2008년 12월 13일자.

장기적 협력의지를 확인하는 계기가 되었다. 한중일 3국협력 10주년 기념공동성명과 지속가능개발 공동성명을 채택하였으며, 북핵 6자회담 조속재개 추진, 사이버 사무국 공식 개설, 항공분야 협력 및 3국 기업인 협의체(Business Summit) 개최, 수자원관련 장관간 협의체 설립 등에 합의하였다. 3차 회담은 2010년 5월 제주도에서 개최되었으며, 지난 10년 성과를 바탕으로 「3국 협력비전 2020」을 채택하였다. 상설 사무국을 2011년에 한국에 설치하고, 천안함 사태 등 안보관심사와 한중일 FTA에 대한 산·관·학 공동연구를 2012년까지 완료하며, 연내 투자협정을 체결하기로 합의하였다.[15] 4차 정상회담은 2011년 5월 22일 도쿄에서 개최되었으며, 후쿠시마(福島) 원자력발전소 폭발사고와 관련, 원전사고 시 세 나라 간에 정보공유와 자연재해대비 공동훈련 등 안전·재난관리협력을 강화하기로 합의하였다. 5차정상회담은 2012년 6월13일 북경에서 개회되었으며, 북한의 장거리 미사일 발사에 대한 유엔 안보리 의장설명 채택 평가와 추가 도발방지 등에 협력하기로 하였다.

한편, 한중일 FTA가 동북아평화안보체 구축에 미치는 함의에 주안을 두고 논의하려 한다. 한중일 FTA가 체결된다면 경제와 시장의 규모, 역내 수출입, 자본과 노동의 이동 등 경제와 통상을 넘어 정치와 안보적 차원에서 매우 중요한 의미를 갖게 된다. 자유시장과 지역경제 협력의 증대가 국가 간 분쟁을 줄이고 갈등을 관리할 수 있는 능력을 제고시킨다는 시장평화론자와 자유주의자의 주장은 양면성이 있다. EU에서 보는 바와 같이 지역경제통합이 그리스나 스페인 등 특정 국가들의 재정관리에 심각한 문제점이 오히려 회원국 전체에 영향을 미쳐 경제가 동반 추락하는 부정적인 면이 있다. 한편 새뮤얼 헌팅턴(Samuel Huntington)이 그의 저서 『The Clash of Civilization(문명의 충돌)』에서 주장한 아시아 경제성장은 국가 간의 정치적 불안정과 지역 내 세력균형의 변화를 초래하여 불안정과 갈등을 유발하는 측면도 있다. 그러나 2008년 월가에

---

15) 김호섭, "한중일 정상회의가 남긴 것", 『세계일보』, 2010년 6월 2일자.

서 시작된 글로벌 금융위기에 공동대처하기 위한 한중일의 재정위기관리 시스템 구축노력을 통해서 지역경제통합이 경제위기를 슬기롭게 극복해나가고 있는 측면에서 알 수 있는 바와 같이, 양면성이 있는 경제통합의 부정적 측면을 최소화하고 긍정적 측면을 극대화하는 노력이 요구된다.

한중일 FTA에 대한 각국의 입장에 대해 먼저 한국의 노무현 정부의 동북아중심국가론이나 균형자론에 대해 역내 강대국 간의 역학관계, 한국의 위상 및 능력 등을 고려하지 못하고 중국에 편중된 접근으로 당시에 의미 있는 성과를 거두지는 못했다는 평가를 내릴 수 있다. 그러나 중국의 급부상에 따라 동북아질서가 재편되고 있고 장기간 경색된 남북관계와 이명박정부의 미국 중시의 외교안보정책의 추진에서 오는 부작용을 겪고 있는 상황에서 오히려 동북아 물류의 허브로서 기능과 미중·중일 간 갈등을 완화하고 분쟁을 예방할 수 있는 화해협력의 촉진자(facilitator)로서의 한국의 역할과 사명을 예견한 것으로 평가될 수 있다. 이런 측면에서 미국과 중국 등 어느 한 나라만 잘 지내면 된다는 단선적 외교보다 미중과 다 잘 지내는 외교안보정책이 요구된다. 또한 작금 협의되고 있는 남북한과 러시아 간 가스파이프라인 건설 추진이나 중국의 장지투와 북한의 황금평 및 나진선봉, 러시아의 연해주를 아우르는 공동개발에 한국도 적극적인 참여를 통해 북한을 개혁 개방으로 끌어들이는 노력도 필요하다.

마지막으로 한중일 FTA를 추진하는 것만으로 중장기적으로 동북아지역의 평화와 안정에 긍정적인 파급효과를 가져올 것인가의 문제이다. 우리는 2010년 천안함·연평도사태를 통해서 안보, 군사적 신뢰구축을 위한 제도화 노력이 없이는 남북한 경제협력이 일순간 무너져 내린다는 것을 뼈아프게 체험했다. 한중일이 동북아지역 내 국가 간 분쟁을 예방하는 일에 진력해야 하는 이유다. 한중일 3국 간의 안보적 이해관계의 충돌을 예방하고, 충돌이 발생했을 때 이를 완화·조정할 수 있는 매개수단으로써의 공통이익의 창출이 필요하다. 예를 들어 인도적 재난구호, 자연재해 및 인공재해로 인한 대규모 재앙에 대한 공동 협력과 같이 각각의 안보에 상대적으로 덜 민감한 사안들에 대한 협력을 쌓아갈 필요가 있다. 이를 위해 한중일 전략·경제대화를 병행 추진하는 것이다.

2. 한미동맹 공동비전

이명박 대통령과 오바마(Barrack H. Obama) 미국 대통령은 2009년 6월 16일 워싱턴에서 개최된 한미정상회담 후 한미동맹 공동비전을 천명하였다. 양국정상은 21세기 안보환경에 보다 효과적으로 대처하기 위해 한미군사동맹을 포괄적인 전략동맹으로 발전시켜나가기로 합의한 것이다.

한미 양국이 포괄적 전략동맹으로 발전시켜나가기로 합의하게 된 배경에는 복합적인 요소가 작용하였다고 판단된다. 첫째, 한미 양국은 대한민국의 국력 신장과 국제사회의 격상된 위상을 고려할 때 한미군사동맹을 전략동맹으로 변환시킬 필요가 있었다. 둘째, 북한관리에 대한 한미 양국의 전략적인 접근이 필요했기 때문이다. 한동안 양국 정부는 북핵 등 군사위협, 북한 인권, 남북한 교류협력 등에 대하여 자국의 편의에 따라 인식을 달리하여 왔으며, 전술적으로 접근해왔다. 셋째, 한미동맹이 한반도의 변화된 전략 환경에 보다 주도적으로 대처하고 동북아의 불안정하고 불확실한 질서를 협력적 안보질서로 재편하는 데 있어서 견인차적인 역할을 수행하기 위해서다. 마지막으로, 한미가 동맹을 위한 공동비전을 천명하게 된 배경은 글로벌 외교를 추진하는 한국으로서 글로벌 네트워크를 보유하고 있는 미국을 활용하고, 미국으로서는 실패한 국가들(failed states)에게 비전과 소망을 줄 수 있는 민주주의 확산의 역할모델국인 한국과 함께 글로벌 파트너십을 확대할 필요가 있기 때문이다.

한미동맹 공동비전에서 제시하고 있는 안보분야의 핵심사항은 그동안 미국 주도의 한미연합방위체제에서 한국 주도, 미국지원의 연합방위체제 구축이며, 이러한 시스템은 2015년 12월 1일 전작권 전환으로 현실화된다.

특히 우리 군은 전작권과 연계하여 육·해·공군참모총장을 합참의장의 작전지휘하에 두고 육·해·공군본부와 작전사령부를 2014년까지 통합하는 상부지휘구조의 개편을 골자로 하는 국방개혁을 추진하고 있다. 각 군 총장이 작전지휘계선 밖에 있으나 국방부와 합참에 근무하는 장교들은 인사권을 행사하는 각 군 총장의 눈치를 보게 되어 합동성을 발휘할 수 없으며, 행정군대로 변질되어 이러한 체제로는 군사작전을 수행할 수 없다.

따라서 전시 직접 지휘하게 될 각 군 참모총장이 작전임무를 고려, 양병(養兵)하여 군사작전을 수행할 때 승리를 보장받을 수 있다. 예외적으로 공군의 경우, 한반도에서 운용되는 주력자산이 미국의 항공전력이고 이들의 다양한 실전경험을 고려할 때 공군본부 작전지휘본부장과 협조하여 미7공군사령관의 작전통제 하에 임무를 수행하는 방안이 효과적이다. 한미연합방위체제가 지각변동을 일으키고 있고, 미국과 더 이상 전작권 재협상이 불가능한 상황에서, 남에게 그리고 내일로 미루면서 어떻게 되겠지 할 사안이 결코 아니다. 합참의장과 미 한국사령관이 새로운 체제로 2012년부터 세 차례의 공동작전계획을 적용, 보완하는 시험기간을 거쳐 완벽하게 2015년에 전작권 전환을 추진해야 한다는 절박성을 인식해야 한다.[16]

한편, 한미 양국은 전작권 전환에서 중요한 기구로 편성될 동맹군사협조본부(AMCC, Alliance Military Coordination Center)의 역할과 임무 등을 발전시켜야 할 것이다. 한국은 전쟁목표와 전쟁수행전략, 전략상황

---

16) 정경영, "전작권 전환과 국방개혁의 절박성", 『국방일보』, 2011년 5월 13일자.

판단, 지휘관 의도를 발전시키고 이를 토대로 한미 간 긴밀한 협의를 거쳐서 실행계획과 명령들을 구체화시켜야 한다. 또한 한미 양국의 전략과 전력의 특성과 한계를 명확하게 인식하여 총체적으로 판단할 수 있는 시스템 구축과 능력있는 인재들이 포진되어야 한다.[17] AMCC의 한미 측 구성요원은 전략적인 식견과 연합작전 경험 그리고 친화력을 겸비하여야 한다. 특히 전작권 전환 이후 미군의 한반도 방어에서 주도적인 역할에서 지원역할로의 위상 변화는 미군 장병들에게 더욱 성숙된 대(對) 한국군 인식과 연합근무관이 요구된다.[18]

한미 양국은 북한의 핵에 완전하고 검증 가능한 폐기를 위한 정책공조와 병행하여 북한이 핵을 포기하지 않을 경우에 대처하도록 하기 위해 군사대비책이 강구되어야 한다. 2009년 6월 한미정상회담에서 양국 정상은 한미동맹 공동비전에 확장된 억제(extended deterrence)를 반영하였고, 제41차 SCM에서 미국은 확장된 억제력으로서 핵우산, 재래식 타격 능력 및 미사일 방어를 제공하기로 합의하였으며, 2010년 제42차 SCM에서는 확장억제의 실효성 제고를 위한 확장억제정책위원회를 제도화하는 데 합의하였다. 2011년 제43차 SCM에서도 '향후 확장억제정책위원회 활동 계획'을 승인하고 한미 확장억제수단운용연습(TTX) 등 향후 활동을 통하여 북한 핵 등 대량살상무기(WMD) 위협에 대한 효과적인 억제 방안을 제고시킬 수 있는 맞춤식 억제전략을 개발해나가기로 하였다.

또한 북한의 전통적 위협 못지않게 예상치 않은 북한의 우발사태에 한미는 공동 대비해야 한다. 김정은 권력승계의 불안정성, 피폐된 경제, 통제력 약화와 주민의 이탈 증가, 국제사회로부터의 고립 등으로 북한 내부에 군사적 대결이나 주민에 대한 대량살상 발생 사태는 한국

---

17) Bruce Bennett, "Making a Multinational Coordination Center Work after OPCON Transition: U. S. Perspective", unpublished paper.

18) Chung Kyung-young, "ROK-U. S. Security Cooperation Post-transition of Wartime Operational Control", "ROK-U. S. Strategic Dialogue", hosted by *Pacific Forum CSIS*, July 27-28, 2009, Hawaii.

에게 일대 도전이자 통일의 기회라는 양면성이 있다. 이러한 사태에 한국의 성공적인 군사개입을 위해서는 개성공단 체류 한국인들을 철수시키고, 미국과 협조하여 중국의 개입을 차단하기 위해 미7함대를 한반도 주변 해역과 동중국해에 전개하고, 대규모 북한주민의 한국 내 유입을 예방하기 위해 DMZ 이남 일대와 해안지역에 수용지역을 지정, 통제대책을 강구한 상태에서, 북한군과 북한주민을 분리하는 작전을 구사해야 할 것이다.[19]

특히, 한국은 민족자결주의원칙과 인도주의적 개입을 대내외에 천명하면서, 국제사회의 지지하에 북한 내의 내전사태가 대량살육과 지역분쟁으로의 확산을 막기 위해 개입함을 분명히 해야 할 것이다. 북한당국에 의한 주민의 소요 진압과정에서 유혈사태가 확산되어갈 때 유엔안보리에서 중국의 거부권 행사로 국민보호책임(responsibility to protect people) 권한을 발동하지 못할 수도 있으며, 발동할 경우에도 리비아 사태처럼 지상군을 투입시키지 않고 공습작전만을 수행하고 미국이 작전통제권을 NATO에 위임했던 시사점에 유념해야 할 것이다. 김정은 등 핵심세력을 제거하는 특수작전을 통해 주민통제 및 북한군의 지휘체제를 마비시켜야 한다. 미국 측에 오사마 빈 라덴 제거 특수작전 경험을 공유할 수 있도록 정보를 요청할 필요가 있다. 중국의 군사동향 및 북한 내부 동향을 파악하기 위해 미국과 정보협조는 필수적이다.

한편, 백두산 화산 폭발 시 낙진이나, 영변 핵시설 방사능 누출 등 비군사적 우발사태에 대비하기 위해서는 중국과의 협력체제를 강구하는 것도 바람직하다. 2009년 한중안보포럼에서 량광례 국방부장의 북한지역 재해재난 시 한중협력방안에 대해 전향적인 입장 표명을 한 것을 고려할 때 한미중 전략대화를 적극 검토할 필요가 있다.[20]

한미 전략동맹이 향후에도 한반도에서 전쟁을 억제하고, 억제 실패

---

19) 정경영, "북한 급변사태 시 한국의 대응전략", *Strategy 21*, Vol. 13, No. 1(Summer 2010).

20) 정경영, "한중안보협력의 방향과 추진전략", 『군사논단』 통권 제65호(2011. 봄).

시 군사작전에서 승리하여 통일민족국가의 성업을 달성하는 데 핵심적 역할을 수행해야 한다는 것에 하등의 변함이 없다. 동시에 한미 양국은 한미동맹 공동비전에서 천명한 자유민주주의와 시장경제원칙에 의한 평화통일에 기여할 수 있도록 해야 한다. 이를 위해서는 공동안보에 바탕을 둔 평화통일을 지향하는 발상전환이 요구된다. 남북한의 공동안보는 최소한 불가침조약 등 평화협정과 군비통제 및 군축을 바탕으로 해야 한다. 남북한의 상호인정과 주변 관련국에 의한 교차승인은 군비통제 및 군축과 밀접히 연관되어 있다.[21]

아태지역 국가 간에 상호존중, 신뢰구축, 투명성을 유지해나가기 위해서는 한미가 공동의 리더십을 발휘하여 신뢰구축을 위한 기존의 안보국방대화를 포함한 조치들을 지속적으로 확대해나갈 필요가 있다. 한미는 지역 내 협력안보질서를 재편하는 데 기여할 수 있는 강점을 보유하고 있다. 한국은 북한과 군사대화 채널구축, 역내 모든 국가와 전략대화,[22] 고위급 국방인사들 간의 상호방문, 공동수색 구조훈련, 국방무관 파견, 자매결연, 핫라인 등 다양한 네트워크를 구축하고 있다. 미국도 동북아협력대화(NEACD, Northeast Asia Cooperation Dialogue), 아태지역 국가들의 합참의장단연례회의(CHOD, Chiefs of Defense)를 주관하여 지역 내 안보 공동관심사에 대해 대화를 축적해왔으며, 미국 태평양사는 재해, 재난에 대비한 다국적 계획수립 증원팀(MPAT, Multilateral Planning Augmentation Team) 연습을 주관하여 쓰나미 발생 시 신속한 대처 등 초국가적 위협관리 메커니즘 구축에 노력해왔다. 또한 아태안보문제연구소(APCSS, Asian Pacific Center for Security Studies)는 아태지역

---

21) 함택영, "한국 외교안보정책의 과제와 접근방법: 미중관계, 한미동맹, 한반도 평화체제", 서울대학교 정치외교학부 주관 구영록 교수 10주기 추모 학술대회 발표 논문, 서울대학교, 2011. 5. 20; 힐러리 클린턴 미국 국무장관은 2009년 11월 19일 스티븐 보즈워스 대북정책 특별대표의 12월 8일 방북과 관련해 북한이 비핵화 약속을 이행한다면 북미관계 정상화와 정전협정을 대체할 평화협정 체결 등을 검토할 수 있다고 밝힌 바 있다. "美 · 北, 6자회담 복귀 암시…관계정상화 검토용'", 『노컷뉴스』, 2009년 11월 21일자.

22) 2008년 이명박 대통령은 중국 및 러시아와 정상회담을 통해 전략적 협력동반자 관계로 발전시켜나가기로 합의하고 양국 외교부간 전략대화를 추진하기로 하였다.

국가들의 외교안보분야 전문가와 현역군인들에게 다양한 프로그램을 제공함으로써 안보협력증진을 위한 활동을 활발히 전개해왔다. 아태국가들이 참가하는 태평양연안(RIMPAC)훈련, 태국에서 실시해온 코브라 골드(Cobra Gold)훈련 등 아태지역에서 다자간 연습 및 훈련도 지역 내 안보, 군사적 신뢰구축에 기여해왔다.

따라서 한미 간의 강점을 적극 활용, 우선적으로 초국가적 위협에 공동대처하기 위한 역내 안보협력의 제도화에 리더십을 발휘할 필요가 있다. 금번 동북아 역내의 모든 국가는 일본 동북부의 지진, 쓰나미, 원전폭발로 자유로울 수 없기 때문에 초국가적 위협에 대해 공동의 위협 인식을 통해 희생을 최소화할 수 있도록 사태 발생 시 대응하기 위해 동북아 다국적 신속대응군을 편성, 운영할 필요가 있다.

한미동맹 공동비전에서 제시하고 있는 글로벌 차원에서 대비방향은 대 테러, 대량살상무기 확산방지, 해적에 공동 대처하고 분쟁과 기근, 독재 등으로 실패한 국가에 평화유지, 전후 안정화작전, 개발지원을 통한 협력을 증진하는 데 있다. 21세기는 테러와의 전쟁으로 불리고 있다. 테러는 인종·종교·민족적 동기에 의해 개인이나 집단 또는 국가가 폭력을 사용하여 상대방을 공격, 위협함으로써 심리적 공포감을 유발하여 정치·경제·사회·종교적 신념을 달성하는 행위를 지칭한다.[23]

대량살상무기 확산방지구상 PSI(Proliferation Security Initiative)은 WMD 및 미사일 반확산(counter-proliferation) 차원에서 2003년 5월, 조지 부시 미국 대통령의 제안으로 발족되어 현재 미국을 포함한 일본, 호주, 영국 등 94개국이 참여하는 국제안보 레짐이다. 북한이 2009년 5월 25일 2차 핵실험을 단행함에 따라 한국은 5월 26일에 북한의 대량살상무기와 미사일 확산이 세계평화와 안정에 미치는 심각한 위협에 대처하기 위해 PSI에 전면 참여하였다. 한미 군 당국은 공해상에서 미사일과 핵물질을 적재한 것으로 의심되는 북한 선박 검색 등 무력충돌 가능성이

---

23) Zbigniew Brzezinski, *The Choice: Global Dominance or Global Leadership*. New York: A Member of the Perseus Books Group, 2004.

있는 사태별 예상시나리오와 대응계획을 발전시켜야 할 것이다. 2010 년 10월, 한국이 주최, 부산 앞 바다에서 실시한 'Eastern Endeavor 2010 PSI 연습'은 대량살상무기 확산방지를 위해 중요한 진전으로 평가된다'.

한미뿐 아니라 국제사회의 해상경제활동에 가장 위협적인 국제범죄 중의 하나는 해적이다. 특히 소말리아의 아덴만 일대의 해적과 말라카 해협 일대에서의 해적은 심각한 위협이 되고 있다. 한국도 2009년 3월 31일, 해군 최초로 전투함인 청해부대가 파병되어 소말리아 아덴만에서 상선보호와 국제해양안보를 위해 해적퇴치 임무를 수행해왔다. 한국군은 미군과 함께 다국적군 기동부대의 일원으로 보다 원활한 대(對) 해적 작전임무수행을 위해 정보공유, 식량 및 유류를 포함한 전투근무지원 등 협조체제 구축이 필요하다. 또한 대 해적작전을 위해서는 함상헬기 이착함, 고속단정 인양, 강하능력을 숙달해야 할 것이다.[24]

특히 한미 양국은 제3세계 국가들에게 한국의 자주·자조·자립의 새마을 운동을 통한 국민교육과 경제발전, 민주화, 정보화 인프라 구축 등의 국가발전 모델을 미국의 기여외교전략 모델과 연계시켜 추진하는 전략을 개발할 필요가 있다. 특히 분쟁과 가난, 독재에 시달리는 국가들은 미국이나 중국보다 오히려 식민통치, 분쟁, 가난, 독재를 경험했음에도 경제발전과 정치민주화를 달성한 대한민국에 대해 보다 호의적이다. 또한 이라크에 파병되었던 자이툰부대와 아프간에 파병 중인 오쉬노부대의 평화재건 작전경험 즉 지휘체제, 정보공유, 전투근무지원, 현지 지역주민과의 협력 체제 구축 등의 노하우는 한미 간 글로벌 파트너십 발휘에 중요한 시금석이 될 것이다.

---

24) "청해부대, 연합해군 임무완수에 큰 기여", 『국방일보』, 2009년 12월 3일자.

IV. 갈등완화·협력증진 전략구상: 동북아 안보협력체

냉전이 종식된 지 20년의 세월이 지났으나 동북아는 여전히 뿌리 깊은 역내 국가 간의 불신, 이질적인 이데올로기, 적대적 민족주의, 국력의 격차, 군비경쟁, 남북한 간 무력충돌, 영토 및 자원분쟁, 북한 핵, 무역불균형 등 협력을 제한하는 요소가 엄존하고 있다.[25]

한편, 지역 내 한미, 미일, 북중 간 쌍무동맹이 존속되어 있는 안보구도만으로는 이러한 제한요소를 극복하는 데 한계가 있으며, 역내 안보협력체 구축이 대안일 수 있다. 특히 재해재난, 국제범죄, 전염성 질병, 지구온난화, 환경오염 등 초국가적 위협은 특정 국가 단독으로 해결할 수 없으며, 동북아 역내 국가 모두가 공동으로 대처해야 해결이 가능하다. 그러나 동북아지역은 다자간 안보협력이 바람직하지도 않고 불가능하다는 회의적 시각이 학계는 물론 정책입안자, 일반인들 사이에 광범위하게 확산되어 왔던 것이 사실이다.

1. 안보협력체 구축의 필요성

동북아 안보협력체의 창설이 필요한가에 대한 목적과 이유는 분명하다. 이미 논의한 바와 같이 동북아 역내 국가들이 탈냉전시대에 갈등과 대립의 냉전적 안보질서를 상호존중과 화해의 협력적 안보질서로 전환하는 데 공동의 노력을 하지 않는다면 적대감정과 군비경쟁이 지속되고 있는 한 무력충돌로 비화될 가능성을 배제할 수 없다. 세계에서 가장 빠른 속도로 경제발전과 번영을 구가하고 있는 동북아지역 국

---

25) Chung Kyung-young, "Building a Security Regime in Northeast Asia: Feasibility and Design", Ph. D, Dissertation, University of Maryland, College Park, 2005; "동북아 안보협력체 미래 비전", 동북아공동체연구회 및 다롄인민민족연구소 공동주최 세미나, 2011. 9. 30, 중국 다롄.

가들이 상호불신이 증폭되어 오판에 의해 지역분쟁이 발생한다면 힘들게 쌓아온 번영은 일순간 무너져 내릴 수 있다.

따라서 현재 동북아지역 내 국가들 간에 상호신뢰 구축을 위해 어떠한 노력을 하고 있는가를 직시할 필요가 있다. 특히 북한의 끊임없는 무력도발과 중국의 부상에 따라 불안정과 불확실성이 증대되는 상황에서 미국의 적극적이고 지속적인 역내 역할이 요구됨과 동시에 협력을 촉진시킬 수 있는 다자간안보협의체 구상과 이를 제도화시키는 것이 필요하다.[26] 또한 쌍무동맹체제로는 동북아의 자연재해, 북한의 수위와 강도를 달리하는 도발, 자유무역, 에너지 협력, WMD확산, 지구 온난화 등 역내 이슈들을 해결할 수가 없다. 기존의 다자간안보군사대화체가 운용되고 있으나 이러한 대화체만으로는 민감한 문제를 해결하는 데 한계가 있다. 기존 안보대화가 외교부 주도로 진행되다 보니 실질적인 논의가 안 되고 있으며, 이해관계 상충으로 Track 1.5 및 2.0 수준에 머물고 있다. 또한 동남아와 동북아국가들이 참여하는 아세안지역 포럼(ARF)이 운용되고 있으나 문화적으로 이질적인 국가들이 혼재하고 논의 주제 측면에서 한반도 문제 등 동북아 공동 관심사를 집중적으로 논의하기에는 한계가 있다. 또한 ARF의 제한사항은 아세안국가들이 주도하는 안보협의체로 동북아국가들은 보조적 위치에 불과하며, 전원합의제와 신속대응군을 보유하지 않음으로 인해 동티모르 사태 시에 이렇다 할 대응을 하지 못한 점은 중요한 교훈이 아닐 수 없다.

따라서 동북아 안보협력체 구축을 위해 역내 국가 상호간 불신과 적대감 해소를 할 수 있도록 끊임없는 대화와 협력의 창구를 제도화할 필요가 있다. 동시에 ARF 운용의 한계 등 시사점을 고려하여 동북아 안보협력체 구상이 절실하다.

---

26) Bates Gill, Michael Green and Kiyoto Tsuji, William Watts, *Strategic Views on Asian Regionalism Report Release*, Washington DC: CSIS, February 2009.

2. 동북아 안보협력 레짐

　동북아지역 내 다자간안보협력을 구체화하기 위해서는 궁극적으로 제도화[27]를 통해서 가능하다. <그림 1>에서처럼 동북아 안보협력체의 구상은 협의기구로 역내 정상회담, 정치위원회, 군사위원회를 두고 산하 사무국과 안보협력센터와 다국적군사령부를 편성할 수 있을 것이다.

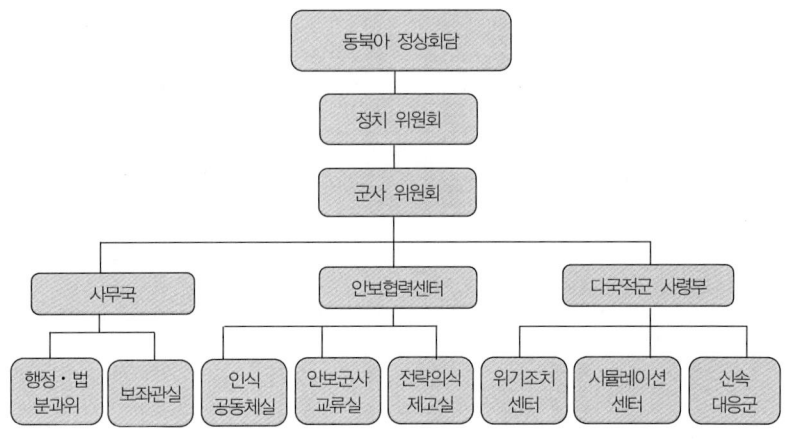

〈그림 1〉 동북아 안보협력체 구상

　정상회담에서는 초국가적 위협, 군사적 신뢰구축 등 다자간 안보협력 이슈에 공동 대처하기 위한 정책방향과 전략지침을 협의한다. 정치위원회에서는 정상회담에서 합의한 사항, 예컨대 초국가적 위협이 발생할 때 장관급 정치위원회를 소집하여 신속대응군 전개 시 임무를 하달한다. 정치위원회에서 신속대응군의 규모를 결정하면, 회원국이 군사위원회를 소집하여 우발사태에 대응하기 위한 연합합동특수임무부대

---

27) EU 국가들이 유로군단을 창설하고, AU(아프리카연합)이 1만 5천 명 규모의 신속대응군을 창설하였으며, 영국과 프랑스 간에 50년 군사동맹을 체결, 양국이 각각 5천 명으로 편성된 연합원정군을 창설, 단일 지휘사령부를 창설하여 PKO, 구조작전, 전투활동을 수행하기로 합의한 것은 동북아국가들에게 시사해주는 바가 크다. 전병근, "영원한 숙적 영불 50년간 군사동맹 체결", 『조선일보』, 2010년 11월 4일자.

(CJTF) 창설, 지휘구조를 발전시킨다.

사무국에서는 행정·법분과위원과 사무국장 보좌관실을 운용하고, 안보협력센터는 정책입안자, 국회의원, 안보전문가, 다국적 기업인, 국제부 언론인 등으로 구성된 인식공동체를 운용하며, 다자간 안보군사 교류 협력 프로그램을 발전, 시행하고, 동북아 차원의 전략적 안보의식 고취 콘텐츠를 개발하여 시행한다.

특히 2011년 3월 11일, 일본 동북부에서 발생한 쓰나미와 원전사고처럼 재난 발생 시 특정국가의 재해, 재난으로부터 자유로울 수 없기 때문에 공동의 위협인식을 통해 희생을 최소화할 수 있도록 사태 발생 시 대응시스템을 구축하는 것이다. 다국적군사령부를 창설하고 산하에 위기조치센터, 시뮬레이션센터, 국가별 신속대응군을 지정, 운용하는 방안이 고려될 수 있다.

위기조치센터는 재난구조작전의 핵심인 재난 징후를 조기에 포착하고 전파할 수 있도록 국가 간, 신속대응군 간 정보를 공유할 수 있는 인프라를 구축해 조기경보체제를 가동시키는 것이다. 시뮬레이션센터는 동북아에서 예상될 수 있는 다양한 초국가적 위협 시나리오를 발전시켜 신속대응군 사령부에 파견된 요원들의 절차 훈련을 하는 것으로 위기 대처능력을 배양하는 것이다. 마지막으로 우발사태가 발생할 경우 신속대응군을 지정, 신속하게 전개해 재난구조작전에 임하도록 하는 안이다. 한국의 경우는 3,000명 규모의 PKO 상비군체제를 활용할 수 있을 것이다. 특히 조기경보 능력과 전략적 수송 자산을 보유하고 있는 주한·주일미군의 참여는 역내 국가 간 우호적인 안보협력증진에도 기여할 것이다.[28] 한중일정상회담에서 합의하여 2011년 9월 서울에 설치한 협력사무국을 모체로 안보분야뿐 아니라, 경제, 환경, 문화 등 기능분야별로도 발전시킬 수 있을 것이다.

---

28) 정경영, "동북아 다국적 신속대응군 만들자", 『중앙일보』, 2011년 3월 16일자.

3. 추진전략

다자간안보협력체를 구축하기 위해서는 기본원칙이 필요하다. 먼저 안보레짐은 현존하고 있는 쌍무동맹을 대체하는 것이 아닌 보완적 기능을 수행하며, 한미동맹과 미일동맹은 물론 북중동맹도 새롭게 구축될 안보레짐과 함께 존속하도록 한다. 그러나 특정국가나 블록을 공동의 위협으로 상정하지 않는다. 따라서 다자간 연습훈련도 전통적인 군사위협에 대비하는 연습을 배제하고 테러, 전염성 질병, 해적, 재해재난, 해상공동 수색구조훈련, 비전투요원후송 등 비전투 시나리오에 입각해서 실시되어야 하며, 레짐은 다자간 협력에 주안을 두기 때문에 쌍무 간 갈등 및 분쟁이슈를 포함시키지 않는다.

동북아안보협력체 구축을 위해 다중적 접근전략을 구사할 수 있을 것이다. 추진방향으로 Top-Down 방식으로 APEC, ASEAN+3, 아시아정상회의(EAS) 등 국제회의에서 동북아정상회의와 외교부장관을 중심으로 정치위원회회의의 신설 및 상설화를 제안한다. 동시에 동아시아 국방장관회담인 샹그릴라대화에서 군사투명성 제고와 신뢰구축을 위한 동북아 국방장관회담을 제안한다. 기존 대화체를 활용, 확대하여 대화의 습관을 축적한 후 동북아 다자안보협의체를 제도화한다는 전략이다. 또한 개인자격의 현직관료와 전문가로 구성된 Track 1.5에서 정부관료가 공식적으로 참여하는 Track 1로 발전시켜나갈 수 있을 것이다.

또한 동북아 평화와 안정을 위한 PKO·대 테러 센터 및 훈련장 설립을 추진할 수 있을 것이다. 평화유지 및 대 테러 협력을 위해 교육훈련과정에 대한 정보공유와 전문인력을 양성하고 평화유지 및 대 테러 연합훈련을 실시한다. 재난구조협력을 위해서 관련정보 공유와 훈련교관을 편성하여, 전문교육과정을 공동개설하고, 재난구조 훈련자산을 공동 활용한다.

참가국은 남북한, 미, 일, 중, 러, 몽고 등 7개국으로 하되 북한이 참여를 거부할 경우는 6자로 하고 6자회담의 틀을 이용하도록 한다. 지역안보협력을 어떻게 진전시켜 나갈 것인가 하는 문제는 실현가능한 것부터 시행하면서 단계적으로 어려운 분야를 시행하도록 한다. 어젠다는 초국가적 위협 공동대처 방안, 다자간 군사적 신뢰구축 방안, 군축 등을 들 수 있다. 상호협력의 실질적인 진전과 레짐 구축을 위한 규범을 제도화하기 위해 실무전략기획단을 구성하여 규범과 원칙, 규정과 의사결정 절차를 발전시켜 단계적인 제도화 추진한다.

V. 한국의 안보전략

1. 통합된 안보시스템 구축

중국의 부상에 따른 동북아 안보질서가 재편되고 있고 북한의 예상되는 개별적 또는 복합적 도발에 대처하기 위한 우리의 안보전략과 대응태세를 어떻게 확립해야 될 것인가. 첫째, 국가안보회의(NSC, National Security Council)를 복원하여, 국가안보전략 발전, 전쟁지도, 위기관리, 전략·정책조정 기능을 대폭 강화해야 한다. NSC는 실무와 이론을 겸비한 안보·외교·대북전문가와 정책경험을 갖춘 요원들을 균형 있게 중용하는 것이 필요하다. 청와대, 외교·국방·통일부와 국정원 등 외교안보 유관부서 요원들과 전문가들이 참여하여 정례적인 정책조율과 대응책을 강구하는 방안도 검토할 수 있을 것이다. 또한 위기관리 메커니즘에 대한 전면적인 개혁이 요구된다. 북한의 하이브리드 위협과 도발 유형을 재판단하여 북한의 도발 유형에 따른 한국의 대응목표와 전략을 수립하고, 필요한 수단을 구비시키면서 동시에 위기관리체계의 효율적인 작동방안을 발전시켜나가야 한다. 또한 콘트롤타워의 기능을 담당할 위기관리 통제기구를 상설화하고 행정안전부의 재난안전관리국을 대통령 직속 또는 총리실 산하 비상기획위원회로 복원시켜 비상시 민간인 통제, 동원체제 문제 등의 업무를 총체적으로 정비해야 한다. 문제는 최근 신설한 청와대 대통령실 내 수석급에 해당하는 위기관리 실장과 외교안보수석 그리고 안보특보의 역할분담이 이루어진다고 하나 자칫 혼란을 가중시킬 수 있다는 점을 지적할 수 있다. 외교안보와 위기관리를 분리해서 접근할 수 없기 때문이다.

둘째, 정부 지도자들이 위기관리에 효과적으로 대처할 수 있도록 범정부 차원의 정치-군사연습(Pol-mil Game)을 통해 외교안보관련 고위공직자들의 위기관리 능력을 배양할 필요가 있다. 또한 신속한 커뮤니케이션 체계를 확립하기 위해 도발유형별로 주무부서, 대응원칙, 대응중점, 대국민 전파사항, 유의사항 등을 설정하여 공식발표 주기를 최대한 단축하여 국민과의 전략적 커뮤니케이션을 주도할 필요가 있다.

마지막으로 북한의 직접적이고 증대된 위협에 대비하는 데 따른 국방비 증액이다. 2005~2011년 정부예산을 분석했을 때 이명박 정부 시기인 2009~2011년의 연평균 국방비 지출 증가율은 5.6%로 같은 기간 전체 예산의 총지출 증가율 6.4%보다 0.8% 포인트 낮은 수준이다. 반면 참여정부 시기인 2005~2008년 예산에서 국방비 지출 증가율은 8.0%로 전체 예산의 연평균 총지출 증가율 7.4%로서 0.6% 상회하고 있다.[29] 천안함 및 연평도 사태로 국가안보가 일대 위기에 직면한 2010년도에 대통령은 국방비 증액의 필요성을 국민에게 설득하여 연평균 예산증가율보다 높은 국방예산을 책정했어야 했다. 그러나 현 정부 출범 이후 긴축예산이라는 명분으로 전력증강 사업이 차질을 빚어왔다는 점이다. 글로벌 금융위기와 교육, 복지 분야 등의 소요증대로 2011년도 국가예산 309조 1천억 원 중 국방비는 10.12%인 31조 4천억 원을 책정하였다. 직접적인 위협을 받고 있는 이스라엘과 터키의 국방비가 GNP 대비 각각 9.5%와 5%인 것과 달리 한국은 2.7~2.8%에 머물고 있는 실

---

29) 양정권, "MB정부 국방비 年5.6% 증가…참여정부는 8.0%", 『머니투데이』, 2010년 11월 29일자.

정이다. 국방예산 증액이 실질적으로 이루어져야 할 이유다.

2. 자위권 발동과 군사역량 강화

북한의 향후 도발에 추호의 실기를 함이 없이 완벽하게 대처하기 위해서는 우리 군 장병들의 정신이 살아 꿈틀거려야 하고 취약분야의 전력증강이 시급히 해결되어야 한다. 첫째, 우리 군이 무기력으로부터 떨쳐 일어서야 한다. 북한은 한국전쟁 이후 수많은 정전협정 위반과 테러를 자행해왔음에도 국군은 이렇다 할 무력응징 보복을 하지 못하였기 때문에 북한군에 휘둘림을 당해왔다. 왜 국군은 북한의 도발에 대해 이처럼 무기력했을까. 평시에 국방의 주체인 합참이 국가 명운이 달려 있는 전시에는 연합사가 주도한다는 현실은 대한민국의 정치·군사지도부의 의식에 스스로 일어서야만 된다는 절박성에 둔감하여 의타적 안보관을 갖게 했다. 특히 북한 도발 시 확전을 방지하기 위해 유엔사가 발전시킨 동종 동량의 비례성의 원칙인 교전규칙이 한국군의 행동을 구속하는 측면도 있음을 간과해서는 안 된다. 2010년 두 차례의 기습적인 북한의 도발을 겪으면서 더 이상 의타적인 국방태세는 설자리가 없으며, 우리 군이 국민의 생명과 재산을 지키는 본분을 행동으로 보여주는 길밖에 없다.

둘째, 만일 향후 북한의 도발에 대해서도 신중을 기한다는 이유로 실기하여 즉각적인 자위권 행사를 하지 못한다면 현 정부의 존립자체와 우리 군의 존재 이유가 국내외적으로 심대한 도전을 받는다는 것을 명심해야 한다. 사실상 우발적 충돌 시 확전을 방지하기 위해 적용되는 교전규칙을 북한의 의도된 도발에 대해서도 적용해야 될 것인가는 별도의 문제이다. 우리 군은 유엔사와 사전 협의를 통해 북한의 의도된 도발에 대해 무력 응징보복인 자위권 행사를 존중한다는 원칙에 합의해야 한다. 자위권은 유엔헌장 제8조, 제네바협정, 헤이그조약 등에 의해 보장되는 것으로 연평도 포격처럼 계획적인 한국 영토를 조준 공격하고, 민간인 거주 지역을 공격하였으며, 대량살상용 방사포탄을 사용하는 등의 의도된 공격유형으로 보아 유엔헌장 제2조 4항, 로마규약 제8조에 저촉되는 전쟁범죄[30]에 대해서는 당연히 자위권을 행사했어야 했다. 군은 이미 국방장관 주관 전군지휘관회의를 통해서 북한이 재도발할 경우 각급 지휘관이 '선(先) 조치, 후(後) 보고' 개념으로 자위권을 행사하라는 내용의 지휘지침을 하달한 바 있다. '북한의 도발을 최대한 억제하되, 도발 시에는 예하 지휘관에게 자위권 행사를 보장해 적 위협의 근원을 제거할 때까지 강력히 응징하라'고 지시하였다.[31] 대한민국 영토를 유린한 침략행위인 연평도 화력공격으로 북한의 무력도발 억제가 실패하였다면, 더 이상 억제논리가 설 자리가 없게 되었다. 따라서 국군은 남북한 무력충돌 시 승리함으로써 조국과 국민에게 존재의의를 밝히는 길밖에 없다.

셋째, 강한 정신력이 강군의 제1조건이며, 군에 대한 국민의 신뢰, 군의 사기, 작전기강, 준비태세가 확립되고, 취약전력 증강이 시급히 해결되어야 한다. NLL은 타협할 수 없는 전략적 요충지로 수도권 방어에 핵심임을 직시하여, 서북도서방위사령부[32]를 창설하여 지휘체제를 일원화하고, 필요 시 공세기지로 운용하는 방안을 검토할 수 있을 것이다. 정보담당자뿐 아니라 전 간부의 정보판단 능력을 제고시키는 문제,

---

30) 북한 관련 시민단체 모임인 반인도범죄조사위원회는 북한의 연평도 포격 도발과 관련, 북한 김정일 국방위원장과 당 중앙군사위 부위원장인 후계자 김정은을 '전쟁범죄' 등의 혐의로 국제형사재판소(ICC)에 고발하기로 했다. 김효정, "反 인도위, '김정일 부자 국제형사재판소 고발'", 『연합뉴스』, 2010년 12월 28일자.

31) 김관진 국방부장관, "북 재도발 시 자위권 행사, 강력 응징하라", 『국방일보』, 2010년 12월 8일자.

32) 우리 군은 2011년 6월 15일 서북도서방위사령부를 창설하였다. 서방사사령관은 해병대사령관이 겸직하지만 현 해병대사에서 정보·작전처의 인력이 보강되고 화력처와 해상·항공지원작전본부를 새롭게 편성해 서방사 기능을 수행할 수 있도록 했다. 특히 서방사에는 해병대 장교들만 보직한 것이 아니라 육·해·공군을 망라하는 참모단을 편성해 합동작전 수행능력을 대폭 보강한 것이 두드러진 특징이다. 김성만, "서북도서방위사령부 창설에 부쳐", Korean Security Net, http://www.konas.net/article/article.asp?idx =25756 (검색일: 2011. 8. 14).

경계와 감시체제를 강화하고, 해상전력을 포함한 타격전력은 물론 북한의 포병을 무력화시킬 수 있는 대 화력전 수행능력을 대폭 증강시키는 등의 총체적인 조치가 이루어져야 한다. 글로벌 호크, 공중급유기, 무인항공기, 공중조기경보통제기(AWACS, Airborne Warning and Control System), 해상초계기 등의 조기경보 및 실시간 전장감시와 대잠전력, 합동직격탄 등의 타격자산을 조기에 확보해야 할 것이다. 평시에 우리 군이 정찰감시 능력을 보유하지 못할 경우 이 나라를 똑바로 지킬 수 없다.

3. 단선외교에서 다변외교를 통한 국제협력

위기를 효과적으로 관리하기 위해서는 미국과 중국은 물론 유엔을 아우를 수 있는 국제협력이 요구된다. 대통령은 물론 이를 보좌하는 NSC 차원에서도 미국과 중국에 대한 깊은 식견과 인적 네트워크를 갖고 있는 인물이 외교안보전략을 구사해야 한다. 천안함 및 연평도 사태와 같은 중요한 안보 이슈가 발생했을 때 과연 유리한 안보환경을 조성하기 위해 얼마나 진지하게 노력했는가를 되돌아볼 필요가 있다. 미국은 물론 중국은 이 사안에 대해 어떻게 인식하고 접근하고 있을 것인가에 대해 심도 있는 정치-군사연습(Pol-mil Game)을 통해 숙의하여 대중협의 방향이 설정되면 밀사를 파견, 중국 측의 입장에 대해 의견을 들어보는 등의 보다 적극적인 접근이 필요하다. 중국의 자존심에 상처를 주지 않으면서 그들의 의견을 수용하지 않는다 하더라도 사전 공감대를 형성해나갈 필요가 있다. 본의 아닌 오해로부터 오는 불신과 실망을 최소화하면서 중국으로 하여금 정확하게 한국의 입장을 이해하게 함으로써 대북관계나 유엔에서 우리 이익에 반한 행동을 하지 않도록 섬세한 외교가 요구된다.[33]

---

33) 2011년 2월 24~27일 베이징에서 익명의 전·현직 한중 외교관 및 안보전문가들과의 인터뷰를 통해서 느낀 필자의 시각이다.

기존의 한국정부와 상당수의 한국인들은 미국과 중국 중 어느 한 나라와의 관계만 잘 지내면 된다는 생각을 해왔다.[34] 이른바 양자택일적 발상으로, 진보정부 시절에는 친중적인 성향이 강했고 대미자주외교를 주창했는가 하면, 이명박정부는 한미관계만 잘하면 만사형통이라고 생각하는 경향이 있다. 이러한 편향된 발상은 바람직하지 못하다. 한국의 국익은 미국과 중국이라는 거대 강국과 국력을 구성하는 안보, 경제, 외교, 문화 등의 제반 분야에서 상호 역학관계에 의해 이루어지기 때문에 양개 국가 중 어느 한 나라라도 그리고 어느 한 분야에서라도 소홀히 하면 대한민국에 악영향을 주기 때문이다. 왜 한국은 미국은 물론 중국과도 함께 잘 지낼 수 있다고 생각하지 못하는가.

중국의 존재감이 분명히 작동된 천안함 및 연평도 사태를 통해서 중국과의 관계설정을 어떻게 할 것인가가 한국의 중요한 외교안보 과제가 아닐 수 없다. 향후 중국과의 안보협력을 강화하는 프로그램을 적극 개발하여 실행에 옮길 필요가 있다. 중국과 갈등과 마찰을 최소화할 수 있도록 교류협력을 활성화시켜야 한다.[35] 초급간부로부터 군고위층 인사에 이르기까지 다양한 상호방문의 정례화, 한중 장교들의 군교육기관의 위탁 및 수탁교육 확대, 양국 간 육·해·공군부대 간 자매결연 등을 들 수 있을 것이다. 한중일 정상회담에서 합의하여 2011년 9월, 한국에 설치한 협력사무국은 재해재난에 공동대처하기 위한 3국간 협력체제를 강화하고, 한, 미, 중, 일이 함께 참여하는 공동수색구조훈련과 대해적 연합훈련을 추진하는 등 다자간 안보협력 프로그램을 개발하여 실행할 수 있는 유의미한 창구가 될 수 있을 것이다.

한편 한미동맹을 지속적으로 유지하면서 패권을 추구하는 중국의 방자함을 견제하기 위한 방안으로 한중일 공조체제를 강화하는 방안을 고려할 수 있을 것이다. 자칫 북중러가 이에 맞서 동북아에 신냉전체

---

34) 정경영, "한중안보협력의 방향과 추진전략", 『군사논단』, 통권 제65호, 2011년 봄.

35) International Crisis Group-New Report, "China and Inter-Korean Clashes in the Yellow Sea", Beijing/Seoul.Brussels, January 27, 2011.

제로 비화될 가능성이 있음을 유념하여 한미일이 참여하는 실병력 기동훈련[36]보다 북한을 두둔하는 세력인 중국을 끌어들여 한미중일이 참여하는 해상훈련을 추진하는 방안을 검토할 수 있을 것이다. 이는 북한으로 하여금 중국을 믿고 또 다른 도발을 자행하지 못하게 하는 전략적 억제에 기여할 수 있을 것이다.[37]

VI. 결론

한반도 평화는 북한을 압도할 수 있는 전략을 구사하면서 남북관계를 관리하고, 동시에 유리하고 안정된 안보환경을 조성하기 위해 미국과 중국을 동시에 우호적으로 아우를 수 있는 외교안보역량을 발휘하면서 국제협력에 빈틈이 없을 때 가능하다. 이때 비로소 우리 민족의 염원인 통일도 달성할 수 있다. 한반도 문제의 이중성을 간파하면서 대한민국의 국가전략을 수립, 추진해야 하는 이유다.

동북아의 불안정한 요소를 극복하고 항구적 평화와 안정을 지향하는 새로운 안보환경을 조성하는 것은 동북아 역내 국가들의 시대적 과제이다. 동북아에서도 불신과 갈등의 냉전적 안보질서를 화해와 상호존중의 협력안보질서로 재편하는 것이 자국의 안보에 보다 효과적이며 재원이 적게 소요됨은 물론 역내 국가들의 공동번영에 기여할 수 있다. 유럽은 물론, 아프리카까지도 신속대응군을 창설하여 자연재해 등 초국가적 위협에 공동대처하기 위해 다자간안보협력을 제도화시키고 있다. 특히 세계에서 가장 역동적으로 역내 국가 간의 교역과 직접투자를 통한 경제적인 상호의존성이 심화 발전되면서 지속 가능한 경제성

---

36) Balbina Y. Hwang, "The Implications of China's Active Defense Strategy", PacNet #16A, March 11, 2011.

37) Shen Dingli, "Building Regional Stability on the Korean Peninsula: A Chinese Perspective", News Letter, *Center for US-Korea Policy*, January 2011, Vol. 3, No. 1.

장을 주도하는 동북아이다. 또한 지식정보시대를 선도하는 인재육성을 위해 높은 교육열과 세계최고수준의 인터넷 보급률을 자랑하는 동북아이자 역내 국가 간 문화교류와 여행객과 유학생이 급증하는 동북아, 중국의 쓰촨과 일본 동북부에서 발생한 지진이 발생했을 때 역내 국가들이 발휘했던 공동체 의식 등의 제반요소들은 동북아국가들이 유럽이나 아프리카 못지않게 지역 내 안보협력체를 구상하여 제도화시킬 수 없다는 것은 어불성설이다. 문제는 누가 사명감과 비전, 역사의식을 갖고 이러한 역할을 주도적으로 이끌어갈 것인가가 관건이다.

미국이나 중국이 동북아 안보협력에 주도적인 역할을 하기에는 서로가 선뜻 받아들이기가 부담스럽다. 쇠퇴하는 경제력과 신뢰 추락으로 일본이 미중 간 중재자 역할을 하는 데 한계가 있다. 유럽 중심인 러시아가 동북아의 화해협력의 견인차 역할을 하기에는 지리적으로 멀리 이격되어 있다. 새로운 대안으로 등장하고 있는 대한민국이 동북아 역내 국가 간 갈등을 완화시키고 충돌을 예방하는 사명을 감당할 수 있다고 본다. 동서문화를 융합시키고, 상이한 종교가 공존하며, 이데올로기 대결에서 승리한 대한민국에게 이러한 시대사적 소명이 주어졌다고 보며, 2011년 9월에 서울에 설립한 협력사무국이 모체가 될 수 있다고 믿는다. 또한 이러한 사명과 비전을 갖고 일할 사람들은 여론주도계층인 정책입안자, 전문가, 국회의원, 기업인, 언론인이 네트워크를 구축하는 것이다. 이들이 동북아 역내 국가들의 카운터 파트들과 안보인식공동체를 이끌어나갈 때 갈등과 분쟁의 진원지인 한반도가 평화와 공동번영의 허브로 거듭날 것을 확신한다.

| 참고문헌 |

1. 단행본

국방대학교 안보문제연구소 엮음, 『미·일·중·러의 군사전략』서울: 한울 아카데미, 2008.

정경영, 『동북아 재편과 한국의 출구전략』서울: 21세기군사연구소, 2011.

Brzezinski, Zbigniew, *The Choice: Global Dominance or Global Leadership*, New York: A Member of the Perseus Books Group, 2004.

Chinese People's Liberation Army, *2010 Defense White Paper*, Beijing: Chinese PLA, 2011.

Gill, Bates, Michael Green, and Kiyoto Tsuji, William Watts, *Strategic Views on Asian Regionalism Report Release*, Washington DC: CSIS, February 2009.

Organski, A. F. K., *World Politics*, New York: alfred A. Knopf, 1958.

Sutter, Robert G., *Chinese Foreign Relations*, New York: Rowman & Littlefield Publishers, INC, 2008.

Tammen, Ronald L., *Power Transitions: Strategies for the 21st Century*, New York: Chatham House Publishers, 2000.

The White House, *National Security Strategy*, May 2010.

2. 논문

권태영, "동북아 4강의 전력증강 변화 특징", 한국전략문제연구소 주최 세미나, 호텔 캐피탈, 2011. 7. 6.

정경영, "북한 급변사태 시 한국의 대응전략", Strategy 21, Vol. 13, No. 1, Summer 2010.

_____, "동북아 안보협력체 미래 비전", 동북아공동체연구회 및 다롄인민민족연구소 공동주최 세미나, 중국 다롄, 2011. 9. 30.

_____, "한중안보협력의 방향과 추진전략", 『군사논단』, 통권 제65호, 2011년 봄.

함택영, "한국 외교안보정책의 과제와 접근방법: 미중관계, 한미동맹, 한반도 평화체제", 서울대 정치외교학부 주관 구영록 교수 10주기 추모 학술대회 발표 논문, 서울대학교, 2011. 5. 20.

Bennett, Bruce, "Making a Multinational Coordination Center Work after OPCON Transition: U. S. Perspective", unpublished paper.

Campbell, Kurt Nirav Patel and Vikram Sing, The Power of Balance: America in Asia, Washington, D. C.: Center for a New American Security, 2008.

Chung Kyung-young, "Building a Security Regime in Northeast Asia: Feasibility and Design", Ph. D, Dissertation, University of Maryland, College Park, 2005.

Chung Kyung-young, "ROK-U. S. Security Cooperation Post-transition of Wartime Operational Control", ROK-U S Strategic Dialogue, hosted by Pacific Forum CSIS, Hawaii, July 27-28, 2009.

Hwang, Balbina Y., "The Implications of China's Active Defense Strategy", PacNet #16A, March 11, 2011.

International Crisis Group-New Report, "China and Inter-Korean Clashes in the Yellow Sea", Beijing/Seoul/Brussels, January 27, 2011.

Kat, Yoichi, "China's Naval Expansion in the Western Pacific", Global Asia, Vol. 5, No. 4, Winter 2010.

Shen Dingli, "Building Regional Stability on the Korean Peninsula: A Chinese Perspective", News Letter, Center for US-Korea Policy, Vol. 3, No. 1, January 2011.

3. 신문·인터넷

김관진, "북 재도발 시 자위권 행사, 강력 응징하라", 『국방일보』, 2010년 12월 8일자.

김성만, "서북도서방위사령부 창설에 부쳐", Korean Security Net, http://www.konas.net / article/article.asp?idx =25756.

김성환, "한중일 정상회담, 동북아 미래를 향한 새 이정표", 『동아일보』, 2011년 5월 20일자.

김호섭, "한중일 정상회의가 남긴 것", 『세계일보』, 2010년 6월 2일자.

김효정, "反 인도위, '김정일 부자 국제형사재판소 고발'", 『연합뉴스』,

　　2010년 12월 28일자.

"美 '北, 6자회담 복귀 암시…관계정상화 검토용의'", 『노컷뉴스』, 2009
　　년 11월 21일자.

양정권, "MB정부 국방비 年 5.6% 증가…참여정부는 8.0%", 『머니투데
　　이』, 2010년 11월 29일자.

이영섭, "한중일정상회담, 정상회의 개최 정례화 합의", 『Views and
　　News』, 2008년 12월 13일자.

전병근, "영원한 숙적 영불 50년간 군사동맹 체결", 『조선일보』, 2010년
　　11월 4일자.

정경영, "동북아 다국적 신속대응군 만들자", 『중앙일보』, 2011년 3월
　　16일자.

_____, "전작권 전환과 국방개혁의 절박성", 『국방일보』, 2011년 5월
　　13일자.

"청해부대, 연합해군 임무완수에 큰 기여", 『국방일보』, 2009년 12월 3
　　일자.

Cropsey, Seth "Keeping the Pacific: Looming U. S.-Chinese Naval Rivalry",
　　Foreign Affairs, Sep. 2010, http://www.foreignaffairs.com/articles/ 66752/-
　　seth-cropsey/keeping-the-paci fic-pacific.

4. 인터뷰

2011년 2월 24～27일 베이징 및 7월 15～25일 동북3성, 9월 28～10월
　　2일 다롄 등 익명의 전・현직 한중외교관 및 안보전문가들과의
　　인터뷰.

제2장 중국과 상생(win-win)하는 한국의 군사정책 수립 방향*

이원우

요약

본 연구는 중국이 한반도에 미친 영향력을 과거와 현재 그리고 미래의 관점에서 살펴봄으로써 한국의 대중(對中) 군사정책 수립 방향을 모색하는 것이다.

과거 역사 속에서 중국에 강성한 세력이 등장 시 한반도는 큰 위협에 봉착하였으며, 대륙세력(중국)의 한반도에 대한 높은 관심은 1200여 년 이상 한반도에 영향력을 행사해 왔다. 오늘날 중국의 안보정책과 전력증강은 미국 등 서방과 대립하는 방향으로 나아감으로써 대륙세력과 해양세력 간 충돌위협이 높아지고, 중국의 지역패권 추구는 동북아와 동남아에서 분쟁 촉발이 우려된다. 경제안보가 중시되는 상황에서 중국의 경제력은 2030년경 미국을 초월하여 세력전이(勢力轉移) 세력으로 부상될 가능성이 있다. 이에 따른 전쟁예방 문제가 심각히 고려되어야 하며, 상생(win-win)방안이 강구되어야 할 것이다. 이에 한국의 대중(對中) 군사정책의 수립 방향은 다음과 같다.

첫째, 동맹정책이 정치·군사 위주에서 경제·사회·환경 안보를 포함하는 비전통적이고 초국가적인 안보위협까지를 감안하는 포괄적 방향으로 발전한다는 점에서 정책수립에 융통성을 가져야 하며, 한국군은 핵전쟁, 미사일전쟁, 정보전쟁에 대비하여 전쟁회피가 아닌 유사시 대응책을 강화해 나가야 할 것이다.

둘째, 미국 등 서방세력에게는 동맹국으로서 책임 있는 행동을, 중국에게는 서방세력과의 갈등을 완화시켜주는 촉매역할(catalyst)을 강구해야 한다. 이를 위해, 한·미·일·중 정치군사대화체를 구성하여 동북아 안보현안을 진단하고 문제점을 개선해 나가야 하며, 군사투명성을 통해 중국을 국제규범으로 유인해야 한다.

셋째, 전쟁예방을 위하여 대응전략 없이 중국위협을 회피하고자 하는 경향을 확실히 배제해야 하며, 중국과의 우호협력관계와 한미·한미일 안보협력관계를 공히 포용해 나가야 한다. 따라서 대중 군사정책은 양적(量的)인 전력증강과 질적(質的)인 군사외교를 병행하는 지혜를 통하여 강온양면(强溫兩面)의 정책추진이 요구된다.

---

* 이 논문은 2011년 정부(교육기술부)의 재원으로 한국연구재단의 지원을 받아 수행된 연구임(NRF-2011-412-β00001)

목 차

Ⅰ. 문제 제기

국제관계나 국제정치에 있어서 특히 안보학의 측면에서 특정 국가를 위협의 대상으로 지목한다는 것은 적대적 대립관계를 조장하는 것으로 매우 조심스럽고 또 반대론자들로부터 비판의 대상이 된다. 그러나 냉전이 종식된 지 20여 년이 지난 오늘날에도 '한반도 안보'라는 주제에 접근하면 늘 위협의 실체로 냉전시대의 북방삼각(북한, 중국, 소련)과 남방삼각(한국, 미국, 일본)이라는 이분법적 구도를 떠올리게 된다. 이는 한국의 대(對) 중국 교역량이 미국과 일본의 교역량을 초월한 긴밀한 경제적 상호의존하에서도 안보영역에서는 입장 차이가 여전하다는 것을 의미한다.

2006년과 2009년 북한의 핵실험, 2010년 3월과 11월에 한국이 경험한 천안함 폭침과 연평도 포격사태는 '북한 편을 드는 중국의 안보관'을 읽을 수 있는 기회였으며, 한미일 삼국의 안보협력조치 역시 과거 유산의 연장선상에 있었다. 이로써 중국이 북한과 동맹관계를 유지하고[1] 한미동맹과 미일동맹이 발전하는 상황에서 중국의 정치체제가 자

---

1) 북중동맹은 1961년 7월 11일 이래 매우 강력한 동맹으로 유지되고 있다. 1981년, 2001년 두 차례 연장되어 2021년까지 유효하다. 만기 6개월 전 일방의 종료의사가 없으면 20년씩 자동 연장되는 中朝友好合作互助條約은 제2조에서 피침 시 '자동개입'을 명문화하고 있다. 주펑, "중북관계에서의 동맹요소: 변화와 조정,"『중북우호협조 및 상호원조 조약과 한미동맹』(국가안보전략연구소, 2011. 9. 1), p.34.

유민주적으로 변화하지 않는 한, 대륙세력과 해양세력의 대립은 지속될 것이라는 우려가 엄존한다. 아울러 G2로 부상한 중국은 과거 영향력 회복을 도모하고 있으며 세력전이(power transition)의 중심이 될 가능성이 높다.

이에 본고는 중국의 과거 한반도 침략 역사를 회고해 보고, 중국의 안보정책과 전력증강 실태를 진단하며, 지역패권적 시각의 미래 전망을 살피고자 한다. 이를 통해 한국은 도출된 결과들을 바탕으로 수립되는 대중(對中) 군사정책이 중국과 상생(win-win)하는 방향으로 발전되도록 적극적으로 노력해야 할 것이다.

Ⅱ. 과거 중국과 한반도의 관계

역사적으로 중국은 하나의 천하국가 통일이라는 이상적인 관념을 가지고 있었다. 중용(中庸)에서 '자신을 수양하고 사람을 다스리며 천하국가를 통치한다(修身治人治天下國家)'와 대학(大學)에서 '자신을 수양하고 가문을 반듯하게 하며 나라를 다스리고 천하를 평정한다(修身齊家治國平天下)'는[2] 모두 천하국가 건설이라는 전통적 정치관을 대변하는 것이다. 이는 자연스럽게 중국이 세계의 중심이라는 사상을 잉태하고 주변국들의 중국화(中國化)가 평화를 위한 순리라는 주장이 힘을 얻게 된다. 맹자의 '순천자존 역천자망(順天者存 逆天者亡)'도 결국은 약하고 작은 나가가 크고 강한 나라에 순응해야 한다는 생존이치를 설명하는 것이다.[3] 시대적으로 더 올라가면 춘추전국시대(BC 722~BC 481) 좌전(左傳)에서도 '예(禮)란 작은 나라가 큰 나라를 섬기고, 큰 나라가 작은 나라를 아끼는 것을 말한다(禮也者 小事大 大字小之謂)', 소위 자소사대(字

---

2) 정차근, 『동양정치사상: 한국양명사상의 전개』(서울: 평민사, 1996), pp.36-37.

3) 최명, 『춘추전국의 정치사상』(서울: 박영사, 2005), p.169.

小事大)는 힘의 강약과 국가의 대소에 따라 상호간 올바른 처신이 있다는 것으로 위계적 천하관(天下觀)을 가지고 있음을 알 수 있다.[4] 이는 주변국들을 오랑캐(東夷, 南蠻, 西戎, 北狄)로 구분하면서 화이질서(華夷秩序)라는 동아시아 세계관을 형성하였는데, 이른바 漢族의 중화사상(中華思想)이다.

중화사상은 수(隋, 581~618년)와 당(唐, 618~907년)시대에 조공관계(朝貢關係)로 확립되었고, 변방의 속국(屬國)들이 중국 황제에 공경과 순종의 표시로 조공사(朝貢使)를 보내어 정기적, 부정기적으로 진상품(進上品)을 바치고, 중국은 책봉사(册封使)를 보내어 속국의 왕에 대한 정통성을 승인하는 관례를 만들어 갔다. 그러나 이러한 조공관계도 동북 3성, 조선, 베트남, 류쿠(琉球) 등이 지배종속 관계와 함께 저항과 자립의 과정이 혼재하였음도 역사적 사실이다.[5]

19세기 청(淸)이 두 차례 아편전쟁(1840~1842, 1856~1860)에서 영국, 프랑스 등 서양세력에 패배하여 조약관계가 형성되면서 조공체제는 사실상 종식되었는데, 이를 근거로 한반도에서 조공관계를 계산해보면 7세기부터 19세기까지 1200여 년간 지속된 것으로 판단된다.

여기서 우리는 식민지 기간을 포함하여 최근 100여 년간 미국 등 해양세력(서방세력)과의 긴밀한 관계 이전에 한반도는 1200여 년간 중국의 강한 영향력하에 있었음을 상기하면서 역대 중국 왕조들이 한반도에 무력으로 개입한 사례들을 중심으로 역사적 교훈을 살피고자 한다.

1. 삼국시대

한반도에 왕조국가가 발전하던 삼국시대에 중국대륙을 장악한 수나라와 당나라는 여러 차례 고구려를 침략하였으나 실패하였다. 그러나

---

4) 이선민, "事大와 事大主義", 『조선일보』, 2010년 2월 1일자, A31면 참조.
5) 渡邊昭夫 외 편, 권호연 엮음, 『국제정치이론』(서울: 한울아카데미, 1998), pp.52-60.

당나라는 고구려·백제 동맹으로 존립 위기에 있던 신라와 연합하여 660년에 백제를, 668년에 고구려를 점령, 지배하였다. 당나라는 백제 땅에 5도독부(五都督府)를 설치하여 위임 통치하였고, 신라에는 계림대도독부(鷄林大都督府)를 두어 문무왕(文武王)을 계림주대도독(鷄林州大都督)에 임명하는 등 동맹국 신라까지 장악코자 하였으며, 고구려 땅에는 9도독부를 설치함과 동시에 평양에 안동도호부(安東都護府)를 두어 한반도 전체를 포함한 지역을 관장하였다. 신라가 676년 당나라 군대(唐軍)를 한강유역 일대에서 대파하고 안동도호부를 평양에서 무순(撫順)으로 축출함으로써 대동강과 원산만 이남 지역에 대한 지배권을 비로소 확보할 수 있었다.[6]

2. 고려시대·조선시대·대한제국

고려시대 북방경계선은 대체로 오늘날의 신의주와 함흥 선을 연하는 지역으로 고려장성(高麗長成)을 축성하여 경계를 삼았으나, 대륙세력과 조공관계는 유지되었다. 거란(契丹: 金)이 송(宋)과 고려의 관계를 단절시키기 위해 993년 80만, 1010년 40만, 1018년에 20만 병력으로 침범하였으나 서희(徐熙), 강감찬(姜邯贊) 등의 지략과 용맹으로 별 성과 없이 철군하였다.[7] 그러나 1231년 이래 몽고(蒙古: 元)의 7차에 걸친 침략은 결국 1257년 고려를 항복시켜 부마국(駙馬國)으로 삼고 제주도까지 점령하였으며,[8] 그 후 이성계가 조선을 개국하기까지 사실상 제후국 수준의 속국이 되었다.

조선은 1440년경 세종의 북벌정책에 따라 동북지역(두만강 하류)에 6鎭(경원, 종성, 회령, 경흥, 온성, 부령)과 서북지역(압록강 상류)에 4郡

---

6) 李基白, 『韓國史新論』(서울: 一潮閣, 1976), pp.86-87.

7) 韓㳓劤, 『韓國通史』(서울: 乙酉文化史, 1996), pp.138-142.

8) 韓㳓劤(1996), pp.169-170.

(여연, 자성, 무창, 우예)을 설치하여 현재의 압록강-백두산-두만강을 연하는 국경선이 성립되었으나 중국세력(明, 淸)과 조공관계를 통하여 경계선이 유지되었다.

1592년 4월 임진왜란 시 의주로 피난한 조선 조정은 명(明)에 원군을 청하여 7월에 파견된 명군(明軍)은 1593년 1월 이여송(李如松)이 5만 병력으로 평양의 일본군을 격퇴하였다. 그러나 벽제관(碧蹄館) 전투에서 패배하여 서울 진입에 실패하고 평양으로 회군하여 화의(和議)를 제의하였으나 일본의 조선영토 할양 등 요구로 합의되지 못하였으며,9) 명나라는 서울이북을 장악한 상황에서 전쟁을 마무리하고자 하였다. 그 후도 명나라와 조선은 대체로 원만한 자소사대(字小事大) 관계를 유지하였으나 명나라(1368~1644)가 청나라(1616~1912)로 세력전이(勢力轉移)될 때에도 조선은 숭명반청(崇明反淸)을 외치다가 병자호란을 자초한 바 있다.

병자호란은 청(淸: 後金) 태종이 1636(仁祖 14)년 조선에 종속관계를 요구하였으나 조선이 거절하자 1636년 12월, 12만 군사로 침략하여 45일 만에 조선을 항복시키고 삼전도(三田渡: 오늘날 서울 松坡)에서 군신관계와 조공을 약속하고 소현세자와 봉림대군을 볼모로 삼았다.10) 그 후, 1894년 1월 동학혁명을 기화로 청군의 한반도 진입과 일본군의 진주가 한반도에서 청일 간 전쟁(1894. 8~1895. 3)으로 비화되었고, 1895년 을미사변을 기점으로 서울 북부지역은 3년여 기간 동안(1895~1898) 러시아의 영향권(아관파천, 1896. 2)에 들게 되었으며,11) 대한제국(大韓帝國, 1897. 2~1910. 8) 기간은 일본의 한반도 지배가 사실상 인정되는

---

9) 명의 이여송은 풍신수길을 일본왕으로 삼고 그 入貢을 허락한다는 封貢案으로 해결을 모색했으나, 풍신수길은 명의 황녀를 일본의 后妃로 삼을 것과 조선영토 일부를 할양할 것, 조선의 왕자와 대신을 인질로 삼겠다는 수정안을 제시하였다. 이기백(1976), p.254, 회담결렬로 1597년 재침하였다.

10) 주화파 崔鳴吉의 주장을 따라 명과 단교, 왕자인질, 청에 대한 臣禮, 청의 명나라 공격에 원병파견 등을 약속하였다. 韓沽劤(1996), pp.288-289, 이기백(1976), p.257.

11) 韓沽劤(1996), pp.468-479.

과정이었다.

3. 일본식민지·군정·대한민국

1910년 일본식민지로 전락된 이후 제2차 세계대전의 결과로 1945년 광복(해방) 시 북위 38도선을 경계로 소련군과 미군이 진주하여 군정(軍政)을 실시하였다. 1948년 8월 대한민국의 건국 후 1950년 6월 25일 소련과 중국의 지원을 받은 북한의 남침전쟁(6·25전쟁)은 1953년 7월 27일까지 계속되었으며 오늘날 휴전선으로 분단 상황이 지속되고 있다.

한반도는 6·25전쟁 전후, 냉전기간 중(1945~1991)에 북방삼각과 남방삼각 간 첨예한 대립의 장(場)이었고 대륙세력과 해양세력의 완충지대(buffer zone)로 인식되기도 하였다. 한반도가 양분(兩分)된 이후 중국세력의 직접적 침략은 사라졌으나 북한에 의한 도발은 끊임없이 지속되고 있는데, 이는 북한(휴전선 이북)이 여전히 중국의 강력한 영향권 내에 있게 된 것이 우연이라기보다 대륙세력과 해양세력 간의 힘의 배분(power distribution)에 입각하여 결정된 경계선이라는 점이 주목된다. 이는 2006년 10월 제1차 핵실험과 2009년 5월 제2차 핵실험 등으로 유엔안보리 제재 결의안(1718호, 1874호)이 통과되었으나, 북한에 대한 중국의 후원으로 UN 제재가 큰 성과를 보지 못하고 있음으로도 증명된다.

다시 말해, 북한의 핵무기와 이를 투발할 미사일이 한국, 미국, 일본 등 서방국가들과 국제사회에 악영향을 미치는 수단임을 고려할 때, 중국의 북한 후원은 역사적으로 중국이 활용해온 이이제이(以夷制夷) 전략이자 전통적인 종주권 의식과 연계되어 있음이 우려된다.

4. 평가 및 교훈

이상의 역사적 맥락을 통하여 우리는 대륙에 강력한 통일정권(隋, 唐, 元, 淸 등) 등장 시 한반도는 독립을 제한받거나 침략의 대상이 되었으며, 대륙세력은 서울(한강) 이북 지역에 지배권 내지 영향력 행사를 위한 강한 집착을 가졌었다.

이 점에서 20세기 6·25 남침전쟁의 연장선상에서 21세기 현재 G2로 성장한 중국(PRC)이 한반도에 미칠 악영향에 대응할 정책이 세밀하게 수립되어 추진되어야 할 것이다. 중국과 조공관계, 형제국, 군신관계, 남북분단의 역사적 사실들을 요약하면 <표 1>과 같다. 한반도 역사에서 지난 1200여 년간 중국은 중화질서체제라는 명분하에 종주국으로서 입장을 견지해 왔으며, 제2차 세계대전 후 한반도는 분할되었고 북한은 여전히 대륙세력의 절대적인 영향력 하에 놓이게 되었다. 이러한 역사를 통해 얻을 수 있는 교훈은, 중국이 과거 지배경험을 통하여 고구려 역사를 자국 역사로 왜곡시키는 동북공정(東北工程)을 2002년부터 추진하는 등 화이관(華夷觀)의 재현을 추구하고 있다는 점이다. 중국의 주변국들에 대한 패권질서 강요는 평등하고 개방된 세계로서의 동아시아 지역질서를 심각히 저해하는 문제점을 가진다.

〈표 1〉 중국과 한반도 간 역사적 사실과 평가

구분	삼국시대	고려·조선·대한제국	식민지·군정·대한민국
추정 기간(연도)	AD 1세기~AD 10세기 (약 1000년)	918~1910년 (약 1000년)	1910년~
중국왕조	漢, 삼국, 5호16국, 남북조시대, 수, 당	5대, 북송, 남송, 요, 금, 원, 명, 청	중화민국, 중화인민공화국
역사적 사실	- 중국의 혼란기 - 중국왕조와 한반도 토착세력 간 800여 년 대립 갈등관계 유지 - 한반도 세력의 강력한 대응으로 중국세력 약화 - 나당연합으로 신라가 3국통일 후 2000여 년 중국과 조공관계 성립	- 형제국, 君臣國, 조공국으로 지배종속관계 유지 - 한반도 세력이 독자적 노선 추구 등 반발 시 지배권 유지를 위해 대륙세력이 침략하여 막대한 인명 및 재산피해 초래	- 공산주의 연합세력(중국+소련)이 한반도 분할 6·25 남침전쟁 지원 및 영향력 행사(1945~1953) - 휴전선 이북지역에 대한 중국의 영향력 강화 (1953~) ※ 38도선·휴전선이남 지역에 대한 미국의 영향력(1945~)
평가	○ 중국세력이 한강(서울) 이북지역 또는 대동강-원산만 이북 지역에 대한 지배권 강요 ○ 한반도에 대한 역사적 종주권 행사 경험의 연장선에서 고구려 등 한반도 역사를 중국 역사로 편입시키고자 하는 동북공정 출현	○ 고려의 신의주-함흥, 조선의 압록강-백두산-두만강 영토선에도 불구하고 대륙세력은 한반도 전역에 대한 종주권 지속 주장함 ○ 아편전쟁 후 조공체제 종식. 1895년 청일전쟁에서 일본 승리와 을미사변으로 일본의 한반도 지배력 강화 ○ 러시아가 청을 대신하여 서울이북 지역에 영향력(1895~1898)	- 중국의 북한에 대한 후원자 역할 지속, 순망치한(脣亡齒寒) 및 동맹국 관계 유지 - 북한 핵무장에 대한 UN 제재도 중국의 협조 미흡으로 성과 미약 - 對 서방 억제세력으로 북한을 교묘히 활용(以夷制夷) - 한국에 대한 영향력 강화 노력 지속

이로써 미국의 영향력이나 한미동맹과 미일동맹이 약화될 경우 중국이 힘의 공백(power vacuum)을 차지할 가능성은 매우 높음을 알 수 있다. 중국이 역사적으로 한반도에 강한 집착을 가지고 있었다는 사실은 전략적 중요성 때문이며, 21세기 현실에서도 그대로 적용되고 안보적 측면에서 중국과 북한을 분리하여 접근할 수 없는 이유가 된다. 따라서 한반도에서 전쟁을 예방하고 중국과의 우호협력적 관계를 유지하기 위하여 다양한 정치외교적 및 군사적 대응책 발전이 요구되는 것이다.

나아가, 중국을 세계적·지역적 수준에서 억제할 세력으로 미국의 중
요성이 간과되어서는 아니되며, 한미동맹을 보다 전략적인 가치 중심
으로 발전시켜야만 동북아시아에서 세력균형과 평화 및 번영이 유지될
수 있을 것이다.

이상의 과거 교훈들을 바탕으로 하여 오늘날 중국의 안보정책과 전
력증강 실태를 살핌으로써 현재의 상황은 어떠한지 논의를 확장시킬
수 있다.

Ⅲ. 중국의 안보정책과 전력증강 실태

앞에서 살핀 바와 같이 과거 중국은 동아시아 국제질서의 중심국가
로서 1200여 년 주변국들을 조공제도라는 특수한 시스템으로 관리해
왔다. 그러한 조공제도가 19세기말 종식된 후 중국은 서방국가들로부
터 약 1세기 간 半식민지 상태와 지루한 내전을 경험한 후, 태평양전쟁
(1941~1945)에서 일본의 패전, 1949년 공산혁명 성공으로 중화인민공
화국(중국)이 성립되어 발전하고 있다. 1970년대 말 이래 미국과 서방
이 제공한 시장경제체제의 도입으로 강성해지고 있는 중국은 경제력에
버금가는 군사력 강화를 도모하고 있으며, 중국의 안보정책은 대화와
타협보다는 일방주의적 강요의 성격이 강해지고 있다.

1. 중국의 안보정책

오늘날 중국 대외정책의 중요한 개념은 '신안전관(新安全觀, 新安保觀,
New Security Concept)'으로 일종의 협력안보정책이다. 신안전관은 평화
공존 5원칙을[12] 강조하며 이 원칙은 1954년 저우언라이(周恩來) 외교부

장이 '인도차이나 문제에 관한 제네바회의'와 1955년 반둥(Bandung) '아시아-아프리카 국가들의 비동맹회의'에서 제시한 것이다. 다음으로는 자위적 핵전략과 '핵 선제 불사용 정책', '방어적 국방정책(中國的國防)' 등이 해당된다. 중국은 1990년대 중반 이래 지속적으로 안보는 제로섬 게임이 아니며 상호신뢰, 상호이익, 평등, 협력과 조정을 통한 냉전사고(cold war mentality) 척결을 주장하고 있다. 냉전사고의 핵심으로 미국, 일본, 한국, 유럽 국가들에게 동맹정책을 구시대적 유산이라고 비난하고 있다.[13] 그러나 서방의 동맹정책은 과거와 달리 다양한 변화를 하고 있다. 중국의 안보개념은 인권, 사상, 양심, 종교, 신념 등 기본적 자유 영역에서 서방과 충돌되는 정치체제의 문제이다. 아울러 신안전관은 여러 가지 한계를 나타내고 있다.[14]

첫째, 1996년경 개념이 통일된 신안전관(신안보관)의 목표지역은 1994년 설립되어 발전하던 아세안지역안보포럼(ARF)이었으나 대만과 남중국해 문제, 동남아국가연합(ASEAN) 국가들의 다양한 입장, 미국, EU, 일본 등 서방의 강한 영향력 등으로 성과를 얻지는 못하였다. 이에 중국은 상하이협력기구(SCO)에 이를 적용하였는데, 다자안보를 상호타협과 이해증진이 아닌 영향력 확대로 인식함을 표출시켰다.

둘째, 동맹과 군사력을 통한 세계전략을 비하하는 정책과 달리, 중국

---

12) 평화공존 5원칙은 ① 영토보전 및 주권 상호존중, ② 상호 불침범, ③ 내정불간섭, ④ 평등 및 상호이익, ⑤ 평화공존이다.

13) "China to continue to pursue new securiy concept for world peace", *People's Daily Online*, December 27, 2004, at http://english.peopledaily.com.cn/200412/27/eng200412 27168809.html (검색일: 2008. 8. 23); "White Paper: China's national defense policy purely defensive in nature", People's Daily Online, December 29, 2006, at http://english.peopledaily.com.cn/200612/29/eng20041229_336866.html(검색일: 2008. 8. 23); Permanent Mission of the People's Republic of China to the United Nations, "China's Position Paper on the New Security Concept", April 22, 2004, at http://www.china-un.org/eng/xw/t27742.htm(검색일: 2008. 8. 23); 이원우, 『다자안보협력의 한계와 제약』(파주: 한국학술정보, 2009), pp.54-55.

14) David M. Finkelstein, "China's 'New Concept of Security': Retrospective and Prospects", Prepared for the National Defense University Conference, *The Evolving Role of the People's Liberation Army in Chinese Politics*, Fort Lesley J. McNair, Washington DC, October 30-31, 2001, at http://www.ndu.edu/inss/China_Center/PLA_Conf_Oct01/MFinkelstein.htm(검색일: 2008. 8. 23).

이 미사일을 포함한 군사력 증강(해·공군)으로 중국위협론을 촉발시켜 서방국가들에게 대항적 이미지를 형성시켰는데, 이는 동남아시아 국가들에게 동맹의 중요성을 재인식시키는 계기가 되었다.

셋째, 범세계적 안보이론이나 외교정책론에 필요한 실천적 구체성이 결여된 원칙론으로 국제질서의 평화적 유지 발전보다는 중국에 유리한 주변 안보환경 조성을 염두에 두는 자의적이고 편의적인 성격으로 타국이 수용하기 어려운 상황이다.

넷째, 대외정책 및 안보 개념으로서 군사적인 면보다 정치 및 경제 발전 분야를 강조하는 한편, 국제군비통제와 군축 레짐에 적극적 참여, 비전통적 안보위협에 공동대처 등 서방의 이론에 편승하는 경향을 보이고 있다. 이는 중국 군사력 증강에 대한 비난을 회피하고자 하는 의도를 지닌다.

다섯째, 국가 간 관계만을 강조하던 최초의 개념에서 9.11 사태 이후 비국가행위자들(non-state actors)에 의한 초국가적 또는 비전통적 안보위협에 포괄적으로 대처하는 개념을 추가하는 진화를 시도하고 있으나, 세부적으로 실천수단과 방법이 모호하고 구체적 추진력이 미약하다.

이상의 내용들을 종합해보면, 과거 반식민지 경험에 근거하여 군사력 사용에 일종의 혐오감을 나타내고 있으나 이와는 반대로 중국이 남중국해와 동중국해 그리고 한반도에 있어서 군사력 사용이 용이한 방향으로 군비를 증강하고 전략을 발전시키고 있음은 중국의 세력증대가 새로운 문제점이 될 수 있음을 시사한다. 이러한 중국의 정책은 공산주의 일당독재와 당 중앙의 집단지도체제하에서 역대 지도자들이 추진한 통치 슬로건으로부터 파생된 것이다. 즉, 마오쩌둥(毛澤東) 시대의 불칭패(不稱覇)로부터 덩샤오핑(鄧小平)의 도광양회(韜光養晦), 장쩌민(江澤民)의 유소작위(有所作爲), 후진타오(胡錦濤) 시대에 들어와 화평굴기(和平崛起)와 화해세계(和諧世界) 등이 그것들이다. 아울러 이러한 슬로건은 중국의 대주변국 정책이 점점 더 공세적이고 지배자적 위상으로 부각되고 있음을 보여주는데 이를 돌돌핍입(咄咄逼人: 상대방을 꾸짖고 위협함)으로 설명이 가능할 것이다.[15] 부연하면 중국은 공산정권 수립 후 패자(覇者)로 칭하는 것을 거부하면서 국내 문제 해결에 매진하였다. 그리고 1978년 개혁개방 이후 도광양회(韜光養晦)를 통하여 빛을 감추고 겸손하게 실력을 기르기를 다짐하였으며, 2003년 유소작위(有所作爲)는 도광양회로부터 축적된 실력에 대한 자신감의 표현으로 중국의 주어진 역할을 소신껏 수행해 나가는 책임과 관여의 실천의지를 담고 있다. 화평굴기(和平崛起)는 평화로운 가운데 대국으로 성장한다는 의지를 표현하는 것으로 중국의 속내를 드러내는 표현이었다. 이에 대한 주변국들과 서방세계의 우려를 2005년부터는 '화해세계(和諧世界)' 정책으로 완화시켜 나가고 있다. 화해세계는 도광양회, 유소작위의 정신으로부터 '세계와 조화로운 관계 발전'을 선언하는 것으로 대외관계의 다변화와 국제적 책임 그리고 그간의 '중국위협론'에 대한 '중국평화론'을 부각시키는 의미를 지니고 있다.[16]

그러나 중국의 대외정책은 어느덧 강성으로 변화하고 있는데, 대만 문제에 대한 미국과의 갈등, 센카쿠열도(尖閣列島)·조어도(釣魚島) 영유권 관련 일본과 대립, 2010년 북한이 도발한 천안함 폭침과 연평도 포격에 대한 북한 편들기, 그리고 남중국해 80% 해양영토 주장 등도 도광양회를 넘어 유소작위와 화평굴기의 면모를 보여주고 있다. 그리

---

15) 유상철·한우덕·신경진·예영준·이충형, "신해혁명 100년 중국을 알자"『중앙일보』, 2011년 1월 4일자;
http://photo.media.daum.net/politics/view.html?cateid=1002&newsid=20110103020703425&p =joongang(검색일: 2011. 6. 19); 2011년 4월 14일 김관진 국방부장관 방중 시 천빙더(陳炳德) 총참모장이 취재진 앞에서 미국을 패권주의 상징으로 비난한 것도 이에 속한다. 권중기, "천빙더, 김관진 앞에서 미국 맹비난 '외교결례' 지적",『연합뉴스』, 2011년 7월 15일자. 참조.

16) 중국의 거시적 대내외정책 및 관련 논쟁은 다음을 참조. 하도형, "중국 대외정책의 심화: '조화세계'를 중심으로", 한국국제정치학회,『중국의 대외정책』(2006). 한국국제정치학회 연례학술회의(2006. 12. 2), pp.5-14; 김애경, "중국의 和平崛起論 연구: 논쟁과 함의를 중심으로",『국제정치논총』제45집(4)호(2005), pp.218-228. 한석희, "중국의 부상과 책임대국론: 서구와 중국의 인식적 차이를 중심으로",『국제정치논총』제44집(1)호(2004), pp.197-204.

고 2009년과 2010년의 대외강경책이 미국과 일본으로 하여금 중국을 견제해야 한다는 공감대를 형성시키는 데 이바지하였다. 그리하여 미국과 일본은 한국과 동남아 국가들의 협력을 모색하게 되었고, 중국을 억제하기 위해 해공군 중심의 공해전투(AirSea Battle) 확대, MD참여 논의, 한미일 안보협력 강화 등으로 발전하게 되었다. 따라서 동아시아는 작용-반작용의 원리를 따라 군비증강과 군사적 대립이 증가되고 있다.

2. 중국의 전력증강 실태

중국의 전력은 주변국들과의 충돌을 이유로 급속히 발전하고 있는데 인민해방군이 주도하고 있다. 전력증강의 주요 방향은 1991년의 걸프전, 1998년의 코소보전, 1999년 유고슬라비아 중국대사관 피폭, 2001년 아프간전 그리고 2003년 이라크전의 영향으로 '군사혁신을 통한 과학기술군 건설'에 중점을 둔다.[17] 아울러 국가지도 지침에 따라 다음과 같이 전략변화와 군사력 강화가 이루어지고 있다.[18]

첫째, 중국인민해방군은 1985년 덩샤오핑(鄧小平)의 '量보다 質 위주의 인민해방군(PLA) 건설' 지시에 따라 '조기타격, 강력한 공격, 핵전쟁 대비(hit early, strike hard and to fight a nuclear war)' 개념과 함께 군현대화를 통한 고강도 전쟁(a high-intensity war)에 대비한 기계화와 정보화 전력강화에 주력하였다.

둘째, 1990년 장쩌민(江澤民)은 '軍의 효율적 업무와 엄격한 교육훈련, 강력한 병참지원'을 강조하고, 1993년에 국가군사전략의 일환으로 군사혁신(軍事革新: RMA, 중국은 軍事革命으로 칭함)을 천명했다.

---

17) 중국은 대규모 지상군 중심 전쟁보다는 '고기술 국지전(local wars under high-tech conditions)'을 염두에 둔 군사혁신(군사혁명, 군사변혁)을 중시한다.

18) "People's Liberation Army", at http://www.answers.com/topic/people-s-liberation-army(검색일: 2009. 9. 23); 이원우, "남중국해 영토분쟁이 우리 공군에 주는 교훈", 공군군사학술연구용역(2009. 10), pp.66-68.

셋째, 중국의 RMA 목표는 '대규모 병력 위주의 지상군 전쟁'보다는 소위 '고기술 상황하 국지전'에[19] 승리할 수 있는 전력으로 단기결전(短期決戰)을 강조한다. 따라서 정찰(reconnaissance), 기동성(mobility), 장거리 타격 등이 요구되고 해·공군력 강화와 우주전·사이버전(cyber-warfare) 능력을 증진한다.

넷째, 1985년 이래 20여 년간 소브레메니급(Sovremenny) 구축함, Su-27·Su-30 전투기, 킬로(Kilo)급 잠수함 등 선진무기체계를 러시아로부터 도입하고, J-10 전투기를 비롯하여 구축함·프리킷함 등을 자체 생산하는 등 항공우주 및 군사 산업에 진력하였으며, 2004년에는 미국 본토를 공격할 수 있는 신형 핵잠수함을 진수시키는 발전을 보였다. 2011년 항모를 진수시키고 추가로 건조 중인 항모들도 수년 내 실전배치가 가능함에 따라 항모전투단 작전을 위한 준비를 진행 중이다. 이는 역내 미국 우위의 해군력에 도전하는 주요한 징표가 되고 있다.

중국의 전력증강 소요는 대체로 동남아와 동북아국가들에 초점이 맞추어져 있으나 실상은 미7함대를 비롯한 미군전력과 일본 해상 및 공중전력이 주요 표적이다. 중국 정규군(인민해방군)은 육군 160만 명, 해군 25만여 명, 공군 30만여 명 등 약 220만 명으로 구성되고, 핵무기 운용부대인 제2포병은 10만여 명이며, 주요전력은 선양, 베이징, 진안, 난징, 광조우, 청두, 란조우 등 7개의 군구(MR: Military Region)로 분산 배치되어 있다. 7개 군구는 각기 기능군의 전력을 보유하고 지휘하며, 총체적으로 공산당 중앙군사위원회(CMC: Central Military Commission)의 지휘하에 있다.[20] 현재 군사력의 증강은 지상군이 현 전력을 유지하는

---

19) '고기술 상황 하 국지전'에 관한 레이저 및 빔기술, 정밀유도 및 전자정보기술, 정보 및 정밀유도무기체계, 비대칭 탁월성을 지닌 특수무기 등 RMA를 통한 기술개발·전력증강 개념은 다음을 참조. Andrew N. D. YANG, "China's Revolution in Military Affairs(RMA): Transforming the PLA by Feeling Stones in the Riverbed", at an International Symposium sponsored by Korea Research Institute for Strategy(KRIS) held in Seoul on July 10, 2008, 한국전략문제연구소(KRIS), 『전략연구』(2008) 제ⅩⅤ권 제2호 통권 제43호, pp.35-36.

20) 이원우(2009. 10), pp.68-69.

가운데 교육 훈련을 통한 정예화에 주력하는 한편, 해군, 공군, 제2포병군, 우주군 전력은 적극적인 예산 투자로 강화 발전시켜 나가고 있다. 이러한 추세는 중국이 남중국해, 동중국해 분쟁에 대처하고 인도양 진출 등을 위한 항모 건조와 원자력 잠수함의 실전배치 등으로 부각되고 있으며, 신예 공군 전투기 개발과 전개로 나타나고 있다.

특히 중국은 공군력 증강을 남중국해와 동중국해에서 해군전력 지원에 두고 있으며, 대만 유사시 미사일 전력과 함께 활용할 전력으로 배치하고 있다. 조기경보, 장거리 작전, 전자전 전력 중심의 발전은 대만의 공군력 증강에 빌미를 제공하고 있을 뿐만 아니라, 미국과 일본으로 하여금 경계심을 높이는 계기가 되고 있다.

아울러 2003년 유인우주선 개발과 발사에 성공하고, 2007년 1월 노후한 기상 인공위성 격추에 성공한 '인공위성 공격미사일(ASAT: Anti-Satellite Missile)', '2011년 우주도킹 성공' 등 우주정거장 사업추진은 전 세계를 놀라게 한 기술력이다. 또한, 신형 ICBM 개발과 사이버 전쟁 능력 향상 등을 통한 마비전 전략과 전술은 동아시아 최대일 뿐만 아니라 미국과 러시아를 제외한 세계 최강으로 발전하고 있는데, 미국 본토 공격능력이 가능하다.

2011년 주요 전력은 제2포병(미사일군) 전력으로 다탄두 각개표적 재돌입미사일(MIRV)로 미국 본토를 사정권에 둔 신형 ICBM인 DF-31A, 사거리 1,500km인 DF-21(CSS-4), 지대지·지대함 중거리 순항미사일 CJ-10, 단거리 미사일로 사거리 600km의 DF-15(CSS-6)와 사거리 300km의 DF-11(CSS-8)이 있다. 지상군은 신형 155mm·122mm 자주포, 300mm 다련장 로켓, 해군은 사거리 300km의 YJ-62(C-602) 지대함 미사일, 공군은 KJ-2000 조기경보기,[21] HY-6 공중급유기, 전자전기(Y-8GX), H-6 폭격기, 신예전투기로 J-10과 J-11B 등이 있다. 중국의 항모 진수, 스텔스 전투기 개발, 항모킬러 미사일 개발 등 전력증강은 결국 핵전력(核

---

21) IL-76 기체에 이스라엘 레이더 탑재로 최대 탐지거리 470km, 100개 표적 동시추적이 가능하다.

戰力) 정예화, 정보전력과 우주전 전력 강화로 이어져 미래의 세력전이
세력으로 간주되고 있는 것이 현실이며, 미국과 일본 역시 이에 대한
우려로 공동전선 형성을 모색하고 있다.

Ⅳ. 지역패권적 시각의 미래 전망

세력전이이론(power transition theory)에서 지배국과 도전국의 대결은
운명적이다. 그리고 국가이익을 둘러싼 다양한 국내외적 환경요인들이
양자(兩者)를 극단적 대립으로 몰고 가는데 그 대립과 갈등을 어느 수
준에서 합리적으로 통제할 수 있는가가 전쟁 예방에 관건이다. 오늘날
미중 간 서태평양과 동아시아에서 대립관계는 서방의 현상유지 전략을
저해하는 중국의 지역패권 추구로 나타나고 있다.

1950년대 말 오간스키(A. F. K. Organski) 교수는 세력전이(power transition)
진전단계(잠재세력단계, 성장단계, 완숙단계)와 함께 국가들의 네 가지
유형을 개념화하였다.[22] 21세기 상황에서 산업화, 정보화, 지식화로 국
가역량을 측정한다는 점에서 오간스키의 국가분류는 여전히 매력적이
며 현실에 유용하다. 즉 ① 강력한 만족 국가(the powerful and satisfied),
② 강력한 불만족 국가(the powerful and dissatisfied), ③ 약소 만족 국가
(the weak and satisfied), ④ 약소 불만족 국가(the weak and dissatisfied)가
그것들이다. 여기서 강력한 만족국가는 지배국가와 제휴 강대국들로
현상유지를 추구하는데 오늘날 미국을 포함한 서방강대국들이 여기에
해당한다. 강력한 불만족 국가는 현존 국제질서를 전복하고 새로운 질
서를 수립하고자 하는 도전국가와 그 추종국가들로, 완숙단계에 진입

---

22) 세력전이이론은 다음을 참조. A. F. K. Organski, *World Politics*, New York: Alfred A.
Knopf, 1958, chapter 12, pp.299-338; A. F. K. 오오건스키 著, 関丙岐 譯, 『國際政治
論』(서울: 乙酉文化史, 1965), pp.380-430. 김우상, "세력전이이론", 우철구・박건영
편, 『현대국제관계이론과 한국』(서울: 사회평론, 2004), pp.118-152.

한 도전국은 현재의 지배국과 연합세력이 존재하는 한 현재 상황을 타파하기 어려운 관계로 세계 제패를 노리는 야망에 찬 강대국이다. 제2차 세계대전 시 독일이 그러한 위치에 있었다. 아울러 도전국은 급속한 성장으로 야기되는 내부불만, 국내적 긴장과 갈등, 사회불평등 등을 해소하기 위하여 외부침략을 행동화하면서 야망을 실현코자 한다. 1950년 북한을 앞세워 중국과 소련이 6·25전쟁 계획과 참전을 한 것은 강력한 불만족국가의 좋은 예에 속한다. 이러한 관점에서 분쟁과 전쟁의 불씨는 늘 강력한 불만족 국가들로부터 시작되는 특징을 보인다.

약소 만족 국가는 강대국 아래 중간세력 및 약소국들로 이들 대부분은 기존 국제질서에 순응하여 이익을 추구하는 국가들이다. 즉, 지배국과 지배국 연합에 속하는 제휴 강대국들과 밀접한 우호협력관계에 있는 국가들로 유럽국가들, 캐나다, 호주, 인도, 대만, 한국, 싱가포르 등 대부분 자유민주주의와 시장경제국가들이다. 약소 불만족 국가는 현상 국제질서에 불만이 많은 국가로 도전국을 지지하고 도전국과 밀접한 동질성과 연계를 가지는 국가들이며 오늘날 이란, 북한, 쿠바 등 반(反)서방 국가들이 해당될 것이다.

아울러, 오간스키의 세력전이이론은 양측의 힘이 대등할 때 가장 전쟁위험이 높으며, 세계 또는 지역 지배권의 평화로운 이양은 매우 어렵다고 본다. 다시 말해, 19세기 패권국 영국이 20세기에 자연스럽게 패권을 미국으로 넘긴 것처럼 패권의 평화로운 이양은 매우 드문 사례이며, 전쟁을 통하여 패권이 이양된다. 이 점에서 현상유지(*status quo*)는 평화 그 자체이며, 현상타파는 전쟁이라는 공식이 성립되는데, 미국의 경우는 1945년경 거의 세계 총생산량의 50%를 점하는 절대적인 경제력 우세에 있었고[23] 영국과의 인종 및 문화적 동질성 하에서 평화적 패권이양이 가능했던 것으로 평가된다.

한편, 1800년대 청(淸)나라의 경우도 당시 세계에서 가장 부유한 국

---

23) 송영우, 『국제정치경제론』(서울: 건국대학교 출판부, 2002), pp.29-30.

가로 세계 생산량의 33% 정도를 차지하였으며, 1900년에는 세계 생산량의 6%로 추락한 바 있다.[24] 이때가 서방 열강의 반(半)식민 상태로 전락한 시기임을 고려 시 진(秦), 한(漢), 당(唐), 원(元), 명(明), 1700년대 청(淸, 康熙帝)나라의 세계 대비 국력은 1945년경 미국의 국력 이상일 수도 있음을 추정할 수 있을 것이다.

오늘날 G2로 성장하여 2010년 일본을 앞지른 경제력과 세계 2위의 국방예산, 미국과 상이한 정치체제인 공산주의 일당독재를 고수하고 있다는 점, 인권문제, 정치적 민주화 탄압, 대만·위구르·티벳 문제 등 내부 갈등요인들이 서방국가들의 지향점과 첨예하게 대립한다는 점 등을 적용해 보면 중국의 세력전이 중심세력 가능성은 충분해 보인다. 지배국 미국과의 관계에서 표출되는 갈등은 대만으로의 무기수출 금지와 미일의 미사일 방어(MD) 기술 확대 차단 등에서 나타나고 있다. 나아가 항모, 신형 미사일 등 전력증강, 접근거부(A2: Anti-Access) 또는 지역거부(AD: Area Denial) 전략은[25] 미국의 동아시아와 서태평양 전략에 커다란 장애를 초래한다. 이러한 갈등이 국제정치 문제로 파급된 사건이 2010년 7월 아세안지역안보포럼(ARF) 외무장관회의에서 남중국해 문제를 둘러싼 미국과 중국 외무장관 간 의견충돌이었다.[26] 이는 중국의 도전이자 미국의 양보할 수 없는 대응이라 할 수 있다.

경제안보가 중시되는 현실하에서 세력전이는 압도적 경제력 없이는 불가능하다. 19세기 패권국 영국으로부터 제2차 세계대전 후 패권을

---

24) Charles Holcombe, *A History of East Asia: From the Origins of Civilization to the Twenty-First Century*, New York: Cambridge University Press, 2011, p.194.

25) A2/AD는 미국에서 중국의 대서방 공세적 방어 군사전략을 간명하게 명명한 것으로 1990년대 말 ABM조약 폐기와 TMD·NMD 논의가 시작되면서 중국위협론 시각에서 등장하였다. 자세한 내용은 2007년 미국 공군본부와 태평양공군사령부 후원으로 RAND에서 연구한 보고서 참조. Roger Cliff et al., "Entering the Dragon's Lair: Chinese Antiaccess Strategies and Their Implications for the United States", the RAND Corporation, 2007, at http://www.rand.org/pubs/monographs/ 2007/RAND_MG524.pdf(검색일: 2011. 6. 1).

26) 미국은 ARF 설립 이래 '항해자유, 상공비행자유, 국제법과 국제해양법 준수'와 '분쟁당사국의 평화적 문제해결' 등 중립을 지켜왔으나, 2010년 ARF 시 동남아 국가들의 입장을 지지하였다.

이양 받은 미국의 경우도 절대적인 경제력 우위로 가능하였다. 국제정치경제 질서하에서 모겐소(Hans J. Morgenthau) 교수가 이익과 권력을 추구하는 인간성으로부터 국가성을 도출하였듯이[27] 개별 인간의 부(富)가 주변을 풍요롭게 하는 원리가 국가에서도 그대로 적용가능하다. 이로써 국가 경제력의 강도는 세력전이에 절대적 요소이다. 이 점에서 미국과 중국의 최근 5년간 국내총생산 증감을 세계은행(World Bank)과 국제통화기금(IMF) 자료들을 중심으로 살펴보면 <표 2>와 같다. 세계 총 GDP 대비 미국의 경제력은 하강하는 반면, 중국의 경제력을 지속 상승하고 있다. 이는 장기(10년) 및 장장기적(15~20년) 차원에서 볼 때, <표 3>에서 보는 바와 같이 2030년을 기점으로 중국이 미국의 국내총생산(GDP)을 앞지르는 상황이 예상되고 있다. 이는 물론 현재의 국제적 안보상황이 평화롭고 안정적인 것을 전제로 한다.

---

27) 서창록, "현실주의 국제정치경제이론", 여정동·이종찬 공편, 『현대 국제정치경제』(서울: 법문사, 2000), p.32.

<표 2> 최근 미국과 중국의 GDP 및 세계생산량 비중

* 단위: 10억 달러

구분		미국	중국	세계 총 GDP
2006년	GDP 총량	13,201.819	2,668.071	48,244.879 (100%)
	세계 GDP 대비(%)	27.36418%	5.53026%	
2007년	GDP 총량	13,807.550	3,382.445	54,999.068 (100%)
	세계 GDP 대비(%)	25.10506%	6.15%	
2008년	GDP 총량	14,264.600	4,401.614	60,863.149 (100%)
	세계 GDP 대비(%)	23.43717%	7.23198%	
2009년	GDP 총량	14,043.900	4,991.256	58,112.095 (100%)
	세계 GDP 대비(%)	24.16691%	8.58901%	
2010년	GDP 총량	14,582.400	5,878.629	63,048.822 (100%)
	세계 GDP 대비(%)	23.12874%	9.32393%	
분석 및 평가		* GDP 총량은 증가하고 있으나(2009년은 경기 악화로 감소) 세계 총 GDP 비율은 연 1% 정도 감소	* GDP 총량이 증가하고 세계 총 GDP 비율도 매년 1% 정도 지속 증가	
		○ 세계 1위와 2위 경제력을 가진 미국과 중국은 명목상 미국이 2배 이상 큰 규모이지만 미국은 하강(↓), 중국은 상승(↑)이라는 추세를 보임		

출처: "Gross domestic product 2010", *World Development Indicators database*, World Bank, July 1, 2011 at http://siteresources.worldbank. org/DATASTATISTICS/Resources/ GDP.pdf(검색일: 2011. 9. 16); "List of Countries by nominal GDP growth rate", *International Monetary Fund World Economic Outlook Database*, April 2009 at http://en.wikipedia.org/wiki/List_of_countries_by_nominal_GDP_growth_rate(검색일: 2011. 9. 17); "List of countries by past and future GDP(nominal)" *International Monetary Fund's World Economic Outlook(WEO) Database*, April 2011 at http://en.wikipedia.org/wiki/List_of_ countries_by_past_and_future_GDP_(nominal)(검색일: 2011. 9. 17); "Total GDP 2006", *World Development Indicators database*, World Bank, July 1, 2007 at http://www.labor.ca.gov/panel/pdf/GDP.pdf(검색일: 2011. 9. 17); "GDP(Current US$)", *World Bank Search* at http://search.worldbank.org/data?language= EN&format=html&qterm=gdp+2009 (검색일: 2011. 9. 17). 참조.

<표 3> 2015～2050년 미국과 중국의 GDP 추정

단위: 10억 달러

구분	2015년	2020년	2025년	2030년	2035년	2040년	2045년	2050년
미국	16,194	17,978	20,087	**22,817**	26,097	29,823	33,904	38,514
중국	8,133	12,630	18,437	**25,610**	34,348	45,022	57,310	70,710

출처: "List of countries by past and future GDP(nominal)" *International Monetary Fund's World Economic Outlook(WEO) Database*, April 2011 at http://en.wikipedia.org/wiki/List_of_countries_by_past_and_future_GDP_(nominal)(검색일: 2011. 9. 17). 참조.

<표 3>에서 보는 바와 같이 2030년 미국의 GDP는 22조 8,170억 달러인 반면, 중국은 25조 6,100억 달러로 미국을 앞지르는데, 이 의미는 9.11사태, 아프간전쟁, 이라크전쟁 그리고 2008년 서브프라임 모기지(sub-prime mortgage) 사태 이래 미국이 겪고 있는 경제적 어려움과 국가부채 등을 감안하면 충분한 가능성이 있는 것으로 평가된다.

여기서 우리는 보다 현실적 차원에서 중국의 역량을 살펴봄으로써 세력전이 도전국으로서 중국의 위상을 검토해 볼 필요가 있다. 오늘날 중국은 13억 명이 넘는 세계 최대의 인구와 GDP 5조 8,786억 달러(2010년), 국방비 780억 달러(2009년)를 기록하는 등 세계 제2위의 강대국 위치를 차지하고 있다. 국방비의 경우 미국은 GDP 대비 5.0% 정도를 차지하고 있으나, 중국은 GDP 대비 1.6% 수준임을 고려하면 앞으로 중국은 그만큼 더 많은 여력을 가질 수 있으며, 미국의 경제적 어려움을 고려 시, 중국이 미국과의 경제력 및 국방비 격차는 더욱 좁힐 수 있을 것으로 예상된다. 이를 추정해 보면 <표 4>와 같다.

〈표 4〉 미국과 중국의 경제력 및 국방비 비교(2010년 기준 추정치)

구분	경제력(GDP)	국방비				
		GDP대비 %	국민 1인당 국방비	총 액	병 력	
미국	14조 5,824억 달러 (세계 GDP의 23.13%)	5.0 %	2,270 달러	7,291억 2천만 달러	145만 9천명	
중국	5조 8,786억2,900만 달러 (세계 GDP의 9.32%)	1.6 %	58 달러	940억 5,800만 달러 (실질추정액: 1,881억 ~2,822억 달러)	228만 5천명	
		5.0 % 추정 시	182 달러	2,939억 3,145만 달러 (실질추정액: 5,879억 ~8,818억 달러)		

출처: World Bank 자료, http://siteresources.worldbank.org/DATA STATISTICS/Reso urces/GDP.pdf(검색일: 2011. 9. 16)와 국방부, 『국방백서』(서울: 국방부, 2010) p.270 참조하여 추정 작성함.

여기서 중국 국방비 총액은 서방세계와 비교 시 실질투자액의 불투명성, 저렴한 인건비, 군(軍)의 경제부문 역할, 공산주의 일당 독재의 다양한 특징 등을 감안 시 2~3배 정도가 높아진 총평가액으로 계산될 수 있음을 고려하고, 미국 수준인 GDP 대비 5%로 환산하면 미국의 현 국방비와 대등하거나 초과하게 됨을 알 수 있다. 즉, 현재 GDP 대비 1.6%하에서도 실제로 1,881억~2,822억 달러의 국방예산을 운용하는 것과 동일하며, GDP 대비 5.0% 투자를 예상 시 실질추정액은 5,879억~8,818억 달러로 미국의 국방예산을 초월하는 상황이 됨을 보여준다.

지금까지의 논의를 종합하여 미국과 중국의 국력 및 세력전이 가능성을 평가해보면 장기 및 장장기적 관점에서 중국이 현재의 발전 속도로 사회안정을 유지해 간다면 위에서 언급한 추정사항들이 현실로 나타날 가능성을 배제하기 힘들 것이다. 그러나 2030년까지 미국의 국내총생산(GDP) 우위를 고려 시, 미국에 결정적인 국력약화 요인이 발생하지 않고 현재의 미국 지지세력들이 중국과 연합하지 않는 한, 향후 20년 내 세계패권이 중국으로 이양될 수는 없을 것이다. 그러나 미국이 동아시아와 서태평양에서 중국을 억제하고자 하는 힘(power)을 발동시키고, 이를 거부하면서 지역패권을 추구해야 하는 중국의 힘(power)

간에 엄청난 대립과 갈등 상황이 초래될 것이 예견된다. 따라서 2030년은 이론상 지배국과 도전국의 세력이 대등하여 매우 위험한 시기가 된다. 그리하여 향후 20년간 한반도와 동북아시아의 안보 관리는 매우 중요한 의미를 지닌다. 이를 요약하면 <표 5>와 같으며, 경제적으로 중국의 상승 추세와 인종 및 문화적 이질성 그리고 지지세력의 상이로 세력전이에는 갈등과 대립으로 충돌이 불가피할 것이다.

〈표 5〉 미국·중국의 위상변화와 세력전이 충돌요인(추정)

구분	미국과 중국의 위상 변화			세력전이 시(勢力轉移時) 충돌요인	
	세계 총생산력 비중/총GDP		국력의 추세	인종 및 문화적 동질성	지지세력
미국	1945년	세계 50%	하 강(↓)		서방선진국, 호주, 한국 등
	2010년	세계 23.13%			
	2020년	17조 9,780억 달러			
	2030년	22조 8,170억 달러			
중국	1800년	세계 33%	상 승(↑)	異質的임	이란, 쿠바, 북한 등
	1900년	세계 6%			
	2010년	세계 9.32%			
	2020년	12조 6,300억 달러			
	2030년	25조 6,100억 달러			

이러한 맥락에서, 코헤인(Robert O. Keohane) 등 신자유제도주의자들이 주장하는 정치경제관계의 중요성, 상호의존적 질서로 조정과 교섭을 통해 불화를 해결하고 협력을 달성할 수 있다는[28] 논리는 미중관계에서도 바람직한 방향으로 인식된다. 그러나 경제적 의존을 포함하여 국가 간 상호의존성의 확대는 협력보다 국가의 자율성과 생존을 위협

---

28) Robert O. Keohane, *International Institutions and State Power: Essays in International Relations Theory*, Boulder: Westview Press, 1989, chapter 7; 이종찬, "신자유주의, 구성주의, 자유주의 국제정치경제이론", 여정동·이종찬 공편(2000), p.55에서 재인용.

하는 것으로 극단적 상호의존성은 전쟁을 촉진한다는 구조현실주의자 왈츠(Kenneth N. Waltz)의 논리도[29] 여전히 유효하다. 그 이유는 1978년 이래 중국이 시장경제체제를 수용하고 미국과 서방의 지원으로 활발한 경제협력관계가 형성되어 있지만 무역역조에 의한 갈등은 여전하며 위안화의 국제통화로의 추진 등 양국 간 핵심쟁점이 부각되기 때문이다. 이 경우 양국이 원하든 원하지 않든지 간에 세력전이적 대결의 방향으로 진전되고 있음을 우려하지 않을 수 없다.

2010년 천안함과 연평도 사태에서 보는 바와 같이, 안보문제에 있어서 중국의 태도는 북한에 심각히 편향되어 있다. 그리고 이러한 중국의 안보편향성은 향후도 변화될 가능성이 낮고, 북한과의 순망치한(脣亡齒寒) 관계를 단절시키기기는 불가능하다. 북한의 두 차례의 대남 도발 사태에 대하여 중국은 한국의 구체적인 증거 제시에도 불구하고 유엔 안전보장이사회(UNSC)에서 북한을 군사적으로 또는 경제적으로 제재하는 것을 거부하였으며, 안보리의장성명(chairman's statement)으로 사태를 종결하였다. 이러한 중국의 '북한 편들기'는 동북아지역에서 한국-중국-일본 간 긴밀한 경제의존과 다양한 인적·물적 교류협력에도 불구하고 군사안보 부문에서는 여전히 완충지대(buffer zone)로 한반도를 인식하고, 비록 남북한을 균형적으로 조정한다는 입장도 있지만, 북한을 안보이익의 방패막이로 활용한다는 점에서 이이제이(以夷制夷) 전략임을 확인시켜준다. 오늘날 문제되고 있는 북한 핵문제와 미사일 문제도 중국 입장에서는 자국의 대량살상무기와 연계된 '친구의 전력'으로 대한(對韓), 대일(對日) 또는 대서방(對西方) 견제세력으로 간주할 가능성이 높다. 이는 2006년 안보리 결의 1718호와 2009년 안보리 결의 1874호를 성실히 이행하지 않는 결과로 나타났다.

이러한 중국의 정책 전략적으로 교묘한 영향력 확대는 2010년 9월

---

29) Kenneth N. Waltz, *Theory of International Politics,* Reading, Massachusetts: Addison Wesley Publishng Co., 1979, p.131, p.139, p.159; 서창록, "현실주의 국제정치경제이론", 여정동·이종찬 공편(2000), p.33에서 재인용.

센카쿠열도(釣魚島) 충돌 사태 후 처리과정에서도 나타났는데 나포된 어선 선장의 석방을 정치·경제·군사적으로 압박함으로써 일본을 항복시켰는데 중국과의 긴밀한 경제관계가 일본에게 큰 압력으로 작용하였다.[30] 이 점에서 북한의 중국화는 가장 큰 우려로 장차 한국의 중국화까지를 우려하는 수준으로 파급될 수 있다.

싱가포르 리콴요(李光耀) 전(前) 총리가 2011년 5월 26일 도쿄에서 개최된 제17차 '아시아의 미래(The Future of Asia) 포럼'에서 '거대 강국으로 성장한 중국을 견제할 수 있는 나라는 미국밖에 없다'고 주장한 사실을 상기할 필요가 있다. 그는 '한국과 일본, ASEAN이 힘을 합치고, 여기에 인도와 대만을 더해도 중국을 견제하는 것은 불가능한 일이며, 중국은 너무 거대해서 미국과 미국의 선진기술만이 균형을 잡을 수 있다'고 하면서 '중국은 경제적 지위에 걸맞은 육·해·공군 전투력을 가지려 한다. 중국은 아주 긴 시간 동안 미국과 그 기술력에 도전하기 힘들 것이지만…… 미국의 힘을 이용하지 않고 중국을 억제하기는 어렵다'고 강조한 바 있다.[31] 이는 한미일이 협력하지 않고 중국을 상대하기는 어렵다는 것을 의미한다.

동북아에서 세력전이(勢力轉移)가 일어나는 시점은 전쟁이 우려되는 위험한 시기이며, 미국은 2010년 4개년 방위검토보고서(QDR)에서 중국의 지역거부(area denial) 전략을 심각히 우려하는 가운데 공해전투개념(AirSea Battle concept)을 발전시켜 중국위협에 대비하고 있다.[32] 해군과

---

30) 중국은 희토류 수출금지, 일본인 억류, 각종 경제제재 언급 등으로 일본을 압박하였다.

31) 최유식, "중국 견제할 나라는 미국뿐", 『조선일보』, 2011년 6월 1일자, http://news.chosun.com/site/data/ html_dir/2011/06/01/2011060100145.html(검색일: 2011. 6. 1); 17th International Conference on The Future of Asia "Stronger Ties and Greater Growth: Keys to Overcoming Asia's Challenges", http://news.chosun.com/site/data/html_dir/2011/06/01/2011060100145.html(검색일: 2011. 6. 25).

32) 공해전투개념과 접근거부(anti-access) 및 지역거부(area denial)에 관하여는 미국의 4개년 방위계획검토(QDR 2010)와 '전략 및 예산 평가 센터(CSBA)'의 '공해전투(AirSea Battle)' 참조. Department of Defense, *Quadrennial Defense Review Report(QDR)*, February 2010, http://www.defense. gov/qdr/QDR%20as%20of%2029JAN10%201600.pdf, p.32; Jan Van Tol et al., *AirSea Battle: A Point-of-Departure Operational Concept*, Washington DC:

공군을 중시하고 여기에 우주전력 및 특수작전 위주로 미래 전투개념
을 구상하면서 지역국가 해·공군들, 다시 말해 한국, 일본, 대만, 필리
핀, 인도네시아, 태국, 싱가포르 등과의 협력이 주요한 위치를 차지한
다. 이를 통하여 미국은 부상하는 중국을 견제함과 동시에 유사시 승
리하는 전략으로 발전시켜 나갈 것이다. 즉, 유럽(NATO)-지중해-중동-
인도양-동남아-대만-한국-알라스카-미본토로 이어지는 민주평화선을 보
강하는 전략으로 아시아 지역 국가들을 미국의 우호국들로 결집시키는
역할과 인도를 전략적 동맹수준의 국가로, 베트남을 원자력협정과 경
제지원으로 우호연합체제에 편입시켰다. 나아가 남중국해 영토분쟁에
서 미국은 동남아 국가들을 지원함으로써 사실상 서태평양과 동아시아
에서 중국을 견제하는 전략이 가시화되고 있다. 이러한 안보환경의 변
화 속에서 특이한 점은 남중국해, 동중국해, 서해, 동해에서의 해양안
보가 미국의 주된 관심사이고 군사적 충돌과 불안정의 근원이 이 지역
에서 발생하고 있는 점이 주목된다.[33]

이 점에서 한반도 나아가 동북아시아를 평화와 안정으로 관리해야
하는 한국 입장에서는 큰 딜레마를 안고 있는데, 안보적으로 긴밀한
미국과 일본 그리고 경제적으로 최대 교역국인 중국을 어떤 수준으로
다루어 나가며, 중국의 도전자적 야망을 억제해야 할 것인가가 중요한
현안이다. 이를 극복하기 위해서는 2010년 한국과 일본이 북한과 중국
으로부터 당한 아픈 경험을 교훈으로 삼아 대응해나가야 할 것이다.
즉 미국세력이 동북아지역에서 현실적으로 어떠한 중요한 역할을 하고
있는가를 인식하면서 미국의 전략적 유연성(strategic flexibility)에 대비
하여 한일 간 안보협력을 미국을 매개로 강화해 나갈 필요성이 증가되
고 있다. 천안함 폭침사태와 연평도 포격사태 이후 각각 동해와 서해
에서 항모를 중심으로 이루어진 두 차례 공해작전(空海作戰)은 기존

CSBA(Center for Strategic and Budgetary Assessments), 2010.

33) 남창희·박동형·이원우, "한일·한미일 공군협력 추진방향 연구", 2011년 공군연구용
    역, 2011. 7, pp.6-9.

한미동맹관계와 미일안보관계가 한미일 안보협력관계로 발전해야 하는 필요성을 제기하였다. 특히 2011년 1월 일본 방위상 방한 시 양국 국방장관회담 결과 한일 상호군수지원협정(ACSA)과 정보보호협정을 조기에 체결하기로 한 것은 이러한 분위기를 반영한 조치였다.

지금까지 역사를 통한 중국과 한반도의 관계, 중국의 안보정책과 전력증강 실태, 지역패권적 시각의 미래전망 등을 통하여 발견된 결과와 시사점은 다음과 같다.

첫째, 통일된 강성한 대륙세력이 성립 시 역사적으로 한반도에 큰 위협이 되었다.

둘째, 중국의 한반도에 대한 높은 관심(조공관계)은 최소한 1200여 년 역사적 경험이며, 특히 북한 지역에 대한 영향력은 오늘날까지 이어지고 있다.

셋째, 중국의 안보정책과 전력증강이 미국 등 서방과 대립하는 방향으로 나아감으로써 대륙세력과 해양세력 간 충돌 위협이 높은 안보환경이 조성되고, 지역패권 추구는 동북아와 동남아에서 언제라도 분쟁이 촉발될 가능성이 우려된다.

넷째, 대륙세력과 해양세력의 접촉점에 위치한 한국의 정책 및 전략적 위상이 증진됨으로써 한국의 지역안보 역할 수준이 보다 높아져야 한다는 점이다.

다섯째, 경제능력 등을 고려 시 2030년경 미국에서 중국으로 세력전이 가능성이 존재함에 따라 전쟁발발 문제가 심각하게 고려되어야 하며, 전쟁을 회피하고 평화와 안정을 유지하기 위한 수단과 제도수립의 필요성이 대두되고 있다.[34]

이러한 다섯 가지 부각된 관점들과 현실을 중심으로 한국이 수립하고 실천해야 할 대중(對中) 군사정책은 다음과 같은 방향으로 나아가야 할 것이다.

---

[34] 2009년 이래 한국의 노력으로 2011년 9월 '한중일 협력사무국'이 서울에 개소되었는데 이러한 제도를 통하여 중국이 한미일에 순응하는 의미 있는 역할을 하도록 적극 유도해야 할 것이다.

V. 결론: 대중(對中) 군사정책 수립방향

한국의 군사정책 수립과 추진방향은 매우 포괄적이면서 융통성이 있어야 하며 다양한 네트워크로 구체화해 나가야 한다.

첫째, 중국의 한반도 전역(全域)에 대한 영향력 확대 의지를 차단하기 위해서 미국과의 보다 공고한 동맹관계를 발전시키고 일본을 포함한 한미일 안보협력관계 증진이 긴요하다. 나아가, NATO로 동맹 네트워크를 확장시킴으로써 범세계적 자유민주주의 동맹관계를 강화해 나가야 할 것이다. 중국과 북한이 육지로 연결된데 비하여, 한국과 미국, 일본은 해양으로 연결된다는 점에서 주한미군과 주일미군의 존재는 필수적으로 동아시아 안보에 중요한 역할을 수행함을 재확인해야 한다.

따라서 한국은 동맹정책이 과거의 정치·군사 위주에서 경제·사회·환경 안보를 포함하는 비전통적이고 초국가적인 안보위협까지를 고려하는 가치 중심의 포괄적 방향으로 발전한다는 점을 감안하여 정책수립에 융통성을 가져야 할 것이다. 이는 미국, 일본, 유럽 국가들과 대등한 수준의 역할과 기능을 하는 연합(coalition)의 지혜를 요구한다. 군사적 차원에서는 일시적으로 전쟁을 회피하는 정책보다는 시급히 핵전쟁, 미사일전쟁, 정보전쟁 대비책을 수립하고 강화해 나가야 하는데, 동북아에서 전쟁을 억제하는 핵심기능(linchpin)이다. 아울러 이는 부상하는 중국으로 하여금 한국과 대화와 협력을 증진시키는 지렛대(leverage)와 같은 역할이 된다.

둘째, 중국의 안보정책과 전력증강이 대륙세력과 해양세력의 대립으로 진전되고 있음에 따라 한국의 정책은 이를 완화하고 양측을 효과적으로 활용하는 방향에서 모색되어야 하는데, 이는 안보적으로 한미동맹과 한미일 안보협력이 중요하고, 경제적으로는 한중관계와 한중일 관계가 필요하기 때문이다. 이러한 양 측면을 모두 성취하기 위해서는 미국 등 서방세력에게는 동맹국으로서 책임 있는 행동이 필요하고, 중국에게는 서방세력과의 갈등을 완화시켜주는 촉매역할(catalyst)이 강구되어야 할 것이다. 이를 위해서는 다양한 채널의 대화기구가 필요하고 사전에 갈등과 대립 국면을 차단할 수 있는 외교 노력이 요구된다. 이 점에서 다자대화와 협력의 창구를 조기에 활성화해야 하는데 특히 군사투명성(military transparency) 제고를 위한 한·미·일·중 정치군사대화체 구성이 요구된다. 이 대화체에서는 정기적으로 동북아지역의 안보현안을 진단하고 문제점을 개선하는 신뢰구축(confidence building)과 신뢰안보구축(confidence and security building) 조치들(measures)이 논의되어야 하며, 지역 내 군사적 긴장완화뿐만 아니라, 분쟁예방(conflict prevention)과 유사시 분쟁해결(conflict resolution) 기능까지를 구비해 나가야만 할 것이다. 즉, 중국을 정치군사대화체로 유인하여 국제규범으로 구속(拘束)해 나감이 중요한데, 이 길이 중국의 지속적 발전과 지역안정에도 기여하는 상생(win-win)의 방도이다.

셋째, 중국의 부상으로 2030년 세력전이 가능성이 추정되는 가운데, 전쟁예방을 위해 국내적으로 중국위협을 회피하고자 하는 경향을 확실히 극복해야 한다. 19세기 말부터 20세기 중반까지 시대적 판단과 국력이 미약하여 국권을 상실했던 경험을 통하여 국가 리더십과 여론주도층 그리고 일반국민들의 각별한 안보의식 고양이 요구된다. 예를 들어, 제주 해군기지 건설 추진이 중국과 북한을 자극하여 공격대상이 된다는 시각은 굴복과 무장해제를 의미하는 것으로 배제되어야 한다. 아울러, 미국과 동맹관계, 중국과 우호협력관계를 이분법적으로 인식하기보다는 양자를 포용해 나가야 하며, 이 점에서 대중 군사정책은 양적(量的)인 전력증강과 질적(質的)인 군사외교가 병행되는 강온양면(强溫兩面)의 지혜를 발휘하지 않으면 아니 될 것이다.

| 참고문헌 |

김애경, "중국의 和平崛起論 연구: 논쟁과 함의를 중심으로", 『국제정치
　　　논총』제45집 4호(2005).
남창희·박동형·이원우, "한일·한미일 공군협력 추진방향 연구"(공군
　　　연구용역, 2011. 7).
渡邊昭夫 외 편, 권호연 엮음『국제정치이론』. 서울: 한울아카데미, 1998.
송영우, 『국제정치경제론』 서울: 건국대학교 출판부, 2002.
여정동·이종찬 공편, 『현대국제정치경제』 서울: 법문사, 2000.
오오건스키, A. F. K. 著, 閔丙岐 譯, 『國際政治論』 서울: 乙酉文化史,
　　　1965.
우철구·박건영 편, 『현대국제관계이론과 한국』 서울: 사회평론, 2004.
李基白, 『韓國史新論』 서울: 一潮閣, 1976.
이원우, 『다자안보협력의 한계와 제약』 파주: 한국학술정보, 2009.
이원우, "남중국해 영토분쟁이 우리 공군에 주는 교훈" 공군군사학술용
　　　역, 2009. 10.
정차근, 『동양정치사상: 한국양명사상의 전개』 서울: 평민사, 1996.
鄭昌烈 외, 『世界史年表』 서울: 역민사, 1994.
주펑, "중북관계에서의 동맹요소: 변화와 조정", 『중북우호협조 및 상호
　　　원조조약과 한미동맹』 국가안보전략연구소, 2011. 9. 1.
최명, 『춘추전국의 정치사상』 서울: 박영사, 2005.
하도형, "중국 대외정책의 심화: '조화세계'를 중심으로", 『중국의 대외
　　　정책』 한국국제정치학회 연례학술회의, 2006.
한석희, "중국의 부상과 책임대국론: 서구와 중국의 인식적 차이를 중심
　　　으로", 『국제정치논총』 제44집 1호(2004).
韓沽劢, 『韓國通史』 서울: 乙酉文化史, 1996.
Cliff, Roger et al., "Entering the Dragon's Lair: Chinese Antiaccess Strategies
　　　and Their Implications for the United States", the RAND Corporation,
　　　2007. http://www.rand.org/pubs/monographs/2007/RAND_ MG524.pdf.
Department of Defense, *Quadrennial Defense Review Report(QDR)*, February 2010.
　　　http://www.defense.gov/qdr/QDR%20as%20of%2029JAN10%201600.pdf.
Finkelstein, David M., "China's 'New Concept of Security': Retrospective

and Prospects", Prepared for the National Defense University Conference. *The Evolving Role of the People's Liberation Army in Chinese Politics*, Fort Lesley J. McNair, Washington DC, October 30-31, 2001. http://www.ndu.edu/inss/China_Center/PLA_Conf_Oct01/MFinkelstein.htm.

Holcombe, Charles. *A History of East Asia: From the Origins of Civilization to the Twenty-First Century*, New York: Cambridge University Press, 2011.

Keohane, Robert O., *International Institutions and State Power: Essays in International Relations Theory*, Boulder: Westview Press, 1989.

Organski, A. F. K., *World Politics*, New York: Alfred A. Knopf, 1958.

Permanent Mission of the People's Republic of China to the United Nations, "China's Position Paper on the New Security Concept", April 22, 2004. http://www.china-un.org/ eng/xw/t27742.htm.

Tol, Jan Van et al., *AirSea Battle: A Point-of-Departure Operational Concept*, Washington DC: CSBA(Center for Strategic and Budgetary Assessments), 2010.

Waltz, Kenneth N., *Theory of International Politics*, Reading, Massachusetts: Addison Wesley Publishng Co., 1979.

YANG, Andrew N. D., "China's Revolution in Military Affairs(RMA): Transforming the PLA by Feeling Stones in the Riverbed" at an International Symposium sponsored by Korea Research Institute for Strategy(KRIS) held in Seoul on July 10, 2008. 한국전략문제연구소(KRIS), 『전략연구』제ⅩⅤ권 제2호 통권 제43호(2008).

"China to continue to pursue new security concept for world peace", *People's Daily Online*, December 27, 2004. http://english.peopledaily.com.cn/ 200412/27/eng200412 27168809.html.
"People's Liberation Army", http://www.answers.com/topic/people-s- liberation-army.

"White Paper: China's national defense policy purely defensive in nature", *People's Daily Online*, December 29, 2006. http://english.peopledaily.com.cn/200612/29/eng20041229_336866.html.

제3장 북중관계의 심화와 한국의 대응전략

요약

한국의 최대 교역국이자 한반도 분쟁 시 자동개입토록 되어 있는 중국과 증대된 위협세력인 북한과의 관계가 날로 발전되어가고 있다. 김정일 사망 이전 1년동안 네 차례의 중국 방문에서 알 수 있는 바와 같이 북한의 대중 의존도는 깊어져가고 있다. 특히 북중경제관계는 확대, 발전되어 가고 있다. 북중관계의 심화는 한반도에 어떠한 파장을 주고 있으며, 북한 급변사태와 통일에는 어떠한 영향을 미칠 것인가, 우리의 대북정책은 어떻게 재정립해야 할 것인가가 초미의 관심사가 되고 있다.

청일전쟁 이후 한반도에 대한 중국의 영향력이 퇴조하고, 중국 중심의 국제질서가 깨진 후의 근현대사는 중국이 해양세력의 진출목표가 되면서 중국의 안전에 대한 한반도의 지정학적인 중요성이 부각되었다. 특히 국제질서가 미국의 단극체제로 전환되고 미국이 동북아 개입정책을 강화하게 되면서 중국은 미국의 영향력을 차단시키기 위해 북한의 전략적 중요성을 재인식하게 된다.

한편 북중관계가 발전되고 있는 데는 먼저 중국의 입장에서 볼 때 지속 가능한 경제성장을 위해서 갈등보다 한반도 안정이 우선이며, 한국 또는 미국이 주도하는 통일을 할 경우 중국에게는 심각한 위협이 될 수 있기 때문이다. 특히 동북진흥전략 구상하에 창춘-지린-투먼 경제개발 특구에서 쏟아져 나올 공산품과 동북3성의 농산물의 물류 항만에 대한 확보가 절실하기 때문에 양국관계를 강화하고 있다.

북한의 입장에서도 핵실험은 물론 천안함·연평도 사태 등으로 한국으로부터 경제지원이 중단되고 국제사회로부터 경제지원은 물론 인도주의적인 지원까지 격감하게 되자, 북한의 경제가 더욱 피폐하게 되었다. 또한 김정은으로의 권력승계를 위해 중국으로부터 세자책봉식 지지가 절실하다. 바로 이러한 점들이 북한으로 하여금 중국의 경제적 지원과 외교적 지지가 절박한 이유이다. 남북관계가 소원해져가는 것과는 대조적으로 중국이 이념적으로 경제적으로 그리고 외교, 군사적으로 더 가까운 나라라는 인식이 확산되고 있는 점을 주목해야 한다.

이어서 북중경제협력관계의 동향과 파장을 예측하고, 북한 급변사태 시 중국의 개입 가능성을 분석하고 중국의 개입을 차단할 있는 전략을 제시하고 있다.

I. 들어가면서

한국의 최대 교역국이자 한반도 분쟁 시 자동개입토록 되어 있는 중국과 직접적이고 증대된 위협세력인 북한과의 관계가 날로 발전되어가고 있다. 김정일사망 이전 1년 동안 김정일의 네 차례의 중국 방문에서 알 수 있는 바와 같이 북한의 대중 의존도는 깊어져 가고 있다. 특히 북중경제관계는 날로 확대, 발전되어가고 있다. 북중관계의 심화는 한반도에 어떠한 파장을 주고 있으며, 북한 급변사태와 통일에는 어떠한 영향을 미칠 것인가, 과연 우리의 대북정책은 어떻게 재정립해야 할 것인가가 초미의 관심사가 되고 있다.

청일전쟁 이후 한반도에 대한 중국의 영향력이 퇴조하고, 중국 중심의 국제질서가 깨진 후의 근현대사는 중국의 국력이 쇠락하고 해양세력의 진출목표가 되면서 중국의 안전에 대한 한반도의 지정학적인 중요성이 크게 부각되었다. 특히 국제질서가 미국의 단극체제로 전환되고 미국이 동북아 개입정책을 강화하게 되면서 중국은 미국의 영향력을 차단시키기 위해 북한의 전략적인 중요성을 재인식하게 된다.

이러한 상황인식과 문제의식 아래 본 글에서는 우선 북중관계의 역사적 고찰에 이어서, 북중관계가 심화, 발전된 배경을 알아보려 한다.

이어서 북중 경제협력관계의 동향과 파장을 예측하고, 북한 급변사태 시 중국의 개입 가능성을 분석하려 한다. 마지막으로 우리의 대응전략을 모색하려 한다.

II. 북중관계의 역사적 고찰과 심화 배경

1. 북중관계의 역사적 고찰

청일전쟁 이후 한반도에 대한 중국의 영향력이 퇴조하고, 중국 중심의 국제질서가 깨진 후의 근현대사는 중국의 국력이 쇠락하고 해양세력의 진출목표가 되면서 중국의 안전에 대한 한반도의 지정학적인 중요성이 크게 부각되었다. 바로 이러한 이유로 중국은 냉전 종식 전까지 한반도가 자주독립국가로서 해양세력의 대륙진출을 막는 완충지대로서의 기능을 할 수 있느냐의 여부가 중국의 안보와 직결되는 문제이자 동북아지역의 세력균형을 유지하는 데 있어서 지극히 중요한 문제라고 인식해왔다.[1]

일제식민통치 35년 동안 국내의 항일민족독립운동이 지하로 잠입하게 되었고 중국, 미국, 소련, 일본 등 해외로 무대를 옮기면서 중국이 항일투쟁의 주요한 무대가 되었다. 중국에서 전개된 한국인들의 항일독립운동은 국제정세의 변화, 양국의 지정학적 요소, 중국의 국내정치적 요소, 한국 독립운동의 내적 요인 등에 의해 영향을 받았으며, 한국의 독립운동은 점차 임시정부와 이데올로기를 놓고 두 개의 진영으로

---

[1] 중국에서 전개한 한국의 전체 독립운동에서 상이한 이데올로기를 대표한 민족주의와 공산주의 진영으로 분류될 수 있다. 전자는 국민당 정부, 후자는 중국 공산당과 밀접한 관계를 맺게 되었고, 이 두 정치세력은 전후 한반도 남과 북의 정치 판도를 좌우하는 주요 세력이 되었다. 김경일 저, 홍면기 옮김, 『중국의 한국전쟁 참전 기원』(서울: 논형, 2005), pp.49-50.

갈라지기 시작하였다. 하나는 임시정부 내의 두 진영이고 다른 하나는 전체 독립운동에서 상이한 이데올로기를 대표하는 공산주의와 민족주의 진영이다. 동북항일연군과 한인 공산주의자, 중국공산당과 조선독립동맹이 합세하여 1937년 조선의용군을 결성한다. 중국공산당과 조선독립동맹의 관계는 중국공산당과 동북의 조선공산주의자들의 결속된 유대관계와 더불어 전후 중국공산당과 북한 관계에서 중요한 기반이 되었다는 것을 알 수 있다.[2]

중국이 한국전쟁에 참전한 이유는 해양세력인 미국이 신생 중화인민공화국의 안보에 심대한 위협을 가할 것이라는 위기의식이 크게 작용하였다. 뿐만 아니라 마오쩌둥이 중국대륙의 공산화를 완성하는 과정에서 조선의용군의 지원을 받아 일본군과 장제스 국민당 군대를 소탕할 수 있었다. 유엔군의 반격으로 북한이 일대 위기에 직면한 상황에서 북한을 도와야 한다는 도덕적 책무감이 작용했다고 볼 수 있다. 또한 한국전쟁에 개입함으로써 승리를 쟁취할 경우에는 청일전쟁에서 패전 이후 상실했던 한반도에 대한 중국의 영향력을 회복할 수 있으며, 최소한 38선 일대에서 전쟁을 종결짓는 데 그친다 하더라도 북한에 대한 영향력은 물론 해양세력의 중국 진출위협을 차단할 수 있는 완충지대로서 북한의 지정학적 역할을 의식한 군사적 개입이었다.

3년 1개월 간 지속된 한국전쟁기간 한국군은 개전 초 3개월 정도만 북한군과 싸웠다고 볼 수 있다. 김일성은 유엔군이 38선을 돌파하자 마오쩌둥에게 파병을 요청하여, 1950년 10월 중순 중공군이 개입하게 된다. 연인원 300만 명이 참전하여 90여만 명이 희생됨으로써 결과적으로 유엔군과 국군에 의한 통일이 좌절하게 된다. 북한에 진주한 중공군은 1958년 철수하였으나, 1961년 7월 11일 「조중우호협조 및 호상원조조약」을 체결하여 군사동맹관계를 구축하였다. 한반도에 분쟁 시 중국의 자동개입을 의무화하는 강력한 구속력을 갖는 군사동맹이다.

---

2) 김학준, 『북한 50년사: 우리가 떠안아야 할 반쪽의 우리 역사』(서울: 동아출판사, 1995), pp.55-64.

1960년대 중국과 소련이 이데올로기와 국경분쟁으로 갈등관계가 고조되었을 때 북한은 자주·균형외교를 추구하게 된다. 특히 1978년 덩샤오핑이 개혁개방정책을 추진하고, 소련의 몰락과 동구권이 해체되고, 한국이 1990년 9월과 1992년 8월에 각각 러시아와 중국과 국교정상화를 함에 따라 북한은 외교적으로 고립되며, 북중관계는 급격히 악화되고, 자력갱생의 정책을 추진하게 된다.

국제질서가 미국의 단극체제로 전환되고 미국이 동북아 개입정책을 강화하게 되면서 중국은 미국의 영향력을 차단시키기 위해 북한의 전략적인 중요성을 재인식하게 된다. 급기야 2000년 김정일은 중국을 방문, 장쩌민과 정상회담을 갖게 되고 북중관계의 복원에 합의하기에 이른다. 이명박정부 출범 후에 한미동맹 중시정책에 대한 반사로 북중관계는 심화되고 있으며, 특히 2010년 후반기부터 2011년 8월 말까지 1년여 기간 김정일은 네 차례에 걸쳐서 중국을 방문하는 등 2011년 북중동맹 체결 50주년을 맞아 양국관계는 최상으로 발전되고 있다.[3]

2. 북중관계의 심화 배경

이처럼 북중관계가 심화 발전되고 있는 데는 몇 가지의 배경이 작용하고 있는 것으로 판단된다. 먼저 중국의 입장에서 볼 때 지속 가능한 경제성장을 위해서는 갈등보다 한반도 안정이 우선이며, 이에 따라 천안함·연평도 사태에 대해 북한을 옹호하는 입장에 서게 된다. 또한 남북한 국력의 격차가 극심하여 한국 또는 미국이 주도하는 통일을 할 경우 중국에게는 심각한 안보위협이 될 수 있기 때문이다. 특히 2005년부터 동북진흥전략 계획 하에 창춘-지린-투먼 경제개발 특구에서 쏟아져 나올 공산품과 동북3성의 농산물의 물류 항만에 대한 확보가 절실한 측면이 양국관계를 강화토록 하고 있다.[4]

---

3) 정경영, 『동북아 재편과 한국의 출구전략』(서울: 21세기군사연구소, 2011), pp.209-213.

북한의 입장에서도 핵실험은 물론 천안함·연평도 사태 등으로 한국으로부터 경제지원이 중단되고 국제사회로부터 경제지원은 물론 인도주의적인 지원까지 격감하게 되자, 북한의 경제는 더욱 피폐하게 되었다. 또한 김정은으로의 권력승계를 위해 중국으로부터 세자책봉식 지지가 절실하다. 바로 이러한 점들이 북한으로 하여금 중국의 경제적 지원과 외교적 지지가 절박한 이유이다. 남북관계가 소원해져가는 것과는 대조적으로 중국이 이념적으로 경제적으로 그리고 외교, 군사적으로 더 가까운 나라라는 인식이 확산되고 있다.

북한과 중국의 밀착관계는 권력 상층부의 이해관계나 외교채널 못지않게 인간 대 인간 채널에 의한 것이 깊다. 중국의 재계와 북한의 권력층 간의 인맥을 통한 거래보다 심층적으로는 만주에서의 항일운동이라는 공통된 역사를 지니고 있는 조선족들과 그들의 북한 친인척들 간의 왕래가 양국의 떼려야 뗄 수 없는 관계의 근저에 자리 잡고 있다.

이러한 북한과 중국의 밀착관계를 양국의 이해관계보다 더 잘 설명해주는 것은 민간 네트워크다. 일명 재중 '열사후손', '조교 2, 3세'들이 네트워크의 핵심이다. '열사후손'은 일제강점기 당시 항일투쟁에 나섰던 조선족들로, 소위 조선족항일영웅의 혈통을 일컫는 말이다. 세대는 바뀌었지만 지금까지도 여전히 북한의 우대를 받으면서 북한 고위층들과 긴밀한 관계를 유지하고 있는 부류다. 한편 '조교'는 북한에서 태어나 북한 국적을 가지고 있지만 중국으로 이주해 살고 있는 부류다. 이들 역시 주로 무역업에 종사하면서 북중 간 교량역할을 하고 있다. 이처럼 중국의 열사후손인 조선족들이나 조교들 중 거물급 사업가들이 관직에 있는 중국의 고위급들과 북한 핵심고위층 사이를 잇는 오랜 네트워크의 구심적 역할을 하고 있다.

또한 북중 양국 간에 전략적 유대관계가 오랜 기간을 거쳐 발전됨에 따라 사소한 외교적 마찰이나 민간차원의 분쟁에 대해서는 양측 모두

___

4) 김영윤, "북중경제협력의 확대와 남북경협의 과제", 제118회 흥사단 금요통일포럼, 2011. 7. 22.

별도의 절차 없이 암묵적으로 관대하게 처리하곤 한다. 양국의 오랜 형제관계는 자국민의 억울한 죽음이나 천안함 사건과 같은 도발행동으로도 방해받을 수 없을 만큼 끈끈하다.[5]

III. 북중관계 현 실태

1. 외교안보관계

북한이 2007년 「10·4정상선언」에서 정전체제를 종식시키고 항구적인 평화체제를 구축하기 위해 직접 관련된 3자 또는 4자 정상회담을 제의했을 때 은연중 중국을 소외시킨 내용이 포함된 점,[6] 중국이 북한의 핵실험을 반대했음에도 불구하고 2006년 10월 9일과 2009년 5월 25일에 북한이 두 차례에 핵실험을 감행함에 따라 유엔안보리 제재 결의안에 중국이 찬성한 점, 뉴욕 유엔주재 북한 대표부 차석대사가 비공식 자리에서 중국을 견제하기 위해 왜 미국은 북한 카드를 사용하지 않는가 하는 언질 등은 북중관계의 불편함을 인지할 수 있는 사건들이다.

그러나 중국은 2009년 후반기 북핵 폐기에 집착하여 북한을 지나치게 압박하여 북한 내부의 불안정 사태를 야기하여 이를 타개하기 위해 군사적 도발을 하게 되어 결국 한반도에 긴장이 고조되는 것이 중국의 국익에 도움이 되지 못한다는 판단을 하여, 한반도 안정에 우선순위를

---

5) 김이준, "한국과 중국의 전략적 협력 동반자관계는 지금 어디까지?",
http://www.nksis.com/bbs/board. php?bo_table=b03&wr_id=16&sca=분석(검색일: 2011. 9. 8).

6) "10·4남북정상선언 4항",
http://ko.wikipedia.org/wiki/%EB%82%A8%EB%B6%81%EA%B4%80% EA%B3 %84_% EB%B0%9C%EC%A0%84%EA%B3%BC_%ED%8F%89%ED%99%94%EB%B2%88%EC %98%81% EC %9D%84_%EC%9C%84%ED%95%9C_%EC%84%A0%EC%96%B8(검색일: 2011. 11. 12).

부여하는 대북정책 기조로 변화를 가져오게 되었다. 이는 결국 북한으로 하여금, 북한의 강력한 외교안보적인 후원세력을 확보하게 되었다는 판단을 하게 했을 것이고, 김정은으로의 권력승계를 가능케 하는 북한 군부의 확실한 지지를 확보하기 위한 수단으로 천안함 및 연평도 사태를 감행하였을 것으로 판단된다. 결국은 천안함 사태에 대해 유엔 안보리 의장성명서에 미, 영 등 5개국이 참여한 국제민군 공동조사단이 조사결과 천안함 폭침이 북한에 책임이 있다는 것에 대해 깊은 관심을 표명하였다. 그러나 천안함 사건에 아무런 관련이 없다는 북한 측 주장[7]을 유엔안보리 의장성명서에 반영한 것은 중국이 북한을 국제 사회의 강력한 제재에 직면했을 때 고립되어 예측할 수 없는 도발을 자행할 것이라는 우려를 했을 것으로 판단된다. 어떻든 북한은 2010년 9월 당대표자회를 통해 김정은의 권력승계를 공식화하였다.

특히 2011년 7월 11일, 북한과 중국 간의 북중우호협조조약 50주년을 맞아 양국 간 우호협력관계는 최정점에 이른 듯하다. 북한의 양형섭 최고인민회의 상임위원회 부위원장을 단장으로 하는 북한 대표단이 7월 9일 북중우호협력조약 50주년 기념 활동에 참가하려고 중국을 방문했고, 장더장(張德江) 중국 국무원 부총리는 7월 10일 중국 친선대표단을 이끌고 북한을 방문하는 등 북중 간 고위급 교류가 활발하였다. 특히 나진항을 비롯한 북한 북부 항구에 대한 중국 접근 허용이다. 2010년 10월과 11월 집중적으로 있었던 북중 양국 간 나진·선봉과 황금평·위화도 개발협정이 갖는 북중군사관계의 강화이다. 중국의 동해로의 출해권 확보는 한국과 일본, 러시아의 활동무대에 대한 도전으로 중대한 함의가 있다.

---

7) Presidential Statement, United Nations Security Council, related to the Sinking of Cheonan(S/2010/294), www.un.org/News/Press/docs/2010/sc9975.doc.htm(검색일: 2011. 11. 12).

2. 경제관계

2000년대 초반 이후 중국은 후진타오-원자바오 4세대 지도부의 출현과 함께 그간 낙후된 동북지역의 개발인 동북진흥전략을 국가적 중점사업으로 확정하고 두만강유역의 북한 및 러시아 접경지역을 중심으로 대규모 인프라 투자와 함께 초국경 연계개발사업을 추진해왔다. 구체적으로 중국은 2005년부터 동북진흥전략에 의거한 대외개방 확대조치로서 동해로의 출로 확보를 위해 북한과 '육로-항만-구역 일체화', 러시아와 '육로-항만-세관 일체화' 프로젝트를 추진해왔으며, 2009년 8월에는 이를 더욱 구체화하여 두만강지역의 북·중·러 접경지역 연계개발을 포괄하는 국가급 프로젝트로서 '창지투(창춘長春, 지린吉林, 투먼圖們) 개발계획'을 출범시켰다.[8]

'창지투 개발계획'은 2009년 9월 러시아와 체결한 「중국 동북지역과 러시아 극동 및 동시베리아지역 협력계획강요(2009년~2018년)」, 2011년 6월 북한과 체결한 '나선경제무역지대 개발협력사업'과 함께 중국이 새로운 차원에서 두만강 유역 개발 및 동북아 경제권 형성의 주도권을 확보하기 위한 국가전략 차원의 프로젝트이다.

'창지투 개발계획'에 따라 중국이 국가차원에서 추진하고 있는 두만강 유역의 초국경 연계개발은 정치·경제적으로 동 지역을 넘어서 한반도 및 동북아지역 전체에 중대한 파급효과를 미칠 것으로 전망된다. 우선 중국은 두만강지역 물류 인프라 및 네트워크의 확충을 통해 국내 동북지역과 동남연해지역, 나아가 한국, 일본 및 구미지역을 연계하는 환동해권 대외무역의 해상통로를 확보하는 셈이 된다.

이로써 중국은 동북진흥전략을 추진하기 위한 기초적인 물적 토대를 마련하고, 이와 동시에 대외개방 촉진을 통해 막대한 사회적, 경제적

---

8) 원동욱, "창지투 개발과 환동해권 경제의 미래",
http://mail.catholic.ac.kr/readMessage.do?folder=Inbox&page=3&uid=17717(검색일: 2011. 8. 28).

이익을 기대할 수 있게 되었다. 또한 두만강지역 국제협력개발사업에서 중국이 주도적인 역할을 담당하고, 이를 바탕으로 북한을 통해 동해로 진출하는 해상통로를 확보한다는 것은 중국에 단순한 경제적 기대효과 이상의 전략적 의미를 내포한다.

즉, 북중러 3국의 국경지역 통합 경제권 출현과 중국의 동해 출해권 확보는 중국의 지정학적 이익과 국가안보에 매우 유리한 방향으로 작용할 것이며, 기존의 미일 중심의 동북아 정치경제구도에 대응하는 중국 중심의 국제정치경제 구도를 출현시킬 가능성이 높다.

특히 나진항을 통한 환동해권 국제수송로의 개설은 지역 내 운송시간의 단축과 물류비용의 절감효과를 가져옴으로써, 앞으로 이 지역 내 경제활성화와 투자확대를 기대할 수 있게 되었다. 또한 환동해권 역내 국가 간 인적·물적 교류 활성화는 관광자원 개발 및 문화교류 확대로 이어져 지역경제 발전에 기여할 것이며, 수출입 및 관련 산업의 진흥이 이루어질 것으로 예상된다. 결국 과거 이 지역의 물류인프라 및 네트워크의 미비로 인해 투자를 꺼려왔던 국내외 자본의 유입이 본격화될 수 있는 단초를 마련한 셈이다.

창지투 개발에 따른 북중 간 인프라 연계를 중심으로 하는 초국경 경제협력은 북한의 물류시스템의 개선과 함께 경제적으로 북한을 개혁, 개방으로 유인하는 데에 일정부분 영향을 미칠 것으로 기대된다. 더욱이 환동해권의 주요 물류거점이라 할 수 있는 나진항 개발이 정체되어 있는 상황에서 중국의 주도적 참여에 따라 두만강지역의 물류인프라가 현대화되면 관련국가들 간 상호연계가 활발해지고, 이에 따라 동북아 자유무역지대 나아가 동북아 경제권의 형성에 기여할 것으로 전망된다.

한편 북중관계의 강화는 양국 간 경제협력이 날로 심화되고 있는 데서 극명하게 나타나고 있다. 교역측면에서 한국을 제외할 경우 북한의 대 중국 무역의존도는 80%이며, 수입이 항상 수출을 초과하는 만성적

무역 적자를 특징으로 하고 있으나, 2011년 교역액은 56억3천만억 달러로 전년과 대비할 때 62.4% 급증하였고 대중국 수출도 2배 이상 증가하였다. 한국의 대북 교역 감소가 대중 교역 증가로 대치되는 형국이다. 인프라 측면에서 2008년도에 중국은 라진항에 대한 10년 사용권을 획득하였고, 옌벤 조선자치주 정부에서는 2010년 1월부터 원정리-라진항 도로건설을 중점 지원하고 있으며, 옌벤 화룡-남평 간 철도건설, 투먼-청진항 간 철도 보수, 2011년 5월 훈춘-원정-라진 간 도로 개보수, 라선경제특별구역 개발, 신압록강대교 건설 등 고속도로, 철도, 교량 등 12개 사업에 걸쳐서 25.6억 달러를 투자하여 2020년까지 개발할 계획이다. 또한 북한과 중국은 2011년 2월 지하자원 공동개발 협정을 맺었다. 중국 투자의 70%가 자원개발 및 자원개발 관련 인프라 시설에 집중 투자하고 있는 바, 25건의 광물자원 개발사업 중 20건이 중국이 투자하고 있으며, 무산의 철광석, 용등의 무연탄, 혜산의 구리 등을 들 수 있다. 또한 중국인들은 여권 비자 없이 통행증만으로 북한을 왕래할 수 있으며, 두만강 일대는 월 2천 명이 왕래하고 있다. 2011년 전반기 중국을 방문한 북한주민은 6만 7,900명으로 2010년보다 30%가 증가하였다.9) 또한 2009년 8월에는 백두산 관광단지 개발에 착공하였으며, 북한도 평양과 항저우, 칭다오, 선양, 베이징에 특별전세기를 운행하여 대동강 수상보트와 금강산 관광 등을 유치하고 있다.

---

9) "중국 방문 北 주민 6만 7,900명⋯작년보다 30%↑", 『노컷뉴스』, 2011년 07월 23일자.

IV. 북한 급변사태 시 중국 개입 가능성과 향후 전망

1. 북한 급변사태 시나리오

2010년도 천안함과 연평도 공격은 북한의 군사적 모험주의가 그들의 내부 모순 때문에 스스로 통제키 어려운 한계점을 넘었다고 판단된다.[10] 특히 북한은 여전히 권력 승계의 불안정성, 식량 및 에너지난 악화, 인권유린, 화폐개혁의 실패, 군사경제체제의 한계, 북한주민의 사회적 의식 변화 가속화, 주민통제비용 급상승, 국제사회로부터의 고립 심화 등을 고려할 때 급변사태의 가능성은 상존한다.

북한 급변사태는 글자 그대로 매우 빠른 속도로 급격하게 발생, 대규모로 근본적인 변화를 초래하여 기존 북한체제가 스스로 극복할 수 없는 불안정한 상황을 일컫는다.[11] 이러한 급변사태가 발생할 때 무력도발과 대량난민의 국내 유입상황은 한국안보는 물론 극심한 사회적 혼란과 경제에 악영향을 미칠 것이다. 또한 북한정권붕괴는 물론 체제와해, 국가 해체 사태로까지 비화될 때 한반도는 물론 동북아 역학구도에 심대한 파장을 유발할 수 있을 것이다.

중국도 북한의 피폐된 경제, 심상치 않은 민심의 동요, 북중 국경 인근지역의 핵을 포함하여 대량살상무기 기지 관리 부실에 따른 위험 등에 예민하게 대비하고 있는 것으로 판단되며, 북한의 비전통적 급변사태 시 한국과 협력방안을 제안하고 있는 것은 주목할 만한 중국의 변화다.[12] 북한의 피폐된 경제, 통제력 약화와 주민의 이탈 증가, 국제사

---

10) 남주홍, "대북 억제력 행사 흔들림 없어야", 『중앙일보』, 2010년 6월 7일자.

11) 유호열, "정치·외교 분야에서의 북한 급변사태", 박관용 외, 『북한 급변사태와 우리의 대응』(서울: 한울 아카데미, 2007), p.20.

12) 2009년 11월 6일 베이징에서 개최된 제6차 한중안보포럼 시 중국 국방대학교 구단유 교수의 "한반도 비전통적 급변사태 시 중한협력"에서 한중협력을 제안한 바 있으며, 량 광례 국방부장의 한국참가단과의 면담 시에도 이 문제에 대해 전향적인 언급을 한 것

회로부터의 고립 등으로 발생할 수 있는 북한 내부에 군사적 대결 또는 주민에 의한 민중봉기로 북한의 급변사태가 발생하였을 경우 중국의 개입 가능성에 대한 논란은 그치질 않고 있다.

2. 중국 개입 가능성

먼저 개입 가능성이 높은 이유는 한반도 문제 발생 시 중국은 방관하지 않았다는 역사적인 이유, 북중관계의 이데올로기의 동질성과 군사동맹관계, 양국 간 경제관계의 심화 등이다.

중국은 역사적으로 한반도 문제 발생 시 끊임없이 개입해왔던 바, 나당연합군에 의한 한반도 개입은 말할 것도 없고, 임진왜란 시 명군이 개입하였으며, 일본과 한반도 분할 관련 휴전협상을 하기도 하였다. 동학란 발생 시 진압 차 청군이 파병하여 결국 청일전쟁이 발발하였으며, 한국전쟁 시 국군과 유엔군이 38선을 통과, 북진해 갈 때, 중국군이 개입하는 등 한반도 사태 때 예외 없이 개입했던 것을 고려할 때 향후 북한에 급변사태가 발생 시 개입할 수밖에 없다고 추론한다.

또한 중국에 있어서 북한은 1961년 「조중우호조약」을 체결한 군사동맹국이다. 무력공격을 받을 경우 양국의 헌법기관의 절차에 따라 지원하는 한미상호방위조약13)보다 더 구속력이 있는 「조중우호조약」 제

은 시사하는 바가 크다.

13) 한미 양국 정부는 1953년 10월 1일 워싱턴에서 대한민국과 미합중국 간에 상호방위조약(Mutual Defense Treaty between the Republic of Korea and the United States of America)을 체결하였다. 1954년 1월 양국의 국회에서 승인되어 비준절차를 거친 다음 11월 17일 비준서가 교환되었고, 11월 18일 조약 제34호로 정식 발효되었다. 태평양지역의 평화를 위해 집단안보를 추구하는 한미상호방위조약은 전문과 본문 6개 항의 본조약과 제3조와 관련한 미합중국의 양해사항이 포함된 교환의정서의 부속문서로 구성되어 있다. 전문을 보면 '본 조약의 당사국은 외부로부터의 무력공격에 대하여 방위하고자 하는 공동의 결의를 선언할 것을 희망하고 태평양지역에 있어서 효과적인 지역적 안전보장조직이 발전할 때까지 집단적 방위를 위한 노력을 공고히 할 것'이라고 명기되어 있다. 본 조약의 주요내용으로는 ① 국제적 분쟁에 대한 평화적 해결의 원칙, ② 무력공격을 방지하기 위하여 당사국의 상호협의와 자조와 상호원조 원칙에 대한 규정, ③

2조는 어느 일방이 제3국의 침공을 당해 전쟁이 발생할 경우, 지체 없이 군사적 기타 원조를 제공한다고 규정하고 있다.[14] 북한 급변사태가 발생할 경우, 북한 당국의 요청을 명분으로 개입할 수 있으며, 동맹국의 안전에 심각한 위태로운 사태가 발생하고 미국을 포함한 외부의 개입이 있을 경우는 더더욱 중국 안보에 위협으로 인식하여 개입할 수밖에 없을 것이라고 본다.

또한, 이미 논의한 바와 같이 북중 간에 심화, 발전되어온 경제관계를 고려했을 때 북한 급변사태 시 중국은 경제적인 실익을 챙기기 위해 개입할 수밖에 없을 것이라고 주장한다.

특히 북한에는 화교를 포함하여 경제활동을 하는 중국인이 1만 명 이상 체류하고 있는 것으로 알려져 있다. 이들은 북한 내의 심상치 않은 동향을 파악하여 거의 실시간대에 중국 당국에 첩보보고를 하고 있다고 판단된다. 또한 압록강 국경선을 따라 중국 인민해방군 정예군이 압록강에서 도하훈련을 하는 것 등은 북한 급변사태 시 중국군이 개입할 가능성이 크다고 판단될 수 있는 대목이다.[15] 북한으로부터 대규모

당사국 일방의 영토에 대한 무력공격에 공동의 대처, ④ 주한미군의 한국주둔, ⑤ 비준절차 및 효력발생에 대한 규정, ⑥ 유효기간의 무한정성 명기 등이다. 「한미상호방위조약」, http://historia.tistory.com/1296(검색일: 2011. 8. 28).

14) 육군사관학교, 『북한학: 정치, 경제, 통일의 역동성』(서울: 황금알, 2005), p.370. 1961년 7월 11일 북한 내각 수상인 김일성과 중국 국무원 총리 저우언라이(周恩來)가 각각 서명한 「조중우호협력상호원조조약」은 마르크스-레닌주의와 프롤레타리아 국제주의 원칙에 입각, ① 국가주권과 영토 안정에 대한 상호존중, ② 상호불가침, ③ 내정불간섭, ④ 평등과 호혜, ⑤ 상호원조 및 지지를 기반으로 북중 간 우호협조 및 원조관계를 발전시키며 쌍방의 안정 및 아시아와 세계평화를 위해 노력할 것임을 다짐하고 있다. 모두 6개 조항으로 된 이 조약은 제2조에 '어느 일방에 대한 어떠한 국가로부터의 침략이라도 이를 방지하기 위해 모든 조치를 공동으로 취할 의무를 지니며 어느 일방이 무력침공을 당해 전쟁 상황에 처하게 되는 경우 체약 상대방은 모든 힘을 다해 지체 없이 군사적 및 기타 원조를 제공'하도록 명시하고 있어 군사동맹 조약의 성격을 갖고 있다. 이와 함께 이 조약은 북중 간 경제, 문화, 과학기술 등 사회전반에 걸친 협력을 강화하고(제5조), 상대방을 반대하는 어떠한 동맹도 체결치 않으며 상대방을 반대하는 어떠한 집단과 어떠한 행동·조치에도 참가치 않도록 규정(제3조)되어 있다. 이 조약은 수정·폐기에 대한 쌍방 간 합의가 없는 이상 무기한의 효력을 갖도록 되어 있는 것이 특징이다. 「조중우호협조 및 호상원조조약」, http://www.kplibrary.com/nkterm/read.aspx?num=768 (검색일: 2011. 8. 28).

15) 2008년 5월 6일 중국 인민해방군 심양군구 소속 공병대 200여 명은 단둥시에서 압록강

난민 발생 시 중국의 요구사항은 한국이 난민 수용소를 설치하여 흡수하거나 DMZ를 터놓지 않을 경우 국경지역에 전개된 중국군의 북한지역 내 진격으로 난민 유입을 차단하겠다는 것이다.[16] 탈북자의 규모가 수만이 아니라 수십만이 중국 내에 유입할 경우 경제적 부담과 사회적인 혼란은 물론 정치적인 문제를 야기할 소지가 있기 때문에 원천적으로 차단하겠다는 것이다.

특히 북한 급변사태가 발생할 경우, 한국 단독, 한미연합 개입 또는 중국군의 단독 개입 시나리오는 타방의 개입을 불가피하게 할 수도 있을 것이다. 군사적으로 전략적 중심인 평양을 누가 먼저 선점하느냐가 양 블록의 동시 개입 시 관건일 수 있는 바, 한국군이 개성-문산을 잇는 남북 철도도로를 따라 북진하고 그 이외 지역에서는 DMZ의 장애물을 극복, 북진하는 기동속도와 <그림 1>에서 보는 바와 같이 중국군이 북한으로 진입하는 3개의 철도를 이용하고 압록강을 도하하여 평양으로 남진하는 기동속도를 비교할 때 한국군이 결코 우위에 있다고 볼 수 없다. 특히 한국군과 중국군을 대하는 북한군의 저항 여부에 따라 판세는 전혀 다른 양상을 보일 수 있다.

상류 방향으로 10km 떨어진, 압록강을 사이에 두고 신의주시 상단리와 불과 400m 떨어진 곳에서 군 병력과 장비를 사용하여 부교설치 훈련을 실시한 바 있다. 정권화, "압록강서 중국군 도하훈련", *The Daily NK*, 2008년 5월 8일자.
http://www.daily nk.com/korean/read.php?catald=nk06000&num1=56175(검색일: 2010. 5. 19).
"중국군, 압록강에서 부교 이용해 도하훈련, ≪연합뉴스≫, 2012년 6월 13일자 "
16) 쓰인홍, "한미중의 전략적 인식 변화와 협력방안의 모색", 국방대 안보문제연구소 주최 세미나, 국제프레스센터, 2007. 5. 31.

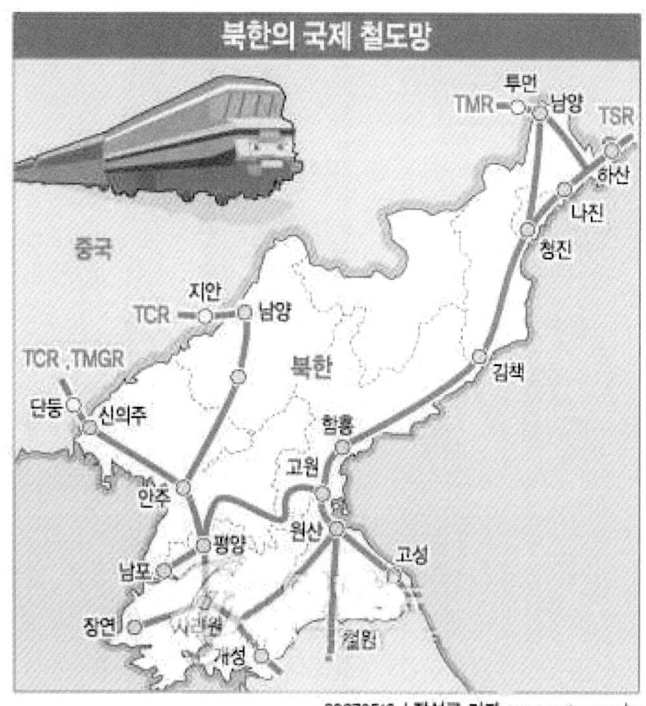

* 출처: 장성구, "북한의 국제철도망", 『연합뉴스』, 2007년 5월 16일자.

〈그림 1〉 북한의 철도망

투입된 중국군은 첫째, 난민 구호 및 재난 구호 등 인도적 지원, 둘째, 혼란한 질서를 바로잡는 평화유지 작전, 셋째, 중국 인근의 북한 핵무기 및 핵물질 통제, 핵시설 폭발 시 오염 정화 등을 수행할 것으로 예상된다.[17] 심양군구에 1~2개 집단군을 투입하여 국경지역을 봉쇄할 것이다. 특히 국경선 일대에 배치된 15만 명의 병력과 후속 증원 35만 명을 고려한다면 북한 급변사태 시 대규모 탈북자를 차단하기 위해 제1차단선으로 신속대응부대는 위기 발생 시 24시간에서 48시간 내에 신속하게 전개할 수 있으며, 북한 국내로 진입하여 주요 탈출 목을 차단

---

17) Scott Snyder, Bonnie Glazier and John S. Park, "Keeping an Eye on an Unruly Neighbor: Chinese Views of Economic Reform and Stability in North Korea", a Joint Report by *CSIS and USIP* on Jan. 3, 2008.

할 것이다. 국경지역에 밀집 배치한 중국군은 탈북자들의 유입을 막으며, 월경한 탈북자들에 대해서는 기동 타격대 요원들이 중국내로 분산되지 않도록 강력한 통제대책을 강구할 것으로 예측된다.[18]

한편, 개입하지 않을 것이라는 시각도 만만치 않다. 유엔안보리 반대 등의 국제적 반발이 예상되며, 북핵 문제로 부담을 안고 있는 중국이 과중한 북한 관리 부담을 원치 않을 것이라는 판단에서이다. 티베트, 위그르 등 소수민족 문제, 농민들의 소요 등 국내정치, 미국발 금융위기로 인한 경제성장 둔화에 따라 대량의 실업자 발생 등으로 신경을 쓸 여력이 없다는 시각을 들어 개입하지 않을 것이라고 주장한다. 또한 "중국은 가장 가까운 나라이나 경계해야 할 나라"라는 김정일의 유언 등은 북한의 중국개입을 베제할수도 있다. 특히, 중국의 북한 급변사태 시 군사 개입이 동아시아 국가들에게 중국 위협론을 현실화시키는 계기로 작용, 중국의 대외적 이미지를 크게 훼손시키는 부담을 안게 될 것이라는 것 등[19]이 중국이 개입해서 얻을 득이 없다는 이유로써 개입 가능성이 희박하다고 보는 이유이다.

우리로서는 북한 급변사태 시 최악의 경우 중국의 개입 가능성에 따

---

18) Paul H. B. Godwin, "From Continent to Periphery: PLA Doctrine, Strategy and Capabilities towards 2000", David Shambaugh and Richard H. Yang, eds., *China's Military in Transition,* New York: Clarendon, 1997, pp.205-206. 현재 중국군의 신속대응부대는 총 2개 집단군, 9개 사단, 3개 여단, 7개 연대 또는 대대로 약 20만 명을 보유하고 있다. 공군 제15공정군단 예하 제43, 44, 45사단 등 3개 사단, 해병대 제1, 164여단 등 2개 여단, 베이징군구 제38집단군, 심양군구 제39집단군, 난징군구 제1집단 예하 제1상륙기계화사단, 청두군구 제13집단군 예하 제149기계화보병사단, 광저우군구 제42집단군 예하 제124상륙기계화사단, 지난군구 제21집단군 예하 제61사단 등 13개 사단 1개 여단 그리고 각 군구별 1,000명 규모의 특수작전부대 연대 또는 대대급 7개 부대가 이를 구성한다. Jane's Information Group, "Army", *Jane's Sentinel Security Assessment-China and Northeast Asia,* hppt://www8.janes.com/; Cortez A. Cooper III, "'Preserving the State': Modernizing and Task-Organizing a 'Hybrid' PLA Ground Forces", Roy Kamphausen and Andrew Scobell, *Right-Sizing the People's Liberation Army: Exploring the Contours of China's Military,* Santa Monica: RAND, 2007, pp.256-257; Chong-pin Lin, "The Military Balance in the Taiwan Straits", David Shamaugh and Richard H. Yang, *China's Military in Transition,* New Work: Clarendon, 1997; Ka Po Ng, *Interpreting China's Military Power: Doctrine Makes Readiness,* London: Frank Cass, 2005, p.127; 박창희, "북한 급변사태와 중국의 군사개입", 2009년도 안보대학원 학술세미나, 「북한 급변사태와 한국의 대응방안」, 2009. 11. 9, 국방대학교.
19) 황병무, "중국의 한반도 군사 시나리오", 『국방일보』, 2008년 4월 5일자.

른 대비책을 강구해서 예방하는 것이 필요하다.

3. 향후 북중관계 전망

북중 간 향후 관계는 경제, 군사, 외교적으로 더욱 강화될 가능성이 높다. 북한의 최대과제인 원만한 권력승계를 위해서는 중국으로부터 지지 확보와 피폐된 경제난관을 극복하기 위해 중국의 경제지원이 관건이다. 대북 경제제재를 북한 말살, 붕괴 의도로 파악하고 있는 북한은 대북한 경제봉쇄조치 해제를 위해 미국과 양자대화에 집착하고 있으나, 경제제재 해제이전까지는 북한 자체 생존을 위해 중국에 더욱 의존이 불가피하다.

또한 북중경협이 남북경협보다 크게 심화 확대될 것으로 전망된다. 그러한 전망을 하는 배경에는 한국이 북한을 흡수통일을 추구할 것이나 중국은 정치적으로 통합을 기도하지 않을 것이며, 남북한 간 정치·군사적 긴장관계는 남북경협을 위축하고 있으나, 북중경협은 그와 같은 우려가 없고, 한국은 정권이 교체됨에 따라 대북정책이 유동적이나 중국의 대북정책은 일관적이라고 보기 때문이다. 대중국 경제적 개방은 더 높은 수준의 법, 제도적 장치를 통해 이루어질 것이며, 남북관계, 북한과 국제사회와의 관계가 경색되면 될수록 북한의 대중 경제의존도는 더욱 심화될 것이다.

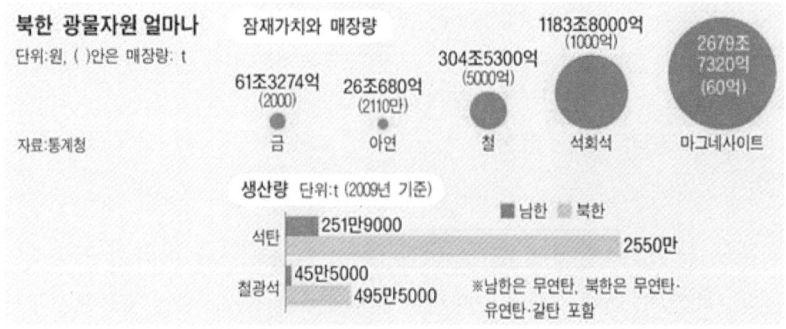

〈그림 2〉 북한의 광물 자원현황

이러한 북중관계의 심화 발전이 한국에게 던져주는 파장은 심대하다. 7,000조 원에 달하는 북한의 전략적 자원확보[20]를 실기(失機)함에 따라 한국이 잠재적인 성장기회를 상실할 가능성이 있다. 특히 고구려사 왜곡인 동북공정과 함께 북한 경제가 중국의 경제권에 통합, 흡수될 경우 북한의 동북4성화를 우려하지 않을 수 없다. 중국의 동해 나진항으로 출해권(出海權)을 확보함으로써 최악의 시나리오는 중국 해군력이 자국의 상선 보호를 위해 동해에 진출, 한미일의 제해권에 도전하는 상황이 전개될 수도 있을 것이다.

또한 북한주민의 대남인식이 급격히 악화되고, 친중의식이 광범위하게 확산되고 있는 현상은 통일에 최대의 걸림돌로 작용할 수 있다. 최근 함경북도 일대 북한주민 1,000명을 대상으로 설문조사한 결과에 따르면 중국과 통합을 원하는 북한주민이 40%, 자력갱생이 31.5%, 남한과 통합을 바라는 비율이 27.1%로 나왔다는 것은 중대한 시사점이 있다.[21]

---

20) 서경호, "7,000조: 북한의 광물자원 잠재적 가치", 『중앙일보』, 2011년 1월 6일자.

21) 이승률, "작은 불꽃의 노래", http://www.nacsi.or.kr/(검색일: 2011. 8. 14); 필자도 2011년 7월 동북3성 지역에 대한 현지탐방기간 한반도 및 북중관계 전문가와 인터뷰를 통해 느낀 소회이다.

V. 한국의 대응전략

1. 한중안보협력

1) 가치와 민족적 자존을 전제로 한 한중안보협력

지금까지 논의한 바와 같이 한국의 최대의 교역국이자 한반도 분쟁 시 자동개입토록 되어 있는 중국과 직접적이고 증대된 현존 위협세력인 북한과의 관계가 날로 심화, 발전되고 있는 상황과 북한 급변사태 시 중국의 개입 가능성을 배제할 수 없는 상황이다. 중국이 천안함·연평도 사태 시 북한을 두둔하고 한국의 이익에 반한 외교적 행태를 하였으며, 서해지역에서 한미연합대잠훈련에 대해 군사적 무력시위로 맞섰다. 2008년 6월 한중 양국 정상은 한중전략적 협력동반자 관계로 격상시켰음에도 그동안 한국은 천안함·연평도사태를 겪으면서 얼마나 한중관계가 불편했는가를 알 수 있게 했다. 중국과의 불편한 관계가 결코 한국의 안보는 물론 국익에도 도움이 되지 않는다는 사실이다.

특히 북한 급변사태 시 중국의 군사개입을 예방하기 위해서도 한미동맹을 기본 축으로 하면서 중국과의 안보협력을 추진할 필요가 있다. 그러나 분명한 것은 대한민국을 받쳐주고 누리고 있는 자유민주주의와 시장경제, 인권과 법치주의의 가치를 수호하면서 민족적 자존을 전제로 한중안보협력을 추진해야 한다. 대한민국이 추구하는 가치는 중국이 일정부분 시장경제제도를 도입하고 있으나 집단지도체제하에서 공산당이 지배하고 인권과 언론이 탄압받는 사회주의체제의 가치와는 분명히 다르다. 인류의 보편적 가치를 공유하고 있는 미국과의 동맹을 폐기하고 북한과 군사동맹국인 중국과 안보동맹을 체결할 수도 없고 대체할 수도 없다.[22]

---

22) 정경영, 『동북아 재편과 한국의 출구전략』(서울: 21세기군사연구소, 2011). pp.198-203.

또한 세계 2대 경제강국인 중국이 한국 경제에서 차지하는 비중이 절대적이라는 이유로 중국의 눈치를 보는 저자세도 바람직하지 않다. 제2차 세계대전 이후 도움을 받는 나라에서 최초로 도와주는 나라가 된 OECD 회원국이자 G20정상회담과 핵안보정상회의 주최국이었던 한국은 19세기 이전의 조공관계를 특징으로 하는 한중관계는 분명히 아니다. 한국은 국력신장과 국제사회에서의 격상된 위상으로 한반도를 둘러싸고 있는 주변국 중 어느 편에 서느냐에 따라 동북아의 역학구도가 완연 달라질 정도로 무시할 수 없는 주요 행위자가 되었다. 이른바 과거의 강대국간 고래 싸움에 새우등 터진다는 약소국이 아니라, 돌고래가 되어 2011년 수출 1조 달러 달성 7대수출국을 포함하여 세계 13위의 경제력을 바탕으로 격조 높은 전략을 구사할 때 충분히 역내 질서 재편에 캐스팅 보트를 행사할 수 있다. 따라서 우리 정부나 국민들은 민족적 자존을 바탕으로 대한민국의 위상에 걸맞은 대중(對中)안보협력 관계를 구축해나가야 한다.

2) 미·중을 아우를 수 있는 국가전략 수립 추진

기존의 한국정부와 상당수의 한국인들은 미국과 중국 중 어느 한 나라와의 관계만 잘 지내면 된다는 생각을 해왔다. 이른바 양자택일적 발상으로, 진보정부 시절에는 친중적인 성향이 강했고 대미자주외교를 주창했는가 하면, MB정부는 한미관계만 잘하면 만사형통이라고 생각하는 경향이 있다. 이러한 편향된 발상은 바람직하지 못하다. 한국의 국익은 미국과 중국이라는 거대 강국과 국력을 구성하는 안보, 경제, 외교, 문화 등의 제반 분야에서 상호 역학관계에 의해 이루어지기 때문에 양개 국가 중 어느 한 나라라도 그리고 어느 한 분야에서라도 소홀히 하면 대한민국에 악영향을 주기 때문이다. 왜 한국은 미국은 물론 중국과도 함께 잘 지낼 수 있다고 생각하지 않는가.

19세기 말 조선책략에서 청의 황준헌은 친중·연미·결일전략(親中·

聯美·結日戰略)을 제안하고 있다. 100년 전 이미 그는 다자외교를 주장하였는데 1세기가 지났는데도 한국은 단선외교에서 벗어나지 못하고 있다. 미국 중심의 편중된 시각에서 벗어나 미국과 중국을 동시에 이해하고, 양쪽 다 잘 지낼 수 있다는 전향적인 인식이 국익에 기여할 수 있는 전략이다.

미·중을 아우를 수 있는 국가전략이 요구된다. 대통령은 물론 이를 보좌하는 NSC 차원에서도 미국과 중국에 대한 깊은 식견과 인적 네트워크를 갖고 있는 인물이 외교안보전략을 구사해야 한다. 미국에 대한 기존의 동맹관계의 다양한 네트워크를 심화, 발전시켜 나가면서 동시에 중국과도 정부, 학자, 재계인사들과 다계층적인 관계를 구축하면서 사전 공감대를 형성해 나간다면 본의 아닌 오해로부터 오는 불신과 실망을 최소화하면서 중국으로 하여금 정확하게 한국의 입장을 이해하게 함으로써 대북관계나 유엔에서 우리의 이익에 반한 행동을 하지 않는데 기여할 것이다.[23]

3) 중국 위협에 대한 low-key적 접근

급속한 군사력 증강을 하고 있는 중국은 한국의 안보에 있어서도 최대의 잠재적 안보위협세력이며, 이에 대처하기 위해서는 중국을 공식적인 위협국가로 상정해서 대비해야 한다는 의견이 힘을 얻고 있다. 이러한 위협인식에는 천안함·연평도 사태에 중국의 무력시위와 방자한 외교, 특히 도발을 자행한 북한 측을 두둔하는 행태가 우리에게 심대한 위협인식으로 다가온 면이 없지 않기 때문이다.

제2의 경제대국으로 성장한 중국의 신국방 전략은 중국은 영토 내 장기 소모전략에서 영토 주변부 단기 고강도 분쟁전략으로 전환하고 있음을 주목해야 한다. 중국의 안보전략은 미사일, 우주전력, 특히 팽

---

23) 2011년 2월 베이징, 7월 동북3성, 9월 다롄 방중 시 익명의 전·현직 한중외교관 및 안보전문가들과의 세미나 및 인터뷰를 통해서 느낀 필자의 시각이다.

창적 해양전략을 특징으로 하고 있다. 연안방어전략을 근해방어전략으로 대체시키고 있으며, 장기적으로 원해작전이 가능한 대양해군을 추구하고 있다. 이러한 중국의 위협은 한국의 유조선과 상선의 해상교통로가 중국에 의해서 위협받는 상황으로까지 전개될 수 있음은 물론 한반도 유사시 중국의 미사일 및 해공군력에 의해 한국안보에 직접적인 위협을 가할 수 있어 각별한 대비책이 강구되어야 한다.[24]

한편 북한 위협을 전제로 발전된 한미동맹이나 한미일안보협력이 중국을 공동의 적으로 상정하여 공개적으로 대처하는 것은 바람직하지 않다. 필요시 'low-key'로 접근할 성격이지 공론화하여 한중관계의 갈등을 증폭시켜나가면 동북아의 또 다른 긴장요소로 작용, 한국안보에 부정적 영향을 줄 가능성은 더욱 증대될 것이다. 특히 2015년 전후 주한미군이 평택기지로 재배치를 완료하면 미중간의 우발사태 시 주한미군 전력을 투사할 가능성을 배제할 수 없다. 주한미군의 전략적 유연성(strategic flexibility)의 문제는 한국정부와 미국정부 간 전략대화를 통해서 양해[25]된 바대로 '한국은 동맹국으로서 미국의 세계 군사전략 변화의 논리를 충분히 이해하고, 주한미군의 전략적 유연성의 필요성을 존중한다. 전략적 유연성의 이행에 있어서, 미국은 한국이 한국 국민의 의지와 관계없이 동북아지역 분쟁에 개입되는 일은 없을 것이라는 한국의 입장을 존중한다'는 기조를 유지하는 것이 바람직하다.

한편, 중국 해군력의 동해 진출에 따른 한미일 해상공조체제를 구축하여 대응책을 강구해야 할 것이다. 천안함 사태에서 노출된 중국의 방자하고 고압적인 외교행각과 무력시위를 견제하기 위해서는 한미일 안보정책 공조체제구축이 요구된다.

---

24) 정경영, "미중 분쟁 가능성과 한국의 안보전략", 『군사논단』, 통권 제64호, 2010, 겨울호.
25) 2006년 1월 19일 워싱턴에서 개최된 한미전략대화에서 반기문 외교부장관과 라이스 미국 국무장관은 주한미군의 전략적 유연성 문제에 관하여 양국 정부의 양해사항에 합의한 바 있다.

4) 한중 양자 간·다자간안보협력 그물망 전략 추진

대중국(對中國) 교류협력을 강화하기 위해서는 한미 간 견실한 신뢰 하에 중국 부상을 현실로 인정하고 유연한 대중(對中) 전략을 추진하는 것이다. 중국의 변화를 활용해 국익을 증대할 수 있도록 중국과 다층적 협력관계를 구축, 강화하고 중국정부와 중국인들의 한국에 대한 인식과 이해를 긍정적으로 형성하고 발전시킬 수 있도록 정치·경제·사회적 네트워크 구축에 남다른 노력을 경주해야 할 것이다.[26]

한미 양국 간에 군사동맹을 체결하고 있기 때문에 중국과는 양자 간 안보협력은 있을 수 없다는 접근은 지양해야 한다. 미국에게는 사전 충분한 협의를 통해 한미 양국의 국익에 결코 반하지 않는다는 것을 분명히 하면서 중국과 양자 간에 협의할 수 있는 분야에 대해 진지한 논의가 필요하다. 한국은 한중안보협력의 창구로서 1994년 주중 국방 무관부를 개설한 이래 18년이 되고 있다. 양국 간의 중요성을 고려하여 한국과 중국은 각기 주중 한국 국방무관과 주한 중국무관에 장성을 운용하고 있다. 그동안 한중 양국은 국방부 장관과 합참의장 및 총참 모장을 포함한 군고위층 상호방문이 지속적으로 이루어져 왔다. 2001 년에는 한국군 함정이 상해를 방문하고 중국군 함정이 2002년에는 인천항을 답방하였으며, 2002년에는 한국군 공군수송기가 방중을, 2003 년에는 중국 공군수송기가 방한하였다. 한국군 장교가 군의대, 낙양외국어학원에 위탁교육을 받은 바 있으나, 중국군 장교의 한국 군사교육 기관의 수탁교육은 없는 상태이다. 이미 한중은 양국 육·해·공군 간 자매결연을 맺고 있는 바, 한국 육군 제3군사령부와 중국의 제남군구 간, 제2함대사령부와 중국 동해함대사령부 간, 방공사령부와 북경 방공 사령부 간, 양국 국방대 간 교류협력 합의각서[27]를 체결한 바 있다. 상

---

26) 김국헌, "중국 변화가 한반도에 미치는 영향", 성우회·KIDA 공동 주최 「동북아정세와 한중안보협력」 세미나, 2009. 9. 10.

27) 2004년 한중 양국 국방대학교 간 교류협력을 체결하였던 바, 공동 세미나 개최, 교수교환 방문, 학생위탁 및 수탁교육, 안보분야 공동프로젝트 연구 등에 합의하였다.

호 부대방문을 하고, 군악연주 및 친선 축구대회, 세미나 등을 통해 유대를 돈독히 함으로써 군사적 신뢰관계를 제고시킬 수 있을 것이다.

추가적인 교류협력 강화방안으로 외교·국방장관급 전략대화[28]를 추진하고, 한국과 중국의 국방대, 각 군 대학 간 상호 군사위탁교육,[29] 초급장교 상호교환방문을 실시하며, 성우회와 중국 국제전략학회, 한중 안보포럼 등 Track 1.5 교류협력을 확대하는 프로그램을 개발, 시행하는 것이다. 또한 해로보호대책을 위한 대해적 및 재난구조훈련을 한중 양자 간, 다자간에 실시함으로써 중국의 해군력 팽창 야욕을 견제하는 협력체제를 구축할 필요가 있다.

2011년 9월 서울에 설치한 한중일 협력사무국을 통해 3국간 안보대화체를 확대하는 등 다자간안보협력의 그물망을 구축함으로써 양국의 국익에 기여하고, 동북아 역내 평화와 안정은 물론 글로벌 이슈에 대해 공동 대처할 수 있을 것이다. 이를 통해 구축된 상호이해와 신뢰를 바탕으로 북한 급변사태, 한반도 평화체제구축, 동북아 다자안보협력체 구축 등에 상호 협력할 수 있을 것이다. 동시에 중국도 함께 참여하는 대해적 및 해상공동 구조수색 훈련, 백두산 화산 폭발 가능성 등 재해 재난 공동대비책을 추진함으로써 안보협력을 확대할 필요가 있다.

5) 남북한·중국 공동 경제협력

북한과 중국의 외교, 경제협력관계가 급속도로 발전되고 있고 향후에도 더욱 강화될 가능성이 있는 상황에서 한국은 어떻게 대응해야 할 것인가. 먼저 대북정책의 일환으로 다시 동북아 협력을 통한 북한의

---

28) 2011년 7월 14일부터 17일까지 김관진 국방부장관의 중국 방문을 통해 한중국방장관 회담을 개최하여 한반도의 평화와 안정을 위해 공동 노력할 것에 합의했다. 양국 국방부 간 전략대화, 점진적으로 양국 군사교육기관 간 상호장교 위탁교육, 해상공동 구조수색 훈련 등 군사교류협력을 강화하기로 한 것이다.

29) 국방대학교에는 8개국 10명(미국 1, 베트남 1, 인도네시아 1, 요르단 2, 페루 1, 우즈베키스탄 2, 우크라이나 1, 카자흐스탄 1), 육군사관학교 3개국 3명(필리핀 1, 태국 1, 터키 1) 등이 수탁교육을 받고 있다.

변화를 모색하는 전략을 검토해야 한다.

이는 대중국관계 개선, 심화에도 순기능적인 기여를 하게 될 것이고, 몽고르을 포함 동북3성의 자원개발에 참여함으로써 한국의 미래 비전을 담보할 수 있을 것이다. 북중 간 경제적 밀착에 대해 남북경협을 남북중의 공동협력으로 적극참여할 필요가 있다.

2. 북한의 군사 및 비군사 우발사태 시 대응전략

1) 한국의 군사개입 조건 구축

북한의 급변사태 가능성에 대해 논란의 여지는 있으나, 권력승계의 불안정성, 피폐된 경제, 통제력 약화와 주민의 이탈 증가, 국제사회로부터의 고립 등으로 급변사태가 발생할 가능성을 배제할 수 없다. 북한 내부에 권력 암투, 또는 주민에 대한 대량살상 사태가 발생한다면 이는 한국에게 일대 도전이자 통일의 기회라는 양면성이 있다. 이러한 사태에 한국의 성공적인 군사개입을 위해서는 개성공단 체류 한국인들을 철수시키고, 미국과 협조하여 중국의 개입을 차단하기 위해 미7함대를 한반도 주변 해역과 동중국해에 전개하며, 대규모 북한주민의 한국 내 유입을 예방하기 위해 DMZ 이남 서·중·동부전선 일대와 해안을 끼고 있는 도의 일개 면단위 지역을 지정, 주민을 소개(疏開)시키고 북한의 난민을 수용할 수 있도록 통제대책을 강구한 상태에서, 한국군의 군사개입이 이루어져야 한다.

동시에 국민의 지지를 확보하기 위해 북한 절대다수의 일반주민들과 희생을 강요하는 족벌체제 및 당·군 등 핵심세력을 분리 접근, 동포애를 발휘하여 북한주민을 해방시켜야 하며, 군사개입의 성공은 2천만 명 이상의 저렴한 노동력을 확보함은 물론 우리의 활동영역이 두 배로 확장되는 기회임을 인식시켜 국민이 동참토록 해야 할 것이다. 특히 민족자결주의 원칙과 인도주의적 개입을 대내외에 천명하면서, 국제사회의 지지하에 북한 내의 내전사태가 대량살육과 지역분쟁으로의 확산을 막기 위한 개입임을 분명히 해야 할 것이다. 한국이 북한 내 안정화작전을 주도하고, 유엔, IMF와 World Bank, NGO 등과 국제협력을 통해 재건작전을 실시할 때 자유민주통일정부를 수립할 수 있다. 또한 통일한국은 핵을 보유하지 않을 것이며, 어떠한 국가와도 적대관계를 갖지 않는다는 외교전략을 견지해야 한다.[30]

북한당국의 인민에 대한 유혈사태가 계속된다 하더라도 유엔안보리에서 중국의 거부권 행사로 국민보호책임(responsibility to protect people) 권한을 발동하지 못할 수도 있으며, 발동할 경우에도 리비아사태처럼 연합군이 지상군을 투입시키지 않고 공습작전만을 수행하고 미국이 작전통제권을 NATO의 영국, 프랑스, 독일이 순번제에 의해 행사할 수 있도록 위임한 사례가 한반도 유사시 어떠한 시사점이 있는가에 유념해야 할 것이다.

2) 중국의 군사개입 차단전략

한편, 중국의 군사개입의 부당성과 불이익에 대해서 총체적인 노력을 경주하여 차단하여야 한다. 북한 사태는 통상적인 국가 간의 관계가 아닌 민족 내부의 문제이기 때문에 개입할 명분이 없으며, 북한 내의 사태에 중국이 개입하는 것은 내정불간섭의 원칙과도 위배된다. 한편 북한 내 친중세력의 요청에 따라 개입할 명분을 찾는다 하더라도 역사적으로 중국이 한반도 문제가 발생하였을 때 개입함으로써 겪은 불이익이 많았다는 사실도 주지시킬 필요가 있다. 임진왜란 개입으로 명조의 국력이 쇠퇴하여 멸망하는 계기가 되었으며, 청군이 동학란 진압 차 파병되었을 때 청일전쟁에 패배함으로서 한반도에 대한 영향력은 물론 동북아의 패

---

30) 정경영, "북한 급변사태 시 한국의 대응전략", *Strategy 21*, 통권 제25호, Summer 2010, Vol. 13, No. 1.

권을 상실하게 되었다. 한국전쟁 시에도 중국의 개입으로 한국에 의한 통일을 좌절케 함은 물론 결과적으로 북한을 존속케 하여 한반도와 동북아의 긴장과 갈등의 진원지가 되는 데 직간접적인 화근이 되었다는 사실을 주목할 필요가 있다. 따라서 중국이 북한 급변사태 시 북한 당국의 요청에 의해 개입하든 중국의 독자적인 판단에 의해 개입하든 국제적인 논란과 역사적인 우를 다시 반복하지 않는다는 법이 없을 것이다.[31]

중국이 개입할 경우, 감당할 수 없는 부메랑으로 되돌아올 것인 바, 중국 내 소수민족, 빈부 및 연안과 내륙지역의 개발 격차 등으로 국내 문제도 어려운 상황에서 골치 아픈 북한까지 떠맡게 되었을 때 더욱 가중될 것이다. 특히 중국 위협론의 실체가 현실화됨에 따라 국제사회가 결집함으로써 적대세력들에게 포위되어 중국의 국가안보나 국익에 결코 이익이 될 것이 없을 것이다.

이러한 제반 부당성과 불이익에도 불구하고 중국이 개입한다면, 한국은 수수방관할 수 없을 것이다. 우리 군이 개입하지 않을 경우, 중국은 북한지역을 동북4성으로 흡수할 수 있으며, 이때 통일은 요원할 것이다. 그러나 이러한 상황은 용납할 수 없으며, 1979년 중국의 베트남 침공 시 당했던 것 못지않게 사생결단의 한민족의 강력한 저항에 봉착, 중국군은 패퇴하게 될 것이다.

한편 작금 진행되고 있는 북중 군사·경제협력의 심화가 한국의 안보에 미치는 함의를 분석하고 대비해야 할 것이다. 중국의 나진항 사용권 합의함에 따라 중국의 동북3성에서 제조한 상품과 농산물 등 대규모 물동량이 나진항에서 선적, 중국 상선들이 동해, 남해, 동중국해로 항해해 나갈 때 이들의 해로를 엄호하기 위해 중국의 해군력이 투사될 것이 예견된다. 중국해군의 동해와 태평양으로의 진출은 한국과 일본에 대한 해상안보는 물론 미국의 태평양 연안 지역의 제해권에도 심대한 위협을 받게 될 것이다. 이를 차단시키기 위한 한미일의 공조

---

31) 정경영, "북한 우발 사태 시 중국의 개입 차단전략", 한반도 선진화 재단 주관 통일안보 포럼(2011. 4. 23).

체제구축이 시급한 과제가 아닐 수 없다.

3) 미국과 협조된 한국의 군사개입작전

우리 군의 효과적인 군사개입을 위해서는 북한주민뿐 아니라 북한군 내부에도 친한세력을 육성하여 이들과 연대된 군사작전이 요구된다. 김정은 핵심세력제거 특수작전을 통해 주민 통제 및 북한군의 지휘체제를 마비시켜야 한다. 미국 측에게 오사마 빈 라덴 특수작전 경험을 공유할 수 있도록 정보를 요청할 필요가 있다. 중국의 군사동향 및 북한 내부 동향을 파악하기 위해 미국과 정보협조는 필수적이다. 우리 군의 특수전 병력을 대폭 증강하고, 장교들의 전반적인 정보판단능력을 제고시켜야 한다.

통일된 한국의 핵보유는 주변국 어느 나라도 반대하기 때문에 북한 핵은 제거시켜야 한다. 북핵을 해체시키기 위해서는 작전경험, 능력 등을 고려할 때 미국의 WMD제거전담부대와 한국군의 특수전팀이 참여하는 방안이 바람직하다. 중국에게는 핵 제거작전에 투입된 미군은 임무 완수 후에 수도권 이남으로 복귀할 것임을 주지시킴으로써 개입 명분을 차단시킬 필요가 있다.

4) 북한 비군사분야 우발사태 시 대응전략

한편 북한지역에서 쿠데타로 인한 내부의 군사적 대결이나 핵 등 대량살상무기통제 불능사태나 민중의 소요로 인한 북한군의 진압과정에 유혈사태가 확산되는 등 군사 분야의 급변사태와 달리, 북한지역에 쓰나미, 지진 등 자연재해가 발생하거나 백두산 화산 폭발로 인한 영변 핵시설의 방사능 누출 등의 비군사적 분야의 우발사태가 발생할 경우, 피해를 최소화하기 위해 중국은 물론 필요시 북한과도 전략적 대화를 추진할 필요가 있다.

2009년 한중안보포럼에서 량광례 국방부장의 재해재난 시 한중협력 방안에 대해 전향적인 입장을 표명한 것을 고려할 때 비군사적 분야의 북한 급변사태에 대비한 한·미·중 간 전략대화를 추진하는 방안을 검토할 수 있을 것이다. 또한 한국은 북한의 백두산 화산 폭발 가능성을 포함 재해재난 등 초국가적 위협에 공동 대처할 수 있는 동북아 다국적 신속대응군 창설을 주도할 필요가 있다. 2011년 5월 22일 도쿄에서 개최된 한중일정상회담에서 재해재난 대비훈련체제를 구축하기로 합의한 바 있으며, 2011년 9월 설치된 한중일 협력사무국에서 지역 내 재해재난 공동대처방안을 강구할 수 있을 것이다. 중국의 쓰촨 지진과 일본의 센다이 쓰나미로부터 자유로운 한국이 이를 실현하기 위해, 2015년 평택으로 재배치할 미군이 운용해왔던 동두천의 Camp Casey의 기존 훈련장, 지휘통제시설, 숙소 등을 이용하여 동북아 재난구조훈련 및 PKO훈련센터를 설립, 운용하는 방안도 북한 급변사태 시 대비책이 될 수 있을 것이다.

VI. 끝내면서

북중관계의 심화는 한국 주도 통일에 일대 도전일 수 있으나, 한국이 적극적 개입전략을 구사하면 북한의 개혁 개방을 촉발시키고, 동북아가 하나의 경제통합권을 이루는 기회의 창이 될 것이다. 이러한 접근 정책은 한반도가 갈등과 분쟁의 진원지에서 교류협력을 통한 공동 번영의 허브로 발전시켜나가고 통일을 성취하는 데도 기여할 것이다.

북한의 급변사태 시 권력승계 과정에서 김정은 유고시 군부의 쿠데타로 대량살상무기에 대한 통제불능의 사태가 발생하거나, 북한주민의 민중봉기 시 북한정권이 무자비한 진압과정으로 극도의 혼란이 발생할 때 한미 간에 긴밀한 협력에 의해 중국의 군사적 개입을 차단할 수 있도록 해야 한다. 또한 백두산 화산 폭발을 포함한 재해재난 시 비군사적 상황에 대해서는 한국, 미국, 중국, 러시아 등이 다자간 협력에 의해 공동 대처할 수 있도록 대비할 필요가 있다.

또한 중국의 경제력이 미국을 추월할 2020~2050년대 가시화될 경우 한국은 중국의 세력권에 편입될 가능성을 배제할 수 없을 것이다. 이러한 상황이 발생하기 전에 남북한 통일을 위한 노력을 가일층 강화해 나가야 할 것이다.

| 참고문헌 |

1. 단행본

김경일, 홍면기 옮김,『중국의 한국전쟁 참전 기원』서울: 논형, 2005.

김학준,『북한 50년사: 우리가 떠안아야 할 반쪽의 우리 역사』서울: 동
아출판사, 1995.

박관용 외,『북한 급변사태와 우리의 대응』서울: 한울 아카데미, 2007.

정경영,『동북아 재편과 한국의 출구전략』서울: 21세기군사연구소, 2011.

Kamphausen, Roy and Andrew Scobell, *Right-Sizing the People's Liberation
Army: Exploring the Contours of China's Military,* Santa Monica: RAND,
2007.

Ng, Ka Po, *Interpreting China's Military Power: Doctrine Makes Readiness,*
London: Frank Cass, 2005.

Shambaugh, David and Richard H. Yang, eds., *China's Military in Transition,*
New York: Clarendon, 1997.

2. 논문

김국헌, "중국 변화가 한반도에 미치는 영향", 성우회 · KIDA 공동 주최
동북아정세와 한중안보협력 세미나(2009. 9. 10).

김영윤, "북중경제협력의 확대와 남북경협의 과제", 제118회 흥사단 금
요통일포럼(2011. 7. 22).

박창희, "북한 급변사태와 중국의 군사개입", 2009년도 안보대학원 학술세
미나,「북한 급변사태와 한국의 대응방안」, 국방대학교(2009. 11. 9).

쓰인홍, "한미중의 전략적 인식 변화와 협력방안의 모색", 국방대학교
안보문제연구소 주최 세미나, 국제프레스센터(2007. 5. 31).

정경영, "북한 우발사태 시 중국의 개입 차단전략", 한반도 선진화 재단
주관 통일안보 포럼(2011. 4. 23).

_____, "북한 급변사태 시 한국의 대응전략", Strategy 21, 통권 제25
호, Summer 2010, Vol. 13, No. 1.

_____, "미중 분쟁 가능성과 한국의 안보전략",『군사논단』통권 제64호,

2010. 겨울호.

Snyder, Scott, Bonnie Glazier and John S. Park, "Keeping an Eye on an Unruly Neighbor: Chinese Views of Economic Reform and Stability in North Korea", a Joint Report by *CSIS and USIP* on Jan. 3, 2008.

3. 신문 및 인터넷

남주홍, "대북 억제력 행사 흔들림 없어야", 『중앙일보』, 2010년 6월 7일자.

서경호, "7,000조: 북한의 광물자원 잠재적 가치", 『중앙일보』, 2011년 1월 6일자.

장성구, "북한의 국제철도망", 『연합뉴스』, 2007년 5월 16일자.

"중국 방문 北 주민 6만 7,900명…작년보다 30%↑", 『노컷뉴스』, 2011년 07월 23일자.

롯김·이준운, "한국과 중국의 전략적 협력동반자관계는 지금 어디까지?", http://www.nksis.com/bb s/board. php?bo_table=b03&wr_id=16&sca=분석.

원동욱, "창지투 개발과 환동해권 경제의 미래", http://mail.catholic.ac.kr/readMessage.do?folder=Inbox&page=3&uid=17717.

이승률, "작은 불꽃의 노래", http://www.nacsi.or.kr/.

정권화, "압록강서 중국군 도하훈련", *The Daily NK,* 2008년 5월 8일자, http://www.dailynk.com/ korean/read. php?cataId=nk06000&num1=56175.

중국군, "압록강서 부교 이용해 도하훈련", 『연합뉴스』, 2012년 6월 13일자.

「한미상호방위조약」, http://historia.tistory.com/1296.

Jane's Information Group, "Army", *Jane's Sentinel Security Assessment-China and Northeast Asia,*hppt:// www8.janes.com/.

4. 인터뷰

2011년 1월 북경, 7월 동북3성, 9월 다롄 방문 시 전·현직 정책입안자, 외교관, 한반도 전문가들과의 인터뷰.

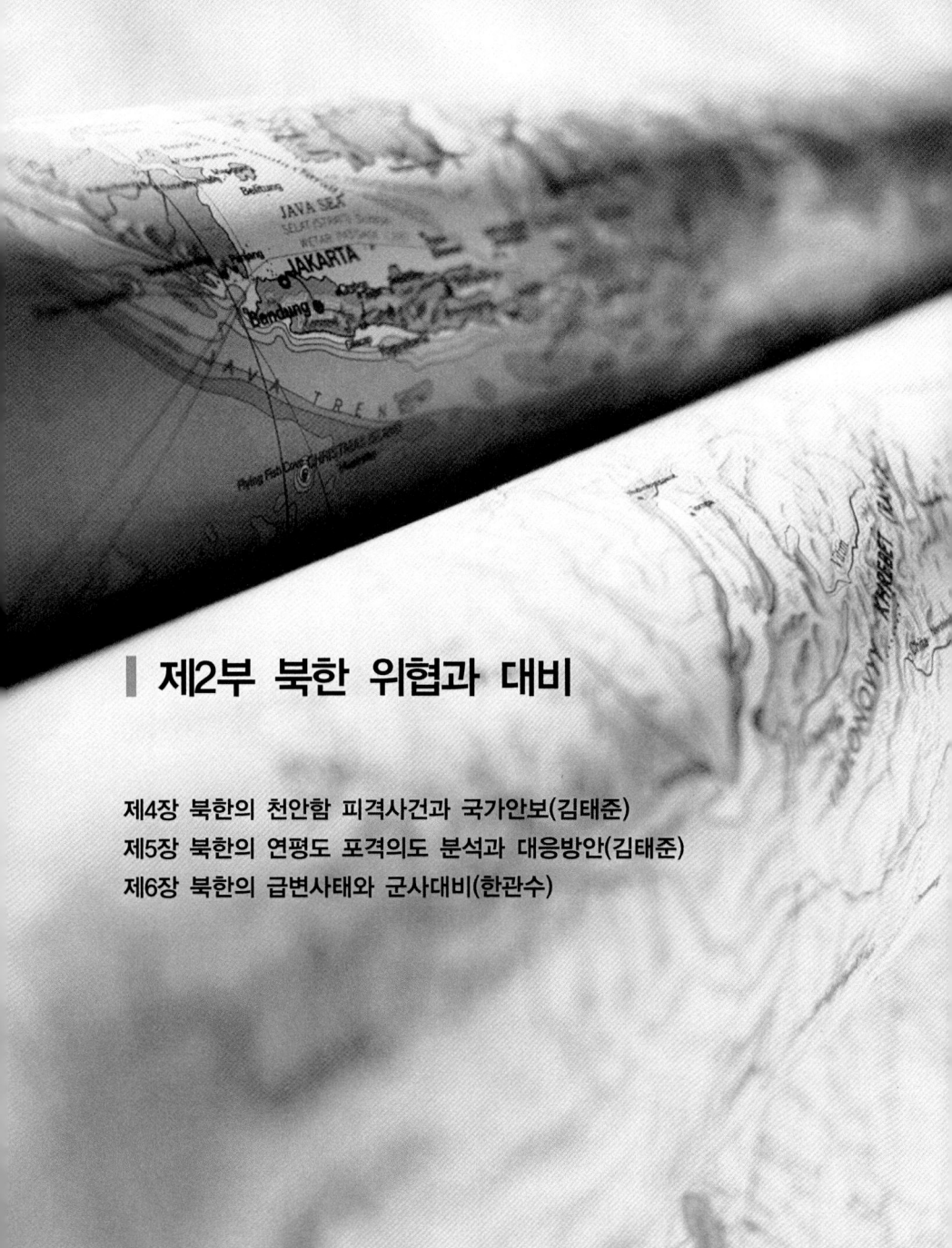

제2부 북한 위협과 대비

제4장 북한의 천안함 피격사건과 국가안보*

김태준

요약

2010년 3월 26일 21시 22분에 발생한 천안함 피격사건은 남북한의 군사적 대결구도라는 한반도의 국지적인 관점은 물론이고 주변국이 관련된 동북아라는 지역적 그리고 미국과 중국이 패권경쟁을 주도하고 있는 글로벌한 관점에서도 중요한 의미를 지닌 사건이다. 한반도 안보는 적어도 3가지의 차원에서 종합적으로 조명해야 그 본질과 해법을 강구할 수가 있지만 본 연구는 천안함 피격사건이 한반도 안보에 미치는 영향을 중점적으로 분석한 것이다.

천안함 피격사건은 백령도 남단 약 1.8km에서 야간경비를 하던 천안함이 우리 영해로 몰래 침범한 북한 잠수정에서 발사한 어뢰에 명중되어 두 동강이 난 채로 침몰되면서 46명의 젊은 장병이 영문도 모른 채 차가운 바다 속으로 수장된 사건이다. 천안함 피격사건은 그동안 노출되지 않았던 한국군의 실체와 문제점을 적나라하게 보여주었던 충격적인 사건인 동시에 김대중 정부로부터 시작된 햇볕정책의 허상과 북한의 침략성을 분명하게 보여주었다는 점에서 중요한 의미를 갖는다.

5개국의 전문가들로 구성된 민군합동조사단이 천안함 피격사건을 과학적으로 조사하고 첨단기법인 시뮬레이션까지 동원해서 얻어낸 결론은 "북한 연어급 잠수정이 발사한 어뢰(CHT-02D)에 의해 천안함이 피격되었다"이다. 우리 안보의 기막힌 현실은, '북한 잠수정이 몰래 우리 영내로 침투하여 우리 초계함을 공격하여 침몰시킬 수 있다는 점과 이것을 과학적이고 객관적으로 조사하여 북한의 공격이라는 조사결과를 밝혀도 우리 국민의 30% 정도가 믿지 않는다'는 점인데 이러한 사실은 우리 국민의 안보의식에 중요한 문제가 있음을 보여주는 경고신호다.

그런데 정작 도발을 한 북한은 남한 내 친북 및 종북세력의 주장에 편승하여, 천안함 피격사건은 북한의 소행이 아니라 우리가 만들어낸 거짓 모략극이라고 주장하면서 우리의 방어적 훈련에 대해 군사적 위협과 핵 억제력 사용까지 들먹이고 있다. 이러한 북한의 도발에 대한 근원적 억제와 우리 내부의 친북·종북세력에 대한 대응과 국민의 안보의식을 강화하는 국가전략이 필요하다.

---

* 이 논문은 『전략논단』, 통권제12호(2010년 가을·겨울호)에 거재된 내용을 수정·보완하였음

목차

I. 서론

지금 한반도에는 천안함 피격사건이 몰고 온 여파로 인해 긴장의 파고가 높게 일고 있다. 2010년 3월 26일 21시 22분에 발생한 천안함 피격사건은 남북한의 군사적 대결구도라는 한반도의 국지적인 관점은 물론이고 주변국이 관련된 동북아라는 지역적 그리고 미국과 중국이 패권경쟁을 주도하고 있는 글로벌한 관점에서도 중요한 의미를 지닌 사건이다. 그동안 잠재해 있던 잠재적인 패권세력인 대륙세력과 해양세력이 마주치면서 나타난 파열음이 천안함 피격사건을 통해 그 실체가 확인되었다. 천안함 피격사건 이후 중국은 서해를 마치 자국의 영해로 인식하는 것처럼 행동하고 있다. 중국은 해상에서 여러 차례 공개적인 군사훈련과 미사일발사훈련 등을 통해 미 항모가 서해 한미연합훈련 참가하는 것에 대해 강력하게 반대하면서 그동안 보이지 않았던 중국의 속내를 드러내 보이고 있다.

한반도라는 지정학적 중요성으로 인해 역사적으로 한반도의 문제는 주변국의 개입과 충돌로 이어져 왔다. 그래서 천안함 피격사건이 남긴 충격과 잠재력은 남북관계는 물론이고 앞으로 한반도를 둘러싼 역학관계에 중요한 전환점이 될 것으로 예상한다. 천안함 피격사건을 통해 나타난 한국의 안보에 대한 문제점도 대략 3가지의 관점 즉, 미국과 중국이 시작하고 있는 전 세계적 차원(global level)에서 시작되는 G2(미국과 중국)시대의 패권경쟁이라는 관점, 지역적 차원에서 한반도를 가운데 두고 지속되는 주변 4강의 경쟁구도와 중일의 경쟁 그리고 남북분단 이후 지속되고 있는 남북한 당사국들의 대결이라는 복합적 구조라는 부분이다.

이러한 맥락에서 한반도의 안보는 적어도 3가지의 차원에서 종합적으로 조명해야 그 본질과 해법을 강구할 수가 있다. 그러나 본 연구에서는 천안함 피격사건이 한반도 안보에 미치는 영향을 남북관계에 관련된 문제를 중심으로 분석하고자 한다.

천안함 피격사건은 백령도 남단 약 1.8km에서 야간경비를 하던 천안함이 우리 영해로 몰래 침범한 북한 잠수정에서 발사한 어뢰에 명중되어 두 동강이 난 채로 서해 바다에 침몰되었다. 이로 인해 46명의 젊은 장병이 영문도 모른 채 차가운 바다 속으로 수장된 사건이다. 천안함 피격사건은 그동안 노출되지 않았던 한국군의 실체와 문제점을 적나라하게 보여주었던 충격적인 사건인 동시에 김대중 정부로부터 시작된 햇볕정책의 허상과 북한의 침략성을 분명하게 보여 주었다는 점에서 중요한 의미를 갖는다.

천안함이 피격된 뒤, 5개국의 전문가들로 구성된 민군합동조사단이 천안함 피격사건을 과학적으로 조사하고 첨단기법인 시뮬레이션까지 동원해서 얻어낸 결론은 "북한 연어급 잠수정이 발사한 어뢰에 의해 천안함이 피격되었다"는 것이다. 우리 안보의 기막힌 현실은, '북한 잠수정이 몰래 우리 영내로 침투하여 우리 초계함을 공격하여 침몰시킬 수 있다는 점과 이것을 과학적이고 객관적으로 조사하여 북한의 공격이라는 조사결과를 밝혀도 우리 국민의 30% 정도가 믿지 않는다'는 점인데 이러한 사실은 우리 국민의 안보의식에 중요한 문제가 있음을 보여주는 경고 사인에 해당된다.

그런데 정작도발을 한 북한은 남한 내 친북 및 종북세력의 주장에 편승하여, 천안함 피격사건은 북한의 소행이 아니라 우리가 만들어낸 거짓 모략극이라고 주장하면서[1] 우리의 방어적 훈련에 대해 군사적 위협과 핵 억제력 사용까지 들먹이고 있다.

본 논문은 천안함 피격사건이 남북한이 군사적으로 첨예하게 대립하는 대결구도 속에서 과연 어떤 의미와 성격을 가진 것인지를 규명하고자 한다. 또한 천안함 피격사건을 통해 나타난 문제점을 분석하고, 결론적으로 북한의 비대칭적 도발을 예방하면서 한반도 안보를 공고케 하는 방안을 모색하는 것이다.

II. 천안함 피격사건의 성격과 문제점 분석

1. 천안한 피격사건과 이후 진행상황

천안함은 전장 약 90미터, 전폭 약 10m 배수, 최고속력 32노트, 배수량 1,200톤급 초계함이다. 초계함은 적의 습격에 대비해 해상을 경계하는 우리 해군의 주력 전투중의 일부이며, 현재 약 26여 척을 보유하고 있다.[2] 사고 당시 총 104명의 장병들이 타고 있었던 천안함은 4발의 하푼 미사일과 76mm 함포를 보유하고 있으며, 지난 1989년 건조된 뒤 해군 2함대 사령부에 배속돼 그동안 제1, 2차 연평해전 그리고 대청해전에서 북한의 기습과 도발을 저지해온 주력 전투함으로서 임무를 훌

---

1) 2010년 11월 2일 북한은 「조선중앙통신」을 통해 천안함 폭침사건에 대한 우리 측 「민군합동조사단」의 최종보고서를 반박하는 내용의 '국방위원회 검열단 진상공개장'을 공개했다. 북한 국방위원회는 지난 5월 28일 내외신 기자회견을 열어 우리 측의 천안함 사건 조사결과에 대해 공개적으로 반박한 바 있지만 국방위 검열단 명의로 '진상공개장'을 발표한 것은 이번이 처음이다. http://news.donga.com/3/all/20101102/ 32301685/1(검색일: 2010. 11. 4).

2) IISS, Military Balance 2010, p.414.

륭하게 수행해왔다.

피격당시의 상황을 분석해보면, 2010년 3월 26일(음력 2월 11일) 21시 22분경 천안함은 백령도 서남방 약 1.8km 해상에서 북서(NW)방향 6.8kts의 속력으로 경비작전 중 원인을 알 수 없는 외부의 강한 충격으로 선체가 두 동강이 난 채로 침몰했다. 당시 해상의 해상조건은 파고는 약 2.5m 정도였고 풍향은 남서(SW)와 풍속은 노트(kts), 시정은 약 2마일(NM)로 잠수정에 의한 어뢰공격을 탐지하기에 어려운 조건이었다.

함미부분이 충격음과 동시에 두 동강이 난 채 침몰하면서 104명의 승조원 중 46명이 실종되었고 나머지 58명은 사고직후 구조되었다. 함미부분은 외부충격이 가해지고 난 이후 곧바로(약 2분 후) 침몰함으로써 함미 부분에 근무 중이던 승조원들은 탈출의 기회를 얻지 못하고 함미 부분에 갇힌 채 결국 사망되었거나 산화되었다. 두 동강이 난 선체 중에서 함수는 피격된 이후 3시간 정도 물속에 떠 있다가 침몰해서, 함수 부분에 근무하던 승조원들은 대부분 생존할 수 있었다. 구조된 생존자들의 증언을 통해 상황을 추정해 보면, 사고 당시 충격으로 함장은 약 5분 동안 기절한 뒤 함정의 생존자들에 의해 구조되었으며, 이후 함장을 중심으로 사고보고와 생존자들의 구조작업이 본격적으로 이루어졌다.

진해에서 출발한 해난구조대(SSU) 잠수사들이 구조작업을 위해 3월 28일 오전부터 사고해역에 입수하면서 구조작업이 시작되었다. 기뢰탐색함 옹진함이 3월 28일 오후 함미로 추정되는 물체를 발견한데 이어 29일 오전 음파탐지기를 이용해 이를 함미로 최종 확인했다. 이에 따라 군 당국은 3월 29일 오전 천안함 함미의 위치를 공식 확인했으며, 함미의 위치는 최초 사고지점인 백령도 인근에서 40~50m 떨어진 곳의 수심 40m 지점에서 발견됐다.[3]

구조작업 중 해난구조대 소속 한주호 준위가 3월 30일 15:00시경 함

---

3) http://www.newsen.com/news_view.php?uid=201003291012224100(검색일: 2010. 10. 27).

수 부분 탐색 도중 실신해 후송된 후 순직하는 사고가 발생했다. 빠른 유속(2~3노트)과 바다의 암흑 속에서 작업하는 어려움과 위험성을 고려하여, 4월 3일 실종자 가족들은 기자회견을 자청하여 구조 수색작업 중단을 요청하였다. 이에 따라 더 이상 무리한 생존자 구조작전을 포기하고 함미 부분 인양을 결정하고 4월 15일 오전 해상크레인으로 인양했지만 시신을 36구 인양하는데 그쳤다. 이후 함수에 대한 구조작업을 진행시켜 4월 24일 함수를 인양함으로써 수색작업을 종료하였고 실종된 6명에 대해서는 산화된 것으로 처리하였다. 5월 20일 민군합동조사단은 약 3개월간의 조사결과에 대한 종합발표를 하면서, 천안함은 북한 잠수정이 발사한 어뢰에 의해 피격되어 침몰했다는 결론을 공식적으로 발표하였다.

이에 따라 이명박 대통령은 5월 24일 전쟁기념관에서 실시한 천안함 사태 이후 대국민 담화에서 "적극적 억제원칙(proactive deterrence)"을 근간으로 "천안함 침몰은 대한민국을 공격한 북한의 군사도발"이라 규정한 뒤 "대한민국은 앞으로 북한의 어떠한 도발도 용납하지 않고 적극적 억제원칙을 견지할 것이다. 앞으로 (북한이) 우리의 영해, 영공, 영토를 무력 침범한다면 즉각 자위권을 발동할 것"이라고 경고했다.[4]

천안함이 피격된 2010년 3월 26일 21시 22분 이후부터 민군합동조사단의 종합 결과발표까지의 상황을 요약해서 정리하면 <표 1>과 같다.

4) "북 무력침범 땐 즉각 자위권 발동…남북교역 중단", 『동아일보』, 2010년 5월 25일자.

〈표 1〉 천안함 침몰부터 민군합동조사단의 결과발표까지의 상황종합

일시	내 용
3. 26. 2122시	◦ 천안함 백령도 서남방 2.5km 해상에서 침몰 ◦ 승조원 104명 중 58명 구조, 46명 실종
3.28. 오전	◦ 해군 해난구조대(SSU) 잠수사들 구조작업 위해 사고해역 첫 입수
3.28. 2231시	◦ 옹진함, 사고 장소에서 북쪽으로 180m 지점에서 함미 부분 최종식별
3.29. 2013시	◦ 해난구조대(SSU) 함미 틈새에 공기 주입
3.30. 1400시	◦ 천안함 인양 해상크레인 '삼아 2200호', 경남 거제에서 사고해역으로 출발
3.30. 1500시	◦ 해군 UDT 소속 한주호 준위, 함수 부분 탐색 도중 실신해 후송된 후 순직
4. 1. 오후	◦ 군, TOD 화면 전체분량 공개, 사고시각 2122시로 정정 ◦ 사고해역서 진도 1.5의 지진파 관측사실 공개
4. 3. 1810시	◦ 남기훈 상사, 천안함 함미 부분 원·상사 식당 부분에서 시신으로 발견
4. 3. 2140시	◦ 실종자 가족, 구조·수색작업 중단 요청 기자회견
4. 4.	◦ 군, 천안함 실종자 구조·수색작업에서 선체 인양 작업으로 전환
4. 7. 1030시	◦ 민군합동조사단 천안함 사고 발생 시각 등에 대한 조사결과 발표 ◦ 천안함 생존 장병 기자회견
4. 7. 1400시	◦ 김태석 상사, 천안함 함미 기관조종실 부분에서 시신으로 발견
4.12. 오후	◦ 천안함 함미 백령도 해안 방향 수심 25m 해저 지점으로 이동
4.15. 오전	◦ 천안함 함미 인양, 36명 시신 수습
4.16. 오전	◦ 민군합동조사단 외부폭발 가능성 발표 ◦ 해군, 함미 침몰해역 및 인양해역 실종자 수색 중단
4.17. 오후	◦ 북한 조선중앙통신 '군사논평원'에서 "천안함 북 관련설 날조" 주장
4.19. 오전	◦ 이명박 대통령 제39차 라디오 연설 "침몰원인 끝까지 밝혀낼 것, 그 결과 단호하게 대처" 입장 표명
4.22. 2121시	◦ 함미 침몰해상 수거된 연돌에서 박보람 하사 시신 수습
4.24. 1220시	◦ 천암함 함수 인양, 바지선 탑재, 박성균 하사 시신 수습
4.24. 1922시	◦ 수색작업 종료(실종 6명 미발견)
4.25.	◦ 민군합동조사단 인양된 함수 조사결과 발표, "수중 비접폭 폭발"
4.29.	◦ 천안함 46용사에 대한 영결식, 안장식 진행(실종 6명 산화자 처리)
5.20.	◦ 민군합동조사단 천안함 침몰원인에 대한 종합 발표 "북한어뢰 피격 침몰"

* 표는 필자가 언론을 통해 발표되는 상황을 요약해서 정리한 것임.

2. 민군 합동조사단 조사결과 발표[5)]

약 80여 명으로 구성된 5개국의 각 분야 전문가들로 구성된 민군합동조사단이 약 2개월에 걸쳐서 과학적이고 객관적인 조사결과를 바탕으로 '천안함의 피격사건은 북한의 잠수정이 발사한 어뢰에 의해 침몰된 것'으로 밝혔다. 민군합동조사단의 조사결과를 종합한 내용은 다음과 같다.

□ 침몰해역에서 수거된 결정적 증거물과 선체의 변형형태, 관련자들의 진술내용, 사체 검안결과, 지진파 및 공중음파 분석결과, 수중폭발의 시뮬레이션 결과, 백령도 근해 조류분석결과, 수집한 어뢰 부품들의 분석결과에 대한 국내외 전문가들의 의견을 종합해 보면,

○ 천안함은 어뢰에 의한 수중 폭발로 발생한 충격파와 버블효과에 의해 절단되어 침몰되었고,

○ 폭발위치는 가스터빈실 중앙으로부터 좌현 3m, 수심 6~9m 정도이며,

○ 무기체계는 북한에서 제조한 고성능폭약 250kg 규모의 어뢰로 확인되었다.

□ 아울러 지난 5월 4일부터 운영해 온 미국, 호주, 캐나다, 영국 등 5개국의 '다국적 연합정보분석 TF'에 의해 확인된 사실은 다음과 같다.

○ 북한군은 로미오급 잠수함(1,800톤급) 20여 척, 상어급 잠수함(300톤급) 40여 척과 연어급(130톤급)을 포함한 소형 잠수정 10여 척 등 총 70여 척을 보유하고 있으며, 이번에 천안함이 받은 피해와 동일한 규모의 충격을 줄 수 있는 총 폭발량 약 200~300kg 규모의 직주어뢰, 음

---

5) 민군합동조사단은 국내 10개 전문기관의 전문가 25명과 군 전문가 22명, 국회 추천 전문위원 3명, 미국, 호주, 영국, 스웨덴, 4개국 전문가 24명이 참여한 가운데 과학수사, 폭발유형분석, 선체구조관리, 정보분석 등 4개 분과로 나누어 조사활동을 실시하였다. 본 내용은 2010년 5월 20일 민군합동조사단의 조사결과를 인용한 것이다.

향 및 항적유도어뢰 등 다양한 성능의 어뢰를 보유하고 있다.

○ 이와 같은 사실과 사건 발생해역의 작전환경 등을 고려해 볼 때, 이러한 작전환경 조건에서 운용하는 수중무기체계는 소형잠수함정으로 판단된다. 또한 서해의 북한 해군기지에서 운용되던 일부 소형잠수함 정과 이를 지원하는 모선이 천안함 공격 2~3일 전에 서해 북한 해군 기지를 이탈하였다가 천안함 공격 2~3일 후에 기지로 복귀한 것이 확인되었다.

○ 또한, 다른 주변국의 잠수함정은 모두 자국의 모기지 또는 그 주변에서 활동하고 있었던 것이 확인되었다.

○ 5월 15일 폭발 지역 인근에서 쌍끌이 어선에 의해 수거된 어뢰의 부품들, 즉 각각 5개의 순회전 및 역회전 프로펠러, 추진모터와 조종장치는 북한이 해외로 무기를 수출하기 위해 만든 북한산 무기소개 책자에 제시되어 있는 CHT-02D 어뢰의 설계 도면과 정확히 일치한다. 이 어뢰의 후부 추진체 내부에서 발견된 '1번'이라는 한글 표기는 우리가 확보하고 있는 또 다른 북한산 어뢰의 표기방법과도 일치한다. 러시아 산 어뢰나 중국산 어뢰는 각기 그들 나라의 언어로 표기한다. 북한산 CHT-02D 어뢰는 음향항적 및 음향 수동추적방식을 사용하며 직경이 21인치이고 무게가 1.7톤으로 폭발장약이 250kg에 달하는 重어뢰이다.

3. 감사원 감사결과에 나타난 문제점

김태영 국방장관은 군에 대한 국민의 여론을 의식하여 공정하고 객관적인 조사를 해야 되겠다는 필요성에 따라 천안함 관련 문제들을 감사원에 감사를 요청하였다. 이에 따라 감사원은 국방부와 군에 대한 감사를 실시하고, 6월 10일 감사원 감사결과 발표했다. 감사발표에 따르면 사건발생 직후 우리 군은 '상황보고'와 '초기 위기대응 조치'에 심각한 문제가 있었다고 지적했는데, 구체적인 내용은 다음과 같다.[6]

천안함이 북한의 어뢰공격으로 침몰된 시각은 3월 26일 21시 22분이다. 21시 28분 천안함 포술장은 해군 2함대사에 구조를 요청했고, 2함대사는 3분 뒤인 오후 21시 31분 사건 발생을 해군작전사령부에 보고했다. 문제는 2함대사는 14분이나 지난 21시 45분이 돼서야 합참에 사건 발생을 보고했다. 아울러 작전 지휘계통에 제대로 보고도 이뤄지지 않았다. 합참 작전참모부장이 이상의 합참의장에게 보고한 시각은 무려 49분이 지난 22시 11분이었는데 이는 합참이 침몰상황을 보고받고도 26분이나 지난 시점이었다. 이어 3분 뒤 김태영 국방장관도 사건발생을 보고받았다. 이에 대해 감사원은 '지연보고'라는 결론을 내렸다.

군 당국은 사건발생 시각이 21시 45분이라고 발표했지만 이후 국회와 언론 발표 등을 통해 21시 30분에서 21시 25분 등으로 계속 바뀌다 4월 7일 민군합동조사단 발표 때 21시 22분으로 확정됐다. 이처럼 사건발생 시각을 둘러싼 국방부의 계속적인 수정발표는 국민의 의혹을 증폭시키는 데 한몫했다.

군 당국이 TOD(열상감시장비) 동영상을 조금씩 마지못해 공개하는 과정도 불신을 증폭시키는 데 일조를 했다. 군 당국은 3월 30일 TOD 영상을 처음 공개했지만 동영상에는 오후 9시 35분 8초 이후의 장면만 담겨 있었다. 그러나 군 당국은 4월 1일에야 추가로 40분짜리 TOD 동영상을 공개했고, 결국 5월 30일 3시간 10분짜리 동영상 전체를 공개했다. 군 당국은 추가 동영상을 공개할 때마다 '미처 확인하지 못했다', '함미와 함수 분리 장면이 담겨 있지 않아 공개가 불필요하다고 판단했다'고 해명했다. 군의 기밀유지와 국민의 알권리는 상충되고 있지만 앞으로 군도 국가안보에 반드시 지켜야 할 것과 공개할 것에 대한 기준과 분명한 원칙을 정립시켜야 할 필요가 있다.

---

6) 감사원은 '지연 보고'와 '늑장 보고'와 관련, 군 당국에 2함대와 해작사, 합참 등에 있는 관계자들에게 '징계' 등의 조치를 취하라고 통보했다.
http://news.chosun.com/site/data/html_dir /2010/ 06/11/2010061100154. html?Dep1news& Dep2=headline1&Dep3=h1_01_rel01(검색일: 2010. 8. 11).

군 당국은 또 '사건 당일 국방부가 위기관리반을 소집했다'고 밝혔지만 실제 위기관리반은 소집되지도 않았으며 심지어 장관에게는 '소집됐다'고 거짓 보고된 것으로 나타났다. 이러한 군의 말 바꾸기와 허위보고로 인해 많은 지적을 받았고 이에 따라 국민들은 군 당국을 불신하기 시작했으며, 여기에 편승하여 좌파세력(친북·종북세력)들은 여러 가지 음모설을 통해 국민의 의혹과 불신감 증폭시켰다. 이러한 상황에서 결국 민군합동조사단의 객관적이고 과학적인 조사발표마저도 약 30%에 해당하는 국민이 불신하는 현상이 발생했다[7)

천안함 피격사건이 발생한 날이 공교롭게도 합동성 강화를 위한 대토론회를 대전에서 개최한 날이었는데, 정작 천안함이 피격되는 초유의 사태가 발생했음에도 불구하고 해상에서는 합참이 지휘하는 합동작전은 거의 이루어지지 않았다. 이러한 이유로 천안함 피격사건에 대한 책임문제가 논란의 대상이 되었고 천안함 함장을 비롯하여 직접적으로 지휘계선 상에 있는 지휘관인 2함대사령관, 해작사령관 그리고 합참작전본부장에 대한 형사처벌 문제가 초미의 관심사로 등장하게 되었다. 이와 관련된 국회질의에서 나타난 감사원 감사결과의 내용을 살펴보면 다음과 같다.

김 감사원장은 2010년 6월 12일 한나라당 유승민 의원의 질의에 '군 징계대상자 25명 가운데 12명은 형사책임의 소지가 있다'고 답했다. 다만 그는 '군의 특수성을 감안할 때 형사처벌 여부는 군 수사기관이나 국방부 차원에서 최종 판단하는 게 맞다'고 했다. 김 감사원장은 '천안함 어뢰피격' 판단보고를 묵살한 인사가 누구냐는 질의(한나라당 윤상

---

7) 김태영 국방부장관이 7월 16일, '정부나 군과 같이 권위 있는 기관을 안 믿으려는 국민이 30% 존재하는 나라를 끌어가기 힘들다는 점을 느꼈다'고 말했다. 그는 '어제 NGO를 대상으로(천안함) 설명할 때 한 분이 하도 물고 늘어져서 저분의 의혹을 풀려면 제가 50년을 더 살아도 힘들겠으니 이제 중단하자고 했다'면서 '말 표현 가지고 시비를 걸고 무한정 끌고 가는 사람들이 있다'고 토로했다.
http://news.chosun.com/site/data/html_dir/2010/07/16/2010071601084.html?Dep1=news&Dep2=headline 1&Dep3=h1_07(검색일: 2010. 7. 30).

현 의원)에는 '2함대 사령관의 지시'라고 답변했다. 또 천안함 인근에 있던 속초함이 발포한 해상 표적물의 실체를 2함대 사령부가 새떼로 보고하도록 지시한 데 대해 '(2함대가) 보고 문안까지 불러줬다'고 해고의성이 있었음을 시사했다. ……중략…… 김 감사원장은 '국방장관이 언제 정확한 사건발생 시각을 알았느냐'는 질의(민주당 박영선 의원)에 '(사건발생 3일 뒤인) 3월 29일 합참정비태세 검열 때 보고를 받았다'고 했다. 그는 또 '김 장관은 어뢰피격 가능성을 처음부터 고려했으나 4월 4일에서야 천안함장과의 통화에서(어뢰에 맞은 것 같다는) 보고를 들었다'고 답했다[8]

그러나 이러한 감사원 감사결과에도 불구하고 국회의 국정감사를 통해 나타난 국회국방위원들의 의견과 여론 등을 고려하여 국방부는 '천안함 지휘관들에 대해 형사처벌 대신 징계'를 하기로 최종 결정했다. 국방부 검찰단은 11월 3일 천안함장과 2함대사령관, 해작사령관에 대해 기소유예 결정을 내렸다. 다만 이들은 북한의 잠수정이 감시망에서 사라졌다는 보고를 신속하게 전파하지 않은 데다 대잠경계에 필요한 적정속도를 유지하지 않는 등 경계 작전에 소홀했다며 전투준비 태만 혐의로 징계를 의뢰했다고 밝혔다. 합동참모본부 작전본부장에 대해서는 사고 발생 시간을 해군작전사령부가 보고한 '오후 9시 15분'으로 변경하지 않아 혼선을 야기했으나 허위 보고 혐의의 증거가 불충분하다는 이유로 불기소 처분하고 지휘감독의 책임을 물어 징계를 의뢰함으로써[9] 국방부는 천안함 피격사건 관련 책임자 처벌에 대한 문제를 일단락 지었다.

8) http://bbs1.agora.media.daum.net/gaia/do/debate/read?bbsId=D003&articleId=3739257(검색일: 2010. 11. 3).

9) http://news.donga.com/Politics/3/00/20101104/32339048/1(검색일: 2010. 11. 6).

4. 천안함 피격사건의 성격과 의미평가

천안함은 2010년 3월 26일(음력 2월 11일) 21시 22분경 백령도 서남방 약 1.8km 해상에서 북서(NW)방향 6.8kts의 속력으로 경비작전 중 원인을 알 수 없는 외부의 강한 충격으로 선체가 두 동강이 난 채로 침몰했다. 합동조사단의 조사결과에 따르면, 천암함은 북한의 잠수정에서 발사한 어뢰에 두 동강이 난 채 침몰했다.

천안함 피격사건의 성격을 규명하는 중요한 기준은 사고발생 위치와 공격무기이다. 먼저 사건발생위치가 백령도 서남방 1.8km의 지점이라는 점은 천안함이 분명히 우리 영해 내에서 경비활동을 하고 있었는데 공격을 받았다는 점이다. 사고 당시에는 천안함은 백령도 남방에 위치해 있었다. 당시 천안함은 북한과 분쟁을 벌이고 있는 NLL 상이나 근처가 아니며, 북한도 우리의 도서로 인정하고 있는 백령도 남단의 우리 영해에 있었다는 점이다. 둘째 북한이 천안함 피격에 사용한 무기는 북한 잠수정에서 발사한 重어뢰(CHT-02D(폭발장약이 250kg)이었다는 것은 계획적이며 의도적인 공격행위이며, 침략행위이다.[10]

잠수함은 타국의 영해내로 진입하면 부상해서 항해를 해야 하며, 무기사용이나 적대행위를 해서는 안 된다. 그러나 북한은 우리의 영해에 몰래 잠입하여, 취약한 시간대인 21시 22분경에 아무런 사전 경고도 없이 북한산 중어뢰를 발사하여 천안함을 두 동강내어 침몰시킴으로써 불법적인 영해침범과 기습도발이라는 범죄행위를 저질렀다. 이러한 북한의 영해침범과 기습도발행위는 국제연합헌장은 물론이고 정전협정과 남북한합의서를 위반한 중대한 범죄행위에 해당한다.

---

10) 민군합동조사단의 조사결과 보고에 따르면, 북한산 CHT-02D 어뢰는 음향항적 및 음향 수동추적 방식을 사용하며 직경이 21인치이고 무게가 1.7톤이다. 2010년 5월 15일 폭발 지역 인근에서 쌍끌이 어선에 의해 수거된 어뢰의 부품들과 북한이 해외로 무기를 수출하기 위해 만든 북한산 무기소개 책자에 제시되어 있는 CHT-02D 어뢰의 설계도면과 정확히 일치한다. 이 어뢰의 후부 추진체 내부에서 발견된 '1번'이라는 한글 표기는 우리가 확보하고 있는 또 다른 북한산 어뢰의 표기방법과도 일치한다는 점이다.

국제연합헌장에 국제연합회원국은 국제분쟁을 평화적으로 해결해야 할 의무가 있으며(제2조 3항), 회원국에 의한 개별적인 무력의 행사는 원칙적으로 급지되고(제2조 4항), 자위권(right of self defence) 행사의 경우에만 예외적으로 허용되어 있다(제51조). 그리고 자위권의 행사라 할지라도 무력공격(armed attack)이 있는 경우에 일정한 조건하에서 제한적으로 허용되어 있다(제51조) 남북한은 유엔 회원국이기 때문에 분쟁을 평화적으로 해결해야 할 의무가 있으며, '무력 공격'이 있는 경우에도 일정한 요건하에서만 자위권을 행사하기 위해 무력을 사용할 수가 있다.

1991년 9월 남북한이 UN에 동시 가입하였고 이를 바탕으로 한반도 평화를 위해 동년 12월 남북한이 기본합의서도 채택했다. 남북 기본합의서의 주요사항은 남북한 상호 체제인정과 상호불가침, 남북한 교류 및 협력확대이다. 그런데 북한은 기습적으로 잠수정을 동원하여 우리 영해를 침범하고 어뢰로 기습적인 도발을 시도하여 천안함을 피격했다. 이것은 남북기본합의서가 중시하는 상호불가침이라는 영역을 위반했다는 점이다. 더구나 우리 영해를 침범했다는 사실은 「남북사이의 화해와 불가침 및 교류협력에 관한 협의서」 제2장 11조(남과 북의 불가침 경계선과 구역은 1953년 7월 27일자 군사정전에 관한 협정에 규정된 군사분계선과 지금까지 쌍방이 관할하여 온 구역으로 한다)를 위반했다.

무력사용에 따른 전쟁을 어떻게 분류할 것인가 하는 기준은 전쟁의 본질을 파악하는 하나의 척도가 될 수 있다. 국제법상 전쟁은 합법적(合法的)인 것과 위법적(違法的)인 것으로 구분된다. 정당한 이유 없이 타국에 대하여 무력으로 공격하는 것은 위법적인 전쟁이며, 일반적으로 침략전쟁(侵略戰爭)이라고 한다. 이러한 침략전쟁에 대해서는 어느 국가를 막론하고 자위행동을 취할 수 있으며, 이것은 합법적인 것으로서 국제법상 자위전쟁(自衛戰爭)이라고 한다[11]. 침략(aggression)이란 '한

나라가 타국의 주권 영역, 정치적 독립 등을 직접적 또는 간접적 수단에 의해서 침해하려는 행위 또는 그러한 상태'를 말한다. 국제법적으로는 '일반적으로 침략이란 一國이 타국에 대한 요구를 관철하기 위해서 무력행사의 이니시어티브를 취함으로써 사태의 변경을 시도하는 것'으로 되어 있다. 이러한 의미에서 우리 영해 내에 경비중인 천안함에 대한 불법적으로 영해를 침범한 북한 잠수정에 의한 어뢰공격은 국제법과 정전협정, 남북기본합의서를 위반한 불법적인 영해침범과 침략전쟁 행위에 해당한다.

III. 대잠전의 어려움과 북한의 비대칭전략 분석

1. 대잠전의 어려움

1) 잠수함 탐지의 어려움

바다는 첨단과학기술이 적용된 현대적 장비를 이용하더라도 아직도 접근성이 어려운 암흑의 세계이기 때문에 잠수함이 은닉하면서 활동하기 좋은 공간을 제공한다. 바다 속에서 활동하는 잠수함을 탐지하는 장비는 여러 가지가 있지만 수상함은 주로 음향의 반사파를 이용하는 소나(sonar)를 이용한다. 해양환경 변화(계절, 지역과 수심에 따른 수온과 염도 등)는 잠수함 탐지를 어렵게 만드는 반면, 첨단과학기술의 발전은 잠수함에게 소음을 줄이고 탐지를 어렵게 하는 스텔스화를 강화시키기 때문에 동일한 조건에서는 잠수함이 수상함을 먼저 탐지할 확률이 훨씬 높다. 더구나 수상함은 주로 능동(active) 소나로 음파를 보내

---

11) UN헌장 제51조는 'UN 회원국에 대하여 무력공격이 발생한 경우 UN안보리가 국제평화와 안전을 유지하기에 필요한 조치를 취할 때까지 개별적 혹은 집단적 자위권(Right of Individual or Collective Self-Defence)을 제한하지 않는다.'

어 반향 음으로 잠수함을 탐지하는 반면 잠수함은 은밀하게 대기하면서 소음을 청취하는 수동(passive) 소나를 주로 사용하므로 약 2배 이상의 원거리에서 수상함을 먼저 탐지할 수가 있다.

일단 탐지되면, 수상함보다 불리하기 때문에 잠수함은 노출을 극도로 꺼린다. 그래서 잠수함이 수상함을 탐지하기 위해 수면 위로 잠망경 마스트를 올릴 경우에도 파도에 파묻힐 정도로 아주 낮게 올리기 때문에 수상함의 견시, 레이더 그리고 적외선 장비 등으로 잠수함을 탐지하기가 쉽지 않다. 물론 해상상태가 좋을 때는 수상함 레이더도 잠망경 마스트를 5~30마일까지도 탐지할 수가 있다. 그러나 잠수함은 탐지되는 것을 어렵게 하기 위해 잠망경 노출시간을 가능한 한 줄이려고 노력한다. 필요시 탐지된 표적에 대한 식별을 위해 잠수함은 수상표적 방향으로 잠망경을 올린 뒤, 표적의 종류, 침로 및 속력을 확인하고 잠망경을 360도 회전시켜 수면을 관찰한 후 약 6초 이내에 내리기 때문에 잠망경이 수상함의 레이더에 탐지되기는 대단히 어렵다. 그리고 잠수함에서 전자전 장비 마스트를 잠깐만 올려도 수상함보다는 훨씬 쉽게 그리고 먼저 탐지할 수 있는 이점이 있다.

2) 잠수함 식별의 어려움

수상함이 탐지수단을 통해 물속의 표적을 발견해도 이것이 잠수함인지 아닌지 식별이 용이하지 않다. 바다 속에는 여러 가지 잡음, 즉 파도소리와 해류가 흐르는 소리, 군함, 상선, 어선 등 각종 선박이 항행하면서 스크루가 만들어내는 소음, 고래나 새우 떼 같은 수중생물이 만들어내는 다양한 소리들이 있다. 그리고 음파로 표적을 탐지하더라도 바다 속에는 암반, 어초, 침선, 어군 그리고 한류와 난류가 부딪쳐 생기는 수괴(water mass) 등 잠수함으로 오인될 수 있는 유사표적이 너무나 많아서 숙련된 음탐사라 할지라도 잠수함과 이러한 유사 표적을 구별해 내기가 쉽지 않다. 이러한 근본적인 대잠환경의 특성으로 인해 잠수함이 절대적으로 유리한 위치에서 수상함을 공격할 수 있으며 실제 해전사(海戰史)에서 이것이 입증된 통계자료를 보면, 제2차 세계대전 시 잠수함 1척을 격침시키기 위해서는 25척의 수상함과 100대의 항공기가 동원되었을 정도로 잠수함에 대한 탐지와 공격이 어렵다.

이러한 대잠전의 특성을 깊이 인식하고 있는 미 해군은 잠수함탐색과 추적훈련을 위해 태평양에서 태평양 연안국가 해군들이 참가하는 2년 주기의 림팩(RIMPAC)훈련을 실시하고 있다. 한국도 림팩훈련을 참가하면서 대잠전훈련을 통해 대잠전 기량을 향상시킬 뿐만 아니라 우리 잠수함의 공격능력을 참가국들에게 보여주고 있다. 림팩훈련에 참가한 우리 장보고급의 잠수함이 훈련 중에 수상함을 공격한 사례를 살펴보면 잠수함의 유리한 상황과 우리 잠수함의 능력을 쉽게 이해할 수 있을 것이다.[12]

1998년 림팩훈련에서 한국 잠수함인 이종무함은 미래로 핵추진 잠수함인 카메하메함(8,300t)에 가상어뢰를 명중시키는 성과를 올렸다. 2000년에는 박위함이 훈련에 참가해 상대 수상함 11척에 어뢰를 명중시켰고, 2002년에는 나대용함이 참가해 상대편 수상함 10척에 가상 어뢰로 공격에 성공했다. 그러나 한국 잠수함은 단 한 번도 공격을 받지 않았고 단한 차례 발각만 된 적이 있다. 그것은 1998년 이종무함이 상대편 P-3C기에 의해 5분 정도 항적을 들켰다가 도주한 것이 유일한 사례이다(5분간 탐지해서는 잠수함을 공격하기가 어렵다). 2004년 훈련에서도 우리의 잠수함이 훈련에 참가한 상대편의 모든 수상함에 가상어뢰를 명중시켰지만 자신은 단 한 번도 탐지되지 않았다. 특히 우리 잠수함인 장보고함이 가상 어뢰를 쏴 명중시킨 함정 중에는 미국이 자랑하는 10만t급 핵추진 항모(존 스테니스함)도 있었다. 미 항모를 공격하기 위해

---

12) '환태평양 합동훈련(RIMPAC)'은 매 2년마다 열리며 태평양 연안 국가들이 하와이 인근 해상에 모여 펼치는 연합훈련으로, 2010년에는 한미일 등 총 14개국에서 32척의 전투함과 5척의 잠수함, 170대 이상의 항공기를 파견했다. 병력 규모로 따지면 2만여 명 수준이다. http://videogamerx.gamedonga.co.kr/zbxe//?document_srl=444022&mid=user_forum (검색일: 2010. 11. 4).

서는 항모전단이 진행하는 방향의 전방에 배치된 잠수함과 대잠경계진을 뚫어야 하기 때문에 특별히 어렵다. 그리고 우리 잠수함은 미 해군의 이지스급 구축함 2척과 이지스급 순양함 2척에도 가상 어뢰공격을 성공시켰으며, 일본 해상자위대가 보낸 일반 구축함 4척, 한국 해군이 파견한 을지문덕함과 충무공 이순신함에도 가상어뢰를 명중시켰다.

상대방 전력 중에서 우리 잠수함의 공격을 받지 않은 것은 미 해군 소속의 로스앤젤레스급 잠수함 2척뿐이었으며, 이렇게 상대편 수상함을 공격하는 동안 상대 수상함과 잠수함은 우리 잠수함을 탐지하지 못했다. 이처럼 우리 잠수함들도 세계 최고의 능력을 가진 미 해군함정들을 상대해도 공격에 성공할 수 있는 능력을 보유하고 있다는 점이다. 여기에서 우리와 북한의 차이점은 우리도 공격할 수 있는 능력을 충분히 보유하고 있지만 국제법을 준수하기 때문에 우리는 북한처럼 북한의 영역으로 잠입하여 불법적인 기습공격을 하지 않는다는 점이다.

지금 천안함 피격사건을 통해 군 안팎에선 실제 우리 해군의 대잠(對潛) 능력이 기대 수준에 못 미치는 것 아니냐는 비판과 우려가 나타나고 있다. 잠수함을 탐지할 수 있는 능력은 비단 우리 해군뿐만 아니라 최고의 장비와 능력을 가진 미국 해군도 잠수함 공격에 취약하기는 마찬가지이다. 천안함은 기본적으로 잠수함을 탐색 추적 및 공격이 가능하도록 만들어진 함정이지만 건조 된지 이미 20년 이상이 경과한 함정이었고 그것도 2.5 이상의 파고가 치는 해상상태에서 북한의 소형잠수정을 탐색하기가 쉽지 않을 뿐만 아니라 어뢰의 탐색은 훨씬 더 어렵다. 그렇기 때문에 북한은 앞으로도 대잠전의 취약성을 집중적으로 이용하는 비대칭전략을 추구할 가능성이 높다.

그러나 대점전의 어려움이 존재한다고 해서, 어렵다는 주장만 되풀이할 수만 없다. 우리가 지금 할 수 있는 방안은 우리가 보유하고 있는 대잠세력을 효과적으로 이용하면서, 문제가 되는 부분은 수정하고 필요한 장비를 보완하고 철저한 교육과 훈련을 통해 대잠전 능력을 향상시켜야 한다. 아울러 우리가 방심하면, 언제든지 또다시 당할 수 있다는 천안함의 교훈을 잊지 않고 유비무환의 정신을 가지고 임전태세에 만전을 기해야 할 것이다.

2. 북한의 비대칭전략

북한 잠수함정은 노후한 것이 대부분이지만 해양특성과 대잠전의 어려움을 적극적으로 활용하면서 비대칭전략을 개발해왔다. 남북한의 경제력 규모가 약 40:1에 해당할 정도로 북한의 경제력은 우리나라와 비교가 안 될 정도로 열악하기 때문에 북한은 비대칭적인 방안을 강구하면서 이미 70여 척의 잠수함정을 보유했다. 우리는 북한 잠수함정이 들키지 않고 수없이 들락거렸을 것으로 추정하고 있지만, 북한의 실수로 인해 침략적 행위가 들통이 난 잠수함정의 침투사례는 천안함 피격 사건을 제외하고도 이미 3차례나 있었으며, 구체적인 내용은 다음과 같다.

1) 1996년 강릉침투 상어급(300t) 잠수함

1996년 9월 18일 오전 5시 5분경 강릉시 강동면 동해고속도로 상에서 택시기사가 거동수상자 2명과 해안가에 좌초된 상어급 잠수함을 경찰에 신고하였다. 이에 군인, 경찰, 예비군은 합동으로 무장공비에 대한 소탕작전을 실시하였다. 우리 군은 당시 상어급 잠수함에 승조한 조타수 이광수(31세, 상위)를 생포하였다. 잠수함에 동승했던 북한 정찰조원들이 북한의 지령에 따라 잠수함 좌초책임을 물어 나머지 잠수함 승조원 11명을 사살했으며, 우리 군은 도주한 잔당을 추적한 끝에 정찰조장, 잠수함장 등 13명을 발견하여 교전 끝에 사살하였다. 이 과정에서 아군 11명, 경찰·예비군 2명, 민간인 4명이 피살되는 인명피해가 있었다. 당시 생포된 이광수의 진술에 따르면, 그는 인민무력부 정찰국 해상처 22전대 소속으로 1994년 12월 함남 신포에서 건조된 상어급 잠수함을 타고 총 26명이 침투하여 강릉비행장, 영동발전소 등을 정밀 촬영하는 것이 주된 임무였다. 그리고 전쟁에 대비하여 한국의 군사시설에 관한 자료를 수집하는 한편 강원도에서 열리는 전국체전에 참석하는 주요 인사들을 암살하는 것이었다.

2) 1998년 6월 동해안으로 북한 잠수정 침투

강원도 속초 부근에서 꽁치잡이 그물에 걸려 표류하다 좌초된 북한의 유고급(85t) 잠수정은 승무원과 공작원 등으로 추정되는 9구의 시신이 자폭한 채 발견되었다. 시체를 조사한 결과 4명은 머리에 총상, 나머지는 난사당한 흔적이 있는 것을 고려하면, 공작조가 잠수정을 운영하는 승무원들을 죽이고 공작조는 권총으로 자살한 것으로 추정한다.

3) 1998년 12월 남해안으로 북한 반잠수정 침투

전남 여수시 돌산읍 임포지역 해안초소 전방 2km 앞바다에 출현했던 북한 반잠수정을 발견하여 거제도 남쪽 해상에서 해군함정이 격침시켰다. 당시 북한 반잠수정은 길이 12.53m, 폭 2.95m, 높이 1.4m, 엔진 3개를 장착하여 속력은 최대 70~80km, 6~8명이 승조하고 있었다. 반잠수함을 반잠수 상태로 침투 시, 선체높이가 70~80cm에 불과하기 때문에 거의 발각되지 않고 남해안까지 침투가 가능했던 것으로 판단된다. 아울러 반잠수정 표면에는 레이더탐지를 회피하기 위한 특수도료가 칠해져 있었기에 탐지가 대단히 어렵게 되어있다.

위에서 보는 것처럼 북한은 비교적 크기가 대형인 잠수함정은 주로 동해로 침투시켰고 그리고 서해는 잠수함이 활동하기에 적합하지 않다는 편견으로 인해 우리 해군은 서해에서의 북한 잠수함정에 대해 안일한 생각을 했을 가능성도 있다. 바로 이러한 허점을 이용하여 북한은 천안함에 대한 어뢰공격이라는 예측불허의 새로운 시도를 했던 것이다. 이것이 바로 북한이 노리고 있는 비대칭적 사고라고 보는 것이 타당할 것으로 판단한다. 만약 북한의 소행이라고 밝힌 결정적인 스모킹 건에 해당하는 어뢰가 발견되지 않았다면, 어떻게 되었을까? 증거를 발견하지 못했다면 아마도 이 사건은 영구히 미해결된 사건으로 남겨지게 되었을지도 모른다. 이러한 맥락에서 보면, 북한이 차후에 시도할 수 있는 방안은, 잠수함을 이용하여 증거를 남기지 않을 정도로 수심이 상당히 깊은 곳이나, 기뢰를 이용하면서도 흔적을 남기지 않는 새로운 공격방안을 강구할 가능성이 높다.

3. 북한의 도발 가능성

북한은 현 체제유지와 강성대국을 완성시켜야 하는 목표가 있다. 이에 따라 북한은 다음과 같은 4가지 분야에 북한은 특별한 관심을 갖게 될 것이며 이로 인해 주기적으로 도발을 할 필요성이 대두될 것으로 판단된다.

먼저, 김일성-김정일-김정은으로 알려진 3대 세습체제를 유지 및 공고화하는데 주력할 것이다. 그러나 3대 세습에 대한 북한주민들의 반발을 무마하고 체제결속을 강화시키기 위해서는 대남도발을 통해 군사적 대치상황을 조장하면서 긴장감을 유지해야 할 필요성을 느끼게 될 것이다.

둘째, 북한주민의 굶주림을 해결하기 위해 제한된 범위의 개혁과 개방을 통해 북한의 경제력을 증강시키는 데 관심을 보일 것이다. 그러나 북한체제의 한계성과 북한경제의 낙후성으로 인해 경제발전은 쉽지 않을 것으로 예상된다. 북한경제가 예상대로 발전되지 않을 경우, 남한의 지원과 보상을 요구하기 위해 의도적인 도발과 전쟁위협을 할 가능성도 있다.

셋째, 북한은 한국과 정상적인 경쟁이 불가함을 인식하고 있으며, 시간의 흐름에 따라 남한에 흡수통일 가능성에 대한 두려움을 갖고 있다는 점이다. 이에 따라 북한은 체제와 생존을 보장받기 위해 핵미사일 개발을 포기하지 않을 것이다. 북한은 지속적인 도발, 전쟁불사위협과 평화공세의 양면전략 등을 통해 한국 내부의 혼란과 분열을 조장하면서 남한의 정치지도자들과 현 정부의 대북강경노선에 대한 의지력을 약화시킬 것이다.

넷째, 김정일사후, 김정은체제는 신속하게 김정은의 권력기반을 강화시켜야 할 필요성을 절감하고 있다.[13] 그러나 나이도 어리고 경험도 일천한 김정은이 당과 군부를 확실하게 휘어잡고 북한을 안정적으로 통치하기 위해서는 김정은의 영웅화 작업과 새로운 업적이 요구된다. 이러한 맥락에서 김정은의 영웅화 작업과정은 군부의 충성경쟁으로 이어질 수도 있고 김정은 자신이 주도하는 남한에 대한 모험주의적 도발과 침략이 될 가능성도 있다.[14]

북한의 비대칭전력에 의한 도발양상을 평가함에 있어 외국의 연구결과 중 대표적인 예를 살펴보면, 미국의 RAND연구소 선임연구원인 베

---

13) 2009년 1월 김정은이 후계자에 지명된 이후 북한 당국은 그를 '샛별장군', '청년대장', '김 대장' 같은 호칭을 사용하고 있고 우상화를 위해 '발걸음'을 보급시켰다. 김정은은 2010년 9월 27일 인민군 대장(당 중앙군사위 부위원장) 칭호와 함께 북한 당 창건 65주년 기념 열병식(10. 10) 당시 주석단에 있었고, 11월 7일 북한이 발표한 '조명록(정치국 상무위원) 장의위원회' 명단에서 김정일 국방위원장 다음 자리(2위)를 차지했던 그는 8일 발표된 조명록 조문단 명단에서는 4번째로 소개될 정도로 김정은의 권력승계 작업이 빠르게 진행되고 있다.
http://news.chosun.com/site/data/html_dir/2010/11/09/2010110901277.html(검색일: 2010. 11. 11).

14) 북한은 2012년 4월 13일 랑명성 3호가 실용위성이라고 주장하면서, 장거리 로켓을 발사했지만 국제사회는 대륙간탄도미사일(ICBM) 실험을 위한 장거리 미사일 발사로 보고 있으며, 이 후 핵실험이 여부에 대해서도 촉각을 곤두세우고 있다. 북한은 4월 23일 남측에 "혁명무력의 특별행동이 곧 개시된다"며 "이는 일단 개시되면 3~4분 아니 그보다 더 짧은 순간에 지금까지 있어본 적이 없는 특이한 수단과 우리 식의 방법으로 모든 도발 근원들을 불이 번쩍 나게 초토화해버리게 될 것"이라며 사실상 대남도발을 예고했다.http://news.chosun.com/site/data/html.dir/2012/04/24/2012042400842.html(검색일: 2012. 4. 27)

테트 박사는 그의 논문 '비대칭적 전략과 한국의 군사기획'에서 다음과 같이 북한의 공격양상을 설명하고 있다.

첫째, 북한 포병은 화학무기 공격을 포함, 한미연합군 전방부대를 일제히 집중 포격한다. 북한의 화학무기 사용은 우리 측에 심한 피해를 가져오고 예비군들의 움직임을 방해하며 전방방어의 응집력을 저해한다.

둘째, 북한군은 연합군 공군력을 무력화시키고 파괴하기 위하여 비행장에 화학무기가 탑재된 스커드 미사일을 발사한다. 상당수의 연합사 인력이 사망 또는 부상당할 것이며 방호복 착용 등으로 인하여 전투기 출격에도 심각한 영향을 미칠 것이다. 비행장의 오염으로 인하여 항공기로 이동하는 미군 증원군의 한반도 진입은 차질을 빚게 될 것이다.

셋째, 미군 증원군의 유입을 계속해서 차단하기 위하여 북한은 항만시설에 대한 화학공격도 감행할 것이다. 항만 오염은 연합사 인력(특히 민간 부두 노동자들)에게 큰 피해를 입힐 것이다. 생존자들은 방호복을 착용해야 할 것이고 이는 미군 장비와 물품의 하역 작업에도 영향을 미칠 것이다.

넷째, 북한은 집중포격과 스커드 발사 이전에 연합사의 C4I 시설에 대한 기습적 생물학 공격을 감행할지도 모른다. 이러한 북한의 목적은 대북작전을 지휘·통제하는 연합사 인력의 사상이다. 북한의 생물학 공격은 핵심 지상군 집중지역, 비행장, 항만, 통신라인 등을 목표물로 삼을 수도 있다.

다섯째, 북한은 노동미사일을 이용하며 일본에 대해 화생무기 위협을 가할 수 있다. 일본이 북한의 압력에 굴하지 않는다면 특수부대와 공작원들을 이용하여 일본 내 목표물들을 화생무기로 공격할 수도 있다.

여섯째, 북한의 화생공격은 미군 인력과 민간인들에 초점을 맞춤으로써 한미동맹관계를 분열시키고 미국으로 하여금 한반도 개입정책을 중단하도록 유도하는 데 있는 것이 분명하다.[15]

---

15) Bruse W. Bennet, "비대칭전략과 한국의 군사기획", 『전략연구』 제5권 제1호, 1999, pp.86-87.

북한이 적화통일이라는 목표를 추구하고 있지만 북한의 국제적 고립, 경제력 규모, 한국군의 준비상황 그리고 한미동맹의 확고함 등을 고려해보면, 북한은 대규모 전쟁을 수행하기는 무리가 있을 것이다. 오히려 북한은 그들이 처한 현 상황이 어렵고 불리하기 때문에 상황을 반전시키거나 남한의 경제적 지원을 확보하기 위해 비대칭적인 수단과 방법을 동원하여 소규모 국지도발을 감행할 가능성도 크다. 이러한 이유로 북한의 소규모 국지도발 양상은 다음과 같이 추정할 수 있다.

첫째, 잠수함을 이용한 추가도발 가능성이다. 천안함 사건은 서해에서의 잠수함 활동이 어렵다는 이유로 대응태세를 갖추지 못한 결과이다. 북한은 과거 잠수함 및 반잠수정을 이용하여 동해 및 남해에서 도발을 감행하였다. 잠수함을 이용한 추가도발을 감행한다면, 북한은 특작부대를 침투하거나 어뢰 및 기뢰를 이용하여 동·서·남해에서 함정 혹은 민간선박을 공격할 가능성도 있다.

둘째, 중국 어선의 어부로 위장 및 탈북 어선으로 위장 후 북한특수요원이 우리 함정을 공격하거나 어선을 납치할 수도 있다. 최근 강화된 상선 검색과 경계강화로 북한은 비대칭적인 행위를 구상할 것이고, 꽃게잡이 조업을 핑계로 다각도의 새로운 방법으로 도발을 감행할 수 있다.

셋째, 서해에서 해안포로 우리 함정을 격침시킬 수 있다. 북한은 과거 두 차례나 함정에 의한 무력도발이 있었고, 2009년과 2010년에 수차례 해안포 발사 시험을 한 사례가 있기 때문이다.

넷째, 북한의 공군기로 우리 항공을 침범하고 서북도서에 대한 무력시위 가능성도 있다. 북한은 최근 서해에서 예년의 6배에 달할 정도로 공군기의 훈련을 증가시키고 있으며, 과거처럼 공군기지 상공 비행훈련보다는 다른 기지로 전개하거나 공중에서 지상을 공격하는 등 훈련의 양상을 달리하고 있다.

다섯째, 우군 초소에 대한 무력 도발을 예상할 수 있다. 국방부는 천안함 사건 이후 심리전을 재개한다고 공언했는데, 확성기를 이용한 심리전을 본격적으로 재개하게 된다면, 심리전을 수행하는 우군 초소에 대한 공격 가능성도 배제할 수는 없을 것이다.

여섯째, 2000년에 발생한 미국 군함에 대한 자살폭탄테러처럼 항행하는 함정이나 항구에 정박된 함정에 대한 테러 형태의 도발 가능성도 있다.

일곱째, 한국사회 내분을 적절하게 이용하여 시위나 데모, 야간집회 등을 활용하여, 북한은 극렬세력을 선동하여 폭력행사와 파괴행위를 조장하거나 지원 가능하다.

기타, 개성공단 근로자에 대한 불법억류를 통한 긴장조성과 최근 황장엽 시해시도와 같이 우리의 주요 인사에 대한 살해 등 다양한 방법으로 도발을 감행할 수도 있다.

북한은 비대칭전략을 수행하기 위해 비대칭전력도 준비하고 있는 것으로 알려졌다. 최근에는 전방군단에 경보병사단을 추가로 창설하고 전방사단의 경보병대대를 연대급으로 증편하여 특수전 병력의 규모가 무려 18만여 명에 달한다. 또한 해상 및 공중으로 동시다발적으로 침투할 수 있는 인원도 2만 여 명으로 추정되며, 한반도 작전환경을 고려하여 야간, 산악, 시가전 훈련을 강화하는 등 북한은 특수전 수행능력을 집중적으로 향상시키고 있다.[16] 이러한 맥락에서 우리는 이러한 북한의 움직임을 면밀히 주시하면서 철저한 준비태세를 유지시킬 필요가 있다.

---

16) 국방부, 『2008 국방백서』, p.25. 박갑수, "북한의 군사전략과 군사력", p.112.

Ⅳ. 우리의 대응방안

1. 우리의 사고(思考)와 전략전환의 필요성

한국군과 북한군의 사고방식에 차이점은 무엇일까? 1996년과 1998년 동해에 좌초된 상어급, 유고급 잠수함정을 보면서 우리는 그동안 북한 잠수함정의 성능은 아주 열악하기 때문에 원거리 작전이 거의 불가능하다고 판단해왔다. 그러나 그들은 우리의 이러한 사고를 역이용하고 있다. 북한은 정원 개념 없이, 아무리 작은 잠수정이라도 20명까지 승선시키고, 공간이 협소할 경우에는 심지어 꼬부리고 앉아 자며, 미숫가루, 압착 강냉이로 끼니를 해결하고, 3~4일씩 작전을 감행하기 때문에 우리가 불가능이라고 생각하는 것을 가능하게 만드는 비대칭적 방안을 강구하고 있었다.

우리가 보유한 209t급과 214t급 잠수함은 북한의 잠수함정보다 잠항 시간은 물론이고 여러 가지 성능 면에서 앞서기 때문에 우리의 이점을 적극적으로 활용하면서 북한에 압력을 행사하는 전략적 방안도 고려할 필요가 있다. 북한은 그동안 위기와 긴장감을 조성하기 위해 제멋대로 행동하면서 침략적 공격행위를 지속해온 반면, 우리는 국제법과 국제 규범을 준수하고 한반도의 평화와 안정이라는 목표를 추구하다 보니 자연적으로 소극적이며 수동적인 입장이 될 수밖에 없었다. 그러나 북한 잠수함정이 북한의 기지를 출항하면, 지속적인 감시를 하면서 추적하다가 우리 영해로 침범할 경우, 우리도 적절한 위치에서 침몰시키는 보다 적극적인 전략을 고려해볼 필요가 있다. 북한이 이러한 우리의 공격적인 전략변화를 인지하게 된다면, 천안함 피격사건처럼 우리의 영해를 함부로 넘나들지 못하게 될 것이며 도발행동에도 상당한 부담을 느낄 것으로 판단한다.

그렇다고 해서 우리가 북한을 마음대로 침략하거나 도발하자는 말이 아니라 국제법과 국제규범을 준수하면서 적어도 우리의 영해를 침범하는 북한의 도발의지와 의도를 확실하게 응징해야 한다는 의미이다. 잠수함은 넓은 바다에서 잡기가 어렵기 때문에 통과하는 길목과 목표지점에 매복해 공격하는 것이 바람직하다. 한미연합전력을 이용한 정보를 바탕으로 북한 기지로부터 출항하는 잠수함정을 감시·추적하다가 북한잠수함정이 우리 영해로 넘어오면 적절한 순간에 대응할 필요가 있다는 의미이다. 공해의 깊은 바다나 우리 영해에서 북한 잠수함이 침몰당하면, 북한이 항의를 할 수 없게 될 것이다. 이러한 적극적인 대응책은 북한의 도발적 잠수함 운영을 분명히 어렵게 만들 것으로 예상한다.

우리는 먼저 미비하거나 부족한 대잠전 능력을 보완시키면서 필요하다면, 새로운 장비 도입도 적극적으로 검토할 필요가 있다. 북한 잠수함정과 지원함정의 이동에 대한 정보를 획득해 획득된 정보에 대한 정밀분석과 한미연합 및 우리 군의 합동작전 능력도 보강할 필요가 있다. 아울러 북한 잠수함정의 공격에 대비한 경비작전을 강화시키면서 천해용 무인잠수정 개발과 운용을 위한 준비도 서둘러야 할 것으로 판단된다.

2. 안보의식 고취와 국방부의 신뢰회복을 위한 노력

천안함 피격사건을 통해서 나타난 국가안보의식은 대단히 심각한 지경에 이르렀다. 북한의 불법적 침략행위에 대해 국민들의 분노를 한곳으로 결집시키면서 국가차원에서 전략적으로 접근해야 하는데 천안함 피격사건을 보면, 국론은 오히려 더 분열되었다는 점에서 국가적 차원의 리더십이 아쉽다. 미국의 9.11사태처럼, 국가안위를 위태롭게 하는 도발이나 테러에 대해서는 가능한 모든 수단을 동원해야 하며, 그러기 위해서는 무엇보다 국민적 공감대가 형성되어야 함에도 불구하고 천안함 피격사건 이후에 나타난 현상은 오히려 국론이 분열되었다는 사실은 국가안보에 중요한 문제점이다.

우리의 국론을 분열시킨 주요 요인은 우리 내부의 문제와 북한의 사주에 따르는 종북세력의 억지주장에 문제가 있었다고 생각된다. 먼저 우리 내부의 문제점을 살펴보면, 우리 영해 내에서 아무런 사전경고 없이 기습적으로 북한의 잠수정이 천안함을 공격했다는 침략성에 대해서 북한에 대한 책임을 추궁하기보다는 오히려 피해를 당한 천안함과 국방부로 국민적 실망감과 비난의 화살이 쏟아졌다는 점이다. 이러한 배경에는 아마도 우리의 주력전투함 중의 하나인 천안함이 무방비 상태로 북한 잠수정이 발사한 어뢰에 피격되어 선체가 두 동강이 난 채 침몰되어 승조원 46명이 희생되었다는 엄청난 사건을 우리 국민들이 사실로 받아들일 수가 없는 너무나 큰 충격과 실망감때문이었을 것으로 판단된다.

물론 천안함이 북한의 잠수함을 발견하지 못하고, 어뢰공격을 회피하지 못하고 피격되어 두 동강이 난 채 침몰한 것에 대한 책임을 면할 수는 없다. 그런데 이런 엄청난 사건에 대한 사건발생 시각에 관련된 문제로 인해 사건의 본질이 꼬이게 되었다. 국방부에서 사고발생 시간부터 처음에는 21시 45분에서 21시 30분 그리고 21시 25분으로 계속 정정하면서 국민들로부터 많은 질타를 받았으며 이것이 국방부에 대한 신뢰를 상실시키는 계기가 되었다. 이후에도 TOD(열상장비)에 천안함의 피격된 영상자료가 없다고 하다가 조금씩 보여주는 과정에서 TOD 자체에 대한 진실게임이 진행되면서, 국방부의 신뢰가 더욱 손상되었다. 사고발생 시간과 TOD 자료의 존재 여부를 처음부터 사실대로 국민들에게 공개했다면, 군과 국방부에 대한 국민의 신뢰가 그렇게 심각하게 손상되지 않았을 것이다. 이러한 상황에서 친북(親北) 및 종북(從北)세력들은 군과 국방부의 사소한 잘못들을 교묘하게 이용하여, 군과 국방부를 비난하거나 공격하고 허무맹랑한 의문과 주장들을 제기하면서 군과 국민 간의 불신을 조장시키자 결국에는 정작 중요한 북한의 도발이라는 본질이 왜곡되면서 국론이 심각하게 분열되는 현상이 나타났다.

그동안 우리나라 정치권이 국민을 속이는 행동들이 너무나 많다 보니 은연중에 불신풍조가 만연하게 된 점도 하나의 이유가 될 수 있다. 선거 때마다 나타나는 북풍조작사건, 사실과 다른 거짓선동이 몰고 온 촛불시위, 미네르바 사건, 타블로의 학력 진위공방, 4대강사업에 대한 진실공방 등은 우리 사회에 불신풍조가 만연되어 있고 거짓 불감증도 위험수위에 도달했다는 것을 보여주는 사례에 해당된다. 아니면 말고 식의 허위사실을 유포해도 사회적인 엄한 제재가 없다 보니 상황을 호도하기 위해 책임감을 느껴야 할 사회적인 명사들마저도 너무 쉽게 거짓을 유포하면서 국민을 속이고 있다. 그러나 국가의 안위를 위태롭게 하는 안보문제를 가지고 허위를 유포하거나 국민을 기만하려는 술책에 대해서는 앞으로 사회적인 엄단의 조치가 필요하며 이러한 맥락에서 우리의 안보의식을 강화시킬 수 있는 방안을 강구할 필요가 있다.

3. 예산의 적정배분과 전력발전 방향

한반도는 삼면이 바다이기 때문에, 해군이 담당해야 할 바다의 면적은 넓은데 이해 국방예산 중 해군에 할당된 예산은 2006년부터 2010년까지 삼군중에서 가장 적은 편이다.[17] 해양의 중요성을 인식하고 주변국들은 해군력을 증가하는 추세에 있는데, 우리나라 국방예산 중 해군에 할당된 예산이 제일 적다는 점은 심각하게 고민해야 할 부분이다.

북한의 NLL무력화 일본의 독도 영유권 주장 중국의 이어도 관찰권

---

17) 2010년 육·해·공군의 예산비율은 약 32.2 : 23.3 : 27.9이며, 이러한 예산배분 비율은 거의 10년 정도 지속되고 있는 현실이다. 구체적인 자료는 김태준, "북한의 해양국지도 발과 대응방안", 국참대 세미나 발표내용, p.19(2010. 7. 27).

주장, 그리고 해상교통로의 안전을 위협하는 소말리아 근해의 해적 등 해양안보를 위협하는 요소들이 날로 증가하고 있다. 더구나 바다는 망 간단괴 등 수백억톤에 달하는 광물질과 40만 종의 해양생물이 살고 있기 때문에 바다는 육지를 대체할 인류생존의 새로운 공간으로 인식한 국가들은 해양영역 확보경쟁에 사활을 걸고 있다. 중일 간 센카쿠열도, 러일 간의 북방 4개 도서 분쟁이 새로운 쟁점으로 대두되고 있는 이유가 바로 여기에 있다.

우리 해군은 북방한계선(NLL)을 지키면서 북한 해군에 대응하는 초계함(PCC, 1,200t급)과 호위함(FF, 1,500t급) 세력들은 이미 선령이 25년 이상 경과한 노후 함정들이기 때문에 대잠전 능력에서도 천안함과 큰 차이가 없다. 비교적 최근에 건조된 이지스함이나 한국형 구축함(KDX-I, II) 세력은 천안함(초계함)보다는 크고 성능이 월등히 우수한 함정들이지만 문제는 숫자가 너무 적다는 것이며 앞으로 초계함과 호위함이 도태되고 나면 경비공백을 어떻게 메울지가 우려되는 부분이다.

그런데 천안함 피격사건 이후 대잠전력과 대북 전력에 따라 보완의 필요성이 제기되면서 그동안 해군 전력증강 방향이 제대로 돼 있었느냐는 일부의 지적이 있었다. 이들의 지적에 따르면, 해군이 그동안 일본, 중국 등 주변강국에 대응하는 대양해군 건설에 주력해 상대적으로 대북전력 보완을 소홀히 했고 결국 영해라는 안방이 뚫리는 결과가 초래되었다는 것이다. 그러나 해군전력건설방향을 객관적으로 평가한다면, 해군은 적은 예산과 15년에서 20년 정도의 장기간이 소요되는 함정건조의 특성을 고려하면서, 대북 위주와 대북억제력 플러스 즉, 장래 불특정 위협에 대비한 전력을 동시에 수행할 수 있는 그러한 전력을 구축해왔다.

우리 해군이 대북전력 건설을 소홀히 했다고 주장하기보다는 오히려 제한된 예산으로 어려움이 많았다는 점을 이해하고 예산증가를 고려해야 할 필요가 있다. 우리 해군의 대북전력은 북한의 침범에 대비해 동

서해의 NLL을 지키는 데 중요한 역할을 하고 있는 참수리 고속정(150t급) 80여 척과 초계함(PCC) 28척 그리고 호위함(FFK) 9척을 보유하고 있다. 참고속정은 2차례 연평해전 및 대청해전에서 북한 경비정과 직접 부딪쳐 밀어내거나 전투를 통해 NLL을 사수한 핵심세력이다. 그리고 초계함과 호위함은 참수리 고속정을 후방에서 지원하면서 76mm 함포로 북한함정들을 공격할 수 있었다. 그런데 총 80여 척의 참수리 고속정 가운데 절반이 넘는 41척이 이미 내구연한을 넘겼지만 작전에 투입되고 있다. 해군은 참수리 고속정을 대체할 윤영하급 미사일 고속함(440t급)을 2008년 이후 도입하고 있으며, 2011년까지 6척, 그리고 2021년까지 총 40여 척 도입이 목표다. 그러나 예산압박 및 사업 우선순위 때문에 해군에서 윤영하급 미사일 고속함을 필요한 수량만큼 도입할 수 있을지 미지수다.[18]

현재 소말리아 근해에 한국형 구축함(KDX-II급)을 파견하여 우리 선박을 보호하고 국제해상교통로 보호를 위한 다국적 해군작전에 참가하고 있는데 우리가 이러한 첨단 전력을 미리 준비하지 않았다면 해적들의 선박납치에 속수무책으로 당할 수밖에 없었을 것이다 또한 앞으로 독도영유권문제로 한일 간 첨예한 대립이 예상되며 이어도문제는 언제 중국이 엉뚱한 주장을 할지 모르는 상황이기 때문에 우리의 해양이익을 보호할 수 있는 최소한의 대주변국 전력을 미리 대비해야 할 필요가 있다.

4. 합동성 강화방안

천안함 피격사건 이후, 합참에도 여러 가지 문제점이 대두되어 인적구성과 같은 부분은 일부 수정되었지만 여전히 근본적인 문제점은 남아 있다. 합동성 강화는 각군의 강점을 적절히 배합해 합동전투력의

18) IISS, The Military Balance 2010, pp.414-415.

시너지를 높이는 것이다. 흔히 인용되는 것처럼 바다에서는 상어, 땅에서는 호랑이, 하늘에서는 독수리가 각자의 능력을 조화롭게 발휘하면서 싸우기 위해서 상어의 이빨과 날렵한 몸통, 호랑이의 이빨과 앞발, 독수리의 부리와 발톱이 유기적으로 결합되어야 한다. 그러나 현재 합참에서는 합동성 강화라는 명분으로 이들의 각 부분을 인위적으로 연결해 놓다 보니 각 군의 기능들이 제대로 발휘되지 못해 합동성에 문제가 나타나고 있다.

합동작전의 전문성에 관련된 문제를 개선하기 위해서는 오히려 합참대의 합동성 교육을 강화하고 각 군도 합동성을 제고시키기 위한 교육훈련 및 인사 시스템을 개선할 필요가 있다. 북한의 군 지휘부는 한 보직을 상당히 오랫동안 맡는 경향이 있어 전문성이 월등하지만 우리나라의 각 군 총장과 합참의장은 임기가 2년이기 때문에 상대적으로 전문성이 떨어질 수밖에 없다. 얼마 전 안보전문가 포럼에서 토론 중 어느 전문가는 김정일의 양면전략, 즉 대화전략과 압박전략을 언급하면서 '전략적 아이템 선정과 적용은 저들이 우리보다 한 수 위임이 틀림없다'고 말했다. 콜린 파월 전 미국 국무장관도 유사한 말을 했다.[19] 이들의 의견을 종합해보면, 북한정권 자체는 형편없을지 모르지만 그렇게 고장 난 정권을 지탱하게 하는 군부와 외교협상 분야 엘리트들의 전문성이 탁월한 것으로 평가해야 하는 것이 옳을 것이다.

우리나라에서 군의 진급은 전문성보다는 사관학교 기수를 기준으로 한다. 그러나 사관학교 기수별 진급보장보다는 국가안보가 더 중요하기 때문에 군의 주요 보직은 전문성을 보장할 수 있도록 특히 각 군 총장과 합참의장의 임기를 4년 정도로 연장을 검토할 필요가 있다.

---

19) 콜린 파월은 2009년 7월 28일(현지시간) CNN 방송의 「래리 킹 라이브」에 출연해 '북한은 내가 상대해본 가장 뛰어나고 강력한 협상가들 가운데 하나'이다. '만일 당신이 지금까지의 북미 협상과정의 역사를 보게 되면 북한의 협상력을 발견하게 될 것'이라면서 '그들은 당신을 미치도록 만들고, 당신의 성급함을 이용할 것'이라고 주장했다. http://news.chosun.com/site/data/html_dir/2009/07/30/2009073000174.htm(검색일: 2010. 8. 11).

합동성 강화 차원에서 보면, 민감한 진급심사권을 일정 부분 국방부, 합참이 행사하지 않는 한 현재와 같은 자군 중심주의는 변화되기 어렵다. 현재 각 군 총장이 실질적인 인사 및 진급권을 확보하고 있기 때문에 국방부, 합참, 한미연합사, 청와대 등에서 근무하는 사람들도 삼군 간 협력보다는 각 군의 총장을 먼저 의식하지 않을 수가 없다. 따라서 일사불란한 지휘체계와 합동성을 강화시키기 위해서는 각 군 총장에게 작전권을 부여하면서도 합참의장에게도 진급에 영향을 미칠 수 있는 제도적 보완이 바람직하다.

5. 북한도발에 대한 순응과 불리한 전략적 환경 타파

북한은 그동안 청와대 기습시도, 울진삼척 무장공비침투, 판문점 도끼만행, 미얀마 아웅산 폭파, KAL기 폭파, 강릉 잠수정 침투, 천안함 피격 등 다양한 방법을 통해 계속된 불법도발을 자행해왔다. 그러나 북한의 이러한 반복된 불법적 도발에도 불구하고 그들은 단 2건(판문점 도끼 만행과 강릉 잠수정 침투사건)을 제외하고는 모든 혐의를 부인하였고 군사적 보복이나 제재도 거의 받지 않았다. 우리 국민은 전쟁을 원하지 않고 경제적 번영과 안정된 생활을 원한다는 것을 북한이 알고 이를 악용하고 있다. 그래서 북한은 필요 시 군사적 도발과 협박을 사용하지만 우리는 피해를 당하고도 제재나 보복을 못하고 수세적인 방어에만 전념하는 불리한 환경에 익숙해졌다.

한국 해군 잠수함은 북한의 것보다 훨씬 성능이 좋기 때문에 북한의 군함을 충분히 공격할 수도 있지만 그러한 행위는 국제법에 위반되고 한반도 안정을 저해하기 때문에 불법적인 기습공격을 하지 않는다. 남북한간 이렇게 불리한 전략적 환경이 개선되지 않는다면, 북한은 계속해서 도발을 감행할 것이며, 해군은 아무리 잘 해야 본전이거나 손해를 보게 되는 '밑지는 장사'가 될 수밖에 없는, 근본적으로 불리한 게임을 할 수밖에 없다는 사실을 인식하고 이를 개선해야 할 것이다.

지금도 북한은 천안함 피격에 대한 혐의를 부인하면서 오히려 전쟁위협을 하고 있지만 우리는 북한의 행동에 대해 강력한 대응을 하지 못하고 있다. 그러나 이제는 우리가 북한의 불법적인 도발과 위협을 숙명처럼 받아들여서는 안되며, 북한의 침략을 규탄하거나 보복을 주장할 수 있도록 우리의 안보의식 구조를 변경시켜야 할 필요가 있다. 그래서 북한의 기습에 대한 철저한 대비와 함께, 만약 기습을 하면 분명하게 뼈저린 아픔의 대가를 치르게 된다는 점을 북한지도부에게 확실하게 인식시켜주는 것이 대단히 중요하다.

V. 결론

천안함 피격사건은 여러 가지 실제적인 문제점들을 도출시켰으며, 천안함 피격사건 이후 국방부와 합참은 물론 각 군도 문제점에 대비한 여러 가지 가시적인 조치들을 취하고 있다. 해군도 잠수함의 공격에 대비하여 기동속도를 높이고 야간 잠수함 어뢰공격을 가정한 훈련을 반복하는 등 혹독한 교학과 훈련을 실시하고 있는 것으로 알려졌다. 민군합동조사단의 조사결과에 따르면, 천안함 피격의 원인은 북한 잠수정이 발사한 중어뢰이다. 그러나 북한은 천안함 피격에 대한 혐의를 완강히 부인하면서 오히려 전쟁위협을 하고 있다. 북한의 반복된 도발행위에 대한 그동안 우리의 대응기조가 너무 느슨했는데 지금부터라도 도발을 하면 분명하게 뼈저린 아픔의 대가를 치르게 된다는 점을 북한지도부에게 확실하게 인식시켜주는 분명한 조치가 있어야 한다. 이것은 우리 정치 지도자들의 용기있는 결단과 그리고 국민의 지지를 통해서만 가능한 것이다.

천안함 피격사건을 통해 도출된 문제를 중심으로 시급히 개선해야 할 사항은 다음과 같다.

먼저 군이 변해야 한다는 사실이다. 국민의 신뢰를 회복하기 위해서는 군은 항상 사실을 있는 그대로 국민들에게 보여주어야 한다는 점이다. 이울러 군의 잘못을 악용하면서 국민의 불신을 조장하거나 안보의식을 마비시키는 좌파세력에 대한 대응방안도 강구해야 할 필요가 있다.

둘째, 군의 일사불란한 지휘체계를 위해서 현재의 합참지휘구조는 그대로 존속시키는 것이 바람직하다.

셋째, 각 군 대학과 합참대의 교육체계를 수정 및 보완하여 각 군 장교들이 합동성에 대한 이해력을 증진시키고 장기간 근무경험을 통해 합동성에 대한 전문성을 강화시킬 필요가 있다. 평시 중요한 것이 교육과 훈련이기 때문에 국방대를 포함하여 축소된 장교들의 교육기회를 이전처럼 환원시켜 어떤 상황에서도 유연하게 대처할 수 있는 창조적 사고와 능력을 배양하는 것이 바람직하다.

넷째, 각 군의 총장과 합참의장의 보직 기간도 현행 2년에서 4년으로 증가시켜 합동성과 전문성을 강화시킬 필요가 있다.

다섯째, 삼면이 바다로 둘러싸인 한반도의 작전환경의 특성을 고려서, 해군 예산은 턱없이 부족한 편이다. 부족한 전력을 개선하기 위해 해군에 대한 예산증액을 고려해야 할 것이다.

여섯째, 중국과 러시아의 군사적 교류와 교육훈련 기회를 통해 군사적 유대관계를 개선시켜나가면서 한미군사동맹과 함께 다층적인 복합 그물구조식 협력체제를 구축하여 할 필요가 있다.

일곱째, 북한은 이미 70여 척의 잠수함세력을 보유하고 있으며, 그들 나름대로 비대칭전략을 개발해왔다. 그동안 우리의 편견과 안일한 사고가 천안함 피격사건에 일정 부분 원인을 제공했음을 인정하고, 편견과 '설마'하는 매너리즘을 완전히 일소하고 새롭게 거듭나도록 정신적 력을 강화시키는 것이 바람직하다. 아울러 우리 국민도 천안함의 피격 사건의 쓰라린 아픔에도 불구하고 불철주야 해상반기를 위해 노력하는 해군을 더욱 사랑하고 아낌없는 격려와 성원을 보내야 할 것이다.

| 참고문헌 |

1. 단행본 및 연구보고서

국방부, 『2008 국방백서』(서울: 국방부, 2008)
박갑수, "북한의 군사전략과 군사력"
IISS, *The Military Balance 2010*, London: IISS, 2010.
Bruse W. Bennet, "비대칭전략과 한국의 군사기획", 『전략연구』 제5권 제1호, 1999.

2. 인터넷 및 신문

강찬호, "천안함 유사사건, ICJ서 판결 경험", 『중앙일보』, 2010년 5월 8일자.
정우상, "영해·영공·영토 침범 땐 선제적 자위권 발동", 『조선일보』, 2010년 5월 25일자.
동아일보, "북 무력침범 땐 즉각 자위권 발동…남북교역 중단", 2010년 5월 25일자.
남현호, "러 전문가팀 귀국…천안함 판단 주목", 『연합뉴스』, 2010년 6월 7일자.
유현민, "러 대사, '천안함 자체조사 2~3주 내 결론'", 『연합뉴스』, 2010년 6월 16일자.
정우상, "유엔 北 대사·南 좌파, 천안함 논리 똑같다", 『조선일보』, 2010년 6월 17일자.
정아란, "러 대통령, 천안함 사건 철저 조사 촉구(종합)", 『연합뉴스』, 2010년 6월 18일자.
정우상, "캠벨 '北 명백한 가해자'", 『조선일보』, 2010년 6월 18일자.
홍종성, "'환구시보' 논평서 나타난 중국의 오락가락 천안함 입장", 『매일경제』, 2010년 6월 19일자.
김이삭·김광수, "北 돈줄죄기는 '고삐'…군사제재는 '속도조절'", 『한국일보』, 2010년 6월 24일자.
김명호, "G8 '천안함 공격 개탄' 對北 공동성명", 『국민일보』, 2010년 6월

28일자.

http://www.ytn.co.kr/_ln/0101_201005282247518446.

http://www.mofat.go.kr/press/hotissue/cheonan/index.jsp(외교통상부).

http://news.chosun.com/site/data/html_dir/2010/07/16/2010071601084.html?
Dep1=news&Dep2=headline 1&Dep3=h1_07(검색일: 2010. 7. 30).

http://www.newsen.com/news_view.php?uid=201003291012224100(검색일:
2010. 10. 27).

http://bbs1.agora.media.daum.net/gaia/do/debate/read?bbsId=D003&articleId
=3739257(검색일: 2010. 11. 3).

http://news.donga.com/Politics/3/00/20101104/32339048/1(검색일: 2010. 11. 6).

http://news.chosun.com/site/data/html_dir/2010/11/09/2010110901277.html
(검색일: 2010. 11. 11).

http://news.chosun.com/site/data/html_dir/2009/07/30/2009073000174.htm
(검색일: 2010. 8. 11).

제5장 북한의 연평도 포격의도 분석과 대응방안*

김태준

―――――――――― 요약 ――――――――――

　북한은 2010년 11월 23일 연평도에 약 170여 발의 무차별 포격을 가했다. 북한의 1차 포격은 오후 2시 34분부터 2시 46분까지 150여 발을 발사했고, 이 중 60여 발이 연평도에 떨어졌으며, 2차 포격은 3시 12분부터 3시 29분까지 실시되었으며, 20여 발 모두 연평도에 떨어졌다. 북한군의 포격에 대응하기 위해 우리 군도 ,북한의 첫 타격 13분 후, K9 자주포로 무도 포진지에 50발, 개머리 포진지에 30발, 총 80여 발을 발사하면서 즉각 대응조치를 했다. 아울러 우리 정부는 부각 긴급 안보관계장관회의를 소집했고, 전군은 비상경계 태세를 유지하면서 한반도는 일촉즉발의 위기 순간을 맞이했다.

　연평도 포격은 북한의 도발에 대한 우리의 인내가 한계상황에 도달했다는 것을 분명하게 인식시켜준 계기였다. 우리 국민 모두는, 포를 쏘며 공격하는 북한에 대한 협력과 지원은 불가하다는 강경하고 단호한 목소리를 쏟아내기 시작했고 남북한 관계는 더욱 경색되었다. 북한은 지금 경제문제 그리고 김정은으로 권력이 승계되는 3대 세습체제를 안정화시켜야 할 내부적 문제를 안고 있을 뿐만 아니라 핵과 미사일 문제를 둘러싼 국제적 고립과 국제정책의 문제를 안고 있다.

　2012년은 북한이 주창하는 강성대국 원년인 동시에 김일성 탄생 100주년, 그리고 한국과 미국은 대통령선거가 실시되고 중국 지도부도 후진타오에서 시진핑 체제로 전환되기 때문에 2012년은 대북정책과 한반도 안보 그리고 북한의 핵과 미사일이 관련된 문제가 중요한 이슈가 될 것이다.

　북한의 도발양상이 우리가 예기치 못하는 방식이라는 점이 주목된다. 최근 북한의 대남행동을 보면, 백령도 맞은편 고암포에 상륙기습을 위한 고속정 기지구축과 포사격훈련을 강화하고 있다. 대북전단살포단체의 풍선띄우기 원점에 대한 조준포격 위협을 하는 한편, 6자회담 제안, 백두산 화산폭발 연구를 위한 접촉 제안, 적십자회담 등과 같은 대화 제스처도 병행하고 있지만 북한의 도발에 대한 만반의 대비태세가 필요한 시점이다.

―――――

* 이 논문은 『전략논단』, 통권제13호(2011년 봄 · 여름호)에 게재된 내용을 수정 · 보관하였음.

I. 서론

3월 26일 발생한 천안함 폭침과 11월 23일 발생한 연평도 포격 등 북한의 반복적인 도발로 인해 2010년의 한반도 안보는 대단히 위태로운 상황이었다. 이 두 사건이 몰고 온 여파로 인해 남북한관계는 더욱 경색되었기 때문에 한반도평화를 위해서 이 문제에 대한 심도 있는 분석과 이해가 필요하다.

1, 2차에 걸쳐서 약 1시간 계속된 북한의 포격으로 인해 평화롭던 연평도가 순식간에 참혹한 전쟁터로 변했고, 공포에 질린 연평은 주민들은 모든 것을 팽개치고 육지로 탈출을 시도했다. 북한은 서해상에서 그동안 1, 2차 연평해전, 대청해전과 천안함 폭침을 통해 반복된 도발을 했지만 공격대상은 민간이 아니라 군인과 함정들이었다. 그러나 연평도 포격은 '민간인이 살고 있는 주거지역과 공공건물 등을 무차별적으로 공격'이라는 점에서 한국인들은 물론이고 전 세계인들을 경악시켰다.

그러나 중국은 계속해서 북한의 입장을 두둔하면서, 북한의 도발을 억제하기 위해 한미연합훈련에 참가하려는 미 항모의 서해출입을 강경하게 반대함으로써 그동안 잠재해 있던 대륙세력과 해양세력의 충돌 가능성이 현실화되고 있음을 보여주었다. 천안함 피격사건 이후부터 중국은 서해를 마치 자국의 영해로 인식하는 것처럼 행동하고 있다. 이전과 달리 중국은 해상에서 여러 차례 공개적인 군사훈련과 미사일 발사훈련 등을 실시하면서도 미 항모가 서해상에서 한미연합훈련에 참가하는 것에 대해 강력하게 반대하는 등 그동안 보이지 않았던 중국의 속내를 드러내 보이고 있다.

북한은 지금 경제문제 그리고 김정은으로 권력이 승계되는 3대 세습체제를 안정화시켜야 할 내부적 문제를 안고 있을 뿐만 아니라 핵과 미사일 문제를 둘러싼 국제적 고립과 국제적 제재의 문제에 직면해 있다. 우리나라는 북한의 도발위협 속에서도 자구적인 노력을 통해 전세계가 부러워하는 경제적인 성장을 지속하고 있다. 반면 북한은 자체의 모순과 문제점들을 해결하게 위해 자생능력을 배양하기보다는 강성대국이라는 기치 아래 긴장조성을 통해 내부체제를 단속하고 남한으로부터 경제적 지원을 확보하기 위해 위협과 도발을 반복하면서 우리 내부의 분열과 혼란을 부추기고 있다.

그런데 2012년은 북한이 주창하는 강성대국 원년인 동시에 김일성 탄생 100주년 그리고 한국과 미국은 대통령선거가 실시되고 중국 지도부도 후진타오에서 시진핑 체제로 전환되기 때문에 2012년은 대북정책과 한반도 안보 그리고 북한의 핵과 미사일이 관련된 문제가 중요한 이슈가 될 것으로 예상된다.

최근 북한의 대남행동을 보면, 백령도 맞은편 고암포에 상륙기습을 위한 고속정 기지구축과 포사격훈련을 강화하면서 대북전단살포단체의 풍선띄우기 원점에 대한 조준포격 위협을 하는 한편, 6자회담 제안, 백두산 화산폭발 연구를 위한 접촉 제안, 적십자회담 등과 같은 대화 제스처도 병행하고 있다.

북한의 도발 가능성을 우려하는 가운데 본 연구는 연평도 포격에 문제점들을 분석해보고 앞으로 도발을 억제하거나 대응하기 위한 방안을 고려한다는 점에서 의미가 있다.

II. 북한의 연평도 포격사건 분석

1. 북한의 연평도 포격사건 현황

약 1,300여 명의 주민이 살고 있는 연평도는 2개의 섬(대연평도 면적 7.01㎢, 소연평도 면적 0.24㎢)로 구성되어 있다. 인천으로부터 약 120 여km 떨어진 연평도는 서북 5개 도서를 연결하면서 수도권으로 향한 해상교통로는 물론이고 국제공항인 인천공항을 방어하는 중요한 역할을 하고 있기 때문에 전략적으로 중요한 도서이다. 2010년 11월 23일 오전 북한은 한국군과 주한 미군의 육·해·공연합 호국훈련에 대해 자국에 공격을 가하려는 것이 아니냐며 중단을 요청하는 전통문을 발송했다. 그러나 우리 국방부는 연례적인 훈련이라며 북한의 훈련중단 요청을 거절하고 예정대로 훈련을 진행하였다. 이날 오후 2시 34분 경, 훈련이 종료되자 북한은 76.2mm 평사포, 122mm 대구경 포, 130mm 대구경 포 등을 이용해 연평도 군부대 및 인근 민가를 향해 개머리 해안 부근 해안포 기지로부터 포격을 시작하였다.

북한의 1차 포격은 오후 2시 34분부터 2시 46분까지 150여 발을 발사했고 이 중 60여 발이 연평도에 떨어졌으며, 2차 포격은 3시 12분부터 3시 29분까지 실시되었으며, 20여 발 모두 연평도에 떨어졌다. 북한군의 포격에 대응하기 위해 우리 군은 북한의 첫 타격이 시작될지 13분 후(2시 47분부터 59분까지) K9 자주포를 무도 포진지에 50발, 개머리 포진지에 30발, 총 80여 발을 발사하였다. 북한의 연평도 해안도 공격은 오후 2시 34분부터 시작되어 3시 41분까지 계속되었으며 1, 2차 공격을 포함하여 총 170여 발을 발사했다.

우리 군은 북한의 공격이 시작된 4분 뒤인 오후 2시 38분 KF-16 2대를 긴급 출격시키고, 이후 추가로 KF-16 2대와 F-15K 4대를 출격시켰다. 백령도 부근 북한군 해안포 기지에서의 해안포 입구 개방이 확인되기도 하였으나, 이후 추가적인 도발이 계속되지 않아 우리항공기에 의한 타격은 이루어지지 않았다. 그러나 우리 정부는 긴급 안보관계장 관회의를 소집했고 전군은 비상경계 태세를 유지하면서 한반도는 일촉 즉발의 위기 순간을 맞이했다.

2. 북한의 연평도 포격 분석과 피해현황

11월 23일 2차에 걸쳐 실시된 북한의 포격으로 인해 820여 가구가 모여 사는 대연평도 남쪽 주민 밀집지역의 가옥과 건물들이 처참하게 파괴되었다. 특히 우체국과 파출소 등 공공시설 8곳이 포격을 당한 점 을 고려해보면, 북한이 공격대상을 사전에 선별하고 정조준하여 1차 사격을 한 결과 150여 발 발사 중 60여 발이 연평도에 떨어졌으며, 탄 착점 수정을 한 뒤, 2차 포격은 3시 12분부터 3시 29분까지 실시하여, 20여 발 모두 연평도에 정확하게 명중시켰다. 북한의 해안도 사격결과 를 분석해보면, 1차 사격과 2차 사격의 연평도 탄착명중률에서 확연하 게 차이가 난다. 사격의 명중률을 높이기 위해 포사격에서 탄착수정은 필수사항인데 그럼 1차 사격 이후에 탄착수정은 누가 실시했을까? 알 려진 바로는 북한은 포사격을 하기 이전에 UAV를 사용한 흔적이 없으 며 위성을 통해 영상정보를 실시간으로 확인하면서 탄착점을 수정할 수 있는 능력을 보유한 것 같지는 않다. 그렇다면 사격전에 연평도에 탄착수정을 위해 북한의 고정간첩이나 탄착수정을 위한 어떤 요원을 활용했을 가능성에 제기되는 부분이다. 이러한 맥락에서 연평도포격을 북한이 사전에 철저한 계획을 통해 실시한 의도적 공격이라는 점이다.

피해현황을 종합해보면, 먼저 인명피해는 해병대원 2명(故 문광욱 일 병, 故 서정우 하사)이 전사하고 민간인 2명이 사망하였으며, 민간인 3 명과 해병대원 16명이 중경상을 입었다. 이밖에도 주택 12동이 대파되 었고 25동은 불에 탔으며, 차량 3대와 컨테이너 박스도 여러 채 파괴되었다. 연평도의 가옥들 19채가 불에 탔으며, 산불도 발생했다. 아울러 연평도 전체 건물 924동 가운데 절반 가까운 421동이 피해를 입고 정전이 되었으며 이로 인해 피해를 입은 주민들은 포격 당일 밤을 암흑 속에서 추위에 떨며 밤을 지내야 했다. 포탄과 화재로 연평도 섬에 퍼져 있던 5개의 통신기지국 가운데 3개의 기지국이 부서져 통신이 두절됐다. 인터넷과 전화선도 끊겨 대부분 지역에서 외부와 연락을 하지 못했다.

북한의 공격 당시 연평도 주민은 약 1,300명이 거주하고 있었으나 북한의 추가공격의 가능성으로 겁에 질린 주민의 96% 이상이 섬을 떠났고[1] 오직 거동이 불편하거나 고령자 등 약 30여 명만 잔류하고 있었

〈그림 1〉 북한의 연평도 포격 주요 피해 현황[2]

---

1) 최철영 연평면 상황실장은 11월 26일 '지난 밤 가가호호 방문해 섬 잔류 인원을 파악한 결과 현재 남은 주민은 47명에 불과한 것으로 나타났다'고 밝혔다. 연평면 주민이 1,400여 명인 것을 감안하면 96%가 섬을 빠져나간 셈이다.
http://news.chosun.com/site/data/html_dir/2010/11/26/ 2010112600496.html.

다. 인천으로 피신한 섬 주민들은 대부분 찜질방에서 거주하다가 2010 년 12월 1일 20여 명의 주민이 복귀했지만 연평도는 한동안 군 통제구 역으로 선포되어 주민들의 출입이 엄격히 통제되었다.

북한의 포격으로 인해 우리 경제는 큰 영향을 입지 않았다. 포격 당 일 소식이 알려진 시각은 증권거래소 시장이 마감된 이후였기 때문에 주가가 영향을 받지는 않았다. 오히려 반복된 북한 리스크 학습효과로 인하여 연평도 포격사건에도 불구하고 국내 증시는 포격 이틀 만인 11 월 25일 상승 마감하면서 경제적으로는 크게 영향을 받지 않은 것으로 분석된다.

그러나 포격 이후 연평도 주민들의 대다수가 심리적인 면에서 극심 한 스트레스를 받고 있으며, 평소에도 불안과 불면증으로 인해 상당수 는 별도의 치료가 필요한 것으로 알려지고 있다.

북한의 피해상황은 정확하게 밝혀지지 않았지만 여러 정황을 고려해 보면, 상당할 것으로 추정된다. 중국 국무위원(부총리급)인 다이빙궈(戴 秉国)는 이명박 대통령과의 면담 시 조선인민군이 상당한 피해를 입었 다고 언급하였다. 평안북도 대북소식통에 따르면 '북한의 연평도 포격 에 대한 국군의 반격으로 군부대 막사는 물론이고 다른 일반인 주택들 도 상당히 파괴됐다. 그러나 북한이 포격을 하기 전에 북한주민들은 모두 피신시켰기 때문에 인명피해는 없었다'고 전했다. 김태영 국방부 장관은 '우리군은 북한 해안포에 비해 화력이 월등히 우수한 K9 자주 포로 대응사격을 했기 때문에 북한군도 상당한 피해를 받았을 것'이라 고 예상했다. 그리고 2010년 12월 4일 일본의 교도통신은 한국의 대응 포격으로 인한 사상자와 관련 '4명의 사망자가 발생한 한국보다 몇 배 많았다'고 보도했다.[3]

---

2) http://inside.chosun.com/site/data/html_dir/2010/11/25/2010112500703.html.

3) http://enc.daum.net/dic100/contents.do?query1=10XX566225#cite_note-41.

3. 북한포격과 대응과정에서의 문제점

1) 도발징후 분석의 문제

평안남도 북창기지에서 이륙한 미그23기 5대가 초계비행 후 황해남도 황주비행장으로 이동하여 대기 중이었다. 아울러 북한군의 포 사격 도발 전에 황해도 북창기지에서 이륙한 미그23기 5대가 초계비행 후 황주 비행장으로 향해 대기했던 사실은 예사롭지 않은 조짐이었다.[4] 이것은 서해로 출격하게 될 우리 공군 전투기에 대한 대응을 하기 위한 북한의 사전조치로 판단할 수가 있다.

북한군 4군단 해안포 및 장사정 포병들도 사격대응 태세를 계속 유지했다. 연평도 인근 해상에서 북한 해군이 지대함 미사일을 전개하면서 함정을 전투배치 하는 등 확전에 대비해 긴박하게 움직였다. 앞에서 언급한 것처럼 북한군의 포 사격 도발 이전에 황해도 북창기지에서 이륙한 미그23기 5대가 초계비행 후 황주비행장에서 대기했던 점 그리고 해안포 및 장사정 포병들도 사격대응 태세를 계속유지 했던 점들을 주의해서 분석했다면, '평상시와는 다른 행동'이라는 것을 암시하는 도발징후에 해당된다.

그러나 이용걸 국방차관이 북한의 경고성 전언통신문 전달과 관련해 '군사훈련 때마다 유사한 전통문을 보내서 이번에는 묵살하는 게 좋겠다고 판단했다'고 발언한 사실을 보면, 천안함 폭침을 겪고도 도발징후에 대한 종합분석능력의 문제점과 함께 군 수뇌부가 북한의 이상행동을 인지하고도 대비태세를 갖추기보다는 북한의 선의를 기대하는 참으로 한심한 모습이라 하지 않을 수 없는 부분이다.

2010년 12월 1일 열린 국회정보위에서 '지난 8월 감청을 통해 서해 5도에 대한 공격계획을 확인하지 않았느냐'는 의원의 질문에 국정원은

---

4) http://media.daum.net/politics/north/view.html?cateid=1068&newsid=2010112420312 2006&p=segye.

'그런 분석을 했다'고 답변하여 사전에 도발징후를 파악하고 있었음을 확인했다. 군도 감청된 북한군의 작전계획이 비문이 아닌 평문이었기 때문에 연평도를 직접 공격하는 심각한 징후로 판단하지 않았다고 답변했다. 또 공격 당시에는 북한군이 무선이 아닌 유선을 통해 교신했기 때문에 정확한 공격징후를 파악하지 못했다고 설명했다. 당시 감청 내용은 '해안포 부대 사격준비를 하라'는 정도의 내용으로, 연평도에 대한 대규모 포격을 예상할 정도는 아닌 통상적인 수준의 위협으로 판단했다는 것이다. 이와 관련해 한나라당 측 이범관 의원은 '북한이 상시적으로 그런 위협적 언동을 많이 해왔으므로 민간인 포격까지는 예상하지 못했다는 게 국정원 입장'이라고 부언했다. 그러나 민주당 간사인 최재성 의원은 '국정원이 감청 사실에 대해 청와대에 보고했다는 것은 정확한 팩트'라고 주장하였다. 결과적으로 북한의 서해 5도 지역에 대한 공격 가능성을 인지하고서도 군이 이에 대한 경계태세를 제대로 하지 않은 것으로 비춰져 논란이 되었다.[5]

국정원은 북한의 공격계획에 대한 분석을 했음에도 불구하고 우리 군에게 이를 분명하게 전달하지 않고 결국 군도 경계태세를 제대로 하지 않았다는 점은 심각한 문제점이다. 김태영 국방부장관도 11월 30일 국회 국방위에 출석, 북한의 포격 도발에 대한 대응책이 미흡했다는 지적에 대해 '지난 57년간(서해 5도에서의) 가장 큰 위협은 적의 상륙에 의한 섬 탈취'라며 '상륙 위협만 크게 보고 포격 위험을 부수적으로 본 것은 판단 미스'라고 군의 판단력에 문제가 있음을 시인했다.[6]

청와대도 '국정원으로부터 유의미한 보고를 받은 바 없다'고 부인했다. 북한의 도발징후를 사전에 포착했느냐를 놓고 관련 부처들끼리 서로 다른 주장을 하면서 책임공방을 벌이는 상황이 되었다. 국정원의 주장대로 청와대에 보고할 정도로 중요한 첩보를 입수했다면, 청와대

---

5) http://www.newsis.com/ar_detail/view.html?ar_id=NISX20101202_0006855334&cID=10211&pID=10200.

6) http://www.yonhapnews.co.kr/bulletin/2010/12/02/0200000000AKR20101202079200043.HTML?did=1179m.

에게 보고하기 전에 국정원이 우리 군뿐만이 아니라 북한에 대한 통신과 영상정보를 풍부하게 갖고 있는 미군 정보당국과 협력하여 분명하고 정확한 정보를 제공했어야 한다. 그러나 국정원은 관련 정보를 군과 청와대에 통보를 했다고 주장하고 군과 청와대는 국정원이 제대된 보고하지 않고 이제 와서 책임을 회피한다는 입장이다.

지금까지 알려진 바로는 정보당국이 입수한 정보가 구체적으로 무엇인지 국정원과 군 그리고 청와대의 주장이 다르기 때문에 정확히 알 수는 없다. 그러나 북한의 포 공격이 실시되기 이전에 북한의 도발징후와 관련된 유의미한 징후정보를 획득했음에도 불구하고 이를 분명하고 구체적으로 관련기관에 전달하지 못했다는 점은 중대한 문제이다. 정보를 다루는 기관의 속성상 '첩보수집 경쟁' 관계에 있기 때문에 정보공유와 협력을 통한 종합분석에 대한 문제점은 비단 우리나라만의 문제가 아니다. 미국의 정보기관들도 2001년 9.11 테러에 앞서 납치한 비행기로 자살공격의 가능성을 시사하는 상당수의 유의미한 정보를 입수해 놓고도 국가적 차원에서 협력하여 종합적으로 분석하지 못함으로써 테러에 대한 대응에 실패했다.

이러한 맥락에서 앞으로 군(국방정보본부, 기무사)은 물론 국가정보기관들(국정원과 경찰) 간 대북정보수집 및 판단기능 등에 대한 총체적인 점검을 통해 국가적 차원에서 정보공유와 종합분석과 판단에 대한 능력을 제고시키는 조치를 제도화시켜야 할 필요가 있다.

2) 전쟁지도 문제

국회에서는 북한의 연평도 포격 도발 직후 2010년 11월 24일 이명박 대통령의 첫 지시를 놓고 논란이 있었다.

북한의 포 공격이 발생하자 최초 이명박 대통령이 '단호하게 대응하되, 확전되지 않도록 지시했다'고 알려졌으나, 청와대 홍보수석은 '(이 대통령의) 확전자제와 같은 지시는 처음부터 없었다. 와전된 것이다'라며 발언이 잘못 알려졌다고 말했다. 그러나 11월 24일 오전에 국회 국방위원회에 출석한 김태영 국방부장관은 '(이 대통령이) 단호하지만 확전되지 않도록 하라는 최초 지시가 있었다'고 말함으로써 청와대가 거짓말을 한 것 아니냐는 논란이 있었다.[7]

이러한 논란 속에서 국회의원들은 '북한이 포격하면 우리는 전투기, 야포 등 각종 수단으로(해안포 진지를) 불바다로 만들어야 한다(김장수 한나라당 의원)'는 주장과 '초기 확전 방지를 건의한 청와대 참모진을 문책해야 한다(홍사덕 한나라당 의원)'는 주장들을 통해 전쟁지도에 대한 기본적인 문제를 제기했다.

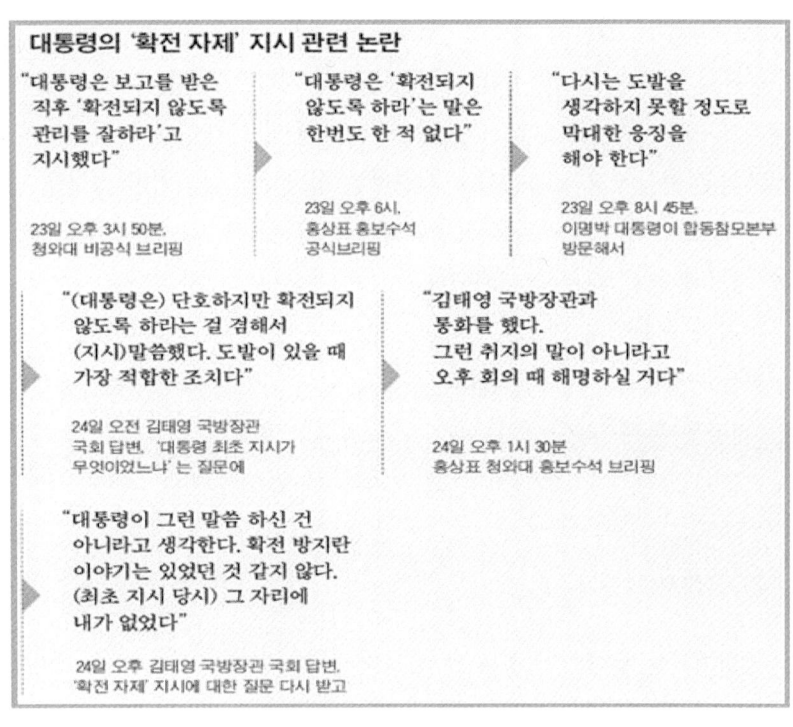

〈그림 2〉 대통령의 '확전 자제' 지시 관련 논란

7) http://news.chosun.com/site/data/html_dir/2010/11/25/ 2010112500103.html.

전쟁지도와 관련된 중요한 또 하나의 사항은, '우리 공군 전투기를 출격시켜놓은 상태에서 공격을 왜 하지 않았는가'에 대한 문제이다. 김태영 국방부 장관은 국회 국방위에서 전투기 출격과 관련, '항공기 중 6대는 공대공을 위해 있었고 2대는 공대지 장비를 달고 올라갔다'며 '바로 타격할 수 있게 준비가 돼 있었다'고 밝혔다. 그러나 우리 공군기들은 아무런 타격을 실시하지 않았다. 이에 대해 국회 국방위에서 의원들은 해안 절벽지대에 배치된 해안포 진지를 타격하기 위해 비상출격한 KF-16이나 F-15K가 정밀타격을 했어야 한다고 지적했다. 국방위원들의 이러한 지적은 전폭기의 공대지 장거리미사일(SLAM-ER)과 공대공 중거리미사일(AIM-120C), 하푼미사일(AGM-84) 등 사용할 수 있는 수단이 있었음에도 대응수단을 사용하지 않은 데 대한 질책이었다.

일부에서는 포 사격에는 적절한 포 사격으로 대응하는 게 '무기의 비례성'에 입각한 교전원칙이라는 점을 들었다. 즉 북한이 포 사격을 하는데 전폭기로 폭격을 하는 것은 확전으로 이어질 수 있어 교전규칙의 '확전방지 원칙'에 위배된다는 것이다. 그러나 북한의 계속된 도발에 분노한 대대수의 국민과 정치인들의 입장은 '대응 시 전투기로 공격했어야만 했다'는 입장을 견지하면서 확전자제를 지시한 대통령에 대한 비난여론이 들끓어 오르자 청와대가 확전자제 지시를 한 적이 없다는 입장을 밝혔다.

3) 군의 초기대응의 문제점

첫째, 연평도 해병부대는 대포병탐지레이더로 북한군 1차 사격원점을 찾지 못했다. 이 때문에 개머리 포진지의 북한군이 130㎜ 해안포와 120㎜ 방사포로 연평도를 1차 공격했는데도, 우리 군은 사전에 표적좌표를 입력해 놓은 무도를 향해 대응사격을 했다. 또 북한 해안포의 경우 사격 후 갱도로 숨어버리기 때문에 움직이는 해안포를 겨냥해 대응

사격하는 것은 실효성이 없다고 판단, 고정 표적인 북한군 해안포 중 대의 주둔막사를 표적으로 K-9 자주포탄을 발사했다. 군 관계자는 '평 사포인 해안포는 각도가 8도 이하로 날아오면 대포병탐지레이더가 잡 아내지 못한다'며 '탐지레이더가 모든 포탄의 궤적을 다 잡아낼 거라 고 생각하는 것은 오산'이라고 말했다.

둘째, 북한군의 포격이 시작된 지 13분 후에 대응 사격한 것은 반응 시간이 늦었다는 지적이다. 한나라당 김동성 의원은 북한의 첫 포사격 에 대한 대응이 13분 이상 걸린 점에 대해 '군은 지난 국정감사 때 4 분이면 가능하다고 했는데 왜 이렇게 대응이 지체됐는지 확인해야 한 다'고 지적했다. 그러나 김태영 국방부장관은 '1차 포격 13분 뒤에 대 응사격을 한 것은 훈련이 잘 됐을 때 가능한 것'이라며 '포탄이 떨어진 시점에 우선 대피를 해야 하고 대피상태에서 남서쪽이던 포를 다시 전 방으로 바꿔야 한다. 포를 준비해서 사격할 때까지는 시간이 걸릴 수 밖에 없다'며 군의 대응이 적절했다고 밝혔다.[8]

셋째, K-9자주포 전부가 작동된 것이 아니며 군의 말 바꾸기의 문제 점이 지적되었다. K-9 자주포 6문 중에 3문은 고장이 나서 사용하지 못했고 3문만으로 대응했다는 점이다. 군은 '6문 중 2문이 북한의 포 사격에 따른 충격으로 전자회로장애를 일으켰고 1문은 앞선 사격훈련 때 발생한 불발탄이 끼어 사격에 가담하지 못했다'고 해명했다. 이러한 장비의 고장뿐만 아니라 군이 처음에 6문을 이용해 사격했다고 밝혔다 가 4문, 3문으로 계속 말을 바꿔 빈축을 샀다.

넷째, 천안함 폭침 이후 단호한 대응을 다짐한 우리 군의 대응이 단 호하지 못했다는 지적이다. 유승민 의원은 '적의 무력도발에 2~3배로 응징한다는 교전규칙을 감안할 때(북한군의 공격이 170여 발인 것에 비해) K-9 자주포 80발로 대응한 것은 대응이 미흡하다'는 지적이다. 군 관계자는 '교전규칙이나 작전예규에는 2배로 대응 사격한다고 명시

---

8) http://news.naver.com/main/read.nhn?mode=LSD&mid=sec&sid1=100&oid=011&aid=0002112476.

하고 있지는 않다'며 '다만, 2배라는 해석이 가능하며 지휘관의 의지로 가능하다고 본다'고 말했다. 민주당 서종표 의원도 '동굴 안에 있는 해안포는 일반포로는 제압이 안 되는 만큼 공군기를 동원해서라도 공격했어야 하는데 그러지 않아서 북한이 1시간가량 계속 포 공격을 한 것 아니냐'며 우리 군의 대응이 미흡했다는 점을 지적했다. 한나라당의 일부 국회의원들은 북한의 공격에 대해 강력한 응징을 주문하기도 했다. '북한이 포격하면 우리는 전투기, 야포 등 각종 수단으로(해안포 진지를) 불바다로 만들어야 한다(김장수 한나라당 의원)'는 주장과 함께 '초기 확전 방지를 건의한 청와대 참모진을 문책해야 한다(홍사덕 한나라당 의원)'는 주장을 했다. 아울러 일부의 보수세력은 해안포 진지 타격을 위해 비상 출격한 KF-16이나 F-15K로 정밀타격을 했어야 한다는 주장도 제기했다.[9)]

확전 우려 때문에 전투기를 사용하지 않았다면, 천안함 폭침 이후 국방부가 공언한 것처럼 적어도 북한의 공격에 대해 2~3배의 대응수칙을 지켰어야만 하는데 겨우 80발 정도로 응사한 것은 우리 국민을 이해시키기에도 궁색한 변명인 동시에 북한의 추가적 도발을 억제하는데도 중대한 문제가 있다.

III. 연평도 포격에 대한 북한의 의도와 배경

1. 내부적 요인

1) 김정일의 건강문제

김정일은 뇌졸중으로 쓰러진 이후에도 여러 가지 건강에 이상이 있

---

9) http://media.daum.net/politics/north/view.html?cateid=1068&newsid=20101124203122006&p=segye.

는 것으로 보도되고 있으며 특히 당뇨병으로 인한 만성신부전으로 고생이 심한 것으로 알려지고 있다. 열린 북한통신은 복수의 소식통들을 인용, 2010년 말 무산군 현지 지도 당시 얼굴이 검푸른 색이었다(1월 10일 보도). 작년 9월말에 있었던 당대표자회의 개회시기를 모호하게 결정했던 것이 김정일의 건강문제였다(2010년 9월 7일 보도). 북한 호위사령부의 특수진료 결과 김정일이 3년 안에 사망할 가능성 높다(7월 9일 보도). 이를 통해 김정일의 건강상태가 심상치 않음을 여러 번 보도한 적이 있다.[10]

김정일은 2011년 2월 16일이 공식적으로 만 69세이지만 실제로는 70세에 해당한다. 그의 출생년도가 1941년생인데 김일성의 생일인 1912년과 끝자리를 맞추느라 1942생으로 조작했기 때문에 실제 나이보다는 1살이 적게 보도되고 있다. 몸의 기능이 쇠약해지는 70세 노인이 신장투석을 하게 되면 5년 이상 살기가 어렵다는 것이 의학전문가들의 입장이다. 그런데 김정일은 뇌졸중까지 앓고 있기 때문에 언제 김정일의 신변에 이상이 생길지 아무도 예측할 수 없는 상황이었다. 그래서 김정은이 업적쌓기를 통해 지도자로서 능력을 인정받을 수 있는 계기가 필요했을 것이며 연평도 포격은 김정은에게 호기가 되었을 가능성도 있다. 그래서 당시 김정일의 건강문제는 김정은의 후계구도와 직접적인 관련성이 있다고 볼 수 있다.

2) 김정은의 세습체제 구축과 안정적인 유지 문제

김정일은 오랜 기간 후계자 수업을 통해 현재의 위치에 올랐다. 김정일은 김일성 전 주석으로부터 후계자로 지정된 것이 1970년대였다. 북한 엘리트와 일반주민들도 20여 년이라는 세월을 통해 김정일이 김일성 사후를 대신할 리더가 될 거란 사실을 자연스럽게 받아들였다. 김정일은 김일성이 사망하기 10여 년 전부터 매일 일상적인 정부의 활

---

10) http://blog.daum.net/rione30/17077716.

동을 챙기면서 지도자로서의 경험을 쌓았다.

그러나 김정은의 2010년 나이가 겨우 27세에 불과하며 전문지식이나 경험이 부족한 젊은이에 불과하다. 김정일의 건강 이상에 따른 급변사태의 가능성으로 인해 북한은 노동당 창건 65주년 행사를 맞이하여 김정은에게 '청년대장'이라는 칭호를 부여하여 나이와 경험에 걸맞지 않는 직책을 부여함으로써 세상을 놀라게 했다.

북한의 어려운 경제상황이 하루아침에 발생한 것이 아니라 수십 년 동안 누적된 여러 문제들로 인해 발생했고 경제발전을 위한 사회전반적인 인프라도 형편없는 상태이다. 김정은은 김정일처럼 충분한 통치수업을 경험하지도 못했고 북한주민들에게 내세울만한 업적도 없다. 더구나 김정은은 자신의 측근을 구축하는 과정에서 기존세력을 제거해야 하기 때문에 불만과 반발을 어떻게 무마하면서 3대 세습체제를 안정화시킬 것인지가 초미의 관심이다.

김정은은 자신의 업적 쌓기와 내부불만을 잠재우면서 담력이 큰 지도자로서의 능력을 과시하기 위한 필요성에서 극단적인 도발을 선택할 가능성이 있다. 자유아시아 방송은 2011년 2월 11일 '미국 제임스 클래퍼 국가정보국(DNI) 국장은 10일(현지시간) 의회에 제출한 2011 연례안보위협보고서에서 북한의 거듭된 도발이 현재 진행 중인 후계체제 구축과 연관돼 있다고 밝혔다'고 보도했다. 클래퍼 국장은 '북한이 연평도 포격을 감행한 주된 의도가 정권 엘리트들 사이에서 김정일의 3남인 정은의 지도력과 군사적 능력에 관한 신뢰도를 계속해서 높이기 위한 것'이라며 '김정일이 김정은을 강하고 대담한 지도자로 포장하기 위해서 특히 김정은에 대한 엘리트 집단의 충성과 지지가 의심스럽다고 판단할 경우 추가도발을 감행할 수 있다'고 말했다. 그는 이어 '하지만 김정일의 이 같은 노력에도 불구하고 북한의 후계세습 과정에 잠재적인 취약성이 여전히 상존한다'고 지적했다.[11]

---

11) http://cafe.daum.net/dmzasset/dN1t/34?docid=1Mq8w|dN1t|34|20110211205710&q=
   %B1 %E8%C1%A4 %C0%BA%20%B1%C7%B7%C2%BC%BC%BD%C0.

3) 경제지원을 확보하기 위한 위협수단

경제성장 엔진을 가동할 초기자본이 부족하기 때문에 북한경제는 1990년 이후 제로 또는 마이너스 성장을 하고 있다. 북한은 핵문제로 국제사회와의 대립으로 전형적인 저개발의 원인인 조정실패(coordination failure) 상황에 처해있다.[12] 북한은 사회주의 경제를 표방하나 점차 지하시장이 활성화되면서 농산물과 공산물 등이 대량으로 암거래가 성행했다. 그러나 북한은 인플레이션을 잡고 사회주의식 분배체제를 강화하는 것은 물론이고 암거래시장에서 유통되는 지하자금을 끌어내려는 목적에서 2009년 11월에 화폐개혁을 실시했지만 오히려 혼란만 가중시키고 실패했다. 이로 인해 2010년 1월에 굶어죽는 사람이 많이 나왔다. 결국 2010년 1월 31일 북한정부는 화폐개혁의 실패를 공식적으로 인정하고 책임자 처벌을 통해 사과하면서 주민의 불만을 달래려고 노력했다.

북한에서 고난의 행군이 시작되면서 수많은 주민이 굶어죽었지만 경제사정이 특별히 나아질 기미를 보이지 않고 많은 주민들이 지금도 기아선상에서 허덕이고 있다. 그래서 세계식량계획(WFP), 유엔식량농업기구(FAO), 유니세프(UNICEF) 등 3개 기구는 북한의 9개 도, 40개 군에 대한 실태조사를 바탕으로 600만 명 이상의 북한주민에게 43만t의 식량을 긴급 지원할 필요가 있다는 보고서를 발표했다.[13] 김정은이 단기간에 북한의 악화된 경제사정을 호전시킬 능력이 없기 때문에 남한에 대한 도발을 통해 대북지원을 확보하기 위해 추가적인 도발 가능성이 있다.

---

12) http://www.seri.org/db/dbReptV.html?g_menu=02&s_menu=0201&pubkey=db20091124001.

13) http://article.joinsmsn.com/news/article/article.asp?total_id=5252121.

2. 대외적 요인

1) 북방한계선(NLL) 무력화

1953년 7월 27일 정전협정 체결 당시 해상경계선에 대해서는 명확히 확정하지 못한 채 일부 관련 조항들에 합의하는 선에서 정전협상을 종결했다. 이러한 이유로 유엔사령관이 일방적으로 설정하여 현재까지 남북한 해상군사분계선으로 사용하고 있는 NLL을 북한이 부인하고 있다. 정전협정상에 규정된 것은 아니지만 NLL은 정전협정 이행 과정에서 무력충돌 방지와 정전체제의 안정적 관리를 위해 설정된 선으로서 정전협정의 근본취지와 여러 원칙에 부합하는 남북한의 실질적인 경계선이다.

그러나 북한은 이른바 '조선 서해 해상군사분계선'과 '서해 5도 통항질서' 등을 주장하면서 NLL을 무력화하기 위한 시도를 집요하게 반복하고 있다. 북한은 다른 곳에서 억지주장을 할 수 있는 명분을 찾기가 어렵기 때문에 NLL설정 과정에서의 불완전성을 문제점으로 삼고 1, 2차 연평해전과 대청해전 등을 야기하면서 해상에서의 도발과 협박을 계속해왔다.

북한 유엔대사인 박덕훈은 '남측이 먼저 우리 영해에 포탄을 발사했다'면서 '이번 조치는 자위적 조치'였다고 주장했다. 이처럼 북한은 '남측이 먼저 우리 영해에 포사격 도발을 해 대응조치를 취한 것'이라고 주장하면서 연평도 포사격에 대한 책임을 남한 측에 떠넘겼다. 다시 말하면, 우리 해병대가 사격훈련을 한 해역이 북한 측이 일방적으로 정한 '해상군사통제수역'이며 이는 북한의 영해라는 주장이다. 이러한 북한의 주장을 근거로 하면, 북한의 이번 연평도 추격은 NLL을 무력화하고 서해 5도 지역을 분쟁수역으로 만들기 위해 사전에 치밀하게 계획된 의도적 기습 도발에 해당한다.

그런데 연평도 포격사태가 발생한 이후 중국정부는 북한의 주장에 대해 동조하면서 남북한의 자제를 촉구하는 입장을 유지했다. 러시아를 방문한 원자바오(溫家寶) 총리는 11월 24일 드미트리 메드베데프 러시아 대통령과의 회담에서 '어떤 형태의 군사도발도 반대한다. 관련 각국이 최대한도로 절제하고 6자회담을 재개해야 한다'고 말했다고 관영 신화통신이 11월 25일 보도했다. 홍레이(洪磊) 중국 외교부 대변인도 25일 정례 브리핑에서 '사건 발생 원인에 대해서는 서로 다른 의견이 있다'고 말해 남북한 어느 한쪽 편을 들지 않겠다는 뜻을 분명히 했다.[14]

이러한 것들을 종합하면, 북한의 연평도 포격은 그동안 NLL을 무력화시키면서 분쟁지역임을 국제사회에 분명히 알리기 위한 노력의 일환이라고 보는 것이 타당할 것이며 북한 입장에 대한 중국의 동조발언은 NLL 부근이 분쟁지역임을 인정하는 의미로 해석할 수가 있다.

2) 이명박 정부의 강경정책

이명박 정부의 '비핵·개방·3000 대북 정책기조'에 북한이 반발하면서 남북관계가 악화되었고 이에 따라 북한의 도발이 계속된다는 일부 정치세력이 있다. 북한의 도발위협이 계속되고 일부 정치세력들도 현 정부의 강경정책에 대한 비판을 하고 있지만 이명박 정부는 천안함 폭침과 연평도 포격에 대한 북한의 사과와 함께 재발방지를 위한 책임있는 조치를 대북 식량지원과 연계하고 있다. 햇볕정책을 고수했던 이전 정부들과 달리 이명박 정부는 천안함과 연평도 포격사건과 같은 도발에도 불구하고 북한의 사과와 재발방지 약속이 없는 한 북한과의 그 어떤 대화도 있을 수 없다는 입장을 고수하고 있기 때문에 결과적으로 북한의 연평도 포격은 얻은 것보다는 손실이 훨씬 많았다.

이러한 의미에서 북한의 연평도 포격이 북한 경제와 사회를 스스로 자해한 '자해포'라고 외신들이 전했다. 우리는 경제적인 타격이 거의 없었던 반면에 연평도 포격 이후, 북한 내에서 전쟁 불안감이 확산되

---

14) http://news.chosun.com/site/data/html_dir/2010/11/26/2010112600131.html.

면서 물가와 환율이 폭등했다. 중국의 온바오 닷컴은 2010년 12월 16일 싱가포르 연합조보 소식통 보고를 인용, 2010년 11월 23일 연평도 포격 이후 물가가 폭등해 주민들이 심각한 생계난에 시달리고 있다고 보도했다. 이 보도에 따르면 포격 이후 1kg당 북한 돈 900원에 팔리던 쌀이 당시 1,600원으로 인상됐으며, 1kg당 400원이던 옥수수도 600원까지 인상된 것으로 알려졌다. 또한 중국 인민폐 100위안(1만 7,000원)을 포격전에는 북한 돈 2만 2,000원에 바꿀 수 있었지만 당시 3만 5,000원까지 뛰었다고 외신들은 전했다. 연평도 포격 이후 북한은 물가와 환율이 폭등해 주민들이 생필품을 구하기가 어렵다고 한다.[15]

북한의 연평도 포격이 이명박 정부의 대북정책에 영향을 미치지 못하고 오히려 더 강경한 자세를 유지하도록 했고 국제사회에도 도발을 일삼는 북한의 부정적 이미지를 강화시켰을 뿐만 아니라 북한사회에 불안감과 경제난을 가중시킨 결과가 되었다. 북한의 식량난은 여전히 호전되지 않고 있다. 2011년 3월 24일 유엔 산하 세계식량계획실사단이 북한을 다녀와서 발표한 보고서에 따르면 북한주민 6백만 명이 식량부족으로 고통을 겪고 있으며 5월이면 비축식량이 바닥난다고 했다. 북한의 경제사정이 더 악화된다면, 앞으로 북한은 우리 정부의 대북정책변화와 경제적 지원을 가능하게 하기 위한 목적에서 더욱 공세적인 무력도발에 대한 협박과 위협을 가할 가능성이 농후하다.

3) 6자회담 복귀를 통한 경제지원 확보

한반도에 대한 미국과 중국의 이해는 서로 다르지만 한반도 안정이 양국의 이익에 부합된다는 데 대해서만은 상호 공감대를 형성하고 있다. 북한은 6자회담을 통해 식량과 연료 등을 확보해야 할 필요가 있고 미국과 중국도 6자회담 틀을 통해 북한 핵과 미사일은 물론이고 한반도에서의 안정을 유지하려고 하고 있다는 사실을 인식하고 있다. 이

---

15) http://bbs1.agora.media.daum.net/gaia/do/debate/read?bbsId=D003&articleId=4143712.

러한 맥락에서 북한은 한반도의 안정이라는 공감대를 형성한 미국과 중국의 전략적 이해관계를 이용하기 위해 도발을 통해 대가를 챙기려는 시도를 고려할 수도 있다.

중국은 핵을 내세워 협박과 구걸외교를 하는 김정일의 속셈을 잘 알고 있지만 한반도 안정을 원하는 중국은 한미일 등이 6자회담 틀 속에서 북한에 대한 지원을 계속해주길 원한다. 아울러 중국은 6자회담의 틀을 통해 중국의 대북지원 부담을 감소시킬 뿐만 아니라 북한체제의 붕괴를 막을 수가 있다는 기대를 하고 있다. 만약 북한이 붕괴되면, 중국은 민주화 자유화 물결의 유입이 한층 가속화되어 빈부격차 노동계급의 동요 등으로 내정불안이 심화되고 이어서 소수민족들의 분리독립 요구분출 등으로 심각한 문제에 직면할 가능성이 있기 때문이다. 이러한 맥락에서 중국은 성명을 통해 '한국과 북한이 한반도 내에서 평화와 안정을 유지하기 위해 기여해 줄 것'을 요청하면서 11월 28일 이명박 대통령을 면담하는 자리에서 다이빙궈(戴秉國) 외교담당 국무위원(부총리급)가 6자회담 재개를 제안했다.[16]

미국도 2008년 이후 재정적자가 증가되는 가운데 국방비를 줄이고 있으며 더구나 이라크와 아프가니스탄에서 어려움을 겪고 있기 때문에 더 이상 다른 곳에서 전쟁을 감당할 여력이 없다. 파이낸셜 타임스도 '미국은 북한에 대해 더욱 강경한 입장을 고수하기를 원하지만 중국이 북한에 대해 이중적인 자세를 취하고 있어 북한이 특별한 양보를 하지 않는 한 6자회담 복귀를 받아들이는 카드를 고려하게 될 것이라 전망' 했다. 폴 스테어스 대외관계협의회(CFR) 예방조치센터 책임자는 이번 도발은 한국과 미국을 협상 테이블로 다시 불러내기 위한 목적으로 분석된다고 지적했다. 스테어스 책임자는 북한의 도발은 미국이 당분간 혼란을 원치 않는다는 점을 노려 대가를 챙기려는 것이라고 주장했다.[17] 이러한 맥락에서 북한이 연평도 도발을 통해 한국과 미국을 6자

---

16) http://media.daum.net/foreign/others/view.html?cateid=1046&newsid=20101129134117761&p=munhwa.

회담 협상 테이블로 복귀시켜서 그들이 원하는 대가를 챙기려는 시도로 볼 수가 있다.

일부 세력은 6자회담과 남북대화를 통해 북한의 도발을 억제시키고 한반도 안정을 유지할 수 있다는 희망을 갖고 있다. 그러나 북한은 미국과 남한을 상대로 계속 경제적 지원을 받아야 이속을 챙겨야 체제를 유지할 수 있다. 이미 리비아 사태를 통해 확인한 것처럼 김정일에게 있어서 핵 포기는 곧 정권의 붕괴를 의미하기 때문에 결국 북한은 6자회담을 하건 남북대화, 북미회담을 하건 간에 생필품이나 중유 등 경제적 지원을 받아내는 것이 목적이지 결코 핵을 포기하지 않을 것이다.

3. 공격표적과 수단에 대한 분석

1) 연평도

북한이 1, 2차 연평해전과 대청해전 등 해상에서 대결에서 더 이상 승산이 없자 천안함 폭침이라는 수중전으로 대결형태를 변화시키다가 연평도 섬에 대한 포격전으로 그 대상과 방법을 변화시키면서 새로운 방법들을 모색하고 있다. 연평도를 포격대상으로 선정한 이유를 살펴보면, 연평도는 인천으로부터 약 73km 정도 떨어져 있지만 북한의 육지와 가장 가까운 곳은 약 3.4km 정도의 거리에 위치해 있다. 연평도가 NLL분쟁 지역인 동시에 북한의 육지와 가깝고 바다로 이격된 섬이란 조건이 제한된 공격으로 북한이 남한에 대한 도발의 위협을 효과적으로 알려주기에 좋은 지역에 해당된다. 아울러 실제 도발이 발생하더라도 남북 간 위기가 더 이상 확산되지 않고 국지적인 제한전으로 한정할 수 있는 유리한 점이 있다는 것도 공격목표지역 선정에 고려 요소가 되었을 것으로 추정된다.

---

17) http://www.newspim.com/view.jsp?newsId=20101124000452.

2) 해안포

북한이 공격수단으로 해안포와 방사포를 선택한 이유는 남북한 간 사용가능한 포전력을 비교 시 북한의 서해 해안포는 약 1천 문인데 반해 우리의 해병대가 보유한 포는 약 1/10 정도에 불과하다. 아울러 북한은 포를 사용하면, 우리도 대응수단으로서 포를 사용할 수밖에 없을 것이라는 나름대로 '수단의 대칭성'도 고려했을 것으로 판단된다.

천안함 폭침 이후에 우리가 북한의 도발에 대해 단호한 응징을 다짐했지만 북한은 우리의 한계와 약점을 이미 꿰뚫고 있었다. 먼저 북한이 아무리 공격을 한다고 해도 우리의 보복이 북한의 공격수준을 넘을 수 없다는 우리의 한계성을 염두에 두었을 것이다. 북한이 연평도에 대한 포 공격을 고려할 때 장소와 수단의 대칭성을 고려하면, <그림 3>에서 보는 것처럼 북한이 절대 유리한 가운데 성공적으로 도발을 마무리할 수 있다는 판단에서 사전 철저한 계획하에 실시한 의도적 공격으로 판단된다. 이러한 맥락에서 북한의 도발에 대한 우리의 대응수단과 방법은 앞으로 북한의 도발을 억제하는 중요한 고려요소가 될 것이다.

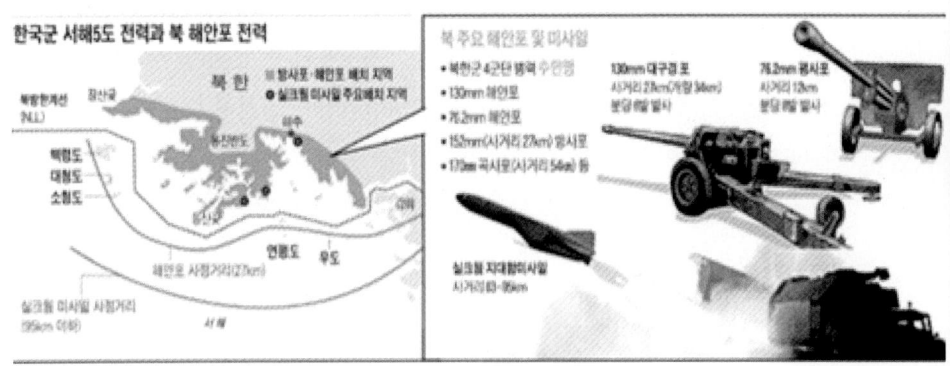

〈그림 3〉 북한의 해안포 전력

IV. 우리의 대응방안

1. 정보공유와 도발징후 분석능력 향상

북한의 연평도 포격을 사전에 인지할 수 있었던 몇 가지의 정황증거가 있었지만 정보당국 간의 정보공유와 징후에 대한 종합적인 분석능력이 부족하여 북한의 도발을 정확하게 예측하지 못한 점이 아쉽다. 북한은 작년 11월 23일 오전 8시 20분쯤 남북장성급 군사회담 북측 단장 명의로 통지문을 보내 북쪽 영해에 포 사격이 이뤄질 경우, 즉각 물리적 조치를 내리겠다고 경고했고 포격 직전에는 북창기지에서 이륙한 북한 미그기 5대가 초계비행을 한 뒤 황주비행장으로 돌아가기도 했다. 더구나 우리 군은 당시 북 4군단 해안포와 장사정 포병이 사격대응 태세를 계속 유지하고, 해군 지대함 미사일과 함정을 전투 배치하는 등 심상치 않은 군사적 움직임이 있었던 것으로 파악했지만 이를 의미있게 처리하지 못했다.

일각에서는 '지난 8월 정보당국이 북한군 내부 통신을 감청, 서해 5도 지역에 대한 대규모 공격을 예상하고 있었다'고 주장했으나, 국방부는 '정확하지 않은 정보'라고 일축했다. 해군 관계자는 '발사 준비에서 실제 사격까지 몇 분이면 충분하기 때문에 북이 해안포를 쏘기 전 이를 미리 알기는 어렵다'며 '북한도 도감청을 당하고 있다는 사실을 알고 있어 이를 피해 지시사항을 전달한다'고 전했다.[18]

북한의 군사활동을 감시하고 여러 징후와 첩보를 종합적으로 관리하여 도발징후를 사전에 포착하는 것은 성공적인 군사작전의 출발점이다. 우리 군은 북한의 이상 징후정보들을 무시하거나 종합적으로 분석하지 못해 결과적으로 북한의 포 공격 예측에 실패했다. 앞으로 정보

---

18) http://news.chosun.com/site/data/html_dir/2010/11/25/2010112500096.htm.

기관 간 정보공유를 위한 보다 긴밀한 협력과 정확한 분석능력을 확보할 수 있는 가시적인 조치가 필요하며 군도 조그만 정보라도 소홀히 다루거나 무시함으로써 경계태세가 약화되는 우를 범해서는 안 될 것이다.

2. 전쟁지도와 교전규칙

북한의 연평도 포격 직후 이명박 대통령의 '확전되지 않도록 하라는 지시'의 유무에 논란으로 인해 분노한 국민들과 비난의 여론이 들끓었으며 국회에서도 이에 관련된 집중적인 추궁이 있었다. 청와대는 '확전되지 않도록 하라'는 지시를 내렸다고 브리핑했다가 나중에 '그런 지시는 한 적이 없다. 단호한 대응만 주문했다'고 했다. 그러나 이날 오전 김태영 국방장관이 그런 지시가 있었다는 발언을 하면서 다시 논란이 촉발됐다.19)

군통수권자의 지시는 대단히 중요한 의미를 갖는다. 그런데 '단호하게 대응하되, 확전되지 않도록 하라'는 서로 상충되면서 애매한 지시가 있었다면, 현장 지휘관은 어떻게 행동할 수 있겠는가? '단호하게, 대응하되 그러나 일이 커지지 않도록 하라'는 상반(相反)된 지시는 현장 지휘관에게 혼란을 초래하였으며 결국 응징보복보다는 사태수습 방향으로 행동을 유도한 결과를 초래했다. 그리고 대응이 너무 약했다는 비난이 비등하자 대통령은 확전자제 지시를 한 적이 없다고 했다.

국군통수권자가 위기상황을 종합적으로 판단한 이후에 확전자제를 지시했다고 하더라도 결정에 대한 찬반논쟁은 있을 수가 있다. 상황이 악화되어 전면전으로 확전되는 것을 바라지 않는 의도에서라면, 확전자제가 바람직했다는 주장을 할 수 있다. 그러나 계속되는 북한의 기습도발을 억제하기 위해서 강경한 대응이 필요했다는 입장에서 보면,

---

19) http://newsandnews.com/article/zboard.php?id=search&no=14818.

확전자제라는 미약한 대응을 비난할 수도 있다. 민주주의 사회에는 어떠한 결정이든지 그 결과에 대한 찬반논쟁이 가능하다. 그러나 문제는 이러한 결정 자체에 대한 것이 아니라 그러한 결정을 내린 적이 있는지 없는지에 대한 '확전자제에 대한 지시여부' 문제로 논란이 벌어졌다는 점이다. 이것은 전쟁지도를 결정하고 지시하는 과정(process)에 중대한 문제가 있다는 점이다.

군을 지휘하는 국군통수권이지만 이명박 대통령이 혼자서 '확전이냐 확전자제'에 대한 결정을 일방적으로 결심할 수는 없었을 것이다. 데프콘4에서 확전을 결심하게 되면, 즉시 군통수권은 한미연합사에 이양된다. 그리고 일촉즉발의 위기상황에서 군 경력이 전무한 이 대통령이 확전과 관련된 지시를 하기 위해 누구와 상의하고 누구의 조언을 들었겠는가? 청와대 벙커에서는 군 통수권자는 물론 국방장관과 국방비서관들이 함께 있었는데 국방장관과 국방비서관은 대통령의 확전자제 발언이 있었다고 발언했고 청와대 측은 없었다고 하면서 확전자제 논란이 일다가 결국 국방장관과 국방비서관이 경질되었다. 이러한 문제를 해결하기 위해 긴급상황에서 결정된 내용들은 음성과 영상은 물론 문서로 결과물을 남기도록 해야 할 것이다.

전쟁지도에 대한 지침 내용은 간단명료해야 하는데 결정과정에 대한 프로세스와 정확한 지시를 전달하는 체계도 없었다. 먼저 단호한 대응을 하되 확전을 방지하라는 지시의 형태가 어떤 과정의 논의를 통해 결정되었으며 어떠한 형태로 지시가 전달되었는가를 살펴보자. 여기에 대한 구체적인 증거나 자료가 없다. 다만 결과적인 행동을 통해 '단호한 대응을 하되, 확전을 방지하라'는 상충된 지시내용이 있었기 때문에 현장 지휘관은 더 이상 공격을 하면 상황이 악화될 것으로 판단하고 추가적인 타격보다는 사태를 수습하는 쪽으로 행동했을 것으로 추측된다. 연평도 민간지역을 포격한 사상 초유의 도발에 대해 단호한 대응이라면 적어도 출격한 항공기를 이용하여 북한의 포격에 대해 응징했어야 한다. 그리고 항공기 중 6대는 공대공을 위해 있었고 2대는 공대지 장비를 달고 올라갔고 바로 타격할 수 있게 준비가 돼 있었다지만 확전방지라는 지시 때문에 공군전투들은 사실상 무용지물이 되었을 것이다.

전쟁지도는 국가안보를 고려한 전략적 차원에서 실시되어야 하기 때문에 전쟁지도를 결정하는 절차와 내용의 전달이 분명해야 한다. 결정 과정에서는 여러 가지 의견들이 개진될 수가 있지만 최종결정은 결정권자인 국군통수권자가 분명하게 결정하고 분명하고 정확한 문서형태로 하달되어야 한다. 그런데 우리의 안보가 위태로운 상황에 처했던 지난 북한의 연평포격 상황에서 우리 군을 지휘할 전쟁지도는 존재하지 않았고 상황이 종료된 이후 책임회피를 위한 논란만 존재했다.

북한에 대한 적극적인 억제력을 발휘할 수 있는 '단호한 대응'이란 공군 전투기, 미사일 그리고 함포사격을 가능하게 할 수 있는 확전 가능성이 농후한 수준에 해당하는 전쟁지도에 해당한다. 이런 정도는 대통령과 국방장관, 합참의장의 수준에서 결정해야 하는 사안인데 평소 이와 유사한 상황에 대비한 전쟁지도와 교전규칙에 대한 연구와 논의가 되고 있는지 매우 궁금해진다. 교전규칙이란 유사시 현장 지휘관의 신속하고 간명한 의사결정과 판단을 돕기 위해 평소에 미리 하달하는 구체적인 군사지침이다. 그런데 '단호한 대응과 확전자제'라는 상충된 지시가 하달된다면, 현장지휘관은 혼란에 빠질 수 밖에 없다. 따라서 여러 가지 시나리오를 상정하여, 여컨데 연평도에 북한의 포나 미사일이 떨어진다면, 해군함정에 대한 미사일 공격이 있다면, 강화도에 대한 포 혹은 미사일 도발이 발생한다면, 어느 정도의 수준으로 대응할 것인지에 대한 사전준비가 필요하다.

3. 군의 대응능력 제고

북한이 2시 34분 첫 포격을 한 지 13분 뒤인 오후 2시 47분 우리의 첫 대응사격을 했다. 그리고 연평도에 6문의 K-9 자주포가 배치돼 있었지만 제1차 반격 때 사격에 나선 포는 당초 알려진 4문이 아니라 3문에 불과했던 것으로 밝혀졌다. 합참 관계자는 '북한군 포탄이 떨어진 위치와 북한이 사격한 위치를 확인하고 대응사격 승인을 받는 데 시간이 걸린 것이며 늑장대응을 한 것이 아니다'라고 말했다. 또 당시 연평부대 포대 4문은 남서쪽을 향해 정기 사격 훈련을 하고 있었고 2문은 북쪽을 향해 대기하고 있었다. 합참 관계자는 이날 정례 브리핑에서 '적 기습공격을 받았을 때 2문이 전자회로에 고장이 났고 훈련할 때 1문이 불발탄 때문에 작동을 안 했다'며 '오후 3시 6분쯤 고장 난 1문을 고쳐 2차 때는 4문이 반격 사격에 투입됐다'고 말했다. 결국 1차 반격 때는 전체 대응전력 중 절반밖에 가동이 안 된 셈이다.

13분만에 발사한 K-9 자주포의 대응은 대단히 용감하고 신속한 대응이었다. K-9 자주포는 즉각 사격을 할 수 있는 상태가 아니어서 발사 준비에 시간이 필요하다. K-9자주포는 혼자서 조작하는 소총이 아니다. 먼저 사격명령을 받고, 수백 개의 기계와 전자회로가 정상적으로 작동해야 하는 대포병탐지레이더로부터 정확한 표적정보를 받아야 하며, 포를 발사하기 위해서는 여러 명의 협력이 필요하다. 갑자기 날아든 포탄과 엄청난 화염이 덮치는 상황에서, 우리 해병장병들은 북한의 1차 포격이 끝날 때까지 자리를 지키고 사격 준비를 했으며, 명령이 떨어진 뒤 즉각 반격함으로써 북한에 상당한 타격을 가할 수 있었다. 우리는 위험을 무릅쓰고 대응한 그들을 높이 평가해야 할 것이다. 샤프 주한미군 사령관도 '해병대의 즉각적 대응 덕분에 인명피해를 최소화할 수 있었다고 생각한다'며 '연평도 해병들이 정말 자랑스럽다'고 말했다.[20] 북한의 연평도 포격시 해병대 장병들은 정말 죽음을 무릅쓰고 용감하게 응사했다. 그러나 여러 상황을 고려하여 수도권을 위협하는 북한의 도발에 더욱 신속하게 대응할 수 있도록 방안을 지속적으로 강구해야 한다.

V. 결론

그동안 북한은 수많은 도발을 했지만 우리 영토에 거주하는 주민들을 대상으로 무차별 포격을 가해 인명을 살상한 것은 지난 연평도 포격사건은 전혀 새로운 형태의 도발이다. 서해상에서는 이미 3차례나 함정 간 전투가 벌어졌고, 비무장지대를 사이에 두고 산발적인 도발과 우리의 대응사격이 벌어진 적은 있었지만 국제적 비난을 감수하고 전면전으로 비화할 정도의 위험성을 무릅쓰고 무모한 도발을 한 북한의 이유는 무엇일까? 북한이 이처럼 무모한 도발을 시도한 이면에는 나름대로 절박한 필요성이 있었을 것으로 추정된다. 북한은 공식적으로 서해상에서 진행 중인 우리의 사격훈련을 문제 삼았다. 그러나 우리의 포사격 훈련은 남서쪽을 향해 이뤄져 북한이 위협을 느낄 이유가 전혀 없었다. 그런데도 북한군 최고사령부는 남측이 자신들의 영해에 포 사격을 해 대응조치를 취했다고 적반하장의 억지를 부렸다.

북한은 3대 세습체제를 안정화시켜야 할 필요성과 경제적인 어려움을 해결하기 위해 지속적인 경제지원을 받아야 하고 나아가 김정은 체제구축에 대한 기득권의 반발과 함께 굶주리는 주민들의 불만을 달래야 하기 때문에 지속적인 전쟁공포와 긴장조성의 필요성이 제기되고 있다. 북한은 김정은을 새로운 지도자로 내세우기 위해 업적이 필요했고 단기간 내에 자신의 리더십을 보여 줄 수 있는 적합한 분야가 이미

---

20) 김태준, "연평도 우리 해병이 자랑스럽다", 『조선일보』 2010년 11월 29일자.

분쟁지역으로 변한 NLL 부근인 연평도로 보인다. 북한 입장에서 보면 서해 5도 주변은 휴전선 부근과 달리 주한미군의 자동적인 개입을 피해 한국군을 공격할 수 있는 지역이다. 그동안 1, 2차 연평해전과 대청해전에서 북한은 해상전투에서는 승산이 없는 것을 확인했기 때문에 이전과는 새로운 도발을 통해 지도자의 담력을 보여주면서 지도자로서의 업적쌓기를 시도한 것으로 판단된다.

서북도서를 겨냥한 북한의 포대가 1천여 문 이상이었고 병력도 군단 규모인 수만 명이 배치되어 있는데 반해 우리 군은 여단 규모 약 5,000명 정도이기 때문에 전력 면에서 절대적으로 열세하다. 북한의 도발행동에 대한 징후나 정보를 사전에 감지하여 보다 정확한 도발을 예측할 수 있는 능력을 배양하고 관련 기관들의 정보공유와 종합적인 정부분석이 필요하다. 아울러 앞으로 우리 해병의 열세한 군사력을 보강하여 효과적이며 신뢰할만한 대응체제가 마련되지 않으면 이러한 취약점을 악용한 북한의 도발은 계속될 수 있다. 북한의 도발이 발생하더라도 군사적으로 즉각 대응이 가능하도록 장비가 100% 작동될 수 있는 임전태세를 유지할 필요가 있다.

위기상황 속에서 '단호하게 대응하되 확전자제 지시'에 대한 논란은 우리 국민이 정부의 전쟁지도 능력을 의심하게 만들었다. 그러나 정부는 군의 대응수준에 대해서도 미흡한 대응의 원인을 국군통수권자의 전쟁지도 능력이 아니라 합동성이 부족이라고 주장하면서 합동성 강화를 위해 상부 지휘구조를 개편하겠다는 발상이다. 위기상황에서 군사적 경험이나 전문지식이 없는 국군통수권자가 전쟁지도를 제대로 하려면 전쟁지도를 위한 논의와 결정과정에 대한 체제를 정비해서 국민이 불안해하지 않도록 해야 하며 '단호한 대응을 하되 확전자제'라는 상충되는 애매한 지시로서 책임을 면하려고 해서는 안 된다. 급박한 순간에 현장 지휘관을 혼란스럽게 만드는 지시가 아니라 현장에서 즉각 조치할 수 있는 분명한 교전규칙을 통해서 북한의 도발을 억제할 수 있는 억제의 신뢰성을 강화시켜야 필요가 있다.

군사도발에는 언제든 응징이 가능하게 군사대비 태세를 완벽하게 확립하는 것은 물론, 국제사회와의 긴밀한 협력을 통해 북측의 도발을 억제하기 위한 외교적 노력에도 만전을 기해야 한다. 앞으로 북한의 무모한 도발을 억제하기 위해서는 서해 5도에 미군배치나 주변 해역에 미군함정을 전개를 고려할 필요가 있다. 북한은 물론 중국도 반발하겠지만 미군의 개입을 피하고 싶다면 북한은 도발을 자제해야 하고 중국도 보다 적극적으로 북한의 도발을 억제하는 데 영향력을 행사하라는 정치적 메시지를 계속 보내도록 외교적인 노력도 필요하다.

| 참고문헌 |

김태준, "연평도 우리 해병이 자랑스럽다", 『조선일보』 2010년 11월 29
일자.
조선일보, "김정일의 수상한 동선", 『조선일보』 2011년 4월 15일자.

http://news.chosun.com/site/data/html_dir/2010/11/26/2010112600496.html.
http://inside.chosun.com/site/data/html_dir/2010/11/25/2010112500703.html.
http://enc.daum.net/dic100/contents.do?query1=10XX566225#cite_note-41.
http://media.daum.net/politics/north/view.html?cateid=1068&newsid=20101
12420312 2006&p=segye.
http://www.newsis.com/ar_detail/view.html?ar_id=NISX20101202_0006855
334&cID=10211&pID=10200.
http://www.yonhapnews.co.kr/bulletin/2010/12/02/0200000000AKR2010120
2079200043.HTML?did=1179m.
http://news.chosun.com/site/data/html_dir/2010/11/25/
2010112500103.html.
http://news.naver.com/main/read.nhn?mode=LSD&mid=sec&sid1=100&oid
=011&aid=0002112476.
http://media.daum.net/politics/north/view.html?cateid=1068&newsid=20101
124203122006&p=segye.
http://newsandnews.com/article/zboard.php?id=search&no=14818.

제6장 북한의 급변사태와 군사대비[1]

한관수

요약

　2011년 12월 김정일의 사망으로 권력을 승계한 김정은 체제는 정권의 안정성 문제와 북한의 심각한 경제난과 관련하여 북한체제 변화에 관심이 집중되고 있다. 김정일이 물려준 선군정치는 어느 정도 체제의 안정을 이룩하였다고 볼 수 있으나, 정치・경제・사회・외교적 측면에서 어떤 임계점에 도달한다면 급변사태의 발생가능성은 높다고 볼 수 있기 때문이다. 북한의 급변사태 유형은 김정은의 리더십의 불확실성과 내부 권력투쟁, 군부의 쿠데타, 심각한 식량난으로 인한 대량난민 발생과 민중봉기, 핵문제 해결과 관련된 미국의 선제공격 등으로 예상할 수 있다.

　북한 내부에 급변사태가 발생한다면 한국의 안보에 중대한 위협이 될 것이므로 종합적인 군사대비가 요구되고 있다. 자위적 군사대비로써 북한의 전쟁도발 억제, 대량난민 통제 그리고 적극적 군사개입의 준비로써 대량살상무기 통제가 군사대비의 핵심 내용이라고 볼 수 있다. 북한 급변사태에 대응하기 위한 효율적인 위기관리, 한미군사동맹의 강화, 북한에 대한 심층적인 연구 등이 요구되고 있다. 북한의 급변사태는 위기이면서 남북통일의 기회로 작용할 것이다.

---

1) 이 논문은 『전략연구』, 통권 제47호(2009. 11)에 게재된 내용을 수정・보완하였음.

Ⅰ. 서론

본 논문의 목적은 북한 내에서 급변사태가 발생했을 때 우리는 군사적인 측면에서 무엇을 준비하고 어떻게 대응할 것인가에 대해 현실적이고 실천적인 대비방안을 연구하는 데 두었다. 발생 가능한 급변사태를 유형별로 검토하고, 군사대비는 주로 위기확산 방지와 사후조처 차원의 대비방안에 초점을 한정하고자 한다.

2011년 12월 김정일의 사망으로 김정은이 권력을 세습하였다. 젊은 나이의 김정은은 장성택(노동당 행정부장), 최룡해(인민군 총정치국장), 리영호(총참모장), 우동측(국가안전보위부 제1부국장) 등 당·정·군 엘리트들의 강력한 지지를 받으면서 북한을 통치하고 있다. 그러나 김정은의 리더십과 경험부족 등 정치적 자질과 관련하여 체제의 안정성과 변화, 그리고 급변사태로의 상황발전에 관심이 집중되고 있다.

북한의 급변사태 발생은 한국의 위기관리의 중요한 변수로 작용할 것이다. 북한 내부의 불안정한 상황이 한국에 대한 전면전 또는 국지전으로 전이될 수 있고, 대량난민이 한국으로 유입된다면 재난에 가까운 상황을 초래할 수도 있다. 게다가 대량살상무기의 우발적 사용 및 해외이전을 예방하기 위한 주변국의 군사개입도 가능하다. 한편 북한의 급변사태는 안보위기이면서도 통일의 호기로 작용하여 남북한 국가통합을 앞당기게 될 수도 있다.

우리는 북한 급변사태 발생 시 외교, 정치, 경제, 사회적인 측면의 대비방안에 관한 연구는 활발히 이루어졌으나 군사대비에 관한 연구는 심층 깊게 이루어지지 않았으며 연구물도 대부분 실천적이 아닌 개념형 연구가 주류를 이루고 있다고 볼 수 있다. 북한 급변사태에 대한 개념형 군사대비계획인 「개념계획 5029」도 참여정부 시절에 북한을 자극한다는 이유로 논의가 중단되었다가 최근 한미 간에 협조가 이루어진 것으로 알려졌다. 물론 군사대비계획은 내용의 비밀성과 자료접근의 곤란성으로 인해 민간학자에 의한 심층 깊은 연구가 이루어질 수 없는 제한사항이 있으나, 군사문제가 국가안보의 핵심임을 인식할 때 다양한 의견이 종합되어야 군사대비계획의 실효성은 제고된다고 볼 수 있다.

따라서 본 논문에서는 북한의 급변사태의 유형을 상정해보고 여기에 대한 군사대비 과제를 도출하고자 한다. 즉, 군사 측면에서 북한 급변사태에 대한 대비를 위해 관련된 사실을 살펴본 후에 실질적 군사대비 방안을 자위적 군사대비와 적극적 군사개입 준비로 구분하여 종합적으로 제시하고자 한다.

Ⅱ. 북한 급변사태의 주요 유형

북한 급변사태의 유형과 발생가능성은 상황의 불투명성과 예측의 제한성으로 인해 계획수립 주체별로 또는 학자마다 변화의 범주를 보는 시각에 따라 다르게 판단하고 있다. 허남성은 북한의 장래 시나리오를 크게 존속(공존)과 붕괴(통일)의 2개의 범주로 나눈 뒤, 이를 다시 5개 시나리오로 구분하였고,[2] 남성욱은 북한의 급변사태를 정권(regime), 체제(organization), 총체적 국가체계(total establishment) 교체의 3개 차원으로 구분하였다.[3] 서재진은 북한 급변사태의 주요사건을 김정일이 실각하여 다른 제3의 인물에게 권력이 넘어가는 정권교체와 사회주의 체제자체가 붕괴되는 체제붕괴를 급변사태로 보았다.[4]

---

2) 허남성, "북한 급변사태와 대비방안", 『한반도 위기인가? 기회인가?』, 국회위기관리포럼 (2008. 9. 22), pp.8-12.

3) 남성욱, "한반도 급변사태와 우리의 효율적 대응 방안: 경제 분야를 중심으로", 『북한의 급변사태와 우리의 대응』(서울: 한울, 2007), p.93.

4) 서재진, "북한급변사태 시 사회·문화 부문의 대응책", 『북한의 급변사태와 우리의 대응』 (서울: 한울, 2007), pp.131-132.

이와 같은 북한 급변사태 유형의 분류는 북한의 장래 체제변화 측면과 상황전개 과정에 중점을 두고 개념적으로 분류하여 급변사태의 체계적 이해와 개념적 대비에는 크게 도움이 되나 군사차원에서 구체적이고 실천적인 군사대비를 위해서는 다소 제한이 된다고 볼 수 있다. 따라서 북한 내부의 정치, 경제, 사회, 군사적인 측면과 대외적인 요인을 종합하여 발생 가능한 모든 시나리오를 구체적으로 검토하고자 한다.

1. 김정은 리더십 부족으로 인한 내부 혼란 발생

2011년 12월 김정일의 사망에 따라 권력을 세습한 김정은이 정치적 자질과 경험 부족, 국가 통제력 약화 등 리더십의 부족으로 북한 내부에서 권력투쟁이 발생하고, 이로 인해 정권과 체제, 국가 존립에 영향을 주는 심각한 상황이 되는 경우라고 할 수 있다.

김정은이 북한 최고 지도자로 자리매김한 지 수 개월 밖에 경과하지 않았기 때문에 정권의 안정성을 예단하기는 시기적으로 이른 감이 있다. 그러나 만일 김정은의 권력체제가 불안정하게 된다면 이는 급변사태로 발전될 가능성이 높기 때문에 체제의 안정성을 안정화 요인과 변화요인으로 구분하여 분석할 때 객관성을 높일 수 있다.

먼저 김정은 체제의 안정화 요인으로 김정일에 의한 권력세습의 제도적 장치 구축, 북한의 세습체제론, 중국의 지원으로 요약할 수 있다. 김정일은 세습과정에서 발생하는 권력의 암투, 혼란, 갈등 사례를 경험하였기 때문에 자신의 사후 문제에 대한 불안을 제거하기 위해 2007년 김정은의 후계자 내정 이후 각종 제도적 안전장치를 구축했다. 즉, 김정은에게 충성할 수 인물들을 핵심집단으로 구성하여 포진시켰다. 군에서는 리영호(총참모장), 김정각(총정치국 제1부국장) 등 당중앙군사위원회 위원 등 군부의 주요 인사들과 우동측(국가안전보위부 제1부부장), 리명수(인민보안부장), 조경철(보위사령관) 등 보위기관 핵심간부들을 등용하였다. 당에서는 장성택(당행정부장), 김경희(경공업부장), 최태복 (당비서), 김양건 (통일전선부장), 최룡해(당비서) 등을 당중앙위원회 정치국 상무위원과 비서국 전문부서에 배치하여 후계체제를 보장하도록 하였다. 이들은 김일성. 김정일에 충성을 다해 온 인사들의 후손들로 기득권을 보호하기 위해 김정은 체제 안정에 사력을 다할 것이다.[5]

북한 주민은 후계자를 "인민 대중의 뇌수, 통일단결의 중심, 당과 혁명의 최고 지도자"로서 절대적 지위와 결정적 역할을 부여하여 수령과 후계자를 거의 동일시 하는 인식을 갖도록 학습되어왔으므로 김정은을 후계자로 적극 지지하지는 않더라도 저항감은 갖지 않을 것으로 보인다.

중국은 국가목표인 경제건설을 위해서는 북한체제의 안정이 필수적이다. 천안함 폭침, 연평도 포격시에도 국제사회의 대북제재를 막아주었고, 대북 경제협력과 지원을 계속하는 이유이다. 김정일 사망시에는 후진타오 주석을 포함한 9명의 상무위원이 주중북한대사관에 조문을 마친 후 김정은 지도체제를 공식적으로 인정하였다. 중국은 북한의 든든한 지원세력으로서 김정은 체제의 안정화 요인으로 작용하고 있는 것이다.

다음은 김정은 체제 변화의 문제로써 김정은의 리더십의 불확실성에 따른 내부 권력투쟁 가능성과 직결된다. 김정은은 스위스 베른에서 유학을 마친 후 김일성군사종합대학에서 군사학을 공부하면서 정치지도자, 군사지도자 수업을 받았으며, 김정일 사망 후 내부 도전 없이 핵심 계층의 충성의 서약을 받았다는 사실은 김정은이 정치적 자질과 능력을 어느 정도 보유한 것으로 인정할 필요성이 있다. 그러나 독자적으로 당과 군을 통제하면서 중요한 국가정책을 결정하거나 핵심집단의 권력 엘리트들의 갈등을 조율한 경험이 없다.[6] 즉 김정은의 리더십은

---

5) 신범철, "김정은 체제의 향방과 정책적 함의," 『주간국방논단』, 한국국방연구원, 통권 제 1392호.

6) 오경섭, "북한체제의 안정화 요인과 변화 요인," 『격랑 속의 북한정권, 체제 내구성과 대남전략』, 세종연구소 2012대북정책 Symposium, pp.10-14.

아직은 불확실하다고 볼 수 있다. 더구나 김정은이 독재자로서 자신의 권력 기반을 확고하게 구축하기 위해서는 김정일에 의해서 구축된 현재의 권력 엘리트들을 제거하거나 축소한 후 자신의 지지세력을 확보해야 한다. 그렇게 될 때만 지도자의 미래가 보장되기 때문이다.[7] 이 과정에서 내부 권력 투쟁이 발생할 가능성이 있다. 우선 현재 권력 엘리트들 간의 갈등, 즉 당의 장성택과 군부의 리영호간에 주도권 확보와 이권 확보를 둘러싼 갈등이 발생할 가능성이 있다. 또한 권력 재편 과정에서 김정은과 새로이 부상하는 권력 엘리트집단과 기존의 후견세력들간에 갈등이 발생할 가능성이 높다. 이와 같은 갈등을 김정은의 조정으로 견제와 균형을 이루지 못하게 된다면 불안정 상황으로 발전될 가능성이 높다. 더구나 이 갈등이 북핵문제 해법, 식량난, 경제난과 상호 작용할 때는 국정마비, 대규모 난민발생, 무정부상태로 연계될 가능성이 높다고 볼 수 있다. 따라서 김정은 체제의 안정성은 단기적으로 높으나, 중·단기적으로는 불확실성이 증가할 가능성이 높다고 볼 수 있다.

2. 군부 쿠데타 발생

북한의 군부가 김정은 정권에 대해 쿠데타를 감행하고, 이로 인해 김정은 정권이 붕괴되고 사회질서가 교란되면서 통제력을 상실하는 상황을 군부 쿠데타에 의한 급변사태라고 말할 수 있다.

현재 군부에 의한 쿠데타의 발생 가능성은 몇 가지 요소에 의해 억제되고 있다. 쿠데타의 주체가 될 수 있는 장령들이 김정일에 의해 임명된 충성파들로 구성되어 있고, 군부 엘리트 중 많은 사람들이 김정일의 척족이거나 특별한 인과관계를 맺고 있어 김정일의 몰락은 자신

---

7) Bruce Bueno de Mesquita and Alastair Smith, *The Dictator's Handbook: Why Bad Behavior is Almost Always Good Politics*, (New York: Public Affairs, 2011), pp. 49-50.

의 몰락으로 인식하고 있어 쿠데타를 기대하기는 용이하지 않다고 볼 수 있다. 또한 김정일을 비롯한 정치권과의 갈등 및 처우에 대한 불만이 심각하지 않고, 설혹 이와 같은 불만 및 갈등이 있다 해도 4중 첩보보고 계통과 24시간 감시망을 통해 보고되어 잔혹하게 처리되는 현실이 쿠데타의 발생 가능성을 억제하고 있다고 볼 수 있다.[8]

그럼에도 불구하고 김정은의 정권장악 능력 부족으로 핵심세력들 간의 무력충돌, 핵무기 통제 및 비핵화 과정에서의 군부 엘리트와 당과의 갈등, 민중봉기에 의한 사회질서의 혼란이 일어난다면 이는 군사쿠데타 발생의 촉발요인이 될 수 있다고 볼 수 있다.

3. 대규모 난민 발생

북한 전역에 식량공급이 제대로 이루어지지 않아 주민들이 중국, 러시아, 일본 등 국경지역과 휴전선 등으로 대량 탈출하는 경우이다. 현재도 많은 북한주민들이 중국과 러시아의 국경선을 넘어 탈북하고 있으며 국내 입국자 수도 대폭적인 증가 추세에 있다.[9] 그러나 북한의 중국접경지역으로의 탈출 난민이 현재로서는 대량 탈출로 이어지기는 당분간 어려울 것으로 보인다. 대량 탈출의 원인인 자연재해에 의한 식량부족도 점차 감소되고 있으며, 주민들이 1990년대 중후반의 '고난의 행군'을 거치면서 아사에 대한 내구력이 강해졌다고 볼 수 있기 때문이다. 또한 북한당국의 감시감독 강화와 국경경비 강화 때문에 주민탈출은 철저하게 봉쇄되고 있으며, 북한은 동독과는 달리 '탈출 난민

---

8) 송대성, "북한 급변사태에 따른 남북관계 변화 전망", 『비상기획보』 제81호(2007), pp.43-48.
9) 현재 재외 탈북자들은 중국을 비롯해 러시아, 몽골, 동남아시아 등에 체류하고 있으나, 대부분 은신하면서 생활하고 있기 때문에 정확한 숫자를 파악하는 것은 제한된다. 재외 탈북자 수는 조사기관에 따라서 차이가 있으며 약 1만~30만 명으로 다양하게 추산하고 있고, 국내입국자는 2010년에 2만 명을 초과하였다. 통일부 홈페이지: http://www.unikorea.go.kr/(검색일 2010. 11. 30).

현상'이라는 정보 자체의 국내 유입조차 철저히 차단되는 폐쇄체제이기 때문에 그것이 주민들의 동요를 유발시키기에는 어려움이 있기 때문이다.

그러나 식량난과 경제난이 가중되고 북한 내부에 쿠데타 발생, 민중봉기 등 급격한 사태가 발생하여 체제의 통제력이 약화될 때는 난민의 대량 탈출 가능성은 충분히 있는 것으로 보인다.

4. 민중봉기로 유혈사태 발생

민중봉기로 유혈사태 발생은 북한주민들이 폭동을 일으키고 김정은 정권이 이를 진압할 수 없는 상황에서 북한정권이 붕괴되는 상황이다. 민중봉기를 위해서는 민중들의 자유민주주의 의식의 고양, 영향력 있는 반체제인사의 활동 등 몇 가지 사회적 조건이 성숙되어야 하나 현재 북한은 이와 같은 조건이 구비되지 않았다고 볼 수 있다. 먼저 주민들이 외부세계와 단절되어 자유민주주의, 인간다운 삶의 가치, 기본적인 인권에 대한 인식이 부족하다. 따라서 더 나은 정부, 더 나은 삶을 위한 비판적인 식견이 없기 때문에 정부 전복을 위한 봉기는 기대하기 곤란하다고 볼 수 있다.

더구나 김정일은 지난 10여 년간 선군정치를 시행하면서 단순히 무력에 의한 통제만 강조하는 것이 아니라 이를 정당화시키기 위한 이론적·사상적 교화 작업을 병행해왔다. 고난의 행군, 붉은기 사상의 실천적 이데올로기를 제창하면서 외부로부터의 정보유입에 대처하기 위해 핵개발 등으로 위기의식을 고조시키거나 주기적인 사상 재교육을 통해 주민들을 결속시키고자 노력했다.[10]

그러나 외부와의 접촉이 증대되어 자유주의 국가의 풍요로움과 북한

---

10) 재스퍼 베커(Jesper Becker), 『불량정권: 김정일과 북한의 위협』(서울: 기파랑, 2004), pp.45-51.

의 현실을 비교하여 상대적인 비판의식이 발아되고 체제의 모순을 인식하여 시민의식이 고양된다면 민중봉기의 가능성은 높아질 것이다.

5. 외부 군사적 공격에 의한 위기

북한이 핵과 대량살상무기 개발을 지속하여 주변국, 특히 미국의 예방적 공격을 초래하는 경우이다. 북한은 2006년 1차 핵실험 실시에 이어 2009년 5월에 2차 핵실험을 감행하여 유엔안보리 결의안 1718호, 1874호를 채택하여 북한을 압박하고 있으며, 현재는 북핵 해결을 위한 6자회담을 위한 접촉 중에 있어 일단 진정 국면에 있다.

그러나 북한의 핵무기 개발은 핵확산에 대한 위협을 증폭시킴과 동시에 북한의 권력이양 과정에서 대내외 변수가 복합적으로 작용하여 북한의 정치적 불안정성이 극도로 높아질 수 있는 위험을 내포하고 있다.[11] 미국의 오바마 정부는 '핵무기 없는 세계'라는 강경한 비확산정책을 표방하고 있기 때문에 북한이 적극적으로 대화에 임한다 해도 미국은 국제비확산레짐에 중대한 도전을 강행하고 있는 북한의 핵보유를 결코 용인하지 않을 것이다.

향후 북핵사태의 전개양상은 갈등국면의 고착, 협상국면으로의 전환, 위기국면으로의 전환의 세 가지 형태로 전개될 가능성이 있다.[12] 이중 급변사태로의 전개 가능성이 가장 높은 위기국면으로의 전환은 북한의 추가적인 도발로 한미 양국이 더욱 강력한 제재를 가하여 3차 핵실험을 강행하거나, 제3국으로의 핵확산을 시도하는 경우이다. 상황에 따라 미국이 선제공격 외에는 다른 외교적 수단이 없다고 판단할 때는 1994년의 경우처럼 핵시설에 대한 정밀폭격을 시도할 가능성도 배제할 수

---

11) James J, Przystup, "North Korea: Dealing with the Twin Dangers of Proliferation and Instability", *Strategic Studies*, Vol. XVI, No. 2, July 2009, pp.9-13.

12) 윤정원, "오바마 정부 출범 이후 북핵문제와 우리의 대응책", 『전략연구』, 제14권 제2호(2009, 통권46호), pp.136-140.

없다. 물론 국제사회, 특히 한국과 중국이 강력하게 반대할 것이지만, 미국이 북한 핵 제거가 사활적 국가이익(vital interest)이라고 판단할 때는 정밀폭격을 시도할 것이며, 이는 대남 전쟁도발로 이어질 가능성이 있다.

Ⅲ. 북한 급변사태에 대한 군사대비

1. 안보위협과 군사대비 방향

북한에 급변사태가 발생한다면 한반도의 극심한 불안정은 물론 안보에 심각한 위협이 될 것이다. 가장 위협이 고조되는 단계는 급변사태 발생 초기부터 상황이 점차적으로 악화되어 정부가 통제력을 상실하는 무정부상태일 것이다. 내부요인에 의한 급변사태는 초기단계에서 주로 북한정권이나 주민에 의해 해결해야 될 문제이나 상황이 심각하게 발전되어 무정부상태나 무국가상태가 지속되면 내부위협이 외부로 확산될 수 있기 때문이다. 무정부상태로 상황이 발전되는 경우는 지금까지 살펴본 급변사태의 모든 유형이 가능하다.

안보위협은 직접적 위협과 포괄적 위협으로 크게 구분할 수 있다. 직접적 위협은 급변사태가 한국의 안보에 직접적으로 영향을 미쳐 즉각적인 군사대비가 필요한 자위권과 관련된 위협이며, 포괄적 위협은 직접적 위협과 연관되어 파생된 위협으로 국가 차원에서 대응해야 될 위협이다.

직접적 위협은 다시 3가지로 세분할 수 있다.

첫째, 북한군에 의한 군사도발이다. 김정은의 리더십 부족으로 권력투쟁의 발생, 무력을 가진 집단 간의 충돌인 군부 쿠데타 발생, 핵문제

처리 과정에서의 미국의 선제공격이 군사도발의 주요 원인이 될 것이다. 군사도발은 크게 군사적 긴장고조, 국지전, 전면전의 형태로 나타날 수 있다. 군사적 긴장조성은 2010년의 천안함 폭침, 연평도 포격도발과 같은 고강도 직접 도발과 미사일 발사 및 핵실험 등과 같은 간접 도발의 형태로 진행될 것이다.[13] 국지전은 북한지도부가 도발에 대한 승산이 있거나 이익(benefit)이 위험(risk)을 보전할 수 있다고 판단할 때 발생하게 될 것이며, 전면전은 체제유지에 대한 절망적 비관으로 최후의 수단은 전쟁뿐이라고 판단할 때이나 그 발생 가능성은 높지 않다고 볼 수 있다.

둘째, 대량난민의 한국으로의 유입이다. 대규모 난민이 전방 비무장지대나 한국 해역으로 유입된다면 작전의 방해요소로 작용할 뿐 아니라 재앙에 가까운 정치, 사회적인 혼란을 초래할 것이다.

셋째, 대량살상무기 사용이다. 국가통제력이 상실된 상태에서 핵무기를 사용하거나 국제 테러 단체와 연계하여 해외 반출이 시도된다면 이는 한국군과 민간인의 대량 피해를 의미하며, 특히 미국의 군사적 정밀공격을 초래하여 대남 군사도발로 이어지는 결과를 가져올 수 있다.

다음은 포괄적 위협으로써 역시 3가지로 구분할 수 있다.

첫째, 중국의 개입이다. 중국은 북한과 자동군사 개입조항이 포함된 조중동맹조약을 체결하였고, 평화유지군 파견을 결정하는 유엔안보리의 상임이사국이며, 북한을 전략적 완충지대로 인식하고 있어 북한 급변사태를 중국이 원하는 방향으로 조기에 안정시키고자 할 것이다. 상황에 따라서는 대량난민 대비 또는 북한의 개입요청이 있었다는 명분을 내세워 북한지역에 한미군보다 먼저 군사 개입할 가능성도 높다고 볼 수 있다. 만일 중국이 북한에 개입한다면 우리는 민족 재통합의 기회를 상실하게 될 것이다.

둘째, 주변국의 북한 급변사태 해법이다. 한반도 현상유지 정책을 추

---

13) 한관수, "이명박 정부의 대북정책: 현 단계 평가와 전망", 『한국시민윤리학회보』 제22 집 1호, 2009, pp.151-153.

구하는 주변국은 북한의 급변사태를 민족 재통합의 기회로 삼으려는 우리의 의도와 달리 미·중, 혹은 균할 점거 등의 방식으로 북한의 안정화 정책을 추구할 가능성도 배제할 수 없다.

셋째, 한국의 경제적·사회적 부담이다. 북한 급변사태 발생은 북한과 접경하고 있는 한국경제의 불안정을 가져올 가능성이 많다. 한국 저평가(Korea discount)에 따른 국가신인도 하락, 외환위기, 예금 인출, 외화불법 유출 등 경제적 부담과 대량난민의 유입으로 인한 각종 혼란 및 아노미 현상의 발생은 사회적 혼란의 요소로 작용할 것이다.

직접적 위협과 포괄적 위협 중 군사대비와 관련된 위협은 직접적 안보위협이라고 볼 수 있다. 따라서 군사대비 방향은 직접적 안보위협을 제거하는 데 중점을 두어야 할 것이다. 첫째, 북한의 군사도발 억제, 둘째, 대규모 난민에 대한 대비, 셋째, 대량살상무기의 사용 또는 해외 이전 통제이다.

급변사태는 대내외적인 상황이 복잡하게 얽혀서 동시에 다발적으로 전개될 가능성이 있고, 어느 상황이 다른 유형의 사태를 유발할 수 있어 그 유형을 정확히 예측한다는 것은 매우 제한된다. 이러한 특징으로 인해 군사대비는 '능력에 기초한 접근방법(capability based approach)' 즉, 어떤 형태로 급변사태가 발생하던 전방위적(全方位的)으로 군사대비가 이루어져야 하므로 포괄적이면서도 종합적인 대비가 필요하다고 본다.[14]

---

14) 군사적 대응책 수립을 위한 접근 방법은 다양한 예상 분쟁 시나리오를 도출하고 모의(simulation)를 통해서 투입부대의 병력 및 전력을 결정하는 '위협에 기초한 접근방법(threat based approach)'과 유사상황에 처해 있는 유사국가의 병력 및 군사력, 아군의 능력 등을 포괄적으로 고려하여 투입 전력을 결정하는 '능력에 기초한 접근방법(capability based approach)'이 있으며, 탈냉전시대는 위협의 불확실성과 유동성으로 인해 정확한 판단이 제한되므로 모든 상황의 위협에 포괄적이며 유연하게 대응하는 '능력에 기초한 접근방법'이 주로 사용되고 있다.

2. 한국의 군사대비

북한 급변사태 전개양상의 특징과 한국의 군사대비 중점을 고려한 실질적 군사대비는 북한의 위기가 한국으로의 확산을 차단하기 위한 자위적 군사대비와 우리의 군사력이 북한지역으로 투사되는 적극적 군사개입으로 구분할 수 있으며, 이는 군사대비의 핵심 내용으로 내부적 틀을 형성하고 있다고 볼 수 있다.

1) 자위적 군사대비

가. 확고한 군사대비태세 확립: 전쟁도발 억제

가) 위기관리

북한 급변사태에 적절히 대응하기 위해서는 위기관리 시스템, 특히 초기단계에서부터 단계별 상황파악과 대응조치가 중요하다고 본다. 북한의 동향을 감시하다가 전쟁준비와 관련된 활동이 증가할 때에는 정보감시태세(WATCHCON)를 격상시키면서 방어준비태세(DEFCON)를 증가시키는 것과 유사한 체제, 즉 한국군 단독의 북한 급변사태 징후 감시체제를 운용할 필요성이 있다. 이를 위해서 급변사태를 북한의 정치, 외교, 군사, 경제, 사회분야와 미국을 비롯한 주변국의 동향에 관한 징후목록을 작성하여 정상(Green), 중요(Yellow), 심각(Red) 단계로 구분하고 단계별 대응조치를 준비하는 것도 한 가지 방법이 될 것이다.

또한 군사적 위협이 증가하여 서해 북방한계선(NLL)에서의 군사적 도발에 대비하여 북한군의 서해 5도 인근 해역의 해군 전방전대 상황과 위협 범위 내의 장사정포, 실크웜(SILKWORM) 유도탄기지, 스틱스(STYX) 함대함미사일 등의 감시가 요구될 것이다. 또한 북한이 서울 공격을 위해서 수도권까지 위협 범위에 드는 신형무기체계인 170밀리 자주포와 240밀리 방사포를 전방에 배치하였으므로 이를 격멸하는 대

(對) 화력전에 특히 관심을 가져야 될 것으로 보인다.

나) 작전계획의 검토 및 보완

북한 급변사태에 적절히 대비하기 위해서는 평시부터 급변사태의 발생단계까지의 작전계획이 수립되어야 한다. 북한 급변사태에 대한 대비계획인 「개념계획 5029」는 최근 「작전계획 5029」로 대비계획을 완성한 것으로 보인다.[15] 이 작전계획에는 쿠데타, 주민폭동으로 인한 북한 내전사태, 북한정권이 핵, 미사일, 생화학 무기 등 대량살상무기에 대한 통제력을 잃었을 경우, 북한주민 대량탈북 사태, 정치적 이유 등에 의한 북한 내 한국인의 인질사태, 홍수, 지진 등 자연재해에 대한 인도적 지원 등이 포함되었다고 알려지고 있으나, 한미 간의 작전능력과 실행능력은 미지수로 남아 있다고 볼 수 있다.

따라서 작전계획을 실제 상황 발생 시 구체적으로 작전이 가능하도록 부대까지 명시하고, 전시작전통제권의 전환과 관련하여 미국의 개입 범위를 별도로 규정할 필요성이 있을 것이다. 한미 간에 투입지역 및 역할까지도 어떻게 분담하고 협조해야 될 것인지를 분명히 규정해 놓아야 혼란을 방지할 수 있을 것이다.

---

15) 2008년 10월 16일 워싱턴에서 열린 제30차 한미군사위원회(MCM)에서 미국은 북한 급변사태 대비계획인 '개념계획(CONPLAN)5029'를 '작전계획(OPLAN)5029'로 구체화하자고 제의했으며, 다음날 열린 한미안보협의회(SCM)에서 양국 국방장관은 북한 급변사태에 대비한 양국 차원의 계획이 필요하다는 원칙론에 공감하였다. 『연합뉴스』, 2008년 10월 29일자. 한편 월터 샤프(Walter Sharp) 한미연합사령관은 2009년 2월 9일 외신기자클럽 초청강연에서 한미 양국군이 북한의 불안정한 사태에 대한 대비계획을 완성했음을 밝히고, 이 계획에는 '자연대해, 내전, 핵무기 통제력 상실 등의 상황이 포함 되어 있다'고 밝혔다. 『동아일보』, 2009년 2월 10일자.

나. 대량난민 통제

가) 난민규모 및 탈출예상지역[16]

북한 대량난민 발생에 대비한 군사대비를 위해서는 먼저 난민의 규모 및 탈출 예상지역, 즉, 어느 축선(지역)으로 얼마 규모의 난민이 발생할 것인가를 판단하는 것이 가장 기본적이며 중요한 요소가 될 것이다. 난민의 규모를 과대평가하게 되면 국력의 낭비를 가져오고, 반대로 과소평가하게 되면 계획의 실효성이 감소하게 되기 때문이다.

그러나 이는 북한 급변사태의 유형과 정권의 통제 정도에 따라 달라지기 때문에 정확히 판단하기는 어려운 과제이며 학자에 따라 난민 규모가 상이한 이유가 되고 있으며, 이는 대량난민 발생에 대한 개념형 대비를 수립하는 하는 데는 유용한 자료이나 현실성이 다소 결여되어 세부 준비계획 수립에는 제한이 따른다고 볼 수 있다.

여기서는 현실성과 객관성을 제고시키기 위해 먼저 과거의 경험제원에 기초하여 예상 탈출 난민 총 규모를 판단하고 이를 다시 거주 지역별로 검토한 후 마지막으로 한국으로 유입되는 난민 규모를 군사대비에 유용하도록 축선별로 산출하는 순차적·단계적 방식을 이용하여 난민규모를 제시하고자 한다.

첫째, 난민 총규모이다. 예상 탈출 난민의 규모를 판단하기 위해서 준용해 볼 수 있는 자료는 독일 통일시 서독으로 망명한 동독인의 수와 6·25전쟁 때의 북한 피난민 규모이다. 먼저 독일의 경우는 1990년 10월 독일이 통일될 때까지 서독으로 망명한 동독의 인원은 총 인구 1,661만 명의 약 26%인 43만 명이었다.[17] 그러나 동·서독은 6·25전쟁과 같은 동족 간의 전쟁이 없었고, 동독은 서독으로의 이주를 합법적으로 인정하였으며, 지리적으로 인접국가인 헝가리와 오스트리아의 국

---

16) 구체적인 난민 규모 및 탈출경로 분석은 한관수, "북한 급변사태 시 난민 규모 & 탈출 경로 시뮬레이션", 『신동아』, 2010년 4월호, pp.302-311.

17) 통일원, 『독일통일백서』(서울: 통일원,1994). pp.3-4.

경이 개방되었고, 현재의 북한처럼 심각한 식량난은 없었다는 데 차이가 있다 하겠다.

6·25전쟁 기간 중 피난민은 1·4후퇴 시 북한주민 총 950만 명 중 약 9%인 89만 명이 월남하였으며,[18] 주로 연합군의 공중폭격과 인민군과 연합군의 직접적인 교전으로부터 생명을 보호하기 위한 난민으로써, 이는 생명의 직접적인 위협이 적은 북한의 급변사태와는 차이가 있을 것이다. 또한 고향을 떠나기 싫어하는 우리 민족성, 체제붕괴 후 신정권에 대한 기대, 탈출로의 통제상태, 한국 발전상의 인식 부족 등이 탈북 시 고려요소로 작용할 것이다.

이와 같은 자료에 근거할 때 북한의 급변사태 시 탈출인원은 북한인구 약 2천만 명의 3.5%인 약 70만 명(통제력 약화 시 약 10만 명, 통제력 상실 시 약 60만 명) 규모가 탈북할 것으로 추정되며[19] 이 중 약 2만 명은 해상탈출을 할 것으로 예상된다.[20] 이 인원은 북한주민을 핵심계층, 동요계층, 적대계층으로 분류할 때 적대계층 탈출 가능 인원 400만 명의 약 20% 수준이며, 핵심계층이 주로 거주하는 평양인구는 제외하였다.[21]

---

18) 총인구 950만 명 중 89만 명이 피난했다. 지역별 인원은 황해 148,511명, 평북 51,210명, 평남 80,948명, 함북 42,671명, 함남 165,658명, 북 경기·북 강원 400,132명이다. 공보처 통계국, 『대한민국통계연감』(서울: 공보처, 1952), pp.295-296. 양영조, "피난민정책", 『한국전쟁사의 새로운 연구』(서울: 군사편찬위원회, 2001), p.301에서 재인용.

19) 북한이 2002년 UN경제사회이사회에 제출한 북한 총인구는 22,963,000명으로서 지역별로는 평양 3,084.4천 명(13.4%), 평남 3,050.7천 명(13.2%), 평북 2,437천 명(11.4%), 함남 2,929.8천 명(12.8%), (6.1%), 자강도 1,239.2천 명(5.4%), 남포 792.3천 명(3.5%), 양강도 686.9천 명(3.0%), 개성 363.2천 명(1.6%)이다. 통일연구원 통계DB, 북한발표자료: http://www.kinu.or.kr/ kinu/sc/ sc. csp?sccode=db0106(원전출처: DPRK, Core Document Forming Part of State Parties, United Nations Human Rights Instruments, 24 June 2002, 검색일: 2009. 4. 17).

20) 북한의 어선은 약 1,700척(동해 700, 서해 1,000)으로 알려져 있으며, 가동률 90%, 탈출 선박은 총어선의 30%, 척당 평균 승선 인원은 30t급 정규 승선 인원 12~15명의 약 3배인 40명으로 추산하였음. 북한연구소, 『북한총람(1993~2002)』(서울: 북한연구소, 2003), p.475.

21) 북한의 주민성분은 3계층 51개 부류로 구분되어 있으며, 핵심계층(지배계층)이 594만 명(28%), 동요계층(기본계층)이 954만 명(45%), 적대계층(복잡계층)이 573만 명(27%)이며, 이중 적대계층은 중노동, 입학, 진학, 입당의 차별 등 탄압의 대상이기 때문에 국가

둘째, 지역별 난민 탈출 규모이다. 지역별 탈출경로는 거주지와의 인접성을 고려할 필요가 있다고 본다. 탈출 의지를 가진 주민들은 탈출의 용이성을 고려하여 최종 도착지인 중국, 러시아, 일본, 한국에 이르는 단거리 이동로를 선택하려 할 것이며, 이는 현재 중국으로 이탈하여 한국으로 입국한 북한주민의 대부분이 중국국경과 인접한 지역의 출신이라는 점이 입증하고 있다. 탈출경로는 북한의 지형을 고려할 때 대체로 중국과 러시아로의 국경탈출, 일본 및 한국으로의 해상탈출, 휴전선을 통한 한국으로의 지상탈출의 세 가지 경로로 이루어질 것으로 보인다. 체제의 통제력이 약화되는 초기에는 국가 자체가 불안한 러시아보다는 압록강을 건너 중국으로의 탈출이 가장 많을 것이고 체제통제력이 상실되었을 때는 휴전선을 통한 한국으로의 지상탈출이 주류를 이룰 것이다. 해상탈출 중 일본으로 가는 경우는 북송교포와 그 가족, 친척일 것이며 한국으로 오는 경우는 북한의 동해안 축선 및 서해안 축선에 거주하는 주민일 것이나 선박 등 탈출 수단이 제한될 것으로 전망된다.

중국으로는 함경남북도, 양강도, 자강도, 평안남북도의 6개 도의 거주주민이, 러시아는 함경북도의 일부 인원이, 휴전선으로는 황해남북도와 강원도 일부 주민이, 일본해상은 함경남북도, 강원도 일부 인원이, 서해 해상은 황해남북도, 평안남도 일부 인원이 주로 탈출하며, 통제력이 약화되었을 때 약 20%, 통제력 상실 시 약 80%가 탈출할 것으로 추정된다. 상황별, 경로별 탈북자 예상규모는 <표 1>과 같이 정리할 수 있다.

통제력이 이완되거나 상실되면 노약자, 신체장애자를 제외한 약 400만 명 이상은 탈출 의지를 갖게 될 것으로 보았다. 북한연구소(2003), p.630.

〈표 1〉 상황별 경로별 탈북자 예상 총 규모(단위: 천명)

구분	국경탈출		휴전선	해상탈출		
	중국	러시아		서해	동해	일본
거주지역	함경남북, 양강, 자강, 평안남북, 남포, 강원	함북	황해남북, 강원, 개성	어선 1,000척 중 270척	어선 700척 중 190척	
총계 (100%)	470 (100%)	9 (100%)	200 (100%)	10.8 (100%)	7.6 (100%)	
통제약화 (20%)	90 (20%)	1.8 (20%)	매우 적은 수	2.2 (20%)	1.5 (20%)	
통제상실 (80%)	380 (80%)	7.2 (80%)	200 (100%)	8.6 (80%)	6.1 (80%)	

* 출처: 통일연구원 통계 DB자료에 의해 판단하였음.

셋째, 한국으로의 유입 난민 규모이다. 군사대비계획 수립을 위해서는 휴전선을 통한 지상난민과 동·서해를 통한 해상난민의 규모를 판단해야 담당기구 및 군부대의 준비가 용이할 것이다. 휴전선을 통한 지상난민은 비무장지대로부터 거주지까지의 거리를 고려할 때 주로 평양-원산선 이남에 거주하는 황해남북도, 개성직할시, 강원도의 주민이, 해상난민 중 동해는 함경남북도, 강원도 일부 인원이, 서해 해상은 황해남북도, 평안남도 일부 인원이 탈출할 것으로 예상된다.

이를 거주지역과 인구분포에 따라 서부, 중부, 동부축선의 지상난민과 동·서해의 해상난민으로 구분 시 <표 2>와 같이 정리할 수 있다. 결론적으로 중국, 러시아, 일본 지역이 아닌 한국의 작전지역에 유입되는 난민의 규모는 휴전선을 통해 약 20만 명, 동·서해안을 통해 약 1만 5천 명 규모로 추정된다.

〈표 2〉 휴전선과 해상을 통한 예상 난민 규모

지상난민			해상난민	
서부축선	중부축선	동부축선	서해	동해
황해남, 황해북, 개성	강원(1/2)	강원(1/2)	270척	100척
15만 명	2만 8천 명	2만 8천 명	1만 1천 명	4천 명

*출처: 통일연구원 통계 DB자료에 의해 판단하였음.

나) 대량난민 발생에 대한 군사대비

약 22만 명의 난민이 휴전선과 동·서해를 통해 한국에 진입한다면 지상군의 전방부대와 해군 함대사에게는 엄청난 작전의 방해요소로 작용할 것이므로 주도면밀한 준비가 요구될 것으로 보인다. 휴전선이나 해상을 통해서 탈출하는 난민에 대한 대비는 상황의 전개에 따라 4단계로 구분하여 추진하는 것이 효율적이라고 할 수 있다.

1단계는 대량 탈북징후를 포착하고 난민 규모를 판단하는 정보수집 및 판단단계, 2단계는 정부와 협조하여 탈북의 허용여부와 허용범위를 결정하는 단계, 3단계는 휴전선 및 동·서해안에 축선별, 해역별로 설치된 임시수용소와 후방지역에 설치된 국가수용소로 이송하는 단계, 4단계는 난민의 북한송환 단계로 구분하여 상황발생의 시차 순으로 대비한다면 혼란을 최소화할 수 있을 것이다.

2) 적극적 군사개입 준비: 대량살상무기통제

북한의 급변사태가 심각하게 전개되어 일부 세력에 의해 대량살상무기의 위협이 가해질 경우 적극적 군사 개입이 준비되어야 할 것이다. 대량살상무기 통제를 위한 군사적 개입은 한국군 단독, 한미연합, 유엔을 통한 개입이 가능하나 여기서는 어느 주체가 개입하든지 공통적으로 적용할 수 있는 방안을 제시하고자 한다. 먼저 핵, 화학, 생물학의 대량살상무기 통제대상 시설현황을 살펴본 후에 통제부대 편성 및 운용 그리고 통제방법 순으로 제시하고자 한다.

가. 대량살상무기 통제대상시설

대량살상무기를 통제하기 위해서는 우선 핵, 화학, 생물학무기, 미사일의 시설현황을 정확히 파악해야 되며 이는 현재 62개소(핵 26, 화학 11, 생물학 10, 미사일 15)로 알려져 있으나 이외에 북한이 은닉하고 있는 시설도 있을 것이므로 평소부터 시설현황을 지속적으로 유지하는 것이 매우 중요하다고 볼 수 있다.

핵시설은 함북 길주에 핵실험장, 영변에 원자로 및 재처리시설 등 종합시설이 위치하고 있으며 태천에 200Mw급 원자력발전소를 건설 중에 있고, 이외에 우라늄 광산 4개소, 핵 연료봉 공장 1개소, 우라늄변환 및 정련공장 4개소가 주로 북한의 북부지역에 위치하고 있는 등 총 26개의 핵 시설이 존재하고 있는 것으로 알려지고 있다. 우선적으로 영변의 5MW 원자로, 50MW 원자로, 재처리시설, 핵폐기물저장소, 폐연료봉 저장시설을 통제하고 핵무기가 존재한다면 핵무기 및 관련시설을, 존재하지 않는다면 핵무기 연료인 플루토늄과 원심분리기 등 농축 우라늄 관련시설의 확보가 요구 될 것으로 보인다.

화학무기 개발은 1960년대부터 화학무기 연구를 시작하여 연간 4,500t의 화학작용제를 생산할 능력이 있으며, 보유량은 2,500t~5,000t 이다.[22] 화학무기와 관련된 시설은 연구소, 생산시설, 저장시설 등을 합쳐 11개소로 추정된다. 군사개입 시에는 우선적으로 화학무기 생산시설을 확보하여 가동을 중지시킨 후 이미 생산된 저장무기의 반출을 통제하면서 화학시설과 함께 폐기하여야 할 것이다. 화학무기 통제에 있어서 가장 어려운 문제는 이미 생산되어 부대에 비치된 화학탄을 통제하는 것이 될 것으로 보인다.

생물학 무기개발은 1960년대 화학무기개발과 함께 시작했으며 탄저균, 페스트균 등 13종 이상의 세균 생산이 가능한 것으로 알려져 있다. 생물학 무기의 생산은 노동당, 중앙인민위원회 및 국방위원회의 상호 협력하에 이루어지며, 국방위원회 산하 제2경제위원회는 제5일반기계산업국과 국방과학원을 통하여 사업을 총괄하고 있으며 관련시설은 10개소로 알려져 있다. 생물학 무기에 대한 생산능력이나 비축량은 별도로 알려진 바 없으나 화학무기 2,500~5,000t에 생물학 무기가 포함된 것으로 알려져 있으므로 화학시설 통제 시 생물학 무기의 병행통제가

---

22) 국방부, 『국방백서 2010』(서울: 국방부, 2011), p.30.

요구될 것이다.

<표 3> 북한 핵, 화학, 생물학, 미사일 시설 현황( ) 시설 수

구분	시설내용
핵시설 (26)	준임계로(평양), 임계로(영변), IRT-2000연구로(영변), 5MW원자로(영변), 200 MW원자로(태천), 방사화학실험실/연구소(영변), 동위원소실험실(영변), 우라늄변환 공장(평산), 핵연료봉공장(영변), 우라늄정련공장(평산, 박천), 우라늄선광ㆍ정련공장(구성), 우라늄광산(흥남, 평산, 웅기, 순천), 핵에네루기과학센타(영변), 팽성원자력 연구소(팽성, 박천, 나남, 원산), 김일성대학핵물리학부(평양), 팽성과학대 핵물리학부(팽성), 핵실험장(함북 길주)
화학시설 (11)	신의주화학공장, 안주화학단지, 순남석회질소비료공장, 만포화학공장, 아오지은덕화학공장, 청진화학섬유공장, 함흥28비날론공장, 흥남비료공장, 강계화학공장, 삭주월수화학공장, 화성영안화학공장
생물학시설 (10)	제5일반기계공업국(당중앙생물연구소, 평양), 인민군의학대학(201세균연구소, 평양), 세균학연구소(501세균연구소, 서해도서), 2월25일공장(제25호 공장, 정주), 중앙병원균연구소(평양), 미생물질병연구소(평양), 김일성대학교 의과대학(평양), 군의관학교(국방과학원 의학연구소, 평양), 의학연구소(세균연구소, 평남 함천), 평양의과대학(김만유기념병원 방사선연구소, 평양)
미사일시설 (15)	생산공장 4, FROG대대 3, SCUD대대 3, 노동대대 3, 발사기지 2

* 출처: 남만권, 『북한군사체제: 평가와 전망』을 기초로 재구성.

나. 통제 부대 편성 및 운용

북한의 대량살상무기 통제를 위해서는 특수임무부대(TF: Task Force)를 구성할 필요가 있다고 본다. 대량살상무기 시설통제는 외곽지대, 내곽지대, 핵심시설의 3지대 개념에 의해서 다중통제를 하는 것이 효율적일 것이므로 이를 위한 적절한 편성은 특수임무부대가 될 것이다. 즉, 외곽 방어는 보병, 내곽 방어는 특수전 부대, 핵심시설은 특전부대와 전문요원으로 편성하고 공병부대를 포함시켜 지원임무를 수행토록 하는 것이다. 보병은 세계평화유지(PKF: Peace Keeping Forces) 유경험자로, 특전부대는 전시지역 담당부대로, 전문요원은 원자력발전소, 국방과학연구소(ADD), 화생방방호사령부, 유도탄사령부 등의 유관 분야 전문가를 차출하여 편성하는 것이 효과적일 것으로 보인다.

다. 통제방법

통제방법은 외곽, 내곽의 2중으로 경비를 강화하여 불순분자 침입 및 주요물자 외부 반출이 철저하게 통제된 상태에서 핵심시설에서 전문요원에 의한 무기통제 및 해체가 이루어져야 효과적일 것이다. 대량살상무기 통제를 위해서는 북한군의 살상무기생산을 계획하고 지휘 및 통제하는 체제를 접수하는 것이 가장 효과적일 것이다. 예를 들면 노동당, 국방위원회, 제2경제위원회, 국방과학원, 무력부, 총참모부의 관련부서 특히 화학국, 미사일교도지도국 등을 통제한다면 전반적인 생산계획, 생산량, 저장무기고, 시설현황 등을 체계적으로 파악하고 은닉된 시설까지 찾아낼 수 있을 것이다.

또한 대량살상무기 관련 시설을 접수 및 통제하는 과정에서 고의적인 무기 외부 반출, 은닉, 테러분자와의 접촉 등을 원천적으로 차단하기 위해 기존 설치된 북한의 통신망을 철거하고 우리의 통신망을 구축하여 완전한 통제를 해야 될 것이다.

Ⅳ. 결론

북한에서 급변사태가 발생한다면 한국안보에 중대한 위협이 될 것이므로 종합적인 군사대비방안이 요구되고 있다. 북한 급변사태의 발생가능성은 현재 높다고 볼 수 없으나 어느 임계점에 도달하면 급변사태로 발전할 가능성은 충분히 있다. 이와 같은 북한 급변사태의 여러 유형이 한국안보에 미치는 위협은 직접적 위협과 파생적 위협으로 구분할 수 있으며, 직접적 위협 요인인 대남 무력 도발, 휴전선을 통한 대량난민의 남하, 대량살상무기의 사용임박 또는 해외 이전에 대한 대비가 필요하며, 이에 대한 방안을 실천적 측면에서 제시하였다.

본 논문의 연구 결과를 바탕으로 앞으로 북한 급변사태 시 군사대비에 일조(一助)할 수 있는 몇 가지 사실들을 다음과 같이 도출할 수 있다.

첫째, 위기관리 제도가 구축되어야 한다. 북한의 급변사태가 남침으로 이어지지 않도록 하고 효율적으로 대응하기 위해서는 평시부터 급변사태의 발생 단계까지 북한의 동향을 파악하여 조치하는 한국군 독자적인 위기관리 시스템이 구축이 요구된다. 전(全) 출처로부터 정보를 수집하는 조기경보 시스템이 구축되어 상황에 따라 정보감시태세(WATCHCON)와 방어준비태세(DEFCON)를 적절히 운용하는 것이 필요할 것이다.

둘째, 한미군사동맹의 강화이다. 전쟁억제, 대량난민 통제, 대량살상무기 통제를 위해서 가장 효율적인 방법은 미군에 의한 대응, 즉, 한미군사동맹일 것이다. 북한 급변 사태 대비계획인 「작전계획 5029」, 정규작전계획인 「작전계획 5027」이 사전에 세부적으로 한미 간의 협의를 통해 구체적으로 수립되어야 하며, 2015년 전시작전통제권 한국군 전환과 관련하여 미군이 적극적인 역할을 담당할 수 있도록 협의가 이루어져야 할 것이다. 더 나아가 중국군의 군사개입을 차단하고 유엔 PKO 파병 등 급변사태 예상조치 등에 관해 공동인식을 가질 수 있도록 평시부터 노력을 집중해야 할 것이다.

셋째, 주기적인 모의훈련이 필요하다. 급변사태 위기관리와 작전계획의 시행은 한국군 단독보다는 여러 기관과 연계되어 복잡한 절차를 거쳐 시행될 것이다. 따라서 미군과의 연합훈련뿐 아니라 한국정부 내의 외교안보, 정치, 경제사회 등 관련기관의 주기적인 모의훈련을 통해서 분야별 계획의 문제점과 시행가능 여부를 점검할 필요가 있다. 이 모의훈련은 북한과 주변국에게 민감한 사안이기 때문에 고도의 보안유지가 요구될 것이다.

넷째, 전문기구 편성 및 전문인력의 양성이다. 급변사태 대비는 평시부터 이루어져야 하므로 국방부에 군사통합 전문기구를 설치하고, 전문인력의 확보가 요구된다. 국방부에 북한 급변사태 및 통일 후 군사통합 업무기능을 추가편성하여 계획기능을 보강하고 꾸준히 준비해야 될 것이다. 또한 외교통상부, 통일부 등 관련 정부기구와 긴밀한 협조를 통해 상황변화에 따라 계획을 수정·보완해야 될 것이다.

다섯째, 북한에 대한 심층적 연구가 이루어져야 한다. 독일 통일 시 서독연방군이 평소 전투수행에 필요한 첩보 외에는 동독군의 부대 현황을 파악하지 못하여 예상보다 빠르게 전개되는 위기관리 및 군사통합 시 혼란이 있었던 사례를 교훈삼아야 할 필요가 있다고 본다. 우리도 현재의「작전계획 5027」수행에 필요한 전투첩보는 비교적 세밀히 파악하고 있으나, 대량살상무기 시설, 북한주민의 성분, 치안기구 위치 등「작전계획 5029」를 위한 전략정보 수집 및 분석능력을 강화하고 미군과의 첩보교류도 강화할 필요성이 있을 것이다.

| 참고문헌 |

김광식·김계동, 『북한의 급변사태 전개 전망과 아국의 대응책』 서울: 국방연구원, 1995.

김구섭, "북한의 대량난민 발생 가능성과 장단기 정책방향", 『한국국방 연구원 연구보고』(1994).

김연수·김경규, "북한 붕괴 시 한국의 선택과 대응책", 『전략연구』 제 14집 제2호(2009, 통권 제46호).

김진무, "북한 후계체제 전망 및 급변사태 대비방안", 『북한』, 2009년 2 월호(통권 446호).

김창수·엄태암·박원곤, 『북한 급변사태 시 한·미 협력방안』 서울: 국방연구원, 1997.

남만권, "북한 급변상황에 대한 한국의 대내적 대응방안", 『국방부 군비 통제 세미나 자료집』 서울: 국방부, 1997. 7.

_____, 『북한군사체제: 평가와 전망』 KIDA press, 2006.

남성욱, "북한의 급변사태와 우리의 효율적인 대응방안: 경제 분야를 중 심으로", 『북한의 급변사태와 우리의 대응』 서울: 한울아카데미, 2006.

마커스 놀랜드(Marcus Norland), 심달섭 역, 『김정일 이후의 한반도』 서 울: 시대정신, 2004.

박형중, "권력승계의 딜레마와 권력세습", Online Series, co 09-37. 통일 연구원, 2009.

백승주, "북한 급변사태 시 군사차원 대비 방향", 『북한의 급변사태와 우리의 대응』 서울: 한울아카데미, 2007.

서재진, "북한의 급변사태 시 사회·문화부분의 대응책", 『북한의 급변 사태와 우리의 대응』 서울: 한울아카데미, 2007.

소치성, "북한 급변사태와 중국의 개입 유형", 『중국연구』 제20집(2007).

송대성, "북한 급변사태에 따른 남북관계 변화 전망", 『비상기획보』 제 81호(2007).

유호열, "정치·외교 분야에서의 북한 급변사태", 『북한의 급변사태와 우리의 대응』 서울: 21세기국가발전연구원, 2007.

윤정원, "오바마 정부 출범 이후 북핵문제와 우리의 대응책", 『전략연구』

제14권 제2호 통권46호, 2009.

양영조, "피난민정책", 『한국전쟁사의 새로운 연구』 서울: 군사편찬위원회, 2001.

재스퍼 베커(Jesper Becker), 『불량정권: 김정일과 북한의 위협』 서울: 기파랑, 2004.

정영태, "김정일 이후 북한 권력구도", 『한반도 위기인가? 기회인가?』 국회위기관리포럼, 2008. 9. 22.

정성장, "북한 후계 문제와 남북한 관계 변화 전망", 『북핵 문제와 북한체제 변화』(제21차 세종국가전략 포럼, 2009. 10. 9), "포스트 김정일 시대 북한의 권력체계전망", 『세종정책연구』 제5권 1호(2009).

허남성, "북한급변사태와 대비방안", 『한반도 위기인가? 기회인가?』 국회위기관리포럼, 2008. 9. 22.

허남성·윤종호·이은득, "북한의 급변·붕괴사태 발생 시 국제공조체제 구축방안", 『정치연구』 제126호(1997).

한관수, "북한 급변사태 시 난민 규모 & 탈출경로 시뮬레이션", 『신동아』, 2010년 4월호.

국방부, 『2008 국방백서』, 『2010 국방백서』.

공보처 통계국, 『대한민국통계연감』 서울: 공보처, 1952.

통일부, 『통일백서 2006』, 『북한이해 2010』.

『동아일보』, 2008년 12월 22일자, 2009년 2월 9일자.

『연합뉴스』, 2009년 9월 21일자, 2009년 9월 23일자.

James J, Przystup, "North Korea: Dealing with the Twin Dangers of Proliferation and Instability", Strategic Studies, Vol. XⅥ, No. 2, July 2009.

Jason Brownlee, "Hereditary Succession in Modern Autocracies", World Politics 59, July 2007.

Johan Galtung, "The two Koreas and four Scenarios: Collapse, and Cooperation 2+3", 민족통일연구원 및 고려대학교 평화연구소 초청 강연, 1996.

Sheldon M, Cohen, Arms and Judgment, Westview Press, 1989.

http://www.kinu.or.kr/ kinu/sc/ sc. csp?sccode=db0106(원전출처: DPRK, Core Document Forming Part of State Parties, United Nations Human Rights Instruments, June 24, 2002. 검색일: 2010. 10. 24).

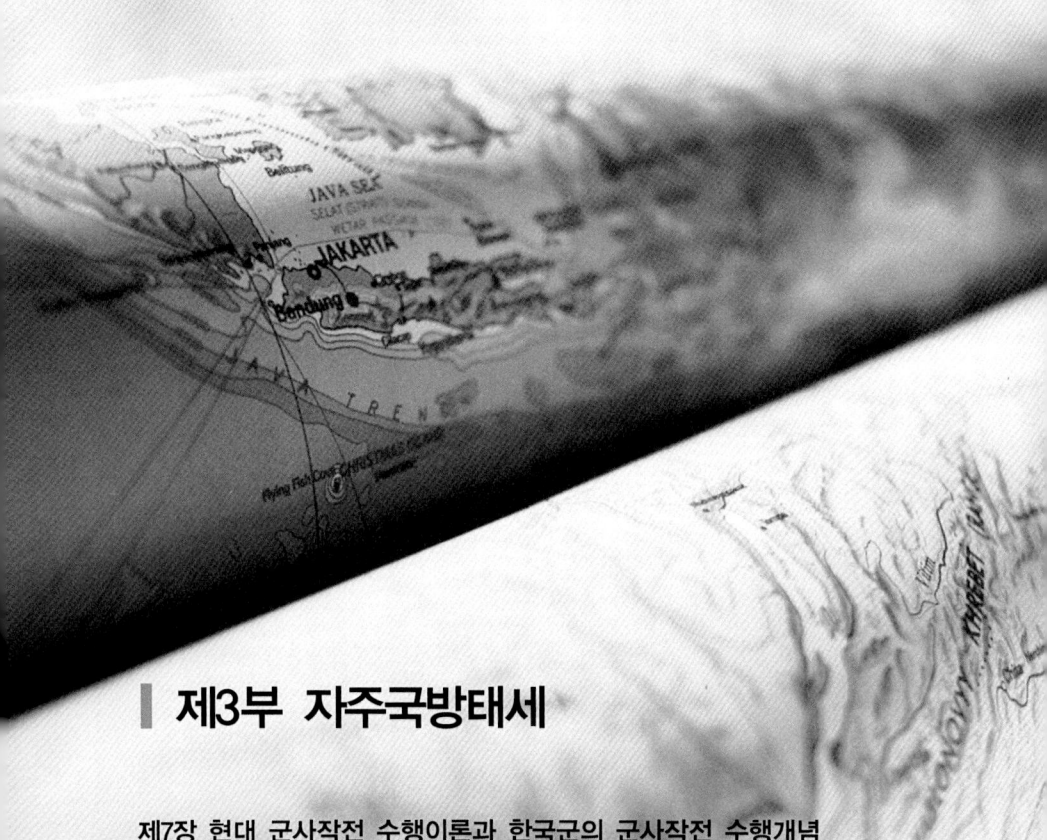

제3부 자주국방태세

제7장 현대 군사작전 수행이론과 한국군의 군사작전 수행개념

박휘락

요약

현대전에서의 승리를 보장할 수 있는 방향으로의 군사력 건설을 도모하기 위하여 각국의 군대는 최선의 군사작전 수행개념을 발전시키고자 노력하고 있다. 따라서 최근 효과기반작전, 신속결정작전, 네트워크중심전 등의 다양한 현대적 군사작전수행 개념이 발전되고 있고, 그 외에도 스와밍, 분산작전, 제4세대전 등의 새로운 개념들이 토의되고 있다. 한국군의 경우에도 이러한 개념들의 기본개념, 강점과 제한사항을 정확하게 이해한 바탕 위에서 미래전에서 승리할 수 있는 군사작전 수행개념을 정립하고, 그에 근거하여 군사력 증강을 도모하는 것이 중요하다.

예를 들면, 한국군의 군사작전 수행개념도 요망하는 효과를 달성할 수 있는 최선의 표적, 수단, 방법을 선택하고자 노력하고, 짧은 시간 내에 결정적인 성과를 달성할 수 있어야 하며, 모든 부대 및 개인들을 첨단의 네트워크로 연결시킴으로써 지리적 이격과 상관없이 실시간 정보공유 및 신속하고 정확한 의사결정을 보장하는 방향일 필요가 있다. 특히 분산된 상태에서 필요시에 집중하고 또다시 분산하는 방식을 강조할 필요가 있다.

Ⅰ. 서론

현재 한국과 미국 간에는 2015년 12월 1일부로 전시작전통제권을 전환하여 한미연합사령부(CFC: ROK-US Combined Forces Command)를 해체하는 것으로 합의하였고, 이에 따라 한반도 방위에 관하여 '한국주도-미국지원(the new supporting-to-supported command relations)'의 역할분담 관계가 정립되어[1] 조치 중에 있다. 이러한 조치 중에서 가장 근본적인 사항은 바로 한국의 상황과 여건에 부합되는 미래전 수행개념을 정립하는 것일 것이다. 그래야 군사력 증강을 위한 기준이 존재하는 셈이기 때문이다.

각국의 군대는 현대전에서의 승리를 보장할 수 있는 방향으로의 군사력 건설을 도모하기 위하여 시대적 상황에 부합되는 최선의 군사작전 수행개념을 발전시키고자 노력하고 있다. 당연히 세계에서 가장 앞선 군사선진국이고, 최근 들어서 수차례 전쟁을 수행한 경험이 있는 미군의 노력이 활발하여 다수의 새로운 현대적 개념들이 창안되었다. 효과기반작전(EBO: Effects-Based Operations), 네트워크중심전(NCW: Network-Centric Warfare), 신속결정작전(RDO: Rapid Decisive Operations) 등은 군인뿐만 아니라 민간인들에게도 익숙할 정도로 한국에서 넓게 알려진 상태이고, 스와밍(Swarming), 분산작전(DO: Distributive Operations), 4세대전(쟁)(4GW: The Fourth Generation war, Warfare)[2] 등도 최근에 소개되고 있다.

위와 같은 다양한 군사작전 수행개념들은 논의에 그치지 않고, 미군이 이라크전쟁이나 아프간전쟁을 통하여 그 타당성을 점검한 바도 있다. 따라서 한국군은 이들이 지향하는 바를 정확하게 이해한 후, 이에

---

1) 제39차 한미안보협의회의 공동성명 8항과 9항 참조.

2) 영어의 'war'와 'warfare'도 구분하여 사용 및 번역할 필요가 있다. 영어의 'warfare'는 군사 수준에서의 전쟁의 진행이나 수행에 관한 내용으로서 '전쟁(war)'과는 의미가 다른 용어이다. 또한 제4세대전의 원래 창안자들은 'war'를 사용하였으나 다른 군사이론가들은 군사작전 수행방식에 중점을 두어 'warfare'를 사용하기 때문에 이를 수용하였다.

창의력을 가미하여 나름대로의 군사작전 수행개념을 발전시키고, 이로써 군사력 증강의 기준으로 삼을 필요가 있다.

Ⅱ. 군사작전 수행에 관한 현대의 대표적 이론

한국군에 소개된 군사작전 수행에 관한 현대의 대표적 이론은 효과기반작전, 네트워크중심전, 신속결정작전이다. 이 중에서 효과기반작전은 미 공군을 중심으로 발전되어 1991년의 걸프전쟁과 2003년의 이라크전쟁에서도 적용된 바가 있고, 네트워크중심전은 90년대 후반 미 해군에서 창안된 후 미군이 실시하는 변혁(transformation)의 핵심적 내용으로 부상하여 짧은 시간에 전 세계적으로 전파되었으며, 신속결정작전은 공감대를 형성하는 데는 실패하였지만 위 두 가지 개념을 통합할 목적으로 2000년대 초에 미합동전력사령부(Joint Forces Command)에서 창안되었다. 그 외에도 스와밍, 분산작전, 제4세대전 등의 다양한 이론들이 활발하게 토론되고 있다. 이들의 특징적인 측면을 강조하여 설명하면 다음과 같다.

1. 효과기반작전

동일한 명칭을 사용하지는 않았더라도 고금을 막론하고 효과기반작전의 개념은 존재했었다.[3] 최근에도 제2차 세계대전시 미군은 효과기반작전이 지향하는 바와 동일한 개념을 적용하여 최소한의 노력으로

---

3) 서양의 이론가도 손자의 가장 중요한 주제라고 할 수 있는 '전투하지 않은 채 적을 굴복시키는 것, 적의 계략을 공격하는 것, 적을 온전하게 보전한 채 승리하는 것이 최선'이라는 내용은 효과기반작전의 개념과 일맥상통한다고 분석하고 있다. Allen W. Batschelet, "Effects-Based Operations for Joint Warfighters", *Field Artillery,* May-June 2003, p.8.

최단시간 내에 독일의 산업능력을 저하시키고자 초기에는 베어링 공장, 후기에는 철도망을 대상으로 집중적인 파괴노력을 기울인 바 있다.[4] 그러나 현대적 의미의 효과기반작전이 등장하게 된 가장 직접적인 배경은 정밀타격능력과 스텔스 기술의 발전으로서,[5] 걸프전쟁을 통하여 그 위력을 입증함으로써 효과기반작전을 세계적으로 알리게 되었다. 소수의 정밀포탄을 핵심부에 투하함으로써 전체 기능을 무력화시킨 미국 공군의 활약으로 효과 기반적전은 새로운 군사작전 수행방식으로 각광을 받게 되었다. 또한 효과기반작전은 민간인이나 민간시설에 대한 부수피해(collateral damage)를 최소화하는 개념이기 때문에 인본주의가 강조되는 현시대에 각광을 받게 된 측면도 있다.

효과기반작전은 군사행동 자체보다는 그를 통하여 달성할 수 있는 효과(effects)[6]에 주목함으로써 동일한 효과를 달성할 수 있는 다양한 목표(표적), 수단, 방법을 모색한다는 개념이다. 즉 요망하는 효과를 달성하기만 하면 되기 때문에 효과 달성에 부합되는 최선의(대부분은 최소한의) 목표(표적)를 선정하거나, 다양한 수단과 방법(대부분은 교전이나 인명손상을 최소화하는)을 선택하게 되고, 요망하지 않은 효과는 회피하면서 요망하는 효과를 극대화하고자 한다. 따라서 효과기반작전에

---

4) Col Edward C. Mann III, Lt Col Gary Endersby and Thomas R. Seale, *Thinking Effects: Effects-Based Methodology for Joint Operation*, CADRE Paper No. 15(Maxwell Air Force Base: Air University Press, 2002. 10), pp.17-25. 전후에 평가한 결과로는, 베어링 공장의 경우 폭격의 정확성에도 문제가 있었고, 성공여부를 평가할 수 있는 수단이 없었으며, 독일이 네덜란드 등으로부터 베어링을 수입함으로써 의도한 성과를 달성하지 못하였다. 대신에 철도망에 대한 공격은 상당한 성과를 달성하였다고 한다.

5) Col Gary L. Crowder, "Effects Based Operations Briefing", *Pentagon Briefing*(2003. 3. 19), Available: http://www.defenselink.mil/news/march2003/t03202003-t0319effects.html(검색일: 2011. 6. 22).

6) 효과(effect)는 어떤 행위로 인하여 야기되는 결과로서, 해열제를 먹으면 열이 내려가는 효과가 있고, 운동을 하면 체중이 줄어드는 효과가 있다고 말할 수 있다. 미군은 행동으로부터 직접적으로 산출되는 효과를 직접적 효과(direct effects), 직접적 효과가 파급되어 발생하는 2, 3차적인 효과를 간접적 효과(indirect effects) 그리고 의도하지 않은 뜻밖의 효과를 부수적 효과(collateral effects)로 구분하고 있고, 물리적·기능적·심리적·체계적 효과 중에서 하나의 체계를 파괴함으로써 전체 체계의 무력화를 지향하는 체계적 효과를 특별히 강조하고 있다.

서는 최소한의 노력으로 최대의 성과를 달성한다는 효율성이 중요시되고, 그러한 효율성을 지향하기 때문에 정밀타격능력 및 스텔스 기술이 중요시되며 비군사적인 수단도 적극적으로 활용하게 된다.

예를 들면, 이라크전쟁에서 미군은 걸프전쟁에서 선보인 공군과 미사일에 의한 정밀타격을 더욱 정교화시켰고, 지상군의 기동과 더욱 유기적으로 통합하였으며, 군사작전의 전반에 걸쳐서 동일한 효과를 달성할 수 있는 다양한 수단과 방법을 사용하고자 노력하였다. 미군은 소수의 정밀포탄을 투하하여 핵심적인 표적의 전체 기능을 효율적으로 무력화시킴과 동시에 지상군의 집중적인 기동으로 적의 조직체계를 와해시켰고, 이메일로 군 지휘관에게 항복, 명령거부, 쿠데타를 종용하는 등 심리전을 적극적으로 활용하여 전투를 최소화하는 가운데 이라크 국민과 군대의 항전의지를 저하시키고자 노력하였다.[7]

다만, 이라크에서 주요전투작전(major combat operations)을 43일 만에 완료하고도 수년에 걸쳐 어려움을 겪었던 미군의 경험을 통하여 알 수 있듯이 효과기반작전은 파괴의 최소화를 지향한 나머지 궁극적인 승리의 달성을 보장하지 못하거나 전후처리를 어렵게 만드는 취약점을 지니고 있다. "정밀화력은 전략적 목표달성에 있어서 기술적인 만능해결책(silver bullet)일 수는 없다"[8]는 시각에서 볼 수 있듯이 전광석화와 같은 군사적 승리가 정치적 승리를 보장할 수는 없기 때문이다. 그리고 효과기반작전은 항공기와 미사일에 의한 표적 공격에는 매우 적합한 개념이나 지상군 작전이나 전역 차원에서 적용되는 데는 한계가 있다.

더구나 효과기반작전은 군사작전에 대한 하나의 중요한 시각이나 접근방법이 될 수는 있지만 그것 자체가 군사작전 수행개념이라고 보기는 어렵다. 표적, 수단, 방법을 선정하는 기준은 달라졌더라도 그것을

---

7) 문광건·이준호, "이라크 군사작전에서의 미.영 연합군의 승인 분석", 『주간국방논단』, 제945호(03-22)(2003. 6. 9), pp.4-5.

8) Timothy R. Reese, "Precision Firepower: Smart bombs, Dumb Strategy", *Military Review*, July-August 2003, p.53.

운용하는 방식은 과거와 유사하기 때문이다. 이러한 점에서 최근에는 효과기반접근(EBAO: Effect-Based Approach)이라는 말이 더욱 자주 사용되고 있다.

2. 네트워크중심전

네트워크중심전이라는 용어는 미 해군에 의하여 90년대 후반부터 사용되기 시작하다가 그 창안자 중의 한 사람인 세브로스키 제독(Vice Admiral Arthur Cebrowski)이 2001년 럼스펠드(Donald H. Rumsfeld) 국방장관에 의하여 발탁되어 미군의 변혁을 주도하는 역할을 지니게 됨으로써,[9] 미군 전체는 물론이고 세계적 범위로 확산되기 시작하였다.

네트워크중심전은 컴퓨터의 자료 처리능력과 네트워크로 연결된 통신기술을 활용하여 정보의 공유를 보장함으로써 군사력의 효율성을 향상한다는 개념이다. 미군은 '네 가지 기본원리(Four Basic Tenets)'라고 명명하여 네트워크중심전이 작용하는 원리를 설명한 바 있는데, ① 네트워크를 통하여 군사력을 연결함으로써 정보의 공유를 향상하고, ② 정보의 공유를 통하여 정보의 질과 상황에 대한 공통인식을 증진시키며, ③ 상황에 대한 공통인식을 통하여 협동과 자율 동시화(self-synchronization)[10]을 보장함으로써 지속성과 지휘속도를 향상시키고, ④ 결과적으로는 임무수행 효과성(mission effectiveness)을 증대시킨다는 것이다.[11]

현대전에서 가장 일반적으로 사용되고 있는 의사결정 사이클인 보이드(John R. Boyd)의 '관측(Observe)-지향(Orient)-결정(Decide)-행동(Act)'을

---

9) 럼스펠드 국방장관에 의하여 세브로스키는 국방부의 '군사력변혁실장(Director, Office of Force Transformation)'으로 임명되었다.

10) 외부적인 조치에 의해서가 아니라 체계 스스로가 자체 내의 모든 활동 및 능력을 동시 통합하는 경향이나 능력을 말한다.

11) Office of Force Transformation, *The Implementation of Network-Centric Warfare,* Department of Defense, 2004, p.7.

예로 들면, 네트워크중심전은 '관측'과 '지향'의 단계를 단축시킴으로써 후속되는 '결정'과 '행동'의 질을 향상시키고, 적으로 하여금 어떠한 방책도 선택할 수 없는 상황에 빠뜨림으로서 적을 속수무책의 상태로 만들게 된다(lock-out effect).[12] 그리고 무기체계들이 전장 공간 내 어느 곳에 위치하든 간에 네트워크상에 존재하기만 하면 신속하게 효과 위주의 집중공격에 참가할 수 있을 뿐만 아니라 이동과 수송 소요도 대폭 축소시킬 수 있기 때문에 네트워크중심전은 지금까지 전쟁에 존재하던 공간적인 제약을 최소화한다.

다만, 네트워크 중심 '전'은 '전(戰, warfare)'에서 기대되는 군사력 운용의 방향을 명확하게 제시하지 못함으로써 용어가 나타내고 있는 바를 내용이 받쳐주지 못한다는 한계가 있다. 네트워크를 통하여 부대를 연결하고 이를 통하여 정보를 교환 및 공유한 이후에 과거와 다르게 부대를 어떻게 운용하느냐에 관해서는 구체적으로 설명하지 못하고 있기 때문이다. 미군들도 이러한 문제점을 인식하여 '네트중심환경(Net-centric Environment)'(국방부), 또는 '네트중심작전환경(Net-centric Operational Environment)'(합참)이라는 용어로 조정하여 사용하고 있고, 네트중심성(Net-Centricity)이란 용어를 통하여 군대 전체가 지녀야 할 특성으로 네트중심환경을 인식해나가고 있다.

3. 신속결정작전

신속결정작전은 미 합동전력사에서 효과기반작전과 네트워크중심전을 비롯한 다양한 군사작전 수행방식들을 통합하기 위하여 창안한 용어이다. 미군은 신속결정작전을 육군, 해군, 공군, 해병대 모두에 적용

---

12) 'lock -out'이라는 말은 열쇠가 없는 상태에서 문을 잠가버려 어떻게 할 방법이 없는 상태를 말한다. 네트워크중심전을 구현할 수 있게 되면 적의 모든 대안을 사전에 봉쇄할 수 있기 때문에 적을 그러한 상태에 빠뜨릴 수 있다는 것이다.

되는 합동차원의 기준개념(overarching concept)으로 격상시킨다는 의도 하에, 2002년 'Millenium Challenge 02' 연습을 통하여 검증하기도 하였고, 그의 수행을 위한 절차를 세부적으로 발전시켰으며, 백서를 발간하여 실험을 추진하기도 하였다.

신속결정작전은 효과기반작전의 한계를 극복하여 전체 군대에 적용할 수 있는 하나의 대표적인 개념으로 제공하려고 시도했다는 점에서 그 의의가 있다고 볼 수는 있지만, 과거의 군사작전 수행과 구별되는 고유한 내용을 제시하지 못한 약점이 있다. 지금까지 인류는 대부분의 군사작전에서 '신속하고 결정적인' 승리를 달성하고자 노력하였다고 볼 수 있기 때문이다. 또한 용어 자체로만 보면 대규모 전차군단의 운용에 관한 개념으로 인식될 개연성이 더욱 크다. 따라서 신속결정작전은 희망하는 만큼의 공감대를 형성하지 못하고 시간이 지남에 따라 쇠퇴하는 모습을 보이고 있다.

4. 스와밍(Swarming)

스와밍은 1990년대부터 미군의 후원을 받아 미국 랜드연구소의 아퀼라(John Arquila) 등이 집중적으로 연구하고 발표한 군사작전 수행개념으로서,[13] 짧은 시간 내에 특정한 지점에 군사력을 집중하는 방식을 강조하는 용어이다. 벌이나 파리 등이 일순간에 모여들 듯이 부대나 전투원들이 단기간에 일정지점에 집중하여 순간적인 전투력의 우세를 달성하는 방식이다. 아퀼라와 함께 스와밍을 연구한 에드워즈(Sean J. A. Edwards)에 의하면 스와밍은 위치식별(locate), 결집(converge), 공격(attack), 분산(disperse)의 4단계로 진행되고, 모든 부대들은 적을 식별한

---

13) 스와밍에 대한 랜드연구소의 직접적 연구는 다음을 참조. John Arquila, David Ronfeldt, *Swarming: The Future of Conflict*(RAND, 2000); Sean J. A. Edwards, *Swarming on the Battlefield: Past, Present, and Future*(RAND, 2000); Sean J. A. Edwards, *Swarming and the Future of Warfare*, doctoral degree dissertation(RAND, 2004).

후 은밀하게 결집하여 공격하고 바로 분산함으로써 생존성을 보장하고 차후 공격을 대비할 수 있어야 한다는 것이다.[14]

아퀼라는 역사를 통하여 인간의 교전형태는 혼전(the melee), 집중(massing), 기동(maneuver)의 순서로 진화되어 오다가 현대에는 스와밍(swarming)으로 진화되고 있다고 주장하고 있다.[15] 그에 의하면 스와밍을 통하여 모든 군사력이나 화력의 '지속적인 박동(sustainable pulsing)'이 가능해지고, 소규모 부대로의 분산에도 불구하고 상호 연결이 보장되며, 정찰활동 · 센서 · C4가 통합되고, 원격 및 근접 전투가 병행하여 수행되며, 적을 격멸하기보다는 적의 응집성을 와해시키기 위한 공격이 중요시된다는 것이다.[16]

스와밍은 짧은 시간 내에 목표를 공격하고 분산한다는 측면에서 네트워크로 연결된 현대 군대의 장점을 극대화할 수 있고 현대전의 요구를 최대한 반영할 수 있는 방식이다. 스와밍은 소규모 부대들의 합동작전을 강화하도록 하고, 비정규전 등 다양한 작전형태에서도 적용될 수 있다. 소규모 부대 중심으로 군사작전을 수행함으로써 예산절감이 가능하고, 군수지원 소요를 감소시키며, 적의 정밀무기에 대한 취약성을 감소시키는 이점이 있다.[17]

다만, 스와밍을 모든 제대에 적용되는 군사작전 수행방식으로 선택하기는 쉽지 않다. 우선, 대규모 적 대형에 대하여 소규모 부대에 의한 스와밍이 결정적이고 신속한 성과를 달성한다는 보장이 없고, 군사작전 이후의 안정작전이나 방어작전에는 적용되기 어려우며, 기동부대의 행동을 강조함으로써 화력 위주의 현대전을 소화하는 데 무리가 있다. 따라서 스와밍이 설명하고 있는 개념과 내용 자체는 현대전의 양상을 잘 나타내고 있다고 하더라도, 용어 자체는 설득력이 적고, 그렇기 때

---

14) Sean J. A. Edwards, S*warming on the Battlefield: Past, Present, and Future*, p.68.

15) John Arquila, David Ronfeldt, *Swarming: The Future of Conflict*, pp.7-9.

16) Ibid., pp.21-23.

17) Ibid., pp.78-79.

문에 넓은 공감대를 형성하고 있지는 못한 것으로 판단된다.

5. 분산작전

고유명사로보다는 일반명사로 주로 사용될 정도로 평범한 용어이지만, 분산작전이라는 용어는 현대에 들어서 새로운 의미가 부여되고 사용빈도도 증대되고 있다. 현대의 군대는 정보기술, 화력, 기동력의 향상에 힘입어 전장에 존재하는 지리적 제약사항을 극복하게 되었고, 그 결과로 집결 및 인접 배치에 의존하지 않아도 되며, 분산되어 있는 상태에서 필요한 장소와 시간에 즉각적으로 전투력을 집중시킬 수 있게 되었기 때문이다.

분산작전을 대표적 군사작전 수행개념으로 채택하여 구현하고자 시도한 군대는 미 해병대이다. 미 해병대는 2005년 4월에 해병대 사령관 명의의 『분산작전의 개념(A Concept for Distributed Operations)』이라는 책자를 통하여 분산작전의 내용을 설명한 바 있고,[18] 지속적인 연구를 추진하고 있다. 미 해병대에 의하면, "분산작전은 지원기능에 대한 접근성을 강화하고 소부대 수준에서의 전투능력을 향상함으로써, 분리(separation) 상태에서도 협조되고 상호의존적인 전술적 조치들을 정밀하게 사용하여 적에 대해 이점을 창출하는 작전 접근방법"[19]이다. 따라서 미 해병대는 분권화(decentralization of authority)나 의사결정의 분산(distribution of decision-making authority)을 강조하고 있고, 하급제대 지휘관들은 예상하지 못한 상황에서도 적절하게 대처할 있는 역량을 구비함으로써 지휘의 속도(speed of command)를 증대시킬 것을 주문하고 있다.[20]

---

18) Commandant of the Marine Corps, *A concept for Distributed Operations,* Washington DC: Department of the Navy, Apr. 25, 2005.

19) Ibid., p. I .

분산작전은 지나치게 평범한 용어이고 소규모 부대급 작전에 해당되는 인상을 주는 단점이 있지만, 단어 자체로도 작전수행의 모습이 분명하게 드러나는 점이 있고, 네트워크중심전보다는 군사력 운용의 모습을 분명하게 제시하고 있으며, 스와밍보다는 일반적이거나 친숙한 용어이고, 시각에 따라서 대부대급으로 확산되어 사용될 수도 있는 개념이다.

6. 제4세대전

제4세대전은 과거와는 전혀 다른 형태로 현대전이 수행될 것이라는 점을 부각시키기 위하여 미군의 현역 장교들이 창안한 용어이다. 1989년에 린드(William S. Lind) 육군대령을 비롯한 미국 해병 및 육군 장교들이 공동으로 논문을 발표하여 소개한 이 용어는 1648년 「웨스트팔리아(Westphalia) 조약」에 의하여 국가가 군대를 독점적으로 보유하기 시작한 시기를 현대전의 시초로 보면서 그 이후 새로운 기술(technology)과 사고(idea)의 변화로 인하여 지금까지 4개의 세대로 군사작전의 수행방식이 변화되어왔다고 주장하고 있다.[21]

이들에 의하면 제1차 세계대전은 활과 총이 주 무기인 시대의 군사작전으로서 열과 종(line and column)의 대열이 특징이고, 엄격한 규율에 의한 '질서의 군대문화(military culture of order)'가 강조되었다. 제2세대전은 19세기 중반에 강선총, 총구 후방에서의 장전, 기관총, 철조망 등의 새로운 기술이 등장함에 따라 나타난 형태로서, 질서를 존중하면서도 자율을 허용하기 시작하였고, '포병은 정복하고 보병은 점령한다(the artillery conquers, the infantry occupies)'는 말처럼 중앙집권적으로 통제되

---

20) Ibid., p. II.

21) William S. Lind, John F. Schmitt, Joseph W. Sutton, Gary I. Wilson, "The Changing Face of War: Into the Fourth Generation", *Marine Corps Gazette*, October 1989, pp.22-26.

는 화력집중을 통한 소모(attrition)가 핵심적인 요소였다. 그리고 제3세대전은 제1차 세계대전 이후에 독일의 '전격전(Blitzkrieg)' 또는 '기동전(maneuver warfare)'이 그 전형으로서, 제2세대전의 화력과 소모에 비해서 속도(speed), 기습(surprise), 심리적 이탈(mental dislocation)을 강조하는 비선형적(nonlinear) 군사작전의 형태를 띠고, 예하부대 및 개인의 방법상 자율성, 즉 주도권(initiative)이 강조되었다.[22] 아직 제4세대전의 모습이 명확하게 드러난 것은 아니지만, 이것은 과거부터 전승되고 있는 내용을 계승하면서도 그 분산의 정도, 전후방의 구분, 민간인과 군인의 구별이 더욱 애매해지고,[23] 테러조직과 같은 다양한 비국가적 적대세력(non-state opponents)과의 투쟁이나 문화와 문화 간의 투쟁이 증대될 것이라는 것이다.[24]

제4세대전은 현 시대에는 과거와는 다른 형태와 방식의 군사작전 수행과 대비가 필요하다는 점을 강조하는 데는 성공하였으나 군사이론적인 충분성은 확보하지 못한 것으로 평가된다. 제4세대전은 구별을 강조하면서도 과거전의 특성을 상당할 정도로 계승하고 있을 뿐만 아니라, 세대 등의 용어를 명확한 정의 없이 사용하고 있는 등 전체적인 논리 전개가 "회복할 수 없을 정도의 결함을 지니고 있다(irredeemably flawed)"고 평가되고 있다.[25] 그리고 현재의 테러·대 테러 군사작전을 제4세대전의 전형적 사례로 열거하고 있는 것에서 나타나듯이 최근의 군사작전 양상에 맞추어 이론을 역구성한 측면도 있다. 그럼에도 불구하고 이라크에서의 전혀 다른 경험에 바탕으로 두어 미군들은 '4GW'라는 용어 자체를 자주 사용하고 있고, 일반인들도 활용하고 있으며,

---

22) William S. Lind, "Understanding Fourth Generation War", *Military Review*, Sep.-Oct. 2004, pp.12-13.

23) William S. Lind, John F. Schmitt, Joseph W. Sutton, Gary I. Wilson, "The Changing Face of War: Into the Fourth Generation", p.24.

24) William S. Lind, "Understanding Fourth Generation War", pp.13-14.

25) Autulio J. Echevarria II, *Fourth-Generation War and Other Myths*, Nov. 2005. Available: http://www.StrategicStudiesInstitute.army.mil(검색일: 2010. 8. 6).

한국군에서도 얼마 전에 활발하게 사용된 바 있다. 변화의 폭을 강조하는 데 있어서 '세대'라는 말은 상당한 설득력을 지니고 있기 때문이다.

Ⅲ. 미래 군사작전 수행개념의 기본요건

한국의 미래전 수행개념을 구체적인 내용으로 제시하는 것은 어렵다. 대부분의 사회과학적 개념이 그러하듯이 단일의 정답이 존재하는 것도 아니고, 한국군이 발전시킨 부분은 비밀로 분류되어 있을 것이며, 미래에 관한 것이라서 상당한 불확실성이 존재할 수밖에 없기 때문이다. 이러한 점에서 앞에서 언급한 미래전의 양상과 현대에서 토론되어 온 다양한 군사작전 수행과 관련된 이론들을 바탕으로 한국군이 고려할 필요가 있는 미래전 수행개념의 기본적 요건 몇 가지를 제시하면 다음과 같다.

1. 네트워크 중심 환경의 구축

어떤 형태와 방식으로 미래전이 수행되든 상관없이 기본적으로 한국군의 모든 부대들은 네트워크를 통하여 연결되고, 이를 통하여 정보를 공유하며, 그 결과로써 군사력의 운용효율을 극대화할 필요가 있다. 네트워크를 통하여 부대를 연결함으로써 정보기술의 이점을 최대한 활용할 수 있어야 하고, 전쟁에 대한 지리적 및 시간적 제약을 최소화할 수 있어야 한다. 특정의 상황이나 임무를 가장 잘 해결할 수 있는 부대나 무기·장비를 네트워크를 통하여 선택 및 운용함으로써 동일한 군사력으로 더욱 폭넓은 임무를 수행하고, 지식의 공유를 통하여 상황별로 최선의 조치를 보장할 수 있어야 한다.

네트워크 중심환경에서는 상호의존성과 함께 협동(collaboration)을 중요시할 필요가 있다. 네트워크중심 환경하에서는 모든 요소들이 자신의 강점으로 다른 요소들을 지원하고, 자신이 미흡한 분야는 다른 요소들로부터 지원받을 수 있어야 하는데, 이것은 복종-지시의 관계가 아니라 협동을 통하여 달성되어야 하기 때문이다. 특히 이러한 협동은 군대 내에만 국한되어서는 안 되고 정부기관, 비정부기관, 국제적 관련 요소까지를 포함한 범위에서 추진될 필요가 있다.

2. 공간적 분산

현대전의 특징이면서도 강점인 요소는 분산이다. 정보화로 대변되는 현 시대에는 지리적 제약이 줄어들고 정보의 실시간 공유가 보장되어 과거와 같은 집결이나 연결된 배치의 필요성이 줄어들기 때문이다. 그리고 분산되었을 경우 적의 공격으로부터 방호하기에 용이할 뿐만 아니라, 분산된 상태에서 특정한 시간과 장소에 집중하였을 경우 군사력 운용의 효율성과 기습효과를 증대시킬 수 있다. 이러한 분산은 범세계적 차원에서부터 전술적 차원에 이르기까지 다양한 수준에서 이루어질 수 있다.

분산작전은 비선형적인 형태로 미래전이 수행되도록 한다. 과거에는 부대들이 집중 및 연결되어 있기 때문에 종심-근접-후방, 공격개시선, 통제선, 전투지경선, 전진한계선, 화력지원협조선 등과 같은 인위적인 구획이 2차원 지도 위에 설정되었지만, 분산된 상태에서는 이러한 구분이 약화되고, 전 전장에서 동시에 전투가 수행된다. 나아가 이러한 비선형적 형태는 지리적 구분이 애매한 공중과 우주까지도 포함하는 3차원으로 확대된다. 따라서 미래전은 입체적이면서도 혼합된 형태로 진행되고, 이러한 상황에 효과적으로 적응할 수 있는 능력을 구비한 군대가 승리하게 된다. 미래전에서 승리하고자 한다면 모든 부대를 공간적으로 분산시킴으로써 취약성을 감소시킬 필요가 있고, 그러한 분산에 따른 취약성은 네트워크를 통한 연결로 보완해야 한다고 할 것이다.

3. 시간적 집중

시간적 집중은 공간적으로 분산된 군사력을 짧은 시간 내에 필요한 장소에 필요한 부분들만 집중시킴으로써 임무를 달성하고, 곧바로 분산하여 또 다른 임무수행에 대비하는 것이다. 시간적 집중과 관련하여 현대에 들어서 강조되고 있는 개념은 동시통합(synchronization)[26]이다. 동시통합은 통합(integration)이 한 차원 격상된 내용으로서 수년 전부터 강조되어 왔는데, 단순한 통합에 비해서 시간적인 일치성과 계획의 일관성을 강조한다. 군사적 조치들이 사전에 집중적으로 시행됨으로써 그 효과를 극대화한다는 개념이다.

동시통합의 개념은 정보화시대에 진입함에 따라 더욱 창의적인 내용으로 발전되고 있다. 우리의 모든 조치는 동시통합을 달성하도록 사전에 치밀하게 계획되어 전체적인 일관성이 유지되고 있지만, "적들의 마음에는 우리의 행동이 동시통합이 아니라는 인식을 심어줌으로써"[27] 적으로 하여금 우리의 의도나 다음 행동을 예측하지 못하도록 해야 한다는 개념이다.

미래전에서 승리하고자 한다면 한국군은 공간적인 분산을 전제로 한 상태에서 시간적인 집중을 달성함으로써 전체 군사력의 운용효율성을 극대화하고, 기습의 효과를 달성할 수 있어야 한다. 특히 이러한 시간적 집중의 형태가 적에게 식별되지 못하도록 해야 하고, 상황이 요구

---

26) 이의 번역도 '통합', '동시화', '동시통합' 등으로 다양하지만, 'integration'이나 'simultaneity' 등과의 구별을 보장하고 뜻을 분명히 한다는 차원에서 육군에서 사용하고 있는 '동시통합'이라는 합성어를 선택하였다.

27) Department of Defense, *Major Combat Operations Joint Operating Concept*, September 2004, p.10.

하는 바에 부합되도록 우리의 모든 활동들을 효과적으로 조절할 수 있어야 한다.

Ⅳ. 미래 군사작전 수행개념의 핵심방향

한국군이 미래전을 수행해야 하는 세부적인 방향은 다양한 구분으로 기술할 수 있으나 전쟁을 수행하는 데 필수적인 기능(전장기능)을 중심으로 한국군이 고려할 필요가 있는 핵심적인 방향을 제시하면 다음과 같다.

1. 입체기동 · 정밀타격 작전

미래전에서도 기동을 중심으로 한 육군의 신속한 전장이동, 공격, 전과확대, 방어의 유기적인 연결은 작전수행의 기본을 형성한다. 육군은 기동을 통하여 적에게 접근하여 우리의 강제력을 투사시키고, 그로써 적의 의지를 굴복시킨다. 현 시대에 발달된 수송차량, 장갑차, 전차 그리고 헬기 및 항공기를 이용한 입체적이면서 충격적인 기동을 통하여 육군은 적을 심리적으로 마비시키고, 적의 대응태세를 와해시키며, 적의 중심을 무력화시킨다. 특히 이러한 기동은 현대의 위력적인 화력과 결합됨으로써 그 승수효과(synergy)를 극대화하게 되고, 결정적인 성과를 달성하게 된다. 미래로 갈수록 한국군은 분산된 상태에서 시간적 집중을 달성하고자 할 것이고, 따라서 앞으로 헬기와 항공기를 통한 신속하고 정확한 기동이 차지하는 비중이 점점 더 증대될 것으로 판단된다. 헬기와 항공전력의 적극적인 화력지원을 보장함으로써 한국군은 기동소요와 휴대해야 할 화력의 양을 감소시킬 수 있어야 한다.

입체적 기동과 정밀타격을 위한 전제는 전장과 적에 관한 정확한 정보이다. 군사작전이 수행되는 공간 내에서의 지형과 기상에 관한 사항, 적의 제대편성과 능력 그리고 적의 다양한 활동에 대하여 충분한 정보를 확보함으로써 보고 싸우는 전쟁으로 발전시켜나가야 한다. 또한 최소예상선(line of least expectation)과 최소저항선(line of least resistance)을 통하여 기동함으로써 결정적 목표에 이르기까지 전투력 손실을 최소화하고, 결정적인 시간과 장소에 전투력을 집중함으로써 최단시간 내에 최소전투로 작전을 종결할 수 있어야 한다. 하나의 기동으로 종료되는 것이 아니나 후속되는 전과확대를 통하여 최초효과를 공간적 및 시간적으로 확대시키고, 적에게 대비할 시간을 주지 않아야 한다.

적 중심과 핵심표적에 대한 정밀타격을 위해서는 효과중심의 접근방법(Effects-Based Approach)을 계속하여 적용할 필요가 있다. 작전의 속도를 지체시킬 정도로 지나친 시간과 노력을 소모해서는 곤란하지만 적의 체계를 효과적으로 붕괴시킬 수 있는 결정적인 표적을 분석해내고, 그러한 표적에 정밀타격을 비롯한 최적의 수단을 사용함으로써 최소한의 노력으로써 최대한의 성과를 거두고자 노력할 필요가 있다. 또한 전투와 병행하여 다양한 심리전 및 정보작전을 감행함으로써 전투 이외의 방법으로 적을 와해시키거나 굴복시킬 수 있는 방법을 모색하는 것도 중요하다. 이러한 노력을 통하여 전체 군사력 운용의 효율성을 강화하게 될 경우 동일한 전체 군사력으로 더욱 다양하고 많은 임무에 전투력을 집중할 수 있는 여유를 가질 수 있다.

미래전에서는 공군의 화력이 결정적인 중요성을 지니게 될 것이다. 공군은 정밀타격을 통하여 적의 전략적 표적을 무력화시키고, 그럼으로써 적의 지휘체제와 작전지속능력을 와해시킨다. 공군은 요망하는 성과가 나타날 때까지 지속적으로 표적을 공격할 수 있기 때문에 승리를 위한 요건조성에 절대적으로 유리하다. 미군이 걸프전쟁과 이라크 전쟁에서 선보인 바와 같이 공군의 역량이 탁월할 경우 지상전이 시작되기 이전에 전쟁승리를 위한 대부분의 사전작업이 완료된 상태일 수 있다.

미래전에서는 더욱 다양한 적지 종심작전부대를 투입하고 활용할 수 있어야 한다. 적에 관한 정확한 정보수집, 적의 중심 및 핵심표적에 대한 정밀타격, 지상군의 안전하면서도 위력 있는 기동을 위해서는 적지 종심작전부대가 눈과 귀의 역할을 수행하지 않을 수 없기 때문이다. 현대의 발달된 장비와 무기를 보유하고 있고, 후방으로부터 충분한 화력지원을 받을 수 있는 적지 종심작전부대는 적의 후방에 침투하여 적의 조직적 저항을 사전에 와해시킬 수도 있다. 다수의 제대에서 해당되는 적의 후방지역에 다양한 적지 종심작전부대를 투입할 필요가 있고, 철저한 후방연결(reachback)[28]을 보장함으로써 이들의 활동과 전체적인 노력의 일관성을 보장하고, 적지 종심작전부대의 지속성을 강화할 수 있어야 한다.

네트워크를 통한 부대 및 전투원의 연결이 과거에 비해서 더욱 긴밀해짐에 따라 한국군은 부대별 분산을 더욱 증대시킬 필요가 있다. 분산한 가운데서 생존성을 보장하고 있다가 필요할 경우 시간적으로 집중함으로써 가용한 전투력의 효율을 극대화할 수 있기 때문이다. 지금까지 한반도에서의 군사작전은 연결되고 협조된 전선을 유지하는 방향이었지만, 앞으로의 전쟁에서는 광범한 지역에 분산되어 있던 부대들이 계획에 따라 핵심목표 및 핵심지역에 시간적으로 집중하여 작전을 실시하고, 작전 직후 곧바로 분산하는 형태, 소위 분산작전의 형태를 강화하여 나가게 될 것이다.

한국의 입체고속 기동은 산악지형의 제한사항을 잘 극복할 수 있어야 한다. 산악지형은 기동로를 제한하고, 대규모 기동부대의 병행기동

---

28) 전방에 있는 부대나 전투원들이 후방에 있는 지휘부에 긴밀하게 연결되어 있는 상태로서, 전방의 부대와 전투원은 지휘관의 눈과 귀나 손발이 되고, 지휘소에서는 머리가 되어 주어진 상황에 대한 최선의 해결책을 지시하거나 필요한 전투지원 및 전투근무지원을 제공한다.

이나 연결을 어렵게 하며, 작전지속능력 추진을 곤란하게 할 것이기 때문이다. 또한 산악지형은 적에 대한 정보수집을 제한하거나 적이 은밀하게 침투할 수 있도록 함으로써 경계소요를 증대시킨다. 따라서 입체고속 기동을 위해서는 산악의 중요지형지물을 통제할 수 있어야 하고, 공중기동의 활용을 극대화해야 한다. 다만, 산악지형은 적에게도 동일하게 작용한다는 점에서 상대적으로 효과적인 기동을 달성할 경우 적은 손쉽게 고립시키거나 분리시킬 수 있다는 장점도 존재한다.

2. 전 영역 방호

지금까지도 그러하였지만 미래전에서는 더욱 다양한 형태의 적 공격으로부터 부대 및 개인의 안전을 보장하거나 피해를 최소화하는 방호의 비중이 중요해질 것으로 판단된다. 무기체계의 치명성이 증대되고, 인명보호의 절대성은 증대될 것이기 때문이다. 재래식 무기도 그렇지만 화생방 무기에 대한 방호에 실패할 경우에는 전투력의 전반적인 붕괴를 초래할 수 있다. 또한 현대의 과학장비 발달로 쌍방이 다양한 정찰장비를 구비하게 됨에 따라 방호는 보안과 병행하여 강조하게 되었다. 특히 미래전에서는 자체적인 부대 및 개인의 방호와 함께 작전지역 내에 있는 다른 군종, 나아가 민간요소들의 방호도 지원할 필요가 있다는 점에서 임무수행이 만만치가 않다.

방호에 있어서 기본적으로 여전히 중요한 것은 통상적인 재래식 위협으로부터의 방호이다. 여기에는 다양한 사항이 포함되겠지만, 적의 포병이나 방사포 등 다양한 화력으로부터 방호가 제공되어야 하고, 적의 다양한 정찰활동이나 특작부대의 아군 후방지역 활동을 위한 방호태세도 강조하여야 하며, 적 항공기에 대한 방호력도 체계적으로 점검할 필요가 있다. 다만, 개전과 함께 공중우세가 조기에 달성될 가능성이 적지 않고 지금까지 적 항공기에 대한 방공력을 상당할 정도로 구비해왔다는 점에서 이에 대한 비중은 일부 조정할 필요가 있다. 대신에 적의 장사정포나 방사포에 대한 방호 및 이를 무력화하기 위한 대포병사격 능력을 강화할 필요가 있고, 침투하는 적 특작부대를 식별하여 격멸하는 분야에 상당한 관심을 투입할 필요가 있다. 또한 적 장거리포에 대한 서울의 위협을 고려할 때 적 포탄이나 로켓을 직격파괴 (hit-to-kill)하여 무력화하는 기술의 개발과 비용 대 효과 분석도 장기적인 측면에서 검토해볼 필요가 있다.[29)]

화생무기에 대한 방호에 관해서도 여전히 관심을 기울일 필요가 있다. 국제적으로 화생무기는 사용이 금지된 상태에서 모두 폐기되었지만, 북한의 경우 대규모 화학무기를 보유하고 있고, 생물학 무기도 보유할 가능성이 크다. 화생무기의 경우 방호 자체가 제한이 있다는 점에서 사전에 이를 제거하는 방책을 적극적으로 고려하지 않을 수 없고, 따라서 국가적 차원에서 그를 위한 합리적 방책을 사전에 개발하여 적용할 수 있어야 한다. 그럼에도 불구하고 적의 사용에 대비한 방호와 제독 노력이 필요한 것은 물론이다.

북한이 핵무기를 보유하고 있는 상황이고, 상당한 핵무기를 보유한 주변국가들이 존재하기 때문에 핵전쟁의 가능성을 유념하지 않을 수 없고, 이 경우에는 화생무기에 대한 방호보다 더욱 적극적인 선제방책이 필요하다. 핵폭발에 대한 효과적 방호 자체가 불가능할 뿐만 아니라, 국토를 오염시켜 민족의 터전 자체를 상실하는 결과가 될 수도 있기 때문이다. 적이 핵무기를 사용하고자 하거나 사용할 가능성이 높아졌다고 판단될 경우 긴밀한 한미연합작전 태세하에 과감히 선제타격을 실시함으로써 핵무기 발사 자체를 무력화시킬 수 있어야 한다.

미래전에 대비하여 즉각적인 관심이 투입되어야 할 사항은 적의 미

---

29) 현재 미국은 레이저 무기를 사용하여 적의 포탄을 직격 파괴하는 기술을 개발하고 실험하는 단계에 있으나, 실용화되기에는 상당한 기간이 더욱 필요하다고 판단된다. 더구나 비용 대 효과를 비롯한 다각적인 분석을 선행된 다음에 이에 대한 개발 여부를 고려할 필요가 있다.

사일 공격으로부터의 방호이다. 북한은 800발 이상의 미사일을 보유하고 있고, 주변국의 경우에도 상당한 대규모 미사일을 보유하고 있으며, 북한의 경우 조만간에 미사일을 통하여 핵무기를 발사할 수 있는 능력을 구비할 가능성도 적지 않다. 따라서 한국군은 미사일 방어망 구축을 위한 최선의 방책을 선별하고, 장기적이면서 지속적으로 필요한 조치를 강구해 나가야 한다. 적의 미사일을 공중에서 요격하는 능력도 중요하지만, 좁은 국토를 고려할 때 적지에서 미사일 발사대 등을 선제적으로 공격하여 파괴하는 데 더욱 높은 중점을 둘 필요가 있다.

3. 혼합위협(Hybrid Threat) 대응

미래전에서는 지금까지의 위협에 비해서 그 형태가 매우 다양해질 것으로 예측되고 있다. 지금까지와 같은 전통적인 위협도 존재하겠지만 내부불안, 테러, 재해재난 등의 다양한 위협이 대두될 것이고, 그러한 것들이 국민들에게는 더욱 심각한 위협으로 인식될 것으로 예상된다. 따라서 한국군은 전쟁의 위협을 포함한 다양한 혼합위협의 형태를 판단하고, 전쟁뿐만 아니라 다양한 비군사적 사태에 관해서도 군대가 수행해야 할 역할을 식별하고, 필요한 대비조치를 강구해 나갈 필요가 있다.

미래전에서는 군사작전의 범위를 과거와 같은 무력충돌에만 국한하지 말고 정치적 안정까지를 포함한 범위까지 연장하여 인식할 필요가 있다. 다시 말하면, 특정 지역을 점령하여 통제하는 데만 머물지 말고, 주민들의 호응을 획득하고, 주민 및 자원을 효과적으로 통제 및 활용하며, 필요시 신속한 복구와 재건을 지원하고, 이러한 활동을 통하여 군사적 성과를 정치적 성과로 연결시킬 수 있어야 한다. 이것은 민군작전(civil-military operations)[30]으로 명명되고 있는데, 군사작전의 형태가 다

---

30) 전통적으로는 민사작전(civil affairs operations)이라는 말을 사용하였으나 민간과 함께하

양해질수록 민군작전의 형태도 다양해지고 비중도 커져야 할 것이다.

전투작전 이외에 대 테러전(war against terrorism) 및 대 반란전(counter-insurgency)[31] 활동에 대한 연구와 대비도 강화해나갈 필요가 있다. 한국의 경우 아직까지 그의 비중이 높지는 않을 수 있으나 예상하지 못한 상태에서 다양한 테러가 자행될 수 있고, 그러할 경우 군대의 개입이 요구될 수 있다. 또한 다양한 원인에 의하여 국내불안이 무장소요로 악화될 경우 군대의 관여가 요청될 수 있고, 이러한 새로운 형태의 임무에 관하여 제대로 연구 및 대비되지 않거나 필요한 장비를 전혀 구비하지 못할 경우 제대로 임무를 수행하지 못하거나 악화시킬 우려가 있다. 그 대비의 정도는 판단되는 위협의 수위에 따라 달라지겠지만, 최소한의 이론 및 교리 연구부터 꾸준히 실시할 필요가 있고, 그러한 상황에 부합되는 교리, 장비, 교육훈련을 실시해야 할 필요성도 없다고 할 수는 없다. 또한 적의 다양한 심리전이나 선전선동에 대해서도 효과적으로 대응할 수 있어야 한다.

4. 합동성과 통합성 강화

최근 들어서 합동성(jointness)이 무척 강조되고 있고, 미래전에서도 합동성의 정도가 전쟁의 승패를 결정적으로 좌우할 것이다. 합동성이 강화될 경우 전체 전력의 효율성(efficiency)을 극대화할 수 있기 때문이다. 전체 군대 차원에서 계획한 사항들이 말단 제대의 실제 행동으로 구현됨으로써 모든 군사행동에서 일관성이 보장되고, 낭비적이거나 돌출적인 군사행동이 최소화되며, 따라서 단일의 목표에 군대의 모든 역량을 집중하는 결과가 된다. 또한 지상군의 경우 공군의 화력을 적극

는 작전이라는 의미를 강조하기 위하여 육군에서는 민군작전으로 통일하여 사용하고 있다.

31) 테러는 특정한 행위만을 의미하지만 테러리즘은 테러를 사용하여 의도하는 바를 달성하고자 하는 방식으로서 사전대비를 포함하는 대 테러전은 엄밀하게 말하면 대 테러리즘전이 정확하다.

적으로 활용함으로써 특정한 상황에서 가용한 화력의 크기를 결정적으로 증대시킬 수 있고, 공군의 경우에는 지상군으로부터 적 지역 및 표적에 관한 현장 정보와 군수지원 및 기지의 안전을 보장받음으로써 오로지 표적에 대한 공격임무에만 전념할 수 있다.

미래전에서 승리하고자 한다면 당연히 각 군종별 군사작전에서 벗어나서 전체 군대 차원에서 최선의 수단과 방법을 사용하고자 노력하지 않을 수 없다. 합동 차원에서 작전계획을 수립하고, 그러한 계획의 수립과 시행을 보장할 수 있는 교리를 정립하며, 실제 전투행위가 발생하는 현장에서 가용한 모든 부대와 기능들이 중복이나 충돌 없이 역할을 분담하여 통합할 수 있는 체제를 구축할 필요가 있다. 이를 위해서는 평시의 군사력 건설부터 합동성을 보장해야 함은 물론이다.

미래전에서는 정부, 비정부기구(non-governmental organization), 그 외 다양한 민간단체 및 개인의 역량을 전쟁에 긍정적으로 작용하도록 통합하거나 이들의 부정적인 영향을 최소화하는 사항도 중요해진다. 군사적인 비효율성 여부와 상관없이 현대전에서는 그러한 요소들의 참여가 일상화되고 있기 때문이다. 미래전에서 승리하고자 한다면 한국군은 이러한 조직과 요원들을 무시하지 않고 전쟁수행에 참여시키고자 노력함으로써 그들의 역량을 군사작전에 순기능으로 작용하도록 활용할 수 있어야 한다. 다만, 민간인을 군사작전에 사용할 경우 책임의식이나 사명감도 강하지 않고, 그들의 경호를 위하여 막대한 비용을 지불해야 할 수도 있으며, 잘못되었을 경우 책임소재를 가리는 것(accountability)이 어렵다는 측면에서 적정한 수준을 잘 판단할 필요가 있다.

5. 효과적인 지휘통제

미래전에서는 사용되는 무기 및 장비의 위력이 증대된 만큼 이들의 노력을 하나의 방향으로 통일시키는 것이 중요하다. 특히 미래전에서는 상황이 급속하게 전개될 것이기 때문에 신속하면서도 정확한 지시가 하달되고, 세부사항이 건의될 수 있어야 한다.

이를 위한 기본적인 조건은 모든 부대와 전투원들이 하나의 통일된 네트워크를 통하여 연결되는 것이다. 이러한 네트워크 연결을 통하여 모든 정보들이 공유되고, 적시적이고 정확한 의사결정을 보장하며, 부대의 분산과 집중을 보장하고, 전체 전투력의 효율성(efficiency)을 극대화할 수 있는 것이다. 이러한 네트워크의 연결이 제대로 성과를 달성하기 위해서는 사전에 통일된 개념과 계획이 존재해야 하고, 무엇보다 발생하는 제반사항을 자유롭게 전달 및 전파할 수 있는 문화적인 융통성이 보장되어야 한다. 상하 간에 손쉽게 소통할 수 있는 문화가 구비되지 않는다면 네트워크를 통한 연결은 제대로 기능할 수 없다.

모든 부대가 네트워크로 연결되어 있음에도 불구하고 미래전에서는 초급 지휘관 및 지휘자들의 독단 활용이 더욱 요구되지 않을 수 없다. 불확실성을 주요한 특성으로 하는 미래전에서 사전에 모든 상황을 예측할 수 없고, 상급부대 지시를 받아서 수행할 시간적 여유가 없는 상황이 많을 수 있기 때문이다. 그렇기 때문에 미래전에서는 한편으로는 중앙집권적인 통제를 강화하면서 또 다른 한편으로는 권한의 과감한 위임을 통한 분권화를 권장하지 않을 수 없다. 이러한 두 가지의 상충성을 효과적으로 해결하는 열쇠는 바로 초급 지휘관 및 지휘자들이 충분한 군사지식을 갖는 것이며, 따라서 지휘통제는 군사의 전문성 정도와 간접적으로 연관된다고 할 것이다.

지휘통제가 중요해짐과 더불어 적의 지휘통제체제를 와해시키거나 어떤 상황하에서도 우리의 지휘통제체제를 온전하게 유지하기 위한 노력은 중요해진다. 지휘통제는 우수한 것도 중요하지만 어떤 상황에서라도 유지되는 것이 더욱 중요하다. 이러한 점에서 현대의 과학기술을 이용하여 지휘통제체제가 첨단화될수록 그것이 일시에 와해될 가능성은 높아질 수 있다. 따라서 군대의 지휘통제는 신뢰성(reliability)을 우선시할 필요가 있고, 이를 보장하기 위한 적정수준의 의도적인 중복(redundancy)을 감수해야 한다.

6. 작전지속능력 보장

군사작전 활동에 소요되는 전투력의 수준을 소요 기간 동안 유지하기 위해서는 병력, 장비, 물자의 일정 수준을 유지하고 보충하여야 한다. 이는 작전 간의 피해나 소모를 상쇄하여 전투력을 유지하는 데 필수적인 것으로써 미래 군사기술에 의한 단기전의 가능성에도 불구하고 중요시하지 않을 수 없다. 분권화된 작전, 빠른 작전템포, 신장된 작전거리 등으로 인해 미래 지상전의 작전 지원속도는 전반적으로 증가될 것이며, 이에 비례적으로 전투지원 활동의 적시성 및 정밀성도 요구될 것이다.

전투부대에 대한 효과적인 군수지원을 보장하기 위해서는 군수지원부대의 기동성과 생존성을 보장할 수 있어야 한다. 전투부대와 군수지원부대가 유사한 기동력을 보유해야 전투부대의 방호와 군수지원부대의 지원이 상호 보완효과를 달성할 수 있기 때문이다. 군수지원부대가 적의 특작부대 활동이나 항공기 폭격에 노출되지 않도록 전투부대와의 협조를 강화하고, 이동상의 방호조치를 강구해야 한다.

작전지속능력을 보장하기 위해서는 당연히 후방지역의 안전과 안정을 확보해야 한다. 이러한 점에서 후방의 국가행정이 제대로 기능하고, 국민들이 안정된 가운데 각자의 부여된 임무를 수행하며, 그것을 기반으로 정상적인 동원 및 전쟁지원 노력이 가능하도록 노력할 필요가 있다. 또한 앞으로의 전쟁에서는 국민들이 전쟁수행에 부담이 되어서는 곤란할 뿐만 아니라 전쟁에 적극적으로 기여해야 한다는 측면에서 국민들의 민간방위(civil defense)도 조직화하거나 적극적으로 지원할 필요가 있다. 국민 각자가 거주 지역에 대한 최소한의 자체방어를 수행하고, 적의 공격으로 인한 피해를 최소화할 수 있는 대책을 강구하며, 자체적으로 피해복구를 실시할 수 있도록 체제를 강구하고 지도할 필요가 있다. 민간방위가 체계화될 경우 국민이나 후방의 안전을 위한 군 병력의 전용을 최소화함으로써 전투력 증강의 효과가 있을 수 있음을 인식할 필요가 있다.

V. 결론

미래전이 어떠한 방향으로 전개될 것으로 전망하거나 특정한 방향으로 전개되어야 한다고 희망한다고 하여 그 방향으로 전개되는 것이 아니다. 미래전의 일반적인 양상을 분석한 상태에서 우리에게 유리한 최선의 대응방향을 강구하고, 그러한 방향을 구현하는 데 필요한 능력을 도출하고, 그러한 능력을 발휘할 수 있도록 하는 무기, 장비, 물자를 개발하거나 교리, 구조 및 편성, 교육훈련, 인적자원 등의 분야에서 필요한 소요를 도출하여 구현할 때 그 방향으로 전개되고, 또한 승리하게 된다.

다수 군사이론가들의 적극적 노력과 걸프전쟁과 이라크전쟁을 비롯한 현대전의 경험으로 인하여 효과기반작전, 신속결정작전, 네트워크중심전 등의 다양한 현대적 군사작전수행개념이 발전되고 있고, 그 외에도 스와밍, 분산작전, 제4세대전 등의 새로운 개념들이 토의되고 있다. 이러한 군사작전 수행개념들은 나름대로의 유용한 시각을 제시하고 있지만 동시에 전체를 대표하는 데는 한계가 있다. 따라서 이러한 개념들의 기본개념, 강점과 제한사항을 정확하게 이해할 필요가 있고, 그를 바탕으로 한국군의 미래 군사작전 수행개념을 정립하는 데 참고할 수 있어야 할 것이다.

한국군이 발전시켜야 할 군사작전 수행개념의 구체적 내용을 명확하게 제시할 수는 없지만, 일반적으로 볼 때 미래전에서 한국군은 요망하는 효과를 달성할 수 있는 최선의 표적, 수단, 방법을 선택하고자 노력하고, 짧은 시간 내에 결정적인 성과를 달성할 수 있어야 하며, 모든 부대 및 개인들은 첨단의 네트워크로 연결시킴으로써 지리적 이격과 상관없이 실시간 정보공유 및 신속하고 정확한 의사결정을 보장하는 방향이어야 한다. 과거와는 전혀 다른 양상의 전쟁에 대처한다는 자세를 바탕으로 특히 분산된 상태에서 필요시에 집중하고 또다시 분산하는 방식을 강조할 필요가 있다. 그리고 이러한 개념을 구현할 수 있는 방향으로 군사력 건설의 소요를 도출하거나 제기된 소요들의 타당성을 판단할 필요가 있다.

중요한 것은 어떤 형태와 내용의 군사작전 수행개념이냐를 결정하는 것이 아니다. 최선의 군사작전 수행개념을 토의해나가는 과정이 더욱 중요할 수 있다. 전쟁이 발발하면 구체적인 군사작전 수행개념은 그 당시의 상황과 여건에 의하여 달라져야 할 것인데, 그것은 보장하는 것은 간부들의 군사지식과 군사적 안목일 것이고, 그러한 지식과 안목은 평시의 활발한 토의에 의하여 함양될 것이기 때문이다. 정답 여부가 중요한 것이 아니라 정답을 찾아나가는 과정의 치열성과 체계성이 중요하다고 할 것이다.

| 참고문헌 |

문광건·이준호, "이라크 군사작전에서의 미·영 연합군의 승인 분석", 『주간국방논단』 제945호(03-22)(2003. 6. 9).

Arquila, John and Ronfeldt, David, *Swarming: The Future of Conflict*, RAND, 2000.

Batschelet, Allen W., "Effects-Based Operations for Joint Warfighters", *Field Artillery*, May-June 2003.

Commandant of the Marine Corps, *A concept for Distributed Operations*, Washington DC: Department of the Navy, Apr. 25, 2005.

Crowder, Gary L., "Effects Based Operations Briefing", *Pentagon Briefing*, 2003. 3. 19.

Department of Defense, *Major Combat Operations Joint Operating Concept*, joint operating concept, September 2004.

Echevarria, Autulio J. II, *Fourth-Generation War and Other Myths*, Nov. 2005.

Edwards, Sean J. A., S*warming on the Battlefield: Past, Present and Future*, Rand, 2000.

Edwards, Sean J., *Swarming and the Future of Warfare,* doctoral degree dissertation, RAND, 2004.

Lind, William S., "Understanding Fourth Generation War", *Military Review,* Sep.-Oct. 2004.

Lind, William S., Schmitt, John F., Sutton, Joseph W. and Wilson, Gary I., "The Changing Face of War: Into the Fourth Generation", *Marine Corps Gazette,* October 1989.

Mann, Edward C. III, Endersby, Gary and Seale, Thomas R., *Thinking Effects: Effects-Based Methodology for Joint Operation.* CADRE Paper No. 15, Maxwell Air Force Base: Air University Press, 2002.

Office of Force Transformation, *The Implementation of Network-Centric Warfare*, Department of Defense, 2004.

Reese, Timothy R., "Precision Firepower: Smart bombs. Dumb Strategy", *Military Review,* July-August 2003.

제8장 자강+연합+협력 모델의 자주국방과 실천방향*

이원우

요약

　본 연구는 한미동맹 현실진단, 북한위협과 한미일 안보협력 가능성 증진, 중국의 군사력 강화와 미일의 전략적 요구, 한미동맹 관련 한국 내 갈등 완화와 글로벌 네트워크 구축 필요성 등을 기반으로 자주국방 실천방향을 제시한다. 한국은 자강(自强)+연합(聯合)+협력(多者安保) 메커니즘을 통하여 동북아지역의 조정자(調整者) 내지 지원자(支援者) 역할을 수행하는 것을 '광의의 자주국방' 모델로 하여 다음과 같은 사안들을 검토하여 추진해 나가야 할 것이다.

　첫째, 2015년 12월 전시작전통제권(전작권) 전환을 고려 시, 전쟁지도와 국가안보 지도력 강화가 절실하며, 대통령으로부터 각급 지휘관에 이르기까지 유사시 권한과 책임이 표준절차(SOP)화 되어야 한다. 이는 현대전에서 고가의 첨단장비도 중요하지만, 전쟁지도와 지휘역량 강화가 우선적으로 요구되기 때문이다.

　둘째, 전작권 전환을 상정 시 문민통제, 3군 균형발전, 전면전 상황, 연합작전과 상호운용성 등 현재의 한미연합사 기능을 대체할 합동작전사령부(합작사)를 창설하여 육·해·공군 작전사와 합동부대들을 작전통제 및 운용할 수 있어야 하겠다.

　셋째, 적극방어 개념과 병행하여 확장억제력(extended deterrence)을 활용하기 위해 네브래스카에 위치한 전략사령부(USSTRATCOM)에 한국 대표단을 파견하여 미국과 공동으로 동북아의 핵 상황에 대처하는 방안을 강구할 필요가 있다.

　넷째, 전력증강 방향은 핵무기와 미사일을 포함한 WMD 공격에 가장 효과적으로 대응할 수 있도록 해야 하며, 한국형 미사일 방어체제(MD)가 조기에 구축되고, 유사시 미일의 MD와 연동될 수 있는 시스템 검토도 요구된다.

　다섯째, 한미일 안보협력을 NATO로 확장하고 동남아와 중앙아 국가들 및 호주, 인도 등과 네트워크를 강화하여, 한미동맹과 한중관계 병행 발전에 지렛대로 활용하고 러시아와 호혜관계를 위한 다자외교 활동증진이 요망된다.

---

* 이 글의 초고는 『안민정책포럼』 국가전략세미나(2011. 9. 30)에서 "한미동맹 강화를 위한 자주국방모델 실현: 현실진단과 난제의 극복"으로 발표되었다. 또한 이 논문은 2011년 정부(교육과학기술부)의 재원으로 한국연구재단의 지원을 받아수행된 연구임(NRF-2011-413-B00001).

Ⅰ. 서론

한국은 지정학적으로 자주국방을[1] 위해 자강(自强)+연합(聯合)+협력 (協力)을 필요로 하는데, 이는 과거 한반도 역사에 나타나는 강대국들 로부터의 침략과 지배당한 경험이 주는 역사적 교훈이다. 따라서 한국 은 자주국방 개념을 광의로 해석하여 국방력 강화, 한미동맹 그리고 주변국들과의 우호협력증진을 상호 효과적으로 융합하는 능동적인 정 책과 전략을 구사해 나가야 한다. 여기서 국방력 강화는 자주권을 가 진 독립국가로서 당연히 적정수준의 군사력을 보유하는 것을 의미한 다. 한미동맹은 과거 60여 년 매우 성공적이었음으로 향후도 이러한 연합모델을 유지할 필요가 있다. 주변국들과 우호협력은 현상을 인정 하는 가운데 문제들을 대화와 협상 그리고 다양한 협조체제를 통하여 해결하는 다자안보협력을 의미한다. 이에 한반도는 강대국들로 둘러싸 여 불리한 것만은 아니며, 자강+연합+협력 모델을 기초로 할 때, 대 륙과 해양 어디로든 진출할 수 있는 전략적으로 매우 유리한 위치에 있다. 그리하여 한국은 유사 이래 최고의 번영을 누리는 현실을 직시 하면서 역대 정권들이 공을 들여온 한미동맹이 올바른 방향이었다는

---

1) 본고에서 '자주국방' 개념은 '국내외 총체적 역량을 활용하는 광의의 자주국방'을 의미 한다.

점에서 현재의 안보시스템과 국방제도를 보존하면서 일본, 중국, 러시아, 동남아, 중앙아 국가들을 포함하여 광범위한 유라시아 안보협력시스템을 구상하고 발전시켜 미래의 국방과 안보문제에 능동적으로 대처해 나가야 할 것이다.

자유민주주의 국가들은 자국의 군사력만으로 방위임무를 책임지지 않으며, 넓은 의미의 연합(coalition) 또는 동맹(alliance)을 통하여 안정과 평화를 유지한다. 이는 동맹 개념이 자유민주주의, 시장경제, 인권, 법의 지배, 상호협력과 같은 가치를 중시하는 안보공동체(security community)를[2] 지향하기 때문일 것이다. 즉, 동맹개념은 과거 냉전시기의 외부침략을 억제하고 응징하는 기본임무 외에 지역 국가와 전 세계로 투사력을 확대하고 인권탄압·테러리즘·초국가적 위협에 대응하는 등 포괄적으로 다양화된 집단안보개념으로 광역화·지구화되어 발전하고 있다.[3] 오늘날의 한미동맹도 전략동맹 내지는 가치 중심의 동맹으로 기능과 역할이 변화되고 지역동맹으로 발전이 가시화되면서, 편승에 가까운 비대칭동맹(asymmetric alliance)으로부터 대칭동맹으로 조정 중이다. 그 이유는 안보환경이 변화하여 미국에 크게 의존하던 안보협력이 더 이상 불가능해졌으며, 이는 미일을 포함한 서방의 경제위기와 지도력이 약화되고, 그 공백을 중국이 상당부분 잠식하는 가운데 한국과 같은 전략적 거점에 위치한 중간수준 국가의 역할과 기능이 크게 증진되고 있기 때문이다. 이러한 안보환경에서 한국은 동북아시아 나아가 아태

---

2) 안보공동체에 대하여는 다음을 참조. 도이취는 성공적인 안보공동체 조건으로 ① 정치적 의사결정 관련 주요한 가치들의 일체성, ② 구성국가 상호간 폭력에 의존하지 않는 역량, 의사소통, 습관, 제도의 수립. ③ 상호간 행동의 예측가능성을 강조하고, 다원형 (pluralistic) 안보공동체의 예로 미국이 지원하는 북대서양조약기구(NATO)를 상정하였다. 상호간 무력불사용과 강대국에 의한 무력공격, 약소국의 강대국에 대한 배신 등을 우려하지 않는 상호간 깊은 신뢰가 존재하는 정치·경제·사회·문화적 협력공동체를 의미한다. Karl W. Deutsch et al., *Political Community and the North Atlantic Area: International Organization in the Light of Historical Experience*(Princeton, New Jersey: Princeton University Press), 1957, p.9, pp.65-69. 이원우, 『다자안보협력의 한계와 제약: 아세안지역안보포럼 (ARF) 중심으로』(파주: 한국학술정보. 2009), p.60에서 재인용.

3) 이원우, "안보협력 개념들의 의미 분화와 적용: 안보연구와 정책에 주는 함의", 『국제정치논총』 제51집(1)호(2011), pp.41-42.

지역에서 의미 있는 미국의 동맹국으로 공동방위 임무를 추진해나가야
하는 현실에 직면하고 있다.

이에 본고는 거시적(macro) 관점에서 한미동맹의 역사를 통해 현실을
진단하고, 북한위협과 한미동맹 및 한미일 안보협력의 증진, 중국의 군
사력 강화와 미일의 전략적 요구를 통하여 한국을 둘러싼 위협요인들
을 식별한다. 나아가 한미동맹 관련 내부의 갈등과 분열을 완화하면서
자주국방 지원 글로벌 네트워크 구축을 구상함으로써 북한 문제를 비
롯하여 총체적 안보위협을 억제하고 광의의 자주국방 실천방향을 제시
하고자 한다. 이를 통해 한국은 자유민주동맹 네트워크를 확대하고, 중
국을 설득하며, 러시아와 협력하는 등 '건설적 안보 조정자(調整者)이자
지원자(支援者)'로서 위상을 제고해 나가야 할 것이다.

Ⅱ. 한미동맹의 현실 진단

2006년 한미 정부가 전략적 유연성(strategic flexibility)에 합의하고, 전
시 작전통제권 전환을 결정함으로써 주한미군이 기동군 형태로 세계
여러 지역으로 이동이 가능하게 되었다.[4] 이 경우, 주한미군의 공백을
일본 자위대가 지원하는 등 한미일 안보협력이 보다 높은 차원에서 현
실화되어 동북아 통합군 형태로 운영되길 미국은 기대하고 있다. 2010
년 신미국안보센터(CNAS: Center for a New American Security)는 '한국
안보를 위한 21세기 전략동맹'에서 미국은 한국방어 공약과 함께 미국
의 제한사항과 기여 필요성을 솔직히 제시하고, PKO · 인도적 지원 ·
재난구호 등 국제활동에 한국의 참여도를 높여야 하며, 한미동맹이 중

---

4) 전략적 유연성은 2006년 1월 반기문 외교장관과 라이스(Condoleezza Rice) 국무장관 간
   한미외무장관회담에서 합의되었으며, 전시작전통제권 전환은 2006년 9월 당시 노무현
   대통령과 부시(George W. Bush) 대통령 간에 합의되었다.

국의 부상(浮上)을 관리하는 차원에서 중국의 강압(coercion)과 침략에 대항하는 전략적 방비(strategic hedge)를 강구해야 한다고 주장한다. 나아가 한국은 북한의 침략과 정권붕괴 등 다양한 사태에 효과적으로 대응할 수 있는 지상군, 공군, 해군, C4ISR[5] 전력구조를 갖추어야 하며, 한미동맹은 북한과 중국의 도전에 대처하기 위해 일본과의 접촉을 확대 강화해야 함을 강조하고 있다.[6] 이는 오늘날 한국과 동맹국 미국이 처한 안보현실과 인접 우방국 일본과의 협력이 절실한 이유를 설명하고 있다. 또한, 일본이 2011년 3월 11일 대지진과 쓰나미 그리고 후쿠시마(福島) 원전사태로 큰 어려움을 겪고 있으며 국내정치 리더십도 미약한 점을 고려 시, 한국이 현 위기상황 타개를 위해 주도적으로 동북아 안보상황을 지혜롭게 풀어 나가야 할 주체임을 시사해 준다.

이러한 맥락에서, <표 1>과 같이 한미동맹을 주축으로 하는 자주국방태세 발전과정을 살펴보는 것은 한국이 어떠한 수준에서 국가안보와 지역안보 현실을 극복해나가야 할 것인가라는 문제에 적절한 해답을 제공하는 경험사례가 된다. 즉 6·25전쟁, 한미연합사 창설, 전시작전통제권 전환 결정 등을 통해서 한미관계는 발전적으로 진화해 왔다. 역사의 변화는 새로운 사고(思考)와 수단·방법을 요구하듯이 자주국방태세로의 발전 역시 신사고(新思考)와 상응하는 대책을 필요로 하는데, 국제질서 속에서 순기능할 수 있는 역량의 확보가 무엇보다 필요하다. 일본이 청일전쟁에 승리하고 을미사변으로 한반도 지배를 공고히 한 1895년부터 1941년 태평양전쟁 개전 시까지 미국은 일본의 한반도 지배권을 인정하였다. 그러나 1945년 태평양전쟁 종전 이후 미국은 미일 및 한미동맹을 통해 동북아 지역안보를 지원해 오고 있다.

1948년 대한민국 건국 후 2년도 지나지 않아 '건군기'의 한국은 6·25

---

5) Command, Control, Communication, Computer, Intelligence, Surveillance and Reconnaissance 는 지휘, 통제, 통신, 컴퓨터, 정보, 감시 및 정찰로 현대전 수행을 위한 총체적 시스템을 의미한다.

6) Abraham M. Denmark, Zachary M. Hosford 著, 국방연구원 譯, "한국의 안보를 위한 21세기 전략동맹", 국방연구원, 2010. 12, p.4.

<표 1> 한국의 자주국방태세 발전 개관

한국정부		미국정부
?	한국군+유엔사·주한미군사에 의한 방어·억제 전략지시 3호(2015. 12. 1 예정, 전시작전통제권 전환) 【자주국방 실현기】	?
? 이명박 노무현 김대중 김영삼 노태우 전두환 최규하 박정희	UN사·한미연합사에 의한 방어·억제 (1978~2015): 37년 ※ 2011년 현재 주한미군 28,500명 수준 2015. 12. 1 작전권 전환 연기 결정(2010. 6) 전략적 유연성 및 전작권 전환 합의(2006) 전략지시 2호(1994. 12. 1, 평시 작전통제권 환수) 전략지시 1호(1978. 11. 7, 한미연합사 창설) 【자주국방 역량 강화기】 -주한미군 5,000명 이동(2004) -주한미군 7,000명 철수(1990~1992)	? Obama(2009-) George W. Bush (2001~2009) Clinton(1993~2001) George H.W. Bush (1989~1993) Reagan(1981~1989) Carter(1977~1981)
박정희 윤보선 이승만	UN군에 의한 방어(1950~1978): 28년 ※ 주한미군 320,000~40,000여 명 주둔 대간첩작전 한국이 지휘(1968. 4. 17, 박-존슨회담) UN사 한국군 작전통제(1954. 11. 18, 합의의사록) 한미상호방위조약 체결(1953. 10. 1) 한국군의 작전지휘권 이양(1950. 7. 14) UN안보리결의(1950. 7. 7, UN군사령부 창설) 6·25전쟁(한국전쟁, 1950. 6. 25~1953. 7. 27) 【자주국방 기반 조성기】 -주한미군 3,000명 철수(1978) -주한 미7사단 철수(20,000여 명, 1972)	Carter(1977~1981) Ford(1974~1977) Nixon(1969~1974), Johnson(1963~1969) Kennedy(1961~1963) Eisenhower(1953~1961) Truman(1945~1953)
이승만	대한민국 건국과 독자방어(1948~1950): 2년 ※ 병력 53,000명 【건군기】 Acheson 선언(1950. 1) 고문단 500명 외 미군 철수(1949)	Truman(1945~1953)
군정장관 미군사령관	미군정(1945~1948): 3년 ※ 72,000여 명(미24군단) 주둔	Truman(1945~1953)
昭和 (1926~1989) 大正 (1912~1926) 明治 (1867~1912)	한일합병·식민지 (1910~1945): 35년 (1895~1945): 50년	Truman(1945~1953) Franklin D. Roosevelt(1933~1945) Hoover, Coolidge, Harding, Wilson(1913~1921) Taft(1909~1913) Theodore Roosevelt(1901~1909)

※ 정창렬 외, 『세계사연표』(서울: 역민사, 1994), p.90, p94. 권현철, "주한미군의 가치 추정", 『국방연구』(서울:
   국방대 안보문제연구소, 2011), p.25. 김열수, 『국가안보』(서울: 법문사, 2011), pp.228~237. 국방부, 『자주
   국방과 우리의 안보』(서울: 국방부, 2003), pp.23~26.
   http://www.whitehouse.gov /about/presidents 등 참고하여 작성함.

남침전쟁을 겪어야 했다. 1950년부터 1978년까지 28년간은 '자주국방 기반 조성기'라7) 할 수 있는데, UN군에 의하여 한국방위가 이루어지던 시기로 월남전 참전, 북한 무장공비 소탕작전 등을 통하여 자주국방의 기틀을 이루었던 시기였다. 1978년부터 2015년까지는 '자주국방 역량 강화기'라8) 할 수 있는데, 1978년 11월 한미연합군사령부(한미연합사, CFC: Combined Forces Command) 창설로 한국군은 절반의 작전지휘권을 회복하였으며, 1994년 12월에는 평시 작전통제권을 회복하였고, 2015년 12월 1일부터는 전시작전통제권을 한국이 환수하게 될 예정이다. 2015년 12월 이후는 명실공히 '자주국방 실현기'로9) 명명할 수 있는데, 한국군이 한국방위를 주도함과 동시에 UN사령부와 주한미군사령부의 긴밀한 협조와 지원을 받게 될 것이다. 아울러, 전시작전통제권(전작권, OPCON: Operational Control) 전환은 강력한 동맹의 상징인 한미연합사가 해체되고, '지역 안보협력의 확대와 한국의 역할증진'이라는 책임과 희생을 감내해야 하는 것을 의미하기도 한다. 따라서 한미동맹의 지역화나 제주 해군기지 건설과 같은 전략적 조치들을 연루(entrapment)의10) 위험으로 인식해서는 아니 되며, 보다 책임있는 국가로서 떠맡아야 할 임무로 인식해야 한다. 다시 말해, 핵무장한 북한, 항모와 신예 전략미사일로 증강된 부상하는 중국에 능동적으로 대비하는 조치가 강구되어야 하는 것은 동맹관계에서 공유하는 의무에 속한다. 지금까지 한국의 제반가치는 미일과의 협력에 의한 '통합된 안보능력'에 의존해 왔으며, 이 틀을 벗어날 경우, 우리의 역량은 그만큼 줄어든

---

7) 미국으로부터의 군사 및 기술 원조와 미군의 선진 군사제도를 수용하여 자주국방의 기반을 형성한 시기이다.

8) 한미연합사 창설로 한미가 강고한 동맹체가 됨으로써 자주국방역량이 크게 강화되었다.

9) 한국방위에 한국군 주도(leading), 미군지원(supporting) 체제가 형성되는 것은 자주국방실현기로 명명하는 데 부족함이 없다. 그러나 이 과정에서 전시 한미연합작전에 대한 보다 세심한 협조체제 구성이 요구된다.

10) 연루에 관하여는 다음을 참조. Glenn Snyder, *Alliance Politics*(Ithaca: Cornell University Press, 1997), p.116. 빅터 D. 차 지음, 김일영·문순보 옮김, 『적대적 제휴: 한국·미국·일본의 삼각 안보체제』(서울: 문학과 지성사. 2004), pp.69-80.

다는 현실을 간과해서는 아니된다. 이러한 점들로 인하여 2015년 12월 전작권 전환이 실행된다면 다음과 같은 점들에 특별히 유념해야 할 것이다.

첫째, 동맹군사협조본부(AMCC: Alliance Military Cooperation/Coordination Center)에서 한국군과 주한미군이 어느 정도로 긴밀한 협조가 가능할 것인가? 둘째, 1994년 평시작전통제권 환수 시 연합사령관에게 위임한 6가지 연합권한위임사항(CODA: Combined Delegated Authority)의[11] 실질적 이행 문제, 셋째, 한미연합공군사령부(ROK-US Combined Air Force Command)의 역할에 관한 인식수준 제고 등이다. 즉, 한국군의 능력을 고려하여 상기한 3가지 핵심적 문제들에 대한 올바른 협상과 합의 그리고 조정이 이루어져야만 한미동맹 그리고 유사시 연합작전이 효율적으로 작동될 수 있다.

이 점에서 AMCC는 현재 연합사 근무형태를 참고하여 '일심동체로 움직일 수 있는 기능'을 요구하는데, 현 연합사체제와 같은 기능과 역할이 예하 작전부대에 이르기까지 숙달되어 운영되어야 할 것이다. CODA는 정보를 미국 측에 의존하는 한 '한미공동임무 수행'이 불가피할 것이며, 정보, 작전, 군수 등 협력을 강화하는 수준에서 조율되어야 할 것이다. 가장 중요한 고려사항은 한미연합공군을 미7공군사령관이 작전통제함에 따라 실질적 전쟁수행 주도권은 여전히 주한미군이 가지게 될 가능성이 높다는 점이다. 미 태평양사령부의 지휘통제를 받는 7공군사령부는 미국 측에서 볼 때 '전략적 유연성'하에서 동북아사령부(東北亞司令部) 역할이 가능하기 때문이다. 이는 걸프전과 이라크전 그리고 리비아사태에서 보듯이 전쟁의 전 과정에 공군의 역할이 압도적

---

11) ① 한반도 전쟁억제와 방어 및 정전협정 준수를 위한 한미연합위기관리, ② 전시 작전계획 수립, ③ 한미연합합동교리발전, ④ 한미연합 육·해·공 합동훈련과 연습계획 및 실시, ⑤ 조기경보를 위한 한미연합정보 관리, ⑥ C4I 및 상호운용성 등의 전시업무 수행을 위해 연합사가 평시에 준비해야 할 권한 행사 등이다. 허남성, "평시 작전통제권 환수 경과와 향후의 대책", 『외교』제33호(1995. 3), pp.90-91. 김열수, 『국가안보』(서울: 법문사, 2011), p.241. 『조선일보』 2011년 4월 20일자 A33면. 국방부, 『국방백서 2010』(서울: 국방부, 2010), p.65.

임을 상기할 때, 충분히 예상할 수 있는 상황이다. 전시에 공군 전투기와 전폭기 등 모든 항공기와 증원되는 미 해군과 해병의 항공전력까지 작전통제하고, 한반도 공역(空域)관리뿐만 아니라 동북아 전 지역을 염두에 두는 7공군사령관의 책임과 권한은 실로 오늘날 한미연합사령관 역할을 초월할 수도 있다. 이 점에서 '전시작전통제권 전환이 명분만 있고 실리는 없다'는 주장도 간과할 수 없으며, '북한 핵문제가 해결될 때까지 한미연합사 체제를 연장'하는 문제를 검토해야 한다는 입장도 설득력이 존재하는 것이 현실이다.[12]

노무현 정부에서 '자주'라는 정치적 슬로건으로 시작되어, 이명박 정부에서 '전략동맹 2015(Strategic Alliance 2015)'로 이행중인 전작권 전환(한미연합사 해체) 작업은 그만큼 중차대한 문제라는 점을 깊이 인식하고 매우 조심스럽게 동맹을 손상시키지 않는 방향에서 원만히 진행시켜 나가야 한다. 특히 한미상호방위조약의 유지, 주한미군 지속 주둔 및 미 증원군 전개 보장, 정보자산 등 한국군에게 부족한 전력 지속지원, 연합대비태세 및 공동방위 억제력 유지 등 한미 간 국방협력은 철저히 준수되어야 할 것이다.[13] 이를 위해서는 한미·한미일 안보협력이 그 어느 때보다 필요하다. 이 점에서 2011년 10월 코언(William S. Cohen) 전 국방장관의 '중국의 군사력은 힘이 센 것보다 공격적이라는 것이 문제다. 중국의 힘이 공격적으로 발현될수록 한미, 미일, 미국과 호주 동맹 등을 더 굳건히 함으로써 힘의 사용은 국제규범 내에서 해야 한다는 점을 분명히 해야 한다. 이는 중국에 대한 봉쇄가 아니라 정책이다'라는[14] 언급은 의미심장하다. 이점에서 북한위협대응과 중국견제를 위해 한미일 안보협력은 그 필요성이 증대되고 있다.

---

12) 국방선진화 연구회, 「국방선진화 전략과 과제」(서울: 한반도선진화재단, 2011), P.46.

13) 국방부, "한미 국방협력지침", 대한민국 국방부, 2010. 10. 8.

14) 임민혁, "도발 후 대가 받고 또 도발⋯북한 쇼 더는 못 봐", 코언 전 국방장관, 『조선일보』, 2011년 10월 13일자, A20면.

Ⅲ. 북한위협과 한미일 안보협력의 가능성 증진

2006년과 2009년 두 차례의 핵실험을 통하여 북한은 비공인 핵국가로 분류되고 있으며, 1990년대 이래 추출한 30～50kg의 플루토늄과 고농축 우라늄 프로그램(HEU: Highly Enriched Uranium) 등을 고려 시, 최소한 6개 이상의 핵무기를 보유한 것으로 추정된다.[15] 나아가 미사일 탑재가 가능한 탄두 소형화(miniaturization)에도 성공하였거나 거의 성공 단계에 있을 가능성이 높다.[16] 이러한 관점에서 북한의 미사일 능력은 가장 우려되는 비대칭 위협에 속하는데 1980년대에 생산·배치된 사정거리 300km인 Scud-B와 사정거리 500km인 Scud-C, 1990년대에는 사정거리 1,300km인 노동미사일을 실전배치하여 일본을 사정거리에 두었다. 2007년에는 사정거리 3,000km에 달하는 중거리 탄도미사일(IRBM) 무수단을 배치함으로써 괌, 캄차카반도, 동남아시아 등에 직접적 타격능력을 보유하게 되었고, 현재 사거리 6,700km에 달하는 대포동 미사일(ICBM)을 개발 중인데 이는 알라스카와 하와이, 호주, 모스크바까지 타격이 가능하다.[17]

---

15) Mary Beth Nikitin, "North Korea's Nuclear Weapons: Technical Issues", Congressional Research Service, January 20, 2011 at http://www.fas.org/sgp/crs/nuke/RL34256.pdf(검색일: 2011. 9. 27); 2009년 2월 국방부는 북한이 플루토늄 40kg 정도를 보유하고 2006년 실험을 핵무기 실험보다는 핵장치(nuclear device) 실험이라고 하는 등 한국정부는 북한 핵을 인정하지 않거나 최소위협으로 간주하였으나, 2009년 5월 제2차 핵실험 후에는 핵무기 보유가능성으로 선회하였다. 그러나 2008년 이래 미국의 CIA·합참·국방부, 미국과학자협회(FAS), IAEA 등에서는 북한을 핵보유국가(nuclear power)로 분류하고 있다.

16) 핵무기 보유 시 공격 표적이 되기 때문에 공격 능력 보유는 필수적이다; 북한의 미사일 기술과 파키스탄의 핵기술은 연계되어 있으며 2005년 파키스탄은 사거리 500km 정밀 공격이 가능한 핵탄두 탑재가능 Babur 순항미사일을, 2011년 10월 28일에는 스텔스 기능의 핵탄두장착 사거리 700km인 Hatf-7(Babur) 순항미사일을 성공하였다. "Pak tests nuclear-capable Hatf-7 cruise missile", *The times of India,* Oct. 28, 2011; "Hatf-7, Babur Cruise Missile", http://militaryasia.blogspot.com/2010/01/pakistan-babehatf-7 -babur-cruise.html(검색일: 2011. 10. 29); FAS, "Pakistan Missile Special Weapons Delivery Systems", http://www.fas.org/nuke/guide/pakistan/missile/index.html(검색일: 2011. 10. 30).

17) 국방부, 『2010 국방백서』(서울: 대한민국 국방부, 2010), pp.27-28.

핵무기와 미사일 이외에도 북한은 한국과 비교 시 다양한 비대칭전력(asymmetric military capability)을 보유하고 있는데, 2,500～5,000톤에 달하는 화학무기와[18] 탄저균, 천연두, 콜레라 등 생물무기를 자체적으로 배양 생산할 수 있는 것으로 알려지고 있다.[19] 그 외에도 휴전선 일대에 집중 배치되어 있는 장사정포, 특수전부대, 지대지·지대함 미사일, 전자교란무기(GPS 교란 등), Cyber부대, 대남 심리전 및 무장공비 남파, 잠수함과 잠수정, 기뢰·어뢰, 해안포, 테러 능력 등 다양한 비대칭전력을 보유하고 있다.[20] 이러한 북한의 비대칭전력들은 천안함 폭침사태와 연평도 포격사태에서와 같이 불시에 계획된 도발을 한다는 점에서 한국은 방어에 매우 불리하다. <표 2>는 북한 비대칭 위협에 대한 현재 한국의 대응전략을 나타내고 있다.[21]

---

18) 화학무기(화학작용제)에는 신경작용제, 질식작용제, 수포작용제, 혈액작용제, 최루작용제, 구토작용제, 식물고사작용제, 무능화작용제 등 다양한 종류가 있으며 대표적 비인도적 무기이다.

19) 국방부(2010), p.28

20) 한국전략문제연구소,『동북아 전략균형』(서울: 한국전략문제연구소, 2010), p.51.

21) 남창희·박동형·이원우, "한일·한미일 공군협력 추진방향 연구", 2011년 공군연구용역보고서, 2011. 7, pp.23-25.

<表 2> 북한 비대칭 위협에 대한 한국의 대응전략

북한의 비대칭 위협	한국의 대응전략
핵무기, 화생무기	미국의 확장억제력(extended deterrence)
EMP(?)	공군 정밀유도무기 EMP 방호시스템 구축(전략시설)
장사정포(300여 문)	무인기, AN-TPQ 36·37, 공군·항공 정밀유도무기, MLRS, 자주포 등
미사일(스커드 700여 발, 노동 320여 발, 지대함 미사일)	그린파인R/D, PAC-Ⅱ, SAM-Ⅱ BLOCK Ⅳ 공군 정밀유도무기
SA-18(이글라), AA-11(아처) 등 중적외선 단거리 미사일[22]	2014년 목표로 중적외선 플레어 개발중
잠수함·잠수정(70여 척)	예인소나, P-3C 16대, 대잠헬기
기뢰(주요 항만 봉쇄)	소해함
Cyber 부대 (해킹, DDos 등 통신마비, 1,000여 명)	사이버 사령부에서 대응
특수전부대(18만 명), 공기부양정 130여 척, 고속상륙정 90여 척, AN-2 등 330여 대 등	아파치, 공격헬기, 지대공 미사일(천마, 신궁)
전자전(GPS 교란 등)	대전자전
해안포	자주포, 함포, 공군 정밀유도무기
테러리즘	?
대남심리전 및 무장공비 남파	?

출처: 한국전략문제연구소, 『동북아 전략균형』(서울: 한국전략문제연구소, 2010), p.52 참고하여 북한의 비대칭 위협 및 한국의 대응전략을 추가하고 보완함.

    북한의 대량살상무기(WMD)는 한국과 미국 그리고 일본에 직접적 위협이며 이를 억제하고 응징하기 위한 능력은 사실상 한미일 협력을 통해서만 가능한 것이 현실이다. <표 2>에서 한국의 대응전략 역시 한국 단독으로는 제한적이며 미일의 지원 시 보다 완전해질 수 있는 수단들이다. 이에 한미일 안보협력은 한미동맹과 미일동맹이 궁극적으로 '아태지역에서 포괄적이고 효과적인 지역안보체제로 발전할 것'을 전제로 한다는 점에서 상호이익이 합치된 메커니즘이라 할 수 있다. 특히 북한이 개발한 것으로 추정되는 전자기파 폭탄(EMP: Electro Magnetic

---

22) 한국의 F-15K 등 전투기, 헬기 등 항공 전력의 플레어(섬광탄)는 近적외선만 방출함으로 중적외선 미사일을 피하기가 어렵다(2010년 감사원의 무기체계 소요 유지관리 분야 감사결과). 유용원·조백건, "한국군 전투기·헬기 등 항공전력 北 신형 중적외선 미사일에 취약", 『조선일보』 2011년 4월 7일자, A-6면.

Pulse)은 '동해 상공 40~60km 지점에서 20kt 핵무기로 터트릴 경우 한반도 전역의 통신 및 전력시스템 무력화, 전자장비 탑재무기들이 무능해진다'는 증언도 있다.[23]

이 점에서 한국은 북한의 기습공격, 특히 대량상상무기(WMD) 공격에 대비하여 불가피하게 선제공격(preemption) 수단으로 이를 억제해 나가는 수밖에 없다. 그러나 현재 한국의 헌법(1987. 10. 29)은 제73조에서 대통령에게 '선전포고(宣戰布告)' 권한을 부여하고 있으나, 제60조 국회의 동의권(同意權)과 제5조의 '침략전쟁 부인(否認)' 조항으로 선제공격, 예방전쟁, 공세적 방어개념 실현을 엄격히 차단하고 있다.[24] 그리하여 북한의 대량살상무기(WMD) 위협과 기습 공격에는 당할 수밖에 없는 것이 현실이며, 이를 극복하고 전쟁예방 및 승리를 위해서 한국군은 방어적 방어(defensive defense) 개념에서 공세적 방어(offensive defense)로 전환해야만 대북(對北) 억제력이 형성될 수 있다. 이를 위해 정치적 결단과 법적·제도적 장치가 보강되어야 한다. 앞서 언급한 헌법 제5조 뿐만 아니라, 헌법 제76조와 제77조는 국가안보 관련 대통령의 긴급명령권과 계엄권을 명시하고 있으나, 북한 유사시 군을 활용한 공세적 임무부여 권한을 결여하고 있다. 헌법 제84조의 경우 내란과 외환죄를 각오하지 않고는 대통령이 북한의 위협에 선제공격 결단을 내릴 수 없는 것이 현재의 법체계라는 점이 큰 맹점이다.[25] 미국의 경우 1973년 제정된 전쟁권한법(War Power Act/Resolution)에 따라 대통령이 60일간 의회승인 없이도 전쟁을 수행할 수 있으며, 철수 시 안전을 명분으로 30일을 연장하여 군사력을 활용할 수 있는 것과 대조적이다.[26]

---

23) 미국이 소리 방송(VOA)은 핵무기 전문가 피터 프라이 박사(前 CIA 소속)의 말을 인용하여 북한이 EMP폭탄 보유 가능성을 보도했다. 프라이는 'EMP탄을 만든 러시아 과학자가 EMP 디자인 정보가 북한에 유출되었고, 2004년 러시아 과학자들은 북한이 수년 내 EMP탄 개발 가능성을 추정한 바 있고, 2006년 1차 핵실험 폭발력이 1~3kt에 그쳤는데 이는 EMP 폭탄의 특징이다'라고 증언하였다. 안용현, "러 EMP 폭탄 개발자, 北에 EMP 정보 유출돼", 『조선일보』, 2011년 6월 25일자, A6면.

24) 권영성, 『헌법학원론』(서울: 법문사, 1988), p.981, pp.986-988.

25) 남창희·박동형·이원우(2011. 7), pp.25-26.

이를 종합할 때 한국은 북한의 우세한 미사일 전력에 의하여 초전에 주요 기지와 기간시설들이 공격받을 수밖에 없는 상황에 있으며, 핵무기를 포함하여 대량살상무기와 미사일로 무장한 북한을 한국 단독으로 억제한다는 것은 사실상 한계가 있음이 확인된다. 구체적으로 2010년 3월의 천안함 폭침과 11월 연평도 포격사태는 앞으로 핵무기를 내세워 어떠한 위협과 도발도 가능함을 시사하는 것이며, 한국이 선제공격 개념 또는 이와 유사한 힘을 사용하여 억제하지 않으면 북한을 통제하기 힘들다는 것을 여실히 보여준 것이었다. 이에 한미일 안보협력에 의한 전쟁억제의 중요성은 부각되는데, 주일 미군기지와 괌의 엔더슨 기지까지 북한의 노동미사일과 무수단 미사일의 사거리에 노출되어 있다는 점이 우려되는 전략적 취약점이다. 그러나 한미일 3국의 결합이 강해지면 강해질수록 북한 및 중국에 대한 억제(deterrence)와 동시에 강제력(compellence)이 형성된다는 측면에서[27] 주일 미군기지 문제는 더욱 중요성을 갖는다.

미일연합훈련 시에도 북한의 미사일과 대량살상무기는 주요 위협대상인데, 특히 2006년 북한의 핵실험 이후 일본은 주요 군사시설에 대

---

26) 미국의 전쟁권한법은 의회가 대통령의 전쟁선포와 전쟁수행을 제한하자는 의미의 법이지만 국가수호를 책임지는 대통령에게 90일간의 군사력 활용 권한을 부여하고 있다. "The War Powers Act of 1973", Public Law 93-148, 93rd Congress, H. J. Res. 542, November 7, 1973, at http://www.thecre.com/fedlaw/ legal22/warpow.htm(검색일: 2011. 9. 28).

27) 억지, 강제, 협박·공갈, 강압외교 등은 다음을 참조. 억제력(deterrence)은 적대국이 도발행위를 하게 되면 보다 심각한 고통과 피해를 받을 것이라는 압력을 가하여 분쟁이나 전쟁을 예방하는 방어적·수동적 위협행위로 분쟁·전쟁 발발 이전 단계까지 적용된다. 그러나 분쟁·전쟁이 발발하면 억제·저지는 실패한 것이며 이때는 공세적 군사력 활용 등 강제(compellence)가 동원되는데 적대행위 지속 시 더 큰 대가·비용을 치를 것임을 인지시키는 데 주안을 둔다. 강제에는 협박·공갈(blackmail)과 강압외교(coercive diplomacy)가 있다. Lawrence Freedman, *Strategic Coercion: Concepts and Cases*(Oxford: Oxford University Press, 1998); Alexander L. George, "Coercive Diplomacy", in Robert J. Art and Kenneth N. Waltz(eds.), *The Use of Force: Military Power and International Politics*(sixth edition), Lanham, Maryland: Rowan & Littlefield, 2004; Peter Viggot Jakobson, *Western Use of Coercive Diplomacy after the Cold War*(New York: St. Martin's Press, 1998); Peter Viggot Jakobson 저, 최종철 역, 『탈냉전시기의 강압외교』(서울: 국방대학교, 2001).

한 공격을 우려하고 이러한 대응책으로 국제법적 문제에도 불구하고 '적(敵)기지 공격론'이 등장하였다. 비록 적기지 공격론이 국제법적으로 찬반양론이 있다고 할지라도 비핵국가인 일본 입장에서는 미일동맹 강화를 통하여 정밀유도무기로 북한의 위험한 전략표적들을 사전 제압함으로써 공격을 예방하고자 한다. 이러한 예방공격 또는 선제공격의 의미는 소위 1962년 쿠바미사일 위기에서부터 유래된 예방적 자위(anticipatory self-defense) 개념에 근거한다. 선제공격 또는 적기지 공격론은 우선 미일동맹관계로 가능한 전략이며 사전에 상세한 표적정보를 획득할 수 있는 정보획득능력이 신장됨으로써 예방적 공격이 인정되어가는 추세를 반영한 것이기도 하다. 이스라엘이 공군전력을 이용하여 1981년 이라크 오시락(Osirak) 원전시설을 폭격하고, 2007년 시리아가 건설 중인 알 카바(Al Kabar) 핵시설을 공격하였는데 이는 이스라엘의 강한 군사력과 정확한 정보에 근거한 공격이었기 때문이다. 따라서 일본의 적기지 공격론은 2001년 9.11사태 이래 미국의 선제공격(preemptive attack) 불가피성 주장 등이 복합적으로 작용하는 것이라 할 수 있으며, 이러한 우려는 특히 주일 미군기지에 대한 공격 시 한반도뿐만 아니라 일본의 방위에도 큰 위험이 닥치기 때문에 취하고 있는 방책이라 할 수 있다.[28)]

북한의 미사일 능력 향상은 유사시 증원군을 준비하는 유엔사 후방기지들을 위협하며, 미 본토로부터 군사력 전개에도 제한을 가할 것이다. 노동미사일(사거리 1,300km), 무수단미사일(사거리 3,000km)이 실전배치됨에 따라, 일본 대부분이 노동미사일 사거리에 들어오고, 무수단미사일은 괌(Guam)까지 공격할 수 있기 때문에 7개 유엔사 후방기지들은 커다란 위협에 노출되어 있다. 요코타(横田, 공군기지), 자마(座間, 육군기지, 미 육군 1군단 전진기지), 요코스카(横須賀, 해군기지), 사세보(佐世保, 해군기지), 가데나(嘉手納, 공군기지), 후텐마(普天間, 해군·해

28) 남창희·박동형·이원우(2011. 7), pp.28-29.

병대기지), 화이트비치(오키나와 해군·해병대기지)는 미국이 보장하고 있는 한국과 일본에 대한 확장억제력(extended deterrence)을 담보하는 전략기지들이라는 점에서 피격 시 한국을 위한 증원군 투입에 커다란 장애가 발생할 수 있는 것이 분명하다. 미국과 일본의 미사일 방어 (MD/BMD)가 진전되고 있지만 100% 방어에 성공한다는 보장이 없는 현실에서 이 문제는 미일뿐만 아니라 한미일이 공통의 전략과제로 논의해 나가야 할 것이다. 그간 미국의 정책과 전략은 꾸준히 이러한 방향으로 진행되었고, 유사시 지원세력인 7함대와 해·공군, 해병대 등 36,000명이 일본에 주둔하는 등 미국을 매개로 한일이 사실상(de facto) 동맹관계에 있음을 의미하기 때문이다. 2010년 천안함 폭침과 연평도 포격사태에 대하여 한미일 정부가 공동협력조치들을 강구한 것도 좋은 예라 할 수 있다. 이에 한미동맹은 한미일 안보협력으로 발전되어 한반도 국지방위(local defense)를 넘어 동북아 지역방위 나아가 세계수준의 안보협력에 동참해야 하는 임무가 부여되고 있다. 여기서 중국의 군사력 강화에 어떻게 대처해 나갈 것인가의 문제가 미일의 전략적 요구로부터 실마리를 찾을 수 있다.

Ⅳ. 중국 군사력 강화에 따른 미일의 전략적 요구

미국은 2010년 4개년 방위검토서(QDR 2010)와 '중국의 군사 및 안보역량 발전에 관한 연례의회 보고서(Annual Report to Congress: Military and Security Developments Involving the People's Republic of China 2010)'에서 중국의 전략 및 전술 군사력 신장, 사이버·전자전 및 우주능력 발전, 군사독트린 개발, 신예기술 능력발달, 대외군사 협력증진 등을 언급하고 있으며 중국의 반접근(anti-access) 및 지역거부(area-denial) 전략을 심각히 우려하고 있다.[29] 특히 중국이 개발·배치하고 있는 동풍(東風)계열 미사일에 관심이 높다. 즉 사거리 1,500km를 초과하는 중거리 탄도미사일(MRBM)인 DF-21D 대함탄도미사일(ASBM)은 적정 지휘통신체제와 통합 시 서태평양에서 항모(aircraft carriers)를 포함하여 각종 함정을 공격할 능력을 구비하게 된다. 나아가 핵무기 성능 신장과 함께 이를 투발하는 DF-31과 DF-31A 대륙간탄도탄(ICBM)을 실전 배치하였고 DF-31A의 경우 11,200km 이상의 사거리로 미 본토 대부분에 도달할 수 있으며, 다단투 각개 표적 공격이 가능한 MIRV를 개발 중인 것으로 파악되고 있다.[30] 중국의 미사일 능력은 <표 3>과 같으며, 미국과 일본 등 서방국가 해군력이 서태평양에서 활동하는 데 위협세력으로 성장하였다. 더구나 단거리 탄도미사일(SRBM)은 대만에 가장 큰 위협으로 미국이 대만관계법(Taiwan Act)에 따라 보호해야 하는 대

〈표 3〉 중국의 미사일 전력

미사일 명칭	탄도(Ballistic) 및 순항(Cruise) 미사일		사거리
	미사일	발사대	
CSS-2	15-20	5-10	3,000+km
CSS-3	15-20	10-15	5,400+km
CSS-4	20	20	13,000+km
DF-31	<10	<10	7,200+km
DF-31A	10-15	10-15	11,200+km
CSS-5	85-95	75-85	1,750+km
CSS-6	350-400	90-110	600km
CSS-7	700-750	120-140	300km
DH-10	200-500	45-55	1,500+km
JL-2	개발 중	개발 중	7,200+km

주: 중국 2포병(China's Second Artillery)은 최소한 5개의 SRBM여단을 운용 중이며, 여타 2개의 예비 SRBM여단은 인민해방군(PLA) 지상군 소속으로 하나는 난징군구, 다른 하나는 광조우군구 소속이다. 모든 SRBM부대들은 대만 인근 지역으로 전개되어 있다.
출처: Office of the Secretary of Defense(2010), p.66.

---

29) Office of the Secretary of Defense, *Annual Report to Congress: Military and Security Developments involving the People's Republic of China 2010*, at
http://www.defense.gov/pubs./pdfs/ 2010_CMPR_Final.pdf(검색일: 2010. 8. 20).

30) Office of the Secretary of Defense(2010), pp.1-2.

상이 위협적인 공격권내에 들게 된 점을 미국과 일본은 심각히 우려하고 있다. 이러한 맥락에서 미국의 '전략예산평가센터(CSBA)'는 QDR 2010에서 강조하는 바와 같이 공해전투(AirSea Battle)를 통한 작전개념의 변화를 촉구하고 있다. 공해전투 개념의 주요관점은 장기적으로 미국의 압도적 군사력 유지가 점차 줄어들 것으로 진단한다. 그리고 중국의 반접근·지역거부(A2/AD) 전략에 입각한 군사적 위협을 과거 1980년대 소련과 동구권의 우세한 지상군전력을 제압했던 공지전투(AirLand Battle) 개념을[31] 응용하는 의미를 지닌다. 공해전투 개념은 미래의 보다 위협적인 전략적 도전사항들에 대하여 가장 가능성 있는 작전개념으로 지적 변화(intellectual transition)를 모색해야 함을 강조한다.[32] 따라서 미국이 동맹국 및 우호국들과 합동 해·공군 작전개념으로 서태평양지역에서 특정국가 군사력을 억제, 나아가 유사시 제압하기 위하여 적극적 방어(active defense) 전략을 추구한다. 전투기와 방공무기(air defense weapons), 전자전(electronic warfare), 사이버 작전(cyber operations) 그리고 탄도미사일 방어(ballistic missile defenses)가 필수적으로 요구된다.[33] 나아가 공해전투개념은 공군과 해군뿐만 아니라 우주군 및 특수군(space and special operations forces)을 포함하여 작전을 수행하게 된다.

이러한 맥락에서 미국은 동아시아 및 서태평양 지역의 동맹국들과 그 지역에 위치하는 공군기지 및 해군기지를 네트워크화하여 중국을 확실하게 억제하고자 하며 이를 위해 이 지역의 동맹국들이 적절한 안보역할 분담을 해주길 희망하고 있다.

---

31) 1970년대 말 중부유럽 방어 개념에서 발전되어 1980년대 초 적용된 NATO의 공지전투 개념은 FEBA를 넘어 150km까지 전장(battlefield)을 확대하였으며, '멀리 정찰하고 멀리 공격하는(look deep and shoot deep)' 전략을 구사하였다. Donn A. Starry, "Extending the Battlefield", *Military Review*, March 1981, p.33.

32) Jan Van Tol et al., *AirSea Battle: A Point-of-Departure Operational Concept*, Washington DC: CSBA(Center for Strategic and Budgetary Assessments), 2010, pp.2-8.

33) Richard Halloran, "AirSea Battle", *Air Force Magazine*, August 2010, at http://www.airforce-magazine.com/MagazineArchive/Pages/2010/August%202010/0810battl e.aspx(검색일: 2011. 4. 4).

일본의 경우는 1차적으로 북한의 핵무기와 미사일 위협에 대비하는 수단으로 미일동맹의 강화와 BMD 구축, 적기지 공격론 등을 준비해 가고 있으며, 중국에 대한 저지도 미일동맹+한국, 즉 한미일 안보협력으로 대처하길 기대하고 있다. 이러한 배경에는 320여 개로 늘어난 북한의 노동미사일이 10분 내 일본에 도달할 수 있다는 데 위협을 느끼고 핵무기 소형화(miniaturization)가 이루어질 경우, 북한의 인질이 될 뿐만 아니라,[34] 중국의 군사력 증강이 모든면에서 일본 군사력을 추월할 우려 때문이다.

이를 종합하면, 미국과 일본은 동아시아와 서태평양지역에서 세력화되고 있는 중국의 위협을 차단, 저지하고 유사시 승리하기 위하여 AirSea Battle 개념을 구사하고 있으며, 여기에 한국을 포함하여 지역국가들이 동참하길 기대하는데, 동북아지역 수준에서는 한미일 안보협력이 부각되고 있다. 2010년 천안함 폭침과 연평도 포격도발 이래 삼국 간 안보협력은 꾸준히 증진되고, 북한위협과 중국의 부상에 대한 한미일의 인식공유 폭이 넓어졌기 때문이다. 이를 요약하면 <표 4>와 같다.

〈표 4〉 미일의 전략적 요구와 한국의 동참 필요성

전략적 요구		한국의 동참 필요성
미국	일본	o 북한 위협
AirSea Battle 개념	북한 핵·미사일 위협 대응	o 중국의 잠재 위협
미국+일본 및 동아시아 동맹국, 우호국들과 연계하여 중국 억제, 유사시 승리	미국+일본+한국 능력으로 북한위협 억제, 유사시 승리 (BMD/MD, 적기지 공격론)	* 2010년 북한도발 이래 한미일 안보협력 강화 중 * 북한위협에 대한 한국과 일본의 이익이 일치되며, 중장기적으로 중국의 잠재적 위협에 한미일 3국의 인식 공유 가능성이 높음

출처: 남창희·박동형·이원우(2011), p.33 참조.

이러한 맥락에서, 한국은 한미일 안보협력 발전과 동시에 자유민주주의 글로벌 동맹 네트워크 확장을 추진함으로써 중국과 러시아의 반

---

34) Michishita Narushige, "North Korea's Nuclear Armament and Japan's Response", 한국전략문제연구소, 『전략연구』 제XVI권 제2호(통권 제46호), 2009. 7, pp.30-49.

발 가능성을 완화해 나가야 할 것이다. 즉 글로벌 동맹 네트워크와 유라시아 다자안보협력의 병행발전으로 갈등과 대립을 최소화해나가야 하며, 한미동맹 관련 한국 내부의 입장을 발전적으로 조정함으로써 동맹정책과 다자안보정책 추진 노력의 성과를 배가시켜 나가야 한다.

Ⅴ. 한미동맹 관련 갈등완화와 글로벌 네트워크 구축 필요성

1945년 광복(해방) 시기로부터 오늘날까지 이견이 좁혀지지 않고 있는 분야가 친미(한미동맹)와 친북(남북협상)을 둘러싼 논란이다. 특히 이 문제는 지난 김대중 · 노무현 정부 10년 동안 동맹파와 자주파(화해협력파) 간 남남갈등을 유발하였고 한국사회 분열의 난제가 되고 있으며, 고질적 정치투쟁으로 변질되었다. 따라서 이 양자(兩者)를 수용하는 자주동맹파의 등장이 요구되고 있으며, 자주동맹파의 역할과 능력이 통일한국의 새 시대를 여는 추동력이자 선진화와 번영의 계기가 되어야 할 것이다. 안보 관련 주요 입장 차이를 대체적으로 정리하면 <표 5>와 같다.

〈표 5〉 안보 관련 입장 차이

구분	주요 입장	이념성향	정책방향
동맹파	- 한미동맹을 남북관계보다 중시 - 한미동맹을 對 중국 억제수단으로 인식 - 현상유지, 유사시 독일식 통일	○ 국제주의 (internationalism) ○ 현실주의(realism)	자강+연합
자주파	- 남북관계를 한미동맹보다 중시 - 한미동맹이 남북관계와 對 중국관계를 저해할 수 있다는 인식 - 북한주장을 수용한 남북한 평화체제와 평화공존 주장	○ 이상주의(idealism) ○ 민족주의 (nationalism)	자강+협력
자주동맹파	- 한미동맹 중시 및 자주국방 역할 강화 - 한미동맹과 한중관계 병행 발전 도모 - 북한 개혁개방과 한국 주도의 적극적 통일 추진	○ 국제주의 (internationalism) ○ 현실주의(realism) ○ 민족주의 (nationalism)	자강+연합 +협력

출처: 이원우, "한미동맹 강화를 위한 자주국방모델 실현: 현실진단과 난제의 극복", 『안민정책포럼』(국가전략세미나, 2011. 9. 30), p.5.

동맹파는 한미동맹을 남북관계보다 중시하는 가운데 부상하는 중국에 대한 억제력도 여기서 구하고자 하며, 북한 급변사태 시 독일식 통일을 염두에 두고 있다. 국제주의와 현실주의 이념성향과 더불어 정책추진 방향은 자강(국방력 강화)과 연합(동맹)에 중점을 두고 있다. 자주파는 남북관계를 한미동맹보다 중시하는 입장으로 한미동맹이 남북관계와 중국관계를 저해하는 것으로 인식한다. 남북한 평화체제와 평화공존을 강조하며 일각에서는 주한미군의 철수도 주장하면서 북한의 인권탄압, 독재세습 등을 묵인하는 종북적 성향도 나타내고 있다. 아울러 이상주의와 민족주의 이념성향과 함께 주요 정책추진 방향은 비록 동맹파보다는 약하지만 자강(국방력 강화)을 지향하면서 협력을 도모한다. 이러한 자주파의 입장은 해방정국에서 북한에 이용당한 남북협상파의 경험과 같이 지난 김대중·노무현 정부에서 대북정책 실험을 통하여 여러 가지 교훈을 남겼다. <표 6>은 김영삼·김대중·노무현·이명박 정부에서 나타난 북한의 주요 도발사례인데 동맹파로 분류할 수 있는 김영삼·이명박 정부와 달리, 대북경제지원을 전제로 화해협력정책을 추진한 김대중·노무현 정부 시기에도 서해에서 두 차례 대형도발과 핵실험을 감행하였으며 6자회담이 무력화(無力化)되었다. 노무현 정부시절에 핵실험 외에 침투 등 도발이 발견되지 않은 것은 2004년 6월 남북군사당국 간 합의에 따라 휴전선과 비무장지대에서 선전선동 광고물, 대북전광판, 대북방송 대형 스피커 등을 북한의 요구대로 철거하고, 서해상 공동어로구역 설정 협상 등이 북한에게 매우 유리하였기 때문이었다. 아울러 대북 경계심의 이완으로 다양한 침투행위들이 식별되지 못했을 가능성도 있다. <표 6>에서 나타난 특징은 2010년을 제외하고는 한국 내 동맹파와 자주파의 대북정책 차이에도 불구하고 북한 도발의 강도와 수준에는 심각한 차이가 발견되지 않는다는 점이다. 따라서 동맹파의 입장을 대부분 승계하고 자주파의 입장을 부분적으로 수용하면서 한국의 적극적 역할 중요성을 인식하는 자주동맹파의 등장이 요구된다. 자주파가 우려하는 남북관계와 중국관계 저해 요인을 극복, 최소화하면서 북한의 개혁개방과 안보분야에서 대(對) 중국 관계 발전을 적극적으로 추구할 필요가 있다.

〈표 6〉 김영삼·김대중·노무현·이명박 정부 시 북한의 주요 도발사례

정부	연도	북한의 주요 도발사례
김영삼	1995년	노동당 소속 간첩 2명 제주도 온평리 해안 침투
	1996년	− 남북공동경비구역 1−2 중대 규모 무력시위 − 상어급 잠수함 강릉 침투 * 1명 생포, 13명 사살, 11명 자살, 잠수함 1척 노획
	1997년	− 노동당 소속 간첩 2명 거제도 갈곶리 해안 침투
김대중	1998년	− 유고급 잠수정 양양 해안 침투 * 9명 자살, 잠수정 1척 노획 − 대포동 장거리 미사일 실험(일본을 넘어 태평양으로 발사됨) − 노동당 소속 쾌속선 강화도 선수리 해안 침투 및 도주 − 반잠수정 전남 여수 돌산도 해안 침투 중 격침 * 사체 6구, 반잠수정 1척 인양
	1999년	북한경비정 NLL 월선: 제1차 연평해전
	2002년	북한경비정 NLL 월선: 제2차 연평해전
노무현	2006년	− 제1차 핵실험 − 노동미사일을 포함한 다수의 미사일 실험
이명박	2009년	− 단거리, SCUD, 노동, 장거리 미사일 실험 − 제2차 핵실험 − 북한경비정 NLL 월선: 대청해전
	2010년	− 천안함 폭침(천안함 승조원 46명 전사) − 연평도 포격(연평부대 군인 2명 전사, 16명 중경상, 민간인 2명 사망 등)

※ 국방부, 『국방백서 2010』(서울: 국방부, 2010), pp.251−267, p.273, p.280 참고하여 작성.

따라서 자주동맹파는 동맹파와 자주파의 장점을 취하여 국제주의, 현실주의, 민족주의 이념성향과 더불어 자강(국방력 강화), 연합(확대된 동맹), 협력(다자안보협력 및 다양한 우호협력)을 아우르는 방향으로 정책을 추진해 나가야 할 것이다. 2015년 전시작전통제권 전환은 자주동맹파의 등장을 촉진하는 원동력이 될 가능성이 높다. 한미동맹을 중시하면서도, 정치적 융통성이 커지면서 남북대화를 비롯한 다자안보적 수준의 대주변국 정책에 보다 높은 강조점이 주어질 것이며, 군사적으로도 국산무기 개발을 포함하여 비대칭적이고 압도할 수 있는 억제력 강화에 심혈을 기울일 수 있을 것이다. 이로써 자주동맹파는 미국 및

중국 등과 윈윈(win-win)할 수 있는 대안을 적극적으로 모색해야 하며 안보 무임승차를 거부하고 역할과 책임을 다하는 '성실하고 건설적인 행위자'로서 자기희생과 상대방 설득이 가능한 전략을 추진하는 주도 세력이 되어야 한다.

1992년 한중수교 이후 한국의 대외정책은 '연합과 협력'이라는 틀을 구성하였다. 그러나 중국과의 긴밀한 경제상호의존하에서 2010년 천안함 폭침과 연평도 포격사태를 맞았는데, 이는 미국의 안보지원 없이 한국이 북한과 중국을 다루기 어렵다는 점을 실감케 하였다. 이에 2011년 이래 한미동맹과 미일동맹의 동조화(synchronization)를 기반으로 중기적으로 한미일 안보협력체제를 완성하고, 장기적으로 NATO와 동맹 네트워크를 확대하여 호주와 인도를 참여시킴으로써 연합 역량을 강화해 나가야 한다. 장장기적(長長期的)으로 러시아·중국과 안보대화를 발전시키고 유럽안보협력기구(OSCE)를 확대하여 전 아시아 국가들이 참여하는 '유라시아 안보협력기구(Organization for Security and Cooperation in EurAsia)'로 전개됨이 바람직하겠다. 이는 분쟁관계로부터 안보레짐(security regime) 그리고 안보공동체(security community)로의 발전을 의미한다.[35] 그리하여 한국은 독자적 국방력을 강화함과 동시에 <표 7>과 같은 범유라시아 안보 네트워크를 추진해야 하는데, 그 핵심은 자강과 연합(동맹) 그리고 다자간안보협력이다.

〈표 7〉 자주국방 지원 시스템으로 범 유라시아 안보 네트워크 추진 구상

2011년 이래		향후		
		중기(5년)	장기(10년)	장장기(15~20년)
한미 동맹	미일 동맹	한미일 안보협력체제	한미일 안보협력체제 +NATO+α	− 러시아·중국과 안보대화 − 전 아시아 국가들의 참여 ※ OSCE의 확대
양 동맹의 동조화		소다자동맹	유라시아 지역동맹 ※ α: 호주, 인도 등	아시아·유럽 안보 네트워크 형성 (OSC−EurAsia)

출처: 남창희·이원우, "한국의 동맹네트워크 확대와 한중관계발전 병행전략", 『국제관계연구』 제16권 2호(서울: 일민국제관계연구원, 2011), p.23.

---

35) Barry Buzan, Ole Wæver and Jaap de Wilde, *Security: A New Framework for Analysis*(Boulder: Lynne Rienner Publishers, 1998), p.12.

Ⅵ. 결론: 자강+연합+협력 모델의 실천방향

지금까지의 논의를 기초로 하여 한국이 추진해야 할 자주국방의 모델은 자강(국방력 강화)+연합(동맹확대)+협력(다자안보협력 및 우호협력증진)을 기초로 자주동맹파의 입장에서 요구되는 주요 실천사항들을 정리하면 다음과 같다.

첫째, 전시작전통제권 전환(한미연합사 해체)을 고려할 때, 시급한 문제는 전쟁지도지침과 국가안보 지도력의 강화가 절실하며, 유사시 대통령과 국방장관으로부터 각급 지휘관에게 부여되는 권한과 책임이 명확한 표준절차(SOP)로 정립되어야 한다. 고가의 첨단 군사장비도 중요하나, 전쟁지도 및 지휘역량 강화가 우선적으로 필요하다. 아울러 선제공격을 포함하는 적극적 방어개념 도입이 불가피함에 따라 미국과 같은 전쟁권한법(War Powers Act/Resolution)의 입법도 요구된다.

둘째, 문민통제의 원칙, 3군 균형발전, 전면전 상황, 연합작전과 상호운용성 등 고려 시, 2015년 12월 해체 예정인 한미연합사 기능을 대체할 합동작전사령부(합작사)를 창설하여[36] 육·해·공군 작전사와 합동부대들을 작전통제하고 운용할 수 있어야 하겠다. 아울러 동맹군사협조본부(AMCC), 연합권한위임사항(CODA), 한미연합공군사령부 관련 사안들을 연구, 적용하여 우리의 능력으로 발전시켜 나가야 하겠다.

셋째, 핵무기와 투발수단인 미사일에 대응하는 태세가 시급하다. 핵강대국들이 핵무기를 유사시 활용할 것을 공언하고, 비공인 핵국인 이스라엘, 인도, 파키스탄, 북한도 이를 따르고 있기 때문이다. 핵무기는 선제적으로 제압하지 못하고 공격을 받을 경우 치명적이라는 점에서 이를 다루는 억제태세는 각별한 수단과 정치적·군사적 의지를 요구

---

36) 현 연합사 기능을 대체하는 합작사 창설은 육·해·공군을 포함하여 여야정치권 등 광범위한 지지로 합의가 가능하다. 현행 헌법(1987. 10. 29) 제89조 16항 '기타 법률이 정한 공무원'에 근거하여 군인사법과 국군조직법 개정으로 실현할 수 있으며, 헌법조문의 한계 때문에 현실적 요구를 제약해서는 아니 될 것이다.

한다. 한국의 대응방안은 선제공격수단 확보와 함께 미국의 확장억제력(extended deterrence)을 활용하기 위해 네브래스카에 위치한 전략사령부(USSTRATCOM)에 한국 대표단을 파견하여 미국과 공동으로 동북아의 핵 상황에 대처하는 방안을 강구할 필요가 있다. 이는 2010년 10월 제42차 SCM에서 '확장억제정책위원회'를 제도화하기로 합의한 것과도 연관되며 한미 간 협의를 통하여 적극 추진해 나가야 할 것이다.

넷째, 한국의 전력증강 방향은 핵무기와 미사일을 포함하여 WMD 공격에 가장 효과적으로 대응할 수 있어야 한다. 2015년 전시작전통제권 전환 이후에도 한미 연합공군을 작전통제하는 미7공군이 이를 상징적으로 대변한다. 미래 전장은 정보전, 전자전이 핵심을 이루고, 공군기와 미사일에 의한 핵심표적 공격이 강조될 것이다. 따라서 미사일과 공군력 증강은 아무리 강조해도 지나치지 않으며, 이는 중국의 반접근·지역거부(anti-access/area denial) 전략과 미국의 AirSea Battle 개념을[37] 적절히 조정하고 통제할 수 있는 주요한 군사외교 수단이 될 것이다.

다섯째, 한국형 미사일 방어체제(MD)가 조기에 구축되어야 하는데, 1972년 5월 26일 서명된 ABM조약이 2002년 6월 13일 폐기되었던 점을 교훈으로 삼아야 한다. 미국이 ABM조약 폐기를 통보한 것은 미·러 간 전략균형 와해와 중국·북한 등의 급속한 미사일 증강으로 미사일 방어계획(TMD/NMD)이 불가피하였고, 전략미사일 발사대와 요격미사일 수를 각각 100기씩으로 제한하는 ABM조약이 이들 국가들의 미사일 위협으로부터 동맹국과 미 주둔군 위협을 제어할 수 없었기 때문이다.[38] 당시 한국정부는 미국의 전략을 이해하지 못했으며, 그 결과 한미 간 심각한 논쟁을 야기한 바 있었다. 이에 지도층의 전략적 사고

---

37) 공해전투 개념은 2012년 미국의 신국방전략에 따라 합동작전접근개념(JOAC: Joint Operational Access Concept)으로 해공군은 물론이고 지상군, 특수군, 우주군, 사이버군 등을 포함하여 확대 발전하고 있다.

38) "The ABM Treaty and Ballistic Missile Defense", at http://www.fas.org/spp/eprint/cfr_nc_4htm; 이원우(2009), p.207.

(strategic thinking)가 획기적으로 강화되어야 하며, 유사시 한국의 MD가 미국, 일본의 MD와 연동될 수 있는 체제의 검토도 요구된다.

여섯째, 통일 후 안보환경을 고려하면 현역 80만 명(육군 50만, 해·공군 각각 15만 명) 정도는[39] 필요하다는 관점에서 군을 경영해 나가야 할 것이다. 따라서 현재 정부의 통일기 병력 50만 유지는 재검토될 필요가 있다. 중국과의 접경 1,416km, 러시아와 19km 그리고 긴 해안선을 방어해야 하는 여건에서 수적으로 정예화 된 전투력 없이 한반도 안보를 유지하기는 힘들다. 나아가 해양과 우주공역에서의 국익보호를 위해서 해공군력강화는 필수적이다. 이를 위해 국방예산도 현재 GDP 2.6%(31조 원) 수준에서 세계 평균인 3.5% 수준은 되어야 할 것으로 판단된다. 접경지역의 평화와 안전이 보장될 경우 병력감축은 동북아국가들의 군비통제와 군축협상을 통하여 해결해 나갈 수 있을 것이다.

일곱째, 군의 사기가 앙양되어야 한다. 군을 과도하게 경제적 관점에서 운영하거나 국민을 위한다는 정책하에 군 기지나 시설의 도시 외곽으로의 이전 등이 가져올 사기저하, 나아가 군 전체의 자질저하, 기피의식 등은 심각한 국방역량 약화를 초래한다. 이와 관련한 예로 수십억 원을 들여 양성한 공군 전투조종사들의 조기전역 사태가 문제되는데, 그 이유가 '군의 위상저하와 불확실한 장래' 때문이라는 점에서 시급한 대처가 요청되며, 육·해·공군 전반에 걸쳐 다양한 사기앙양 조치들이 강구되어야 하겠다.

여덟째, 한미일 3국의 안보협력을 넘어 NATO와의 안보협력 네트워크 확대와 동남아 및 중앙아 국가들, 호주, 인도와 협력을 강화해야 하며, 이를 신뢰안보구축조치(CSBMs)와 연결시킴으로써 한미동맹과 한중관계를 병행 발전시키고 러시아와 호혜관계를 증진시키도록 군사협력

---

39) 80만 명은 현재 현역 65만 명에 미국 National Guard 형태로 15만 명을 충원함이 타당하며, 예비역 중에서 희망자와 전문직 종사자들 위주로 선발하여 현역 수준으로 관리해야 할 것이다.

을 포함하여 적극적 외교활동이 요망된다.

결론적으로, 한미동맹 강화를 기초로 한 자주국방 실현은 자강(自强)＋연합(同盟)＋협력(多者安保) 메커니즘을 발전시키고, 네트워크화하여 한국이 지역안보의 조정자(調整者) 및 지원자적(支援者的) 역할을 추진해 나갈 때 가능하다. 이를 위해, 정부와 군, 국민들의 정신적·물질적 국방태세 강화, 한미연합작전을 원활히 수행할 수 있는 동맹체제와 한미일 안보협력 구축, 나아가 주변 관련국들을 적절히 조정·통제할 수 있는 다자안보협력 노력의 강화 등이 요구되고 있다.

| 참고문헌 |

국방부, "한미 국방협력지침" 한민국 국방부, 2010. 10. 8.

국방부, 『국방백서 2010』 서울: 대한민국 국방부, 2010.

국방부, 『자주국방과 우리의 안보』 서울: 국방부, 2003.

국방선진화 연구회, 『국방 선진화 전략과 과제』 서울: 한반도선진화재단, 2011.

권영성, 『헌법학원론』 서울: 법문사, 1988

권헌철, "주한미군의 가치 추정", 『국방연구』 서울: 국방대 안보문제연구소, 2011.

김열수, 『국가안보』 서울: 법문사, 2011.

남창희·박동형·이원우, "한일·한미일 공군협력 추진방향 연구" 2011년 공군연구용역보고서, 2011. 7.

남창희·이원우, "한국의 동맹네트워크 확대와 한중관계 발전 병행 전략", 『국제관계연구』 제16권 2호 서울: 일민국제관계연구원, 2011.

빅터 D. 차 지음, 김일영·문순보 옮김, 『적대적 제휴: 한국·미국·일본의 삼각 안보체제』 서울: 문학과 지성사, 2004.

이원우, "안보협력 개념들의 의미 분화와 적용: 안보연구와 정책에 주는 함의", 『국제정치논총』 제51집 1호(2011).

이원우, "한미동맹 강화를 위한 자주국방모델 실현: 현실진단과 난제의 극복", 『안민정책포럼』 국가전략세미나, 2011. 9. 30.

이원우, 『다자안보협력의 한계 외 제약: 아세안지역안보포럼(ARF) 중심으로』 파주: 한국학술정보, 2009.

정창렬 외, 『세계사연표』 서울: 역민사, 1994.

한국전략문제연구소, 『동북아 전략균형』 서울: 한국전략문제연구소, 2010.

허남성, "평시 작전통제권 환수 경과와 향후의 대책", 『외교』 제33호 (1995. 3).

Buzan, Barry, Ole Wæver and Jaap de Wilde, *Security: A New Framework for Analysis.* Boulder: Lynne Rienner Publishers, 1998.

Denmark, Abraham M., Zachary M. Hosford 著, 국방연구원 譯, "한국의 안보를 위한 21세기 전략동맹", 국방연구원, 2010. 12.

Deutsch, Karl W. et al., *Political Community and the North Atlantic Area:*

International Organization in the Light of Historical Experience. Princeton, New Jersey: Princeton University Press, 1957.

FAS, "Pakistan Missile Special Weapons Delivery System" http://www.fas.org/nuke/ guide/pakistan/missile/index.html.

Freedom, Lawrence, *Strategic Coercion: Concepts and Cases*. Oxford: Oxford University Press, 1998.

George, Alexander L., "Coercive Diplomacy" in Robert J. Art and Kenneth N. Waltz(eds.), *The Use of Force: Military Power and International Politics*(sixth edition), Lanham, Maryland: Rowan & Littlefield, 2004.

Halloran, Richard, "AirSea Battle", *Air Force Magazine*, August 2010. at http://www.airforce-magazine.com/MagazineArchive/Pages/2010/Aug ust%202010/ 0810battle.aspx.

Jakobson, Peter Viggot 저, 최종철 역, 『탈냉전시기의 강압외교』 서울: 국방대학교, 2001.

Jakobson, Peter Viggot, *Western Use of Coercive Diplomacy after the Cold War,* New York: St. Martin's Press, 1998.

Narushige, Michishita, "North Korea's Nuclear Armament and Japan's Response", 한국전략문제연구소, 『전략연구』 제XVI권 제2호(통권 제46호), 2009. 7.

Nikitin, Mary Beth, "North Korea's Nuclear Weapons: Technical Issues", Congressional Research Service, January 20, 2011. at http://www.fas.org/sgp/crs/nuke/ RL34256.pdf.

Office of the Secretary of Defense. *Annual Report to Congress: Military and Security Developments involving the People's Republic of China 2010*, at http://www.defense.gov/pubs./pdfs/ 2010_CMPR_Final.pdf.

Snyder, Glenn, *Alliance Politics,* Ithaca: Cornell University Press, 1997.

Starry, Donn A., "Extending the Battlefield", *Military Review,* March 1981.

Tol, Jan Van et al., *AirSea Battle: A Point-of-Departure Operational Concept*. Washington DC: CSBA(Center for Strategic and Budgetary Assessments), 2010.

"Hatf-7, Babur Cruise Missile", at http://militaryasia.blogspot.com/ 2010/01/pakistan-babehatf-7-babur-cruise.html.

"Pak tests nuclear-capable Hatf-7 cruise missile", *The times of India,* Oct.

28, 2011.

"The ABM Treaty and Ballistic Missile Defense", at
http://www.fas.org/spp/eprint/ cfr_nc_4htm.

"The War Powers Act of 1973", Public Law 93-148, 93rd Congress, H.
J. Res., p.542. November 7, 1973. at
http://www.thecre.com/fedlaw/ legal22/warpow.htm.

제9장 전시 작전통제권 전환과 한국군 군사대비 방향

- 전작권 변천과정과 군사대비 과제를 중심으로 -

송재익

요약

50여 년간 한미동맹은 한반도의 안정과 평화를 유지하고 전쟁재발을 방지하기 위한 억제력을 발휘할 뿐만 아니라 특히 한국안보의 핵심 축으로 역할을 다하여 왔다. 이러한 한미동맹이 한국군의 전시 작전통제권 전환 문제로, 노무현 정부 들어 2006년에 국민적인 논의로 한미동맹관계의 변화 움직임이 나타났다. 그 논쟁의 주요 내용은 주권국가로서 자국의 전시 작전통제권 전환은 당연하다는 주장과 한미동맹관계의 약화를 초래할 수 있다는 우려 등 남남갈등으로 나타나 국론분열 현상을 보이기도 하였다.

한국정부 수립과 동시에 창건된 한국군의 지휘권은 한국이 보유하고 있었다. 6·25전쟁 때 북한의 남침으로 국가의 존망이 걸리자 한국은 유엔군사령관에게 한국군의 작전지휘권을 이양했다. 그 후 작전지휘권은 작전통제권, 평시 작전통제권, 전시 작전통제권으로 변화되었다. 한국군의 지휘권은 국제정치 요인과 국내정치 요인이 상호작용하여 변화되어 왔다. 최근의 전작권 문제를 군사주권으로 정치화하여 한국으로 전환 추진하며 한미동맹관계에 영향을 미쳤다. 특히 2007년 2월 24일 한미 국방부장관은 2012년 4월 17일 한국군의 전작권을 연합사에서 한국합참으로 전환하기로 최종 합의하였다. 이처럼 전격적으로 한국군의 전작권을 전환하기로 결정한 배경에는 미국의 동아시아·태평양 전략(주한미군의 전략적 유연성)과 한국의 국내정치 상황과 맞물려 한미 간의 이해의 일치가 합의로 나타났지만, 한미동맹관계에는 불신과 이완현상을 보였다.

그러나 이명박 정부가 들어 한미동맹관계의 신뢰를 회복하면서 2010년 6월 26일 캐나다 토론토 G20 정상회의에 참석하여 한미정상은 전작권 전환을 2015년 12월 1일로 연기하기로 합의하였다. 전작권 전환 결정에 따라 약 4년 동안 한국군이 우선 준비해야 할 군사대비 과제로 전작권 전환의 의미와 한국군에 미치는 영향을 알아보고 이에 따른 군사대비 방향과 우선 추진해야 할 과제를 제시하였다.

Ⅰ. 서론

　2005년 후반기와 2006년 전반기 한국 국내 상황은 한국군 전시 작전통제권 행사 문제와 한미 FTA 체결 및 대북한 포용정책 문제로 논쟁이 분분하였다. 이러한 국내정치 문제들은 쌍무 동맹국인 미국과 관련된 사안들로써 논쟁을 넘어서 남남갈등과 국론분열까지 보였다. 이러한 이슈들은 김대중 정부 들어 시작하고 노무현 정부가 승계하여 추진하였던 것으로 한국군의 전시 작전통제권 행사문제는 북한과 대치하고 있는 상황하의 군사적 문제이고, 한미 FTA는 미국과 경제적 협력과 상호이익을 통한 선진국 진입을 위한 경제적 문제이며, 대북한 포용정책 문제는 한반도의 평화와 통일을 위한 남북문제이다. 특히 노무현 정부가 출범하면서 '군사주권', '자주국방'과 연계시키면서 2006년 9월 14일 한미정상회담에서 미국 부시 대통령과 전시 작전통제권을 전환하기로 합의하였다.

　이러한 정부의 전환 노력에 대해서 한국 내에서는 전직 국방장관 및 4성 장군 모임뿐만 아니라 전직 외교장관 및 대사, 전직 경찰 총수, 보수시민단체, 기독교단체 등이 나서서 전시 작전통제권의 단독행사는 연합사의 해체를 가져오고 나아가 한미동맹의 균열과 한국의 안보 약화를 초래할 수 있다고 반대하였다. 미국 역시 처음에는 한국정부의 작전통제권 조기 단독행사 노력에 대해서 한국정부가 주권과 결부시키며 정치 문제화시키는 것에 대해서 거부감을 표시하였고 미국 내에서는 반한감정도 표출되었다.

그러나 이명박 정부 들어 한미동맹관계가 복원되고 미국에서는 오바마 행정부가 출범하면서 한미 간의 신뢰회복이 정상화되었다. 따라서 2009년도 4월에는 노무현 정부 때 결정된 전작권 전환과 한미연합사 해체 결정을 재검토하려는 노력이 한국 내 보수단체뿐만 아니라 미국 내에서도 전작권 전환과 한미연합사 해체가 시기상조라는 분위기가 다시 제기되었다.

그리고 2008년 이명박 정부가 들어서면서 한미동맹관계의 신뢰를 회복하였다. 2008년 후반기에 발생한 글로벌 금융위기에 대한 국제공조에 한국이 적극적으로 참여하였고 나아가 한국이 G20 국가의 지위를 획득함으로써 미국의 오바마 정부의 관계가 더욱 강화되었다. 이런 국제정치 상황에 2010년 6월 26일 캐나다 토론토에서 G20 정상회의에서 한미정상은 한국군의 전작권 전환을 2015년 12월 1일로 연기하였다.

본 논고의 목적은 한국군의 작전지휘권이 유엔사령관에게 이양되고, 작전지휘권이 작전통제권으로 변경된 후에 평시(정전시) 작전통제권을 환수하였으며, 최종적으로 전시 작전통제권도 한국군으로 전환하기로 결정되고 다시 연기하기까지의 변천과정을 분석해 한국안보에 어떻게 영향을 미쳤는지를 평가하여 상호관계를 규명하고자 하였다. 그리고 전작권 전환까지 남은 약 4년 동안 한국군이 우선 대비해야 할 군사대비 과제를 제시하고자 한다.

Ⅱ. 한국군의 작전통제권 변천과정 분석

1. 한국군의 작전통제권 관련 사실

1) 작전통제권 개념

최근 한국군의 작전통제권과 관련하여 문제가 된 작전지휘 및 작전통제를 설명하면 다음과 같다. 먼저 작전지휘에 대해서 한국군 합참에서는 작전지휘를 '작전 임무 수행을 위하여 지휘관이 예하부대에 행사하는 권한으로서 작전수행에 필요한 자원의 획득 및 비축, 사용 등의 작전소요 통제, 전투편성(배속, 지원, 작전통제 등), 임무부여, 목표의 지정 및 임무수행에 필요한 지시 등의 권한을 말하며, 행정지휘에 대한 상대적 개념의 용어로서 여기에는 행정 및 군수에 대한 책임 및 권한은 포함되지 않는다'고 하고 있다.[1]

현행법에서는 합동참모의장은 '군령에 관하여 국방부장관을 보좌하며, 국방부장관의 명을 받아 전투를 주 임무로 하는 각 군의 작전부대를 작전지휘·감독하고, 합동작전의 수행을 위하여 설치된 합동부대를 지휘·감독한다(국군조직법 제9조 2항)'고 규정하고 있다. 한편 미국에서는 작전지휘라는 용어는 오늘날 사용하지 않고 있다. 다만 유사한 개념의 전쟁지휘(Combatant Command)[2]와 전투지휘(Battle Command)[3]라

---

1) 『합동참고교범 10-2』, 전게서, p.337.

2) 안광찬, "헌법상 군사제도에 관한 연구", 동국대학교 대학원 박사학위 논문, 2002, p.35. 전쟁지휘(권)는(은) 타인에게 위임될 수 없으며, 사령부와 부대의 편성과 전개, 과업의 부여, 목표의 지정, 그리고 사령부에 부여된 임무수행에 필요한 군사작전, 합동훈련 및 군수와 관련된 모든 영역에 대한 합법적 지시의 하달을 포함하여 예속된 부대들에 대한 지휘기능을 수행할 수 있는 전투지휘관의 권한이다. 작전통제권은 전쟁지휘권에 포함된 고유한 권한이다.

3) US FM3-0, *Operations*(Washington DC, HQs of the Army, 2001), p.5-1. 전투지휘(Battle Command)란 전투력의 한 요소인 리더십을 적용하는 것을 말한다. 전투지휘는 전문적인 연구와 끊임없는 연습 그리고 신중한 판단에 의해 개발된 기술을 사용하는 술(Art)이라 할 수 있다.

는 용어가 있으나 우리의 작전지휘와 동일한 개념은 아니다. 그 이유는 한국군 지휘구조와 미군 지휘구조의 차이와 군사교리의 차이 때문이다.[4]

다음으로 작전통제와 관련하여 한국합참에서는 작전통제를 작전계획이나 작전명령상에 명시된 특정임무나 과업을 수행하기 위하여 지휘관에 위임된 권한으로서 시간적, 공간적 또는 기능적으로 제한된 특정임무와 과업을 완수하기 위하여 지정된 부대에 임무 또는 과업부여, 부대의 전개 및 재할당, 필요에 따라 직접 작전통제를 실시하거나 이를 예하 지휘관에게 위임하는 것 등의 권한을 말하며 여기에는 행정 및 군수, 군기, 내부편성 및 부대훈련 등에 관한 책임 및 권한은 포함시키지 않고 있다.[5]

이상을 종합하여 보면 작전통제권이란 '특정 상황하에서 특정 임무를 수행하기 위하여 기존 편성으로부터 변경된 부대에 대해 지휘관에게 일시적으로 부여된 임무 범위 내에서의 작전에 관한 부대 운용권한'이며, '본래의 편성 및 지휘체계와 관련이 없으며 부대의 편성과 유지, 행정 및 군수에 관련된 사항에 대해서는 관여할 수 없다'이다. 그리고 '구성부대에 대하여 전반적인 지휘권을 행사하는 것이 아니라 권한을 행사할 수 있도록 규정된 임무 범위 내에서만 제한적으로 행사하는 것'이다.

2) 한미연합작전 지휘체제

연합작전(聯合作戰: Combined Operations)이란 '2개 국가 이상의 군대가 공동의 목표 달성을 위해 상호 협력하여 실시하는 작전'이다. 먼저,

---

4) 한미연합군사령부, 『미군에 대한 이해』(서울: 한미연합사, 1999), p.부-7.
   한국군은 국방부 장관이 합참의장을 통하여 작전사 부대들에 대해 군령권을 행사하나, 미국은 국방부장관이 통합군사령관에게 직접 명령 및 지시를 하며 이때 합참의장은 국가안전보장회의(NSC)의 고문 역할을 수행한다. 예를 들면 태평양통합군 사령관이 주한미군에 대해 전쟁지휘를 수행한다.
5) 『합동참고교범10-2』, 전게서, p.337.

공동의 목표 달성을 위하여 2개 이상 동맹국들이 부대 간에 서로 협력하여 수행하는 작전이 연합작전(Combined Operations)이고, 다음은 공동의 목표 달성을 위하여 2개 이상 국가의 군대가 일시적인 협력관계에서 수행하는 작전이 연립작전(Coalition Operations)이다.[6] 그러나 한국합참에서는 동맹국가들 간의 상호 협력작전이나 동맹관계 없이 일시적인 협력하에 2개 국가 이상이 수행하는 작전도 연합작전으로 동일시하고 있다.[7]

연합작전 지휘체제란 연합군에 참여하는 연합국의 각 수반-연합국의 국방장관-연합국 군사위원회-연합군 최고사령관에 이르는 계서적 체제를 의미한다. 연합군의 지휘체제는 각국의 군관계자가 만나 체결한 작전협정이나 합의각서에 의해 수립된다. 이 지휘체제에서 정치 목적에 따라 군사적 목표가 설정되며, 이를 전략지침과 전략지시의 형태로 연합군 최고사령관에게 하달하게 된다.[8] 연합작전 시 기본적인 지휘체제 유형은<표 1>과 같다.

〈표 1〉 연합작전 지휘체제 유형

구분	특징	비고(사령관)
병립형 (미·일형)	· 전·평시 각 국별 지휘체제유지 · 양국 간 조정기관을 형성. 작전 수행	각국 병력 지휘: 각국 사령관. 조정기관을 통해 작전협조
통합형 (한·미형)	· 전시 양국 간 단일지휘체제로 전환	한미연합사령관
혼합형 (미·독형)	· 평시는 각국 통제 · 전시에는 NATO 집단안보체제에 의거 단일지휘체계로 전환	전시에는 NATO 중부연합사령관(미군)이 독일군 작전 통제

---

6) 『합동참고교범10-2』, 전게서, p.280.

7) 한국군 교리는 2개국 이상의 군대가 실시하는 작전은 모두 연합작전으로 하는데 반해 미국은 Combined Operations와 Coalition Operations를 구분사용하며, 합동작전(Joint Operations)은 육·해·공·해병대 등 타군과의 작전을 말한다.

8) 김열수, "한미연합 작전지휘체제에 관한 연구", 『21세기 한국군의 개혁: 과제와 전망』(서울: 국방대학교, 2006), p.92.

현재 한미연합사의 한미연합작전 간 지휘체계는 전략지침·지시(戰略指針/指示, Strategic Guidance/Directive), 작전지휘(作戰指揮, Operational Command: OPCOM), 작전통제(作戰統制, Operational Control: OPCON), 지원 및 협조(支援 및 協調, Support & Coordination), 전쟁지휘(戰爭指揮, Combatant Command: COCOM)가 있으며 세부내용은 <그림 1>과 같다.

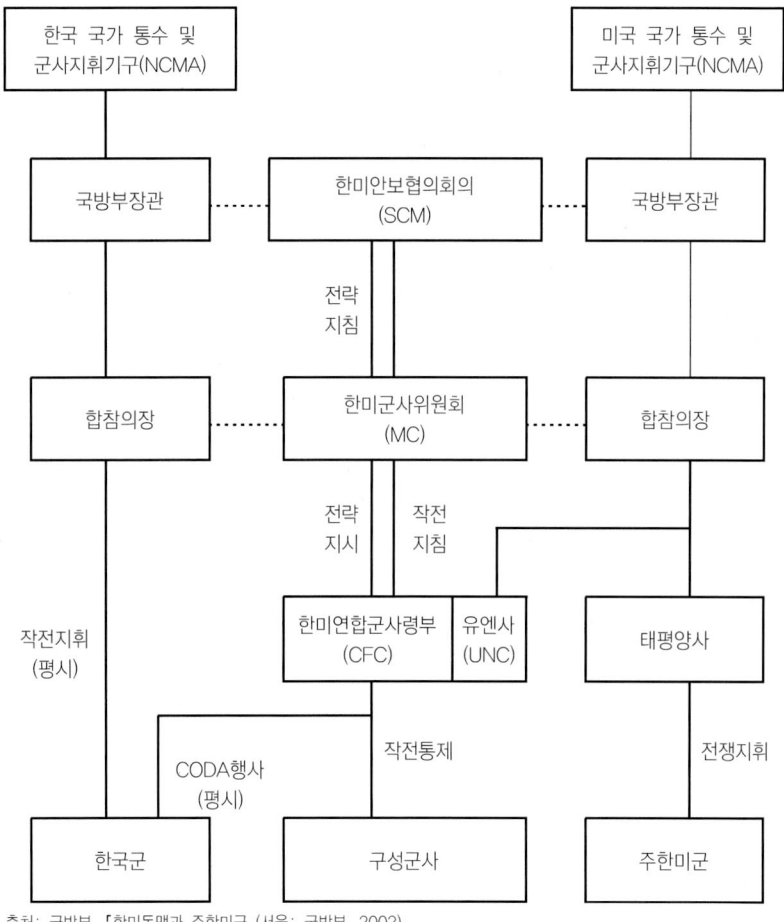

출처: 국방부, 「한미동맹과 주한미군」(서울: 국방부, 2002).

〈그림 1〉 현 한미연합작전 지휘체제

2. 한국군의 작전통제권 변천과정 분석

1) 유엔군사령부하의 작전지휘권(1950~1978)

1950년 6월 25일 북한의 남침으로 한국전쟁이 발발하자 유엔은 즉각적으로 유엔안전보장이사회를 소집하여 한국에 대한 침략행위로 간주하고 북한의 즉각적인 전쟁 중지 및 철수 요구를 결의(1950. 6. 25. 제1501호)하였으며, 한국 내에서 무력공격을 격퇴하고 국제적인 평화와 안전을 회복하기 위하여 필요한 원조를 대한민국에 제공하도록 유엔 회원국에게 권고하는 결의안(1950. 6. 27. 제1511호)도 채택하였다. 이어서 안보리에서는 미국 주도하 유엔통합군사령부를 설치하고 미국에 군대의 사령관 임명을 위임한다는 결의를 채택(1950. 7. 7. 제1588호)하게 되었다. 북한의 기습공격 후 3일 만에 서울이 함락되고 전쟁지도부가 대전을 경유하여 대구로 이동하면서 국가의 존망 위기를 인식한 이승만 대통령은 침략군의 조속한 격퇴를 위하여 한국에 참전하는 유엔군 각국들의 단일지휘체계의 필요성을 인식하여 1950년 7월 14일 맥아더 장군에게 '적대행위가 계속되는 동안 일체의 지휘권을 이양한다'는 서한을 발송하여[9] 맥아더 유엔군사령관에게 지휘권을 이양하게 되었다.[10] 그리고 1950년 7월 18일 맥아더 장군이 주한 미 무초대사를 통해 이 대통령에게 '현 적대행위가 계속되는 동안 대한민국 육·해·공군의 작전지휘권을 위임받았다'는 답신을 보내왔다.[11] 이 이후 한국군은 유엔군사령관의 작전지휘하에 한국전쟁을 수행하게 되었다.

그 결과로 유엔군사령관은 한국의 육·해·공군에 대해 행정, 군수, 인사 등을 제외하고 군사력 운용에 대한 권한을 행사하게 되었고, 북

---

9) "…… to assign to your command authority over all land, sea, and air forces of the Republic of Korea during the period of the continuation of the present state of hostilities."

10) 미국은 1950년 7월 8일 미극동군사령관인 맥아더 장군을 유엔군사령관에 임명하였다.

11) "designated to his operational command authority over the land, sea, air forces of the ROK during the present hostilities."

한군의 격퇴를 위하여 한반도에서 전쟁을 수행하고 있는 부대들에 대한 지휘의 통일을 달성할 수 있었다.

특히 한국과 미국은 한국에 대한 군사 및 경제원조에 관한 한국과 미국 간의 합의서인 한미의사록을 체결(1954. 11. 17)하였는데 이 의사록에서 유엔사에 의한 한국군에 대한 작전통제를 처음으로 언급하였다.[12] 한미합의의사록에 의해 한국군의 작전지휘권은 작전통제권으로 변경하게 되어 유엔사령관과 한국군과의 지휘관계가 좀 더 약화되었다고 할 수 있다.

5 · 16 군사혁명 이후 국가재건회의와 UNC는 공동성명에서(1961. 5. 26) '유엔사령관은 작전통제를 공산침략으로부터 한국 방위에 행사한다(발표문 제1항)'고 발표하여[13] 유엔군사령관의 한국군에 대한 작전통제 권한을 공산침략으로부터 한국을 방위하는 데만 사용하는 것으로 제한하였으며, 30사단과 33사단, 1공수특전여단, 5개 헌병중대에 대해 한국군이 통제할 수 있도록 작전통제권을 환수하였다.

그리고 1968년 1월 1 · 21사태와 푸에블로호 납치사건 이후, 박정희 대통령과 존슨 대통령은 하와이에서 정상회담을 갖고 공동성명을 발표하였는데(1968. 4. 18) 제6항에서 '……. 대한민국에 의하여 이미 추진되고 있는 효과적인 대간첩작전 계획을 강화시키기 위하여, ……예비군 편성…… 지원'한다고 언급하면서 한국군에 의한 대간첩작전 지휘에 대해 묵시적 인정을 하였다.

2) 베트남 전쟁시 한국군의 작전지휘권(1965~1973)

한국은 1964년 7월 31일 국회 본회의에서 베트남 파병안을 만장일치의 찬성으로 통과시켰다. 그 이후 한국정부는 4차에 걸쳐 베트남전에

---

12) "Retain ROK Forces under the operational control of the United Nations Command while that command has responsibilities for the defense of ROK."

13) "……will use his operational control only to defend Korea from communist aggression……."

파병을 하게 된다. 1, 2차 파병은 비전투부대인 이동외과병원과 건설지원단을 파병하였으며, 3, 4차 파병은 전투부대가 파병되었다.

파병과 동시에 한국군을 지휘하는 문제가 대두되었다. 베트남전에서 한국군의 지휘권 문제는 '베트남전 수행전략에 대한 한국군의 입장과 한미동맹관계가 베트남에서 어떤 형태로 작동하였는가'를 확인시켜주는 문제로 중요한 의미를 갖는다. 이 문제는 일부에서 주장하고 있는 용병론(傭兵論)과도 관계가 있는 문제이기도 하였다.[14]

1964년 8월 26일부터 9월 8일까지 합동참모본부 군수기획국 차장 이훈섭 준장을 단장으로 한 선발대가 파견되었다. 이훈섭 단장은 본국의 방침이 아직 결정되기 전에 개인의 판단으로서 한국군의 작전지휘권을 확보하려는 노력을 하였다. 당시 베트남은 베트남대로 미국은 미국대로 한국군의 작전지휘권을 장악하려고 하였다. 한국, 미국, 베트남 3자의 합의기구로서 '국제군사원조기구(IMAO)'를 설치하여 한국군에 관한 문제를 3자 합의에 의하여 결정하도록 한다는 데 합의하였다. 그후 1965년 8월 18일부터 9월 8일까지 이세호 소장을 단장으로 하는 연락장교단이 파견될 때 작전지휘권 문제를 명확히 하라는 지시가 있었다. 이때에도 미국은 한국군이 미군사령부에 예속되어야 한다는 입장이었다. 당시 김성은 국방부장관도 베트남군의 지휘권이 독립된 점을 들어 미군 측에 한국군의 독립적인 작전지휘권을 주장하였다. 그 당시 박정희 대통령은 한국군의 독자적 작전지휘권 확보보다 미군 통제하에 있음이 유리하다고 생각하고 있었다. 그러나 육군본부 작전참모부장이었으며 초대 주월 한국군사령관이었던 채명신 장군 역시 '베트남전 파병은 미국의 전쟁에 참여하는 것이 아니라 자유 베트남을 공산주의 침략으로부터 지키기 위한 전쟁이라는 정치적 명분을 가지고 미국과 동등한 입장에서 베트남을 도와주러가는 것이므로 미국에게 지휘권을 이양하는 것이 옳지 않으며, 그러한 조치는 자칫 청부전쟁의 오해를 불

14) 양창식, "베트남 파병정책 배경 및 과정", 『베트남전쟁 연구 총서』(서울: 국방부군사편찬연구소, 2002), p.143.

러일으킬 수 있다'고 주장하였으며, 채명신 사령관은 베트남에 파병되어 작전을 수행하는 중에도 한국군에 대한 작전통제권을 행사하려는 의지를 갖고 있었던 주월 미군사령관인 웨스트 모어랜드 장군과 제1야전군사령관인 라슨 중장을 설득하기 위해 한미작전회의 시 발언권을 얻어 한국군의 독자적인 지휘권 행사를 미군 측으로부터 동의를 얻어내었다.[15]

그 결과 파월 한국군에 대한 작전지휘권은 한국군사령관이 가지게 되었고, 주월 한국군의 사령부를 별도로 설치하고 보급품의 일체를 미군으로부터 지원받으면서 파월 한국군은 독립작전을 수행할 수가 있었다.

3) 한미연합군사령부하의 작전통제권(1978~현재)

가. 평시작전통제권 환수 전(1978~1994) : 한미연합사 공동행사

한미연합사를 창설하는 배경과 경과를 알아보면, 1969년 7월 25일 미국은 닉슨독트린을 발표하면서 '아시아에서 전쟁 시 1차 책임은 당사국이 지고, 미국은 선택적, 제한적으로 지원한다'고 하였다. 닉슨 독트린에 의거 1971년 미제7사단이 한반도에서 철수하자, 1971년 신년사에서 박정희 대통령은 미군 철수에 따른 자주국방을 강조하였으며, 1975년 11월 18일 UN총회에서 반미성향의 제3세계 국가와 북한이 주동이 되어 '주한미군 철수와 유엔사 해체' 주장의 공산 측 안이 기존의 서방 측 안과 동시에 통과하게 되자 미국은 한국정부에 한국군에 대한 작전통제권을 유엔사에서 대체하여 미 선임장교 지휘하의 한미연합사로 이양하는 문제에 대해 협의할 것을 제의하게 되었다. 그리고 한미연합사 창설과정에서 유병현 연합사 초대 부사령관은 한미기획단 창설과 한미 1군단 창설 경험에 자신감을 갖고 한미연합방위체제를 주장하

---

15) 채명신, 『베트남전쟁과 나』(서울: 팔복원, 2006), pp.154-163.

여 한미연합사 창설에 중요한 역할을 하였다. 따라서 1977년 제10차 SCM에서 연합군사령부 창설에 합의한 후, 1978년 7월 27일 제11차 SCM에서 관련약정(TOR: Terms of Reference)을 승인하고, 제1차 MCM에서 전략지시 제1호를 하달하여(78. 7. 28) 이 근거에 의해서 한미연합군사령부를 창설하였다(1978. 11. 7). 이로써 한국방위 임무가 유엔사에서 한미연합사로 이관되었으며, 한미연합방위체제를 구축함으로써 한국군에 대한 작전통제가 미국에 의한 일방적이고 수직적인 관계에서 한미군사위원회 및 연합사에서 한미공동으로 작전통제권을 행사할 수 있는 수평적 지휘관계로 발전되었다고 볼 수 있다.16)

나. 평시 작전통제권 환수 후(1994~현재): 전·평시 이원화

1980년대 말 안보환경 변화와 함께 구소련이 붕괴되어 냉전이 종식되자 아시아·태평양지역에서의 미국의 안보전략 변화로 「닌-워너 수정안」이 1989년 통과되고 또한 「동아시아전략구상(EASI)」이 1990년에 발표되었는데 주요 내용은 '미 일부 지상군 및 공군을 10~20% 단계적 감축'과 '미군의 역할이 이 지역에서 주도적에서 지원으로 변경하는 것'이었다. 따라서 1996년 이후부터 한국이 주도적 역할을 수행하면서 한국의 방위비 분담금 지원규모가 증액되기 시작하였다.

한미 양국은 제26차 SCM 및 제16차 MCM에서 협의하여 합의한 결과를 전략지시 제2호로 하달하였으며, 이 근거에 의거 1994년 12월 1일 정전 시 작전통제권을 한국합참으로 환수하였다. 이때 한미연합사령관은 전시 작전을 원활히 수행하기 위한 사항을 요구하였는데 그 요구한 사항은 한미군사위원회에서 연합권한위임사항(CODA: Combined Delegated Authority)으로 다시 한미연합사령관에게 위임하게 되었다.17)

---

16) 국방부 군사편찬연구소, 『한미군사관계사』, pp.593-616.

17) 한미연합군사령부, 『연합·합동작용어집』(서울: 한미연합사, 2002), p.508.
CODA 주요 내용으로 전쟁억제, 방어 및 정전협정준수를 위한 연합위기관리, 작전계획 수립, 연합 합동교리 발전, 연합 합동훈련 및 연습의 계획과 실시, 연합 정보관리, C4I 상호운용성 등 6가지가 있다.

그 이후 한국합참에서는 정전 시 경계임무, 해·공군 초계 활동과 경계태세 강화, 합동훈련, 각종 전투검열, 부대이동뿐만 아니라 해·공군의 작전구역 이탈, 제3국의 함정 및 항공기에 대한 조치를 한미연합사 작전통제 없이 독자적으로 할 수 있게 되었다.

다. 전작권 전환 결정과 연기 번복

2007년 2월 24일 김장수 국방부장관과 로버트 게이츠 미국방장관은 워싱턴에서 진행된 한미국방장관회담에서 '오는 2012년 4월 17일 한미연합사령부(CFC)를 해체하고 동시에 미군과 한국군 간 새로운 주도·지원 지휘관계로 전환하기로 합의했다'고 발표하였다.

전시 작전통제권 전환시기가 2012년 4월 17일로 결정됨에 따라 양국은 본격적인 전환준비 작업에 들어갔다. 합참은 2006년 12월 7일 전작권 전환을 위한 우리 측 이행실무단을 발족한 데 이어 미국 측 이행실무단과 함께 '연합이행실무단(CIWG)'을 구성하여 정기적으로 협의를 하고 있으며, 한국합참 내에 전작권 전환 추진단을 구성하여 업무를 전담하였다. 한미 양국은 연합사를 해체하고 한국군합동군사령부와 미 한국사령부(US KORCOM)를 창설하는 한편 군사협조본부(MCC)를 만들어 두 사령부를 연결하는 협조체계를 마련한다는 방침이었다.

그러나 2012년 전작권 전환은 국내외적으로 문제점이 많다고 사회 각계각층의 전문가 및 원로들의 지적이 있었다. 국내적으로는 총선 및 대선이 있고, 북한은 2012년을 강성대국으로 진입하는 해로 선전하고 있으며 또한 김일성이 태어난 지 100주년 기념일로서 성대히 준비하고 있다. 국제적으로 시각을 돌리면 먼저 미국의 대선이 있고 중국과 러시아에서 지도부 교체 및 대선이 있다. 이와 같이 2012년은 국내외적으로 불안정한 시기이기 때문에 한미동맹에 영향을 미치는 전작권 전환을 연기하자는 주장이 제기되었다. 따라서 2008년 이명박 정부가 들어서면서 전작권 전환 연기문제를 미국정부와 협의하여 2010년 6월 이명박 대통령과 미국 오바마 대통령 간의 정상회담을 통하여 2015년 12월 1일로 연기하였다. 한미연합사가 해체하고 새로운 한미연합작전 지휘체제 모습은 <그림 2>와 같다.

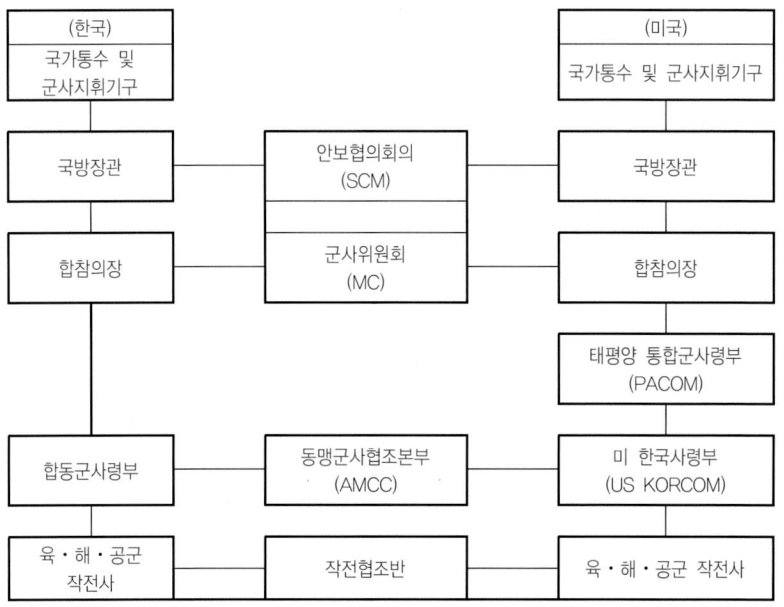

출처: 『조선일보』 2007년 2월 26일자.

〈그림 2〉 신 한미연합작전 지휘체제

III. 한국군의 전작권 전환 의미와 영향

2장에서 살펴보았듯이 한국군의 작전통제권과 한미동맹관계는 국내 및 국제정치 요인에 의해 변화되어 왔다. 이 세상에는 변화되지 않는 것이 없듯이 2015년 12월 1일 전작권이 한국군에 전환되면 여러 분야에 변화가 초래될 것이다. 따라서 전작권 전환이 한국군에 주는 의미와 영향을 미치는 문제들을 확인하고자 한다.

1. 한국군의 전작권 전환의 의미

전작권 전환은 한국군에 큰 의미가 있다. 전작권 전환 이전과 이후의 의미 차이는 <표 2>와 같다.

2015년 전작권 전환이 이루어지면 한반도 유사시 전쟁수행 주체가 한미연합사령부에서 한국합참이 행사하는 것이다. 즉 한국방위에 대해서 당연한 것이지만 한국군이 책임지고 수행하는 것이다. 또한 전작권 전환은 한미동맹관계에 영향을 미치며 UNC의 역할 재정립을 요구하고 있다. 이 기회에 한국방위의 한국화를 달성해야 한다.

〈표 2〉 전작권 전환 의미 차이

전작권 전환 이전	전작권 전환(2015. 12. 1) 이후
◦ 전쟁수행 주체	◦ 전쟁수행 주체
−평시: 한국합참	* 전・평시: 한국합참
−전시: 한미연합사령관	* 한국군 주도, 미군 지원
* 지휘통일 자동 가능	* 제3국 지원 시 지휘통일 문제 대두
◦ 한미동맹관계: 전작권을 연계한 군사동맹	◦ 한미동맹관계: 한미전략동맹
* UN안보리 결의와 한미상호방위조약	* 주한미군 전략적 유연성 전면적 허용
◦ UNC와의 관계	◦ UNC와의 관계
* CFC사령관이 정전관리 동시 가능	* 기능 정립: 역할 강화 필요
※ 한국방위: 연합사령관 책임	※ 한국방위: 한국 책임
→ 한미 공동수행	→ 한국방위의 한국화

2. 전작권 전환의 영향

2015년 12월 1일 전작권이 한국군에 전환되면 우리 한국군 책임하에 평시는 물론 전시에도 전쟁을 수행하여 승리하여야 한다. 그것이 군의 존재 목적이기 때문이다. 이러한 전작권 전환이 이루어질 경우 한국군에 미치는 영향은 무엇이며 대두되는 문제가 무엇인지 알아보면 아래와 같다.

1) 한미동맹 및 동북아 국제정치 역학관계이다

전작권 전환은 한미동맹 및 동북아 국제정치 역학관계에 영향을 미칠 것으로 예상할 수 있다. 미국의 국제정치 학자인 로즈노우는 연계정치이론에서 국제정치와 국내정치의 상호작용에 따라 영향을 미치고 있음을 주장하였다. 따라서 한국군의 작전통제권이 국내정치와 국제정치에 영향을 받아 변화되어 왔듯이 이번 전작권 전환으로 한미동맹관계와 동북아 국제정치의 역학관계에도 영향을 미칠 것이다.

한국 입장에서는 군사주권 회복이라는 국가의 자존심을 회복하였지만 스스로 국가방위에 대한 책임을 져야 하며 대북 및 주변위협에 대한 자주국방을 추진하려면 많은 예산이 소요될 것이다. 미국의 입장에서 보면 미국은 세계전략 차원에서 군사변환은 추진하고 있으며 해외미군재배치계획(GPR)에 따라 주한미군 역시 '전략적 유연성(Strategy Flexibility)'을 한국 측과 협의하였다.[18] 이에 따라 주한미군을 차출하여 다른 분쟁지역에 전환이 가능해졌다. 특히 연합사 해체는 주한미군의 전략적 유연성에 대한 제한을 완화시켜주는 효과를 가져 오고 또한 대북억제 및 방위임무를 한국군이 주도하고 주한미군이 지원하는 구조하에서는 한반도 이외 지역으로 주한미군을 투입하는 가능성이 보다 용이해질 수 있다.

2) CFC 해체와 지휘통일 문제이다

전작권 전환이 이루어지면 한미연합사가 해체하게 되어 있다. 연합사가 해체되면 한미 간의 지휘관계가 일본처럼 병립형 연합작전 지휘체계가 되어 유사시 한반도에서 지휘통일 문제가 대두된다. 전쟁 시에는 군사작전을 수행하게 되는데 군사작전을 성공적으로 수행하기 위한

---

18) 2006년 1월 19일 미국 워싱턴에서 한미외무장관들이 제1차 한미장관급전략대화에서 합의하였다.

원칙에 '지휘통일'이 있다. 군사작전에는 다양한 부대들이 참여하게 되는데 하나의 목표에 집중시키기 위해서는 단일지휘관의 지휘를 통해서 지휘통일을 달성해야 하는 것이다. 특히 수개의 국가들이 같이 수행하는 연합작전에서는 더욱 지휘통일이 필요한 것이다. 쉽게 이야기해서 많은 사자들이 지휘하는 무리보다 한 마리의 양이 지휘하는 무리가 공격과 방어에 효과적이라는 말이다. 한국군에 전작권이 전환되면 연합사가 해체되어 지휘통일에 문제점이 발생하지만 해결책으로 유엔사를 고려할 수 있다. 작전통제권 변천과정에서 설명하였듯이 최초 유엔사에서 행사하다가 한미연합사가 창설하면서 한미연합사령관이 행사하게 되었다.

3) UNC 관련 문제이다

현재 유엔사는 정전관리 업무만 수행하고 있다. 유엔사는 제한된 부대만 있기 때문에 한미연합사 전력을 사용하여 임무를 수행하여 왔다. 이것은 한미연합사령관과 유엔사령관이 동일인이기 때문에 가능하였다. 그러나 전작권 전환으로 한미연합사가 해체되면 유엔사령관을 누가 행사하고 전력 사용에 대한 재정립이 필요하다. 그러나 한미연합사는 한미 간의 문제이고 유엔사는 미소 냉전체제하의 공산진영의 자유민주주의 진영의 하나인 대한민국에 대한 침략에 대한 유엔안보리의 결의안에 의거하여 설치되었으며 아직 한반도가 정전상태이기 때문에 평화체제로 전환되기 전까지는 유엔사가 존속할 근거가 있는 것이다. 그리고 한반도 유사시 증원국가들을 지휘할 사령부로서 역할을 수행할 수 있는 것이다.

4) 대북억제 및 한국군의 능력 문제이다

전작권 전환이 이루어지면 한반도 유사시 한국군이 주도가 되고 미군은 지원하는 개념이다. 먼저 전쟁을 억제하고 유사시 전쟁에서 승리하기 위해서 한국군의 능력이 되는가 하는 문제이다. 언젠가는 한국군의 능력이 향상되겠지만 1950년 이후 미국에 의존한 경험으로 당분간은 독자적인 작전수행 능력에 제한이 있을 것으로 볼 수 있다. 6·25전쟁, 울진 삼척 무장공비 침투사건, 강릉 잠수함 침투사건, 최근의 천안함 피격과 연평도 포격 도발에 대한 대응 작전을 볼 때 아직은 어렵다고 판단할 수 있다. 많은 성찰과 반성, 환골탈태의 노력만이 이를 극복할 수 있을 것이다. 따라서 국방개혁을 실질적으로 수행하여 향후 한국방위는 한국군이 책임진다는 한국방위의 한국화가 필수적이다.

Ⅳ. 한국군의 군사대비 방향과 과제

1. 한국군의 군사대비 방향

○ **목표**: 한국방위의 한국화
○ **추진방향**
- 한미 병립형 군사동맹관계: 긴밀한 유대 강화 노력
- 한국군의 군사전략 정립: 중견국가 군사전략
- 작전기획과 작전적 수준의 작전수행능력 체계 구축
* 유형 및 무형전력 균형발전, 합동성 강화
- 한미연합작전 능력 배양을 위한 노력
* 국방개혁을 통한 군사대비태세 완비 → 한국방위의 한국화 달성

한국군의 군사대비 방향은 목표를 한국방위의 한국화로 두고 추진한다. 세부추진방향으로 한미 병립형 군사동맹관계의 긴밀한 유대강화 노력, 한국군의 중견국가로서 군사전략 수립, 한반도 전구에서 작전기획과 작전적 수준의 작전수행능력 체계구축, 한미연합작전 능력 배양

을 위한 노력을 국방개혁의 추진에 반영하여 이 기회에 한국방위의 한국화를 달성하여야 한다.

2. 한국군의 군사대비 과제

1) 한미 병립형 군사동맹관리 강화

한미동맹은 지난 반세기간 우리 안보의 근간으로서 한반도의 평화와 안정을 유지하고 민주주의와 경제성장 등 국가발전에 중추적 역할을 수행하였다. 그러나 냉전체제 종식 이후 급변하는 국내외 안보정세에 따라 한미동맹도 변화하였으며, 특히 한미동맹 및 연합작전 지휘체제에 있어서도 상호 영향을 주며 변화되어왔다. 한미동맹의 특징으로 첫째는 한미동맹은 비대칭성이다. 한국과 미국의 관계는 태평양전쟁 이후 일본군 무장해제를 위하여 연합군 일원으로 진주하여 정부수립과 한국군 창건을 지원하고 한국을 떠났다가 한국전쟁이 발발하자 유엔군의 일원으로 다시 한반도에 왔다. 이와 같이 한미동맹은 태생적으로 동맹에 대한 선택의 자유가 제한된 환경 속에서 한국과 초강대국 미국과의 동맹이고, 강대국과 약소국이라는 힘의 역학관계 차이, 지정학적 차이 등에서 비롯된 비대칭성을 갖고 있다.[19]

둘째는 한미동맹은 정전협정 이후 한국의 방위를 위해 결성된 동맹으로 유엔사와 한국군의 작전통제권 문제와 연관되어 있다.

셋째는 쌍무동맹인 동시에 지역에서의 안정자 역할을 하고 있다. 한미동맹은 한국과 미국 간에 맺은 쌍무 안보동맹이다. 한국의 입장에서 보면 북한의 위협에 대비한 쌍무동맹이지만 미국에서는 동아시아 지역 차원에서 한미동맹과 미일동맹을 맺고 있는 것이다. 즉 미국은 주한미군은 지상군 위주로 편성하고 주일미군은 해·공군 위주로 편성하여

---

19) 이상철, 『안보와 자주성의 딜레마』(서울: 연경, 2004), p.300.

동북아의 지역동맹 차원의 안정자 역할을 하고 있는 것이다.[20]

넷째는 국제 및 국내정치 환경변화에 따라 동맹국 구성원으로서 역할을 충실히 수행하여 신뢰를 구축한 동맹관계이다.

국제관계에서는 '연원한 적과 영원한 우방은 없다'는 것이 정설이다. 따라서 한미동맹관계에 있어서도 동맹관계를 지속적으로 공고히 할 수 있는 공동 가치와 신뢰 그리고 위협인식을 같이 할 수 있도록 동맹관리를 지속적으로 관리할 필요가 있다.

첫째, 한미동맹 성격과 주한미군의 역할 등 한미동맹의 재정립을 신속히 하여야 한다. 동맹성격 및 재정의 문제는 미일동맹관계의 분석결과를 참고할 필요가 있다. 미국과 일본은 1951년 「미일안보조약」을 체결하였다. 이 조약이 불평등하다고 판단한 일본의 요구로 1960년 「신안보조약」을 체결하여 비대칭동맹을 다소 보완하였다. 그 후 탈냉전시대에 돌입하여 미일동맹관계가 표류하고 이탈하려는 경향이 보이자 정치인 및 지식인이 나서 재정의 과정을 거쳐 동맹관계를 더욱 강화시켰다. 따라서 전시 작전통제권 전환에 따라 한미연합사가 해체하기로 합의된 이상 주한미군에 대한 전략적 유연성 문제를 해결하기 위해 한미동맹관계를 재정립하여 1953년 체결한 「한미상호방위조약」에 대한 개정을 국가이익 추구와 동맹관계를 공고히 하는 방향으로 우리가 주도적으로 제기할 필요성도 있다고 본다.

둘째, 한미연합작전 지휘체제가 병립형 지휘체제로 전환하게 됨으로 원활한 작전협의 및 협조를 위하여 정치협의체 및 작전협조체제를 보강하여야 한다. 미일은 병립형 체제를 보강하기 위하여 정치협의체 및 군사협의체 등을 보강하면서 발전시켰고 최근에는 자위대와 주일미군의 일체화를 추진하고 있다. 따라서 한미연합사 지휘 구조하에서는 한미군이 기능적으로 통합된 사령부를 구성하여 한미가 공동으로 작전계획을 수립하고 워게임을 통해 분석하고 연습을 실시하였다. 그러나 병

---

20) 김일영, "해외주둔 미군 재배치계획과 주한미군의 미래", 『군사논단 제39호』 한국군사학회, 2004, p.37.

립형 지휘 구조하에서는 협조를 통해 모든 것이 이루어진다. 따라서 원활한 연합작전 수행을 위해서 자주 만나 서로의 생각을 교환할 필요성이 더욱 증가될 것이다. 그러므로 현재 연 1회 하는 SCM 및 MCM의 횟수를 증가시키고 작전사 및 예하부대에서도 자주 만나 정보공유 및 작계토의 등을 통한 협의 및 협조가 대단히 중요할 것이다.

셋째, 한미동맹 약화 방지를 위하여 한미공동안보선언, 공통전략목표 발표 등을 통하여 한미동맹관계 공고화를 과시할 필요가 있다. 미일은 탈냉전기에 동맹이 표류현상을 보이자 미일정상이 만나 1996년 미일안보공동선언을 발표하였다. 또한 안보전략 환경변화에 따라 방위협력을 위한 지침을 개정하고 SCC에서 공통전략목표에 관한 공동성명을 발표하여 상호 전략적 이해와 목표를 같이 하였다. 이러한 조치는 한미동맹관계에 시사하는 바가 크다고 할 수 있다.

2) CFC 해체와 유사시 지휘통일 문제

전작권이 전환되면 한미연합사도 해체하게 되어 있다. 한미연합사는 전시에 한미군사위원회(MC)로부터 전략지시 또는 작전지침을 받아 지정된 한미전투부대로 한반도 작전전구에서 전투를 수행하는 전투사령부(Warfighting Command) 역할을 수행하였다. 평시(정전 시)에는 연합사령관은 연합권한위임사항(CODA)를 행사하여 전시에 대비하였다. 따라서 한미연합사가 해체되면 자동적으로 CODA도 행사할 수가 없다. 그러므로 한미연합사 해체는 한반도에 연합전투사령부가 없어지는 것이다. 그리고 한미연합작전을 효과적으로 수행하기 위한 6개의 CODA 분야 즉 연합위기관리, 연합정보관리, 작전계획수립, 연합합동교리발전, 연합합동훈련 및 연습, C4I 상호운용성을 확인할 수 없게 된다.

한미연합사 해체를 통해서 문제가 되는 것은 한반도 유사시 지휘통일이다. 연합사가 해체됨으로써 한미 간은 병렬 작전지휘체제가 되어 한미 간은 독자적인 지휘체제를 갖고 작전을 수행하게 된다. 보다 연합작전을 효과적으로 수행하기 위하여 지휘통일을 가질 필요가 있는데, 이때 한미군을 어느 국가가 지휘하느냐 또는 증원되는 국가를 어느 국가 지휘관이 작전지휘를 통제할 것인가가 대두되는 것이다. 이러한 지휘통일을 달성하기 위해서 한미 간의 국가통수 및 군사지휘기구 간의 협의를 통해서 지휘통일을 달성할 수 있으며, 또한 유엔사령부는 전투사령부로서 역할을 수행할 할 수 있겠다. 유엔사령부를 활용할 경우 미군 외에 증원되는 3국을 포함하여 작전지휘를 통제하는 것이다. 이를 위해서는 유엔사령부의 구조 및 인원을 보강하고 부대를 지정해 주는 문제를 해결하여야 한다. 유엔사령부에 관련해서는 다음에 세부적으로 설명하겠다.

3) UNC 기능 재정립: 역할 강화

유엔사에 대한 역할 성격 등을 재정립하여 정전관리 문제와 유사시 제3국 지원 시 누가 지휘할 것인가를 정립하여야 한다. 한미연합사 해체와 동시에 UNC를 해체해야 한다는 주장이 일부에서 제기되고 있다. UNC가 해체되어서는 안 되는 이유를 설명하고자 한다. 그 이유는 일본에 UNC 후방지휘소가 자마에 위치하고 있고 7개의 UNC 후방기지가 있다. 이러한 기지는 UN과 일본 간에 주둔군지위협정(UN-JAPAN SOFA)이 체결되어 유사시 사용하고 일본정부에 통보하게 되어 있다. 그러나 UNC가 해체되고 유사시 한반도에서 전쟁이 발발하면 전쟁을 지원하는 부대 및 병참물자를 일본이 전개할 때 일본정부와 별도로 협의하여야 한다. 다른 하나는 유사시 한국을 지원하는 UN3국이 투입될 때 누가 지휘할 것이냐 하는 문제이다. 현재는 유엔사령관이 작전통제하면 되지만 한미가 병립형 지휘체제가 되고 UNC가 해체되면 제3국을 작전통제하는 문제가 대두된다. 그리고 한반도 정전관리 고유업무는 UNC가 수행하고 있다. UNC가 해체되고 남북 간의 무력충돌이 증가될 때 누가 관리할 것인가 하는 문제이다. 이런 3가지 이유로 UNC

는 평화체제로 전환되기 전까지는 해체되어서는 안 된다고 생각한다.

4) 한국군 주도 작전수행능력 강화

가) 한국적 군사전략 개발

4차 중동전 골란고원 전례: 한국적 군사전략을 구상하는 데 있어 한국지형과 여건이 유사하였던 전례가 중동의 4차 중동전이다. 특히 4차 중동전의 골란고원 전역은 3차 중동전과 상이한 전쟁이었다. 1973년 10월 6일부터 24일까지 치러진 전쟁으로 18일의 짧은 기간 동안에 아랍권이 기습공격하여 개시된 전쟁이다. 남부에서는 시나이 전역에서 이집트군과 양면 전쟁을 이스라엘은 치러야 했다. 10월 전쟁에서는 먼저 골란고원 전역에서 집중하여 시리아군을 저지하고 공격한 후 전력을 시나이 전역으로 전환하여 전쟁을 종결하였다. 그중에서도 골란고원 전역은 우리 한반도의 군사작전 환경을 고려해볼 때 한반도 작전환경과 유사한 면이 많이 있다.[21] 정치 및 전략적인 면에서 수세 후 공세전략을 취해야 하는 입장에서 시리아군의 기습공격을 초기에 돌파를 허용한 후 적의 공격 저지와 역습을 효과적으로 실시하여 시리아군이 작전한계점에 도달하자 공세 이전 후 실지를 회복하고 휴전선을 돌파하고 시리아 영토 내로 반격하는 전투양상은 우리가 본받아야 할 주요 전례라 할 수 있다. 시리아는 욤 키프르가 끝나는 10월 6일 14:00시를 기해 1,300여 대의 전차가 이스라엘 전차 188대가 방어하는 방어선에 공세를 개시하였다.[22] 최초 시리아군은 남부축선에서 돌파하여 2개 여

---

21) 고란고원는 800~1,300m 내외의 고원이다. 골란고원 북부에는 지대 내 가장 높은 2,814m의 헤르몬산이 있다. 그리고 지대 내에는 화산이 폭발 시 용암이 흘러서 형성된 라바(Lava) 지역이 있다. 따라서 차량통행이 곤란하고 기계화부대 작전에 많은 영향을 받는다. 시리아와 휴전선이 남북으로 67km이고 동서 종심은 24km이다. 도로는 동서로 5개 도로망이, 남북으로는 2개 도로망이 발달되어 있다. 이스라엘지역에서 골란고원지역으로는 급한 경사면을 형성하고 고원에서 시리아 쪽으로는 완만하게 내려다볼 수 있다.

22) 최초 공격개시에 이스라엘군 2개 여단, 11개 포대 전력, 시리아군은 5개 사단, 188개 포대 전력이었다.

단 규모의 전차 200여 대가 휴전선을 넘는데 성공하였다. 그러나 이스라엘군 전차들은 동원부대 전차들이 올 때까지 단차로까지 분투하며 저지하였다. 북부전선 '눈물의 계곡'에서는 7기갑여단이 비교적 수월하게 저지하였다. 10월 8일 이스라엘 예비군이 증원되면서 전세는 역전되기 시작하였다. 이스라엘은 북부사령부에 2개 기갑사단을 남부지역에 투입하여 역습을 실시하고 반격을 가해 휴전선을 돌파하고 진격하여 다마스쿠스 전방 40km에서 공격을 멈추고 전력을 시나이 전역으로 일부를 전환하였다.

한반도 군사전략 구상: 4차 중동전의 골란고원 전역에서 한반도에서 적용 가능한 전략을 구상할 수 있다. 적의 기습공격을 지형을 이용하여 최대한 저지 흡수하고 동원된 전력을 집중하여 적을 격퇴하되 적지 일부까지 공격하여 점령하는 것이다. 이스라엘은 시나이 반도 전역을 동시에 수행하는 입장에서 '수세 후 공세전략'을 구사하였다. 그러나 한반도에서는 한국군이 고려할 수 있는 전략은 적의 기습공격을 최대한 차단하면서 수세 후 즉각 공세전략을 감행하는 것이다. 따라서 적이 기습공격을 감행한다면 우리는 적의 공격력을 저지 흡수하면서 즉각적으로 적 제2작전제대 및 전쟁지도부에 대한 타격작전을 실시하고, 가용 기동전력으로 적의 후방지역에 대한 우회기동(지상: 기동군단, 해상: 상륙작전)으로 적의 심장부로 기동하는 전략이다. 이때 필수적인 사항으로 한미연합전력을 최대한 활용한다. 따라서 이를 위한 전력을 갖추고 전력배치도 고려하여야 한다.

나) 합참의 작전기획 및 합동작전수행능력 향상

합동작전기획과 장차작전 능력 구비: 한국군이 독자적인 작전을 수행하기 위해서는 먼저 앞에서 설명한 군사전략을 작전계획화하여 예하 작전사에 하달하는 것이다. 이러한 군사전략을 작전계획화하기 위해서는 합동작전기획 능력을 구비하여야 한다. 이러한 합동작전기획에는 전쟁목적을 식별하고 군사전략목표를 확인하여 어떻게 작전계획에 반영하는가가 초점이다. 따라서 한국합참에서는 합동작전기획 및 시행체계(JOPES)[23]를 정립하여 합동작전계획수립 능력을 향상시켜야 한다. 이를 위해서는 작전술을 이해하고 합동작전을 숙지해야 하며 합동C4I 및 합동·연합 화력운용 등을 이해하여야 한다. 특히 합동성에 대한 기본지식을 필요로 한다.

합참이 어디에 중점을 두고 작전을 수행하여야 하는가의 문제이다. 이제 한국합참은 전쟁을 주도하는 최고전투사령부 역할을 하여야 한다. 현행작전보다는 장차작전에 전투지휘의 초점을 두어야 한다. 현재 한미연합사령부는 작전참모부에서 현행작전반과 장차작전반을 운용하고 기획참모부에서 장차계획반을 운용하고 있다. 인원편성도 전구작전 상황실(TOC)에 한미인원 280여 명, 장차작전반과 장차계획반에 각각 80여 명으로 균형 있게 편성되어 있다. 한미연습 간 결심시행주기 (PDE)상에도 현행작전반에는 약 1시간을 할애하고 반면 장차작전 및 장차계획에는 1시간 45분을 할당해 놓고 있어 연합사령관은 장차작전 및 계획에 많은 비중을 두고 있다.

〈표 3〉 연합사 현행작전, 장차작전, 장차계획 개념

현행작전	장차작전	장차계획
중점: - 현재~72시간 내의 현행작전 시행 * 보조 및 후속계획 시행	중점 - 96시간~10일까지 또는 다음 사태 * 보조계획과 장차작전을 위한 구성군 준비	중점 - 11일 이후 또는 미래 사태 * 보조계획, 후속계획과 전략개념
What is ?	What if ?	What's next ?

한국합참에서는 작전부에서 현행작전반을 작전기획부에서 장차작전

---

23) JOPES: Joint Operation Planning & Execution System으로 미군은 JMS(합동군사전략서), JSCP(합동군사전략능력기획서)를 근거로 전역계획을 수립하는 체계를 구비하고 있다. 한국 역시 미군교리를 수용하여 이 합동작전기획시행체계로 수행하고 있다.

반과 장차계획반을 동시에 운용하고 있으며, 연습 시 인원편성에도 전구작전본부(JOC)에 330여 명을 장차작전반과 장차계획반 합계 100명 미만을 편성하고 있어 연합사 편성과 비교하여 현행작전에 비중을 두고 있으며 실제 연습 시에 지휘관의 관심 역시 현행작전에 매달리는 현상을 보였다. 향후 합참은 한반도 전구의 작전을 수행하는 최고전투사령부로서 군사전략과 작전술을 동시에 구현해야 하는 지휘기구인 것이다. 전역작전의 수행에 있어 장차작전 및 장차계획에 중점을 두는 방향으로 발전해야 한다.

합동성 강화: 합참에서 작전수행 시 관심을 가져야 하는 것이 합동성이다. 현재 추진 중인 국방개혁의 중점의 하나가 합동성 강화이다. 합동성(Jointness)이란 합동작전에서 국가이익에 부합하는 군사목표를 효과적으로 달성하기 위해 전투에 투입되는 육·해·공군 및 해병대, 기타 모든 전력을 통합한 전투수행을 말한다. 합동작전에서는 타군과의 갈등 및 충돌을 최소화하고 얼마나 전투효과를 높이느냐 하는 것이 핵심요소라 할 수 있다. 따라서 합참은 합동성 강화를 위하여 노력하여야 한다.

미국 역시 초기에는 합동성이 미흡하였다. '미국 역시 20년 전만 해도 서로 타군의 능력을 의심하고, 임무 및 역할에 경쟁적이었으며, 법령에 주어진 책임영역을 지키기 위해 서로 질투까지 하였다. 전쟁에서 가장 큰 위협은 적이 아니라 다른 색깔의 유니폼을 입은 각 군이었다고 할 정도였으며 2~3년 전까지만 해도 합동성에는 냉소적'이었다(디펜스뉴스, 2003년 4월 14일자).

미군 역시 조직으로서 조직학 측면에서 육·해·공군 및 해병대 각 조직은 자신들의 경계를 집요하게 방어하며 논리를 전개하는 속성을 갖고 있다고 생각하였다. 이러한 각 군 조직의 특성을 고려하여 전장의 승리 요인인 합동성을 강화하기 위한 변혁을 시도하였다.

따라서 미국 국회는 1986년 **골드워터-니콜스 법**(Goldwater-Nichols Act)을 만들어 합참의장은 지휘계선상에 있지 않고 국가통수기구의 대통령과 국방장관에 대한 군사보좌 역할을 하고, 통합군사령관(미국은 세계를 6개 지역통합군사령부로 갖고 있으며, 전쟁은 각 통합군사령관에 의해서 수행된다)의 권한과 책임을 강화하였다. 이로써 미군은 지휘통일과 합동조직을 합리적으로 개선하였다. 이러한 조직으로 걸프전과 이라크전을 성공적으로 수행하였다. 이라크전에서 미국 **합참의장 마이어스 대장**은 '미국은 군사변환을 통해 이러한 각 군의 이기적인 요소를 없애고 각 군이 좀 더 긴밀하게 같이 전투할 수 있도록 했으며, 합동전투수행(Joint Warfighting)을 달성하기 위해 육군, 해군, 공군, 해병대 간에 믿음과 신뢰를 갖도록 하는 데 역점을 두었다. 또 이것을 달성할 수 있도록 C4ISR체계를 구축했고, 이를 통해 군사작전에서 요구되는 속도, 융통성, 기민성, 대담성을 달성해 단기간에 전쟁을 승리로 끝낼 수 있었다. 또한 군사변환은 합동성이 핵심으로 이라크전쟁에서 그것이 증명됐으며 장비는 단지 장비일 뿐이다'라고 강조했다.

한국군의 합동성 강화를 위한 군의 자기 성찰이 필요하다. 한국군이 직면한 상황적 특성을 직시하여야 한다. 1년 전에 북한의 잠수정에 의한 천안함 피격과 연평도 포격 도발에 의해서 우리 병사와 민간인이 희생되었다. 군은 변화와 쇄신이 요구되고 있는 시점이다. 첫째는 합동작전 수행을 위해 우리 군이 먼저 자기 성찰을 해야 한다. 국가와 군의 지도자 및 지휘관은 겸손해져야 한다. 한국군은 직접 합동작전을 수행하지를 못했고, 군 역사가 짧다는 것을 인정해야 한다. 지난해 북한의 도발에 군은 합동성을 보여주지 못했다. 아직도 각 군은 집단 이익에서 벗어나지 못하는 실정이다. 우리 군은 창조적 파괴를 통한 자기 성찰을 넘어 환골탈태(換骨奪胎)하고, 합동성 강화를 위해 지도자 및 지휘관의 리더십과 구성원들이 펠로십을 발휘하는, 서로가 노력하는 인식의 대전환이 필요하다. 둘째는 합동성 시작은 타군 이해에서 출발한다.

육·해·공군 각 군의 기능이 다르다는 것을 인식하여야 한다. 지상, 해상 및 공중전에서의 임무와 환경의 차이로 인해 이들 임무를 수행하는 요원들의 자세 태도 및 반응이 다를 수밖에 없는 것이다. 오늘날의 군사작전에서는 각 군의 무기체계들이 상호 유기적으로 운용되고 있음에도 불구하고 각 군의 관습, 전통, 가치관 등 차이가 나타나는 것이다. 이는 각 군의 체계가 쉽게 변경될 수 없는 문화적인 속성을 갖는 데서 나타나는 현상이다. 영국군 격언에 '해군과 공군은 장비에 사람을 배치하는 반면, 육군은 사람을 장비로 무장시킨다'는 말이 있는데, 각 군의 특성을 잘 설명하는 말이다. 셋째는 합동성 발휘, 위임할 수 없는 지휘관의 몫이다.

각 군의 특성과 기능의 차이를 군사작전 목표에 도달시키기 위해서 각 군의 작전요소들을 통합하고 협조시켜야 한다. 이를 위해서 정보를 공유하고 각 군이 공감할 수 있는 비전과 목표를 제시하며 계획은 통합하되 작전은 분권화하도록 위임하여 작전의 융통성을 보장할 수 있어야 한다. 지휘관은 모든 구성원이 Team Work가 이뤄지도록 리더십을 발휘하여야 한다. 우리 개인은 우수한데 Team Work가 부족하다는 소리를 많이 듣는다. 우리가 알고 있듯이 권한은 위임할 수 있어도 책임은 위임할 수 없다. 여기에 추가하여 현대전에서 승리하기 위해서는 합동성과 Team Work 노력도 위임될 수 없는 것이다.

5) 한국군의 한미연합작전 능력 배양을 위한 지속적인 노력

가) 한미 연습 및 훈련 강화

현재 한미 간은 한반도에서 북한의 전쟁도발을 억제하고 한미안보협력체제를 강화하기 위해서 각종 한미연습 및 연합훈련을 실시하고 있다. 2015년 이후 전작권이 전환되고 한미연합사가 해체되면 한미 간은 독자적인 작전지휘체제를 유지하며 공동작전을 수행하게 된다. 따라서 더욱 전작권 전환 이후에는 한미 군사협력과 유대강화를 위한 제도적 장치를 위하여 연합 연습 및 훈련을 강화해야 하는 것은 당연하다.

현재 실시하고 있는 연합연습 및 훈련 외에 한미 연습뿐만 아니라 미국 외에 다수 국가가 참여하는 연합훈련도 증가할 필요가 있다. 특히 1994년 이후 중단된 '팀스피리트' 연습을 재개할 수도 있으며, 또한 팀스피리트 연습과 유사한 연습을 기획하여 추진하는 방법도 있다. 1976년부터 실시한 '팀스피리트 연습'은 한미 간의 대규모 훈련으로 미국 육·해·공군 부대의 전략이동으로부터 지상작전을 지원하기 위한 각종 공군작전과 한국해역에서의 한미연합 해상작전과 상륙작전, 야전기동훈련 등 한국방위를 위한 연합작전태세의 효율성을 높이기 위해 실시하였다. 특히 팀스피리트 연습은 1978년 한미연합사가 창설되면서 한미 간의 연합작전지휘체제의 효율화를 달성하였으며 특히 미국의 한국방위 의지를 보여주는 효과가 있었다. 그러나 1990년대 초에 북한이 핵개발을 추진하면서 1차 핵 위기가 발생하였고 미북 간에 협상을 추진하면서 북한이 한반도 비핵화에 동참하고 국제원자력기구(IAEA)의 사찰을 수용하는 조건으로 팀스피리트 연습을 중단하게 되어 지금까지 실시하지 않았다. 그러나 북한이 천안함 어뢰정 공격 도발과 연평도 포격 도발과 같이 도발의지를 포기하지 않는다면 팀스피리트 연습을 재개하든지 또는 유사한 연습을 실시할 필요가 대두된다.

나) C4I 상호운용성 강화

연합작전에서 C4I 상호운용성은 필수요소이다. 따라서 평시 작전통제권을 한국 측에 이양하면서 연합권한위임사항(CODA)의 하나로 C4I 상호운용성을 미국 측이 요구하였다. 미국은 1991년 걸프전 이후 후반부터 미 해군의 세브로스키 제독에 의해 주도된 네트워크중심전(NCW: Network Centric Warfare)은 기업의 정보기술을 활용한 경영혁신방식을 군에 적용하고자 하면서 추진되었다. 럼스펠드 국방장관은 2001년 세브로스키를 발탁하여 국방개혁을 추진하면서 이후 미국은 물론 전 세계적으로 NCW에 대한 관심이 증폭되었으며 엄청난 파급효과를 가져왔다. NCW는 3개의 격자망, 즉 정보, 센서 그리고 교전 격자망을 운영하여 기존의 플랫폼 중심에서 네트워크 중심으로 통합전투력을 운용하면서 교전범위를 확대하고 교전시간을 단축시키며, 기존의 위계적 지휘체계가 갖는 단점을 보완하여 지휘반응시간을 단축시키고, 상급제대부터 하급제대까지 실시간 지휘 및 작전에 참가시켜 작전의 동기화에 대한 참여를 높일 수 있다는 특징을 보여준다. 그러나 최근에 NCW가 전쟁 수행 및 전장 운영에 어떻게 작용하는가에 대하여 명확하게 구별되는 특징을 발견하기가 어렵다는 한계에 따라서 미군은 네트워크 중심 작전환경(NCOE: Network-Centric Operational Environment)이란 개념의 변화를 도모하고 있다. NCOE는 미래 정보통신기술의 발달로 제 전장요소 및 기능이 Network로 연결된 작전환경으로 상황인식 공유 및 합리적 의사결정을 통한 실시간 Sensor to Shooter를 가능케 한다. NCOE의 중심개념은 전장의 제 전투요소를 네트워킹하여 전장상황을 공유함으로써 '효과중심의 동시통합작전'을 보장하고 전투력 승수효과(Synergy Effect)를 창출할 수 있는 작전환경을 조성하는 것이다. 따라서 주한미군 역시 이러한 군사변환의 일환으로 NCOE 환경을 구축하고 있다. 현재 한미연합사의 지휘통제체계인 CENTRIXS-K와 JADOCS[24]와 한국 측의 합동지휘통제체계(KJCCS)와의 연동과 작전사급에서의 상호운용성을 위한 노력이 더욱 필요하다.

---

24) JADOCS: Joint Automatic Deep Coordination System으로 합동 자동화 종심작전협조체제이다.

V. 결론

한국군의 전시 작전통제권은 2015년 12월 1일 전환받기로 되어 있다. 국제정치에서 '영원한 우방도, 영원한 적도 없다'는 말이 격언처럼 사용되어지는 것은 국가 간의 관계에서 영원한 것은 없고 국가이익에 의해 변화한다는 의미를 보여주고 있는 것이라 생각한다. 이처럼 한미관계 역시 영원불변이 아니라 국제적 안보환경 변화와 미국과 한국의 국내정치 상황 변화에 따라 변화할 것이다. 이러한 국내외적인 안보상황 변화가 한미동맹 및 전시 작전통제권에 직간접적으로 영향을 주게 되면 변화가 될 것이라는 것은 역사적으로 증명하고 있는 사실이다.

한국군의 전작권을 타국에게 이양하는 사건이 다시는 일어나지 않도록 하여야 한다. 이를 위해 우리는 실질적인 국방개혁을 추진하여야 한다.

국방개혁은 한국군의 군사혁신 차원에서 볼 때 선택사항이 아니고 필연적이고 당연한 사안으로 판단된다. 지식·정보화 사회에서 정체는 퇴보를 의미하며, 최근의 탈냉전 이후 아프간전쟁 및 이라크전쟁을 분석하고 미래전[25]을 대비하며 한반도를 둘러싼 안보환경 변화에 대응하기 위해서도 국방개혁은 불가피한 것이다.

이러한 국방개혁의 방향은 첫째는 북한의 재래식 전력 및 핵위협을 동시에 고려한 최대한의 방어적 충분성을 고려하여야 한다. 우리 군이 지속적으로 추진하여온 군사혁신(RMA)과 맥을 같이하고 있다는 것이다. 따라서 이번 국방개혁안은 기존의 중장기 기획 및 계획을, 그 후의 국내외 안보전략 환경 변화를 고려해서 보강, 발전시킨 것이라고 평가할 수 있는 것이다. 둘째는 안보전략 환경의 격변에 따른 국방패러다임의 대변환을 국가적 차원에서 적극 추진하는 것이다. 이제까지의 군

---

25) 미래전은 하이테크(Hightech) 전쟁, 하이브리드(Hybrid) 전쟁, 신시스템복합체계(A new system of systems) 전쟁, 제4세대 전쟁 등으로 예상하고 있다.

사혁신은 군인과 군 관련 전문가들만 참여하는 것이었다. 이번 국방개혁은 국가안보를 위해서 국방차원을 넘어 국가, 사회차원에서 국가경제와 투입되는 예산을 고려한 본격적인 논의로 공론화되었다. 셋째는 한국군의 전시 작전통제권 전환 후에는 유사시 한국군이 주도하고 주한미군이 지원하는 한미공동작전 행사를 고려한 추진이다. 즉 유사시 한국군의 작전통제권 행사 시 전시 합동작전을 수행하는 합참 차원의 3군 합동성 강화를 위한 국방개혁이 되어야 한다.

끝으로 「에치슨 라인 선언」이 한국전쟁의 원인의 하나가 되었던 것처럼 한국군의 전작권 전환 결정이 한미동맹의 약화 또는 균열, 나아가 한반도의 불안정을 야기하는 요인이 되지 않도록 전작권 전환과 동시에 군사대비 과제들을 면밀히 검토하여 전환에 따른 준비를 철저히 추진하여야 한다.

| 참고문헌 |

국방군사편찬연구소, 『한미군사 관계사 1871-2002』(서울: 국방부, 2002).
국방부 정책실, 『한미동맹과 주한미군』(서울: 국방부, 2002).
김일영 외, 『주한미군 역사, 쟁점, 전망』(서울: 한울, 2003).
백종천 편, 『한미동맹 50년: 분석과 정책』(서울: 세종연구소, 2003).
심지연·김일영 편, 『한미동맹 50년: 법적쟁점과 미래의 전망』(서울: 백산, 2004).
앨빈 토플러 저, 이규행 역, 『전쟁과 반전쟁』(서울: 서울경제신문사, 1994).
이범준 외, 『미국 외교정책』(서울: 박영사, 2001).
이상철, 『안보와 자주성의 딜레마』(서울: 연경, 2004).
채명신, 『베트남전쟁과 나: 채명신 회고록』(서울: 팔복원, 2006).
하영선 편, 『한미동맹의 비전과 과제』(서울: EAI, 2006).
한용섭, 『자주냐 동맹이냐-21세기 한국안보외교의 진로-』(서울: 오름, 2004).
Binnendijk, Hans, Transforming America's Military, National Denfense University Press, 2003.
Kaufman Daniel J., Jeffrey S. McKittrick and Thomas J. Leney, U. S. National Security: A FrameWork for Analysis, massachusetts: Lexington Books, 1985.
Rosati, Jerel A., The Politics of Unites States Foreign Policy, Belmont: Thomson Learning Inc., 2004.

제10장 한국의 미사일 방어 구축방향

박휘락

요약

북한은 1960년대부터 미사일 개발을 시도하여 현재 800발 정도의 미사일을 보유한 상태이고, 미사일에 탑재할 수 있도록 핵무기를 개발 및 소형화하고 있다. 그럼에도 불구하고 한국은 아직까지 신뢰할만한 미사일 방어체제를 구축하지 못한 채 시간을 보내고 있을 뿐만 아니라 북한 미사일 위협의 심각성조차 충분히 이해하지 못하고 있는 실정이다.

한국은 하층방어와 상층방어를 중심으로 한 전반적인 미사일 방어체제의 구축방향을 토의 및 연구하는 한편으로, 수도와 핵심 전략시설을 방호할 수 있을 정도의 PAC-3 미사일을 최단 기간 내에 획득할 필요가 있다. 또한 북한 탄도미사일에 대한 실제적인 감시 및 추적이 가능한 X-밴드 레이더를 조기에 확보하기 위한 대미협력을 추진하고, 해상배치 요격미사일인 SM-3 미사일도 획득할 필요가 있다. 국가 수준의 미사일 방어 담당조직을 설치할 필요가 있고, 최소한 국방부 예하에 독립된 '미사일 사령부'를 설치할 필요가 있다.

Ⅰ. 서론

북한은 1960년대부터 미사일 개발을 시도하여 현재 800발 이상의 미사일을 보유한 상태이다. 또한 북한은 2006년 10월과 2009년 5월에 핵실험을 실시하는 등 핵무기 개발에 매진하고 있다. 국제사회는 유엔안보리 결의안 1718호와 1874호를 통하여 북한의 핵 및 미사일 개발을 중지시키고자 노력하고 있으나, 가시적인 성과를 달성하지 못하고 있다. 김관진 국방부 장관이 2011년 6월 13일 국회 증언에서 "북한이 핵실험을 2006년, 2009년 두 차례 한 뒤 상당한 시간이 지났기 때문에 다른 나라의 예에서 보듯 소형화에 성공했을 시기라고 판단한다"고 언급하였듯이[1] 북한이 개발된 핵무기를 미사일에 탑재할 수 있도록 소형화하는 데 성공했을 가능성도 배제할 수 없다.

유감스럽게도 한국은 북한 미사일 위협과 그의 대응에 대한 분석이 미흡하고, 국민적 공감대도 형성되지 못한 상태이다. '한국형 공중 및 미사일 방어체계(KAMD: Korea Air and Missile Defense)'를 구축한다는 입장을 정리한 상태에서 독일로부터 PAC(Patriot Advanced Capabilities)-2 미사일 2개 대대를 구매하기는 하였지만, PAC-2 미사일은 미사일 요격에 필수적인 직격파괴(直擊破壞, hit-to-kill: 미사일의 몸통을 직접 타격하여 파괴하는 것) 능력을 갖추지 못하여 충분하지 않다. 2011년 3월 8일 국방부는 「국방개혁 307계획」을 발표하면서 '탄도미사일 방어체계 보강'을 과제의 하나로 포함시키기는 하였지만, '적 비대칭 위협 대비 능력 강화'라는 과제 중의 소과제로 포함되어 있을 정도로 약한 비중으로 취급하고 있고, 구체성도 충분하지 않다.[2]

특히 한국은 지금까지 미사일 방어에 대한 제반사항을 충분히 토론

---

1) 유용원, "F-15K 위협하는 '북한판 패트리어트(KN-06 지대공 미사일)' 등장", 『조선일보』, 2011년 6월 14일자, A8면.

2) 국방부, 『국방개혁 307계획 보도 참고자료』(서울: 국방부, 2011), p.23.

하여 최선의 대응방향을 정립해오지 못하였다. 1999년 3월 5일 천용택 당시 국방장관이 외신기자와의 간담회에서 한국은 미국 미사일 방어체제 구축에 참여할 "경제력도 기술력도 없다"고 말한 입장이 '미국 MD(Missile Defense) 불참=미사일 방어 자제'라는 방향으로 고착되어 현재에 이르고 있고, 한국의 지도층들은 북한 미사일의 위협에 관하여 "최대한 발언을 자제하거나 드러난 사실만을 언급"하는 경향을 보였다.[3] 학계에서도 반미의식에 기초하여 미사일 방어망 구축에 반대하는 입장만이[4] 적극적으로 발표되었고, 몇몇 예비역 장교들이 북한 핵과 미사일에 관한 사항을 정리하기는 하였으나 단발성에 그쳤다.[5] 일부 발표된 논문도 외국의 추진현황 소개와 개념적 제안 수준이었다.[6] 연구자도 몇몇 논문을 발표하기는 하였으나[7] 후속연구로 보완하지는 못하였다.

이제는 북한 미사일 위협의 심각성을 전파하거나 대응방향 수립을 호소하는 데서 한걸음 나아가 북한의 미사일 위협으로부터 국민의 생명과 재산을 보호할 수 있는 실질적인 대책을 토의할 필요가 있다. 그러므로 본 장에서는 한국의 경우 미사일 방어망 구축이 시급하다는 문제의식을 바탕으로 한국이 지향해나갈 필요가 있는 적극방어체제의 기본적 방향에 대한 논의를 전개하고자 한다.

---

3) 이상훈, "북한의 탄도미사일 개발과 주변국 인식", 『군사논단』. 통권 제46호(2006), pp.153-154.

4) 정욱식, 『미사일 방어체제(MD)』(서울: 살림, 2003).

5) 장준익, 『북한 핵·미사일 전쟁』(서울: 서문당, 1999). 윤기철, 『전구미사일 방어』(서울: 평단문화사, 2000).

6) 고성윤, "북한의 미사일의 위협과 주변국 대응전략", 『국방논집』, 제3권 2호(1994). 이재욱, "북한의 미사일 위협과 아국의 대응방향", 『국방정책연구』 제50호(2000. 겨울). 김병용·엄종선, "탄도미사일 방어체제 특징과 우리의 방향", 『국방정책연구』 제69호(2005. 가을). 김태우, "북한의 미사일 시위가 남긴 문제점", 『주간국방논단』, 제1112호(06-33)(2006. 8. 4).

7) "북한의 미사일 위협과 한국의 미사일 방어 추진방향", 『군사논단』, 통권 제52호(2007. 12). "미사일 방어에 관한 쟁점 분석", 『국가전략』, 통권 제43호(2008. 3). "한국의 미사일 방어: 방향과 과제", 『군사논단』제58호(2009. 여름). 박휘락, "한국의 미사일 적극방어(Active Defense)체제 구축 방향", 『NEW ASIA(신아세아)』(Autumn 2009).

II. 미사일 방어의 개념과 세계적 추진 현황

1. 미사일 방어의 개념

'미사일 방어'라는 용어는 통상적으로는 공격해오는 적의 미사일을 공중에서 요격하는 활동을 의미하는 것으로 사용되지만, 이론적으로는 적의 미사일 기지나 발사대를 발견하여 공격하는 공격작전(attack operations), 요격 중심의 적극방어(active defense), 적 미사일 공격에 대한 소극방어(passive defense)를 포함한다.

1) 공격작전(Attack Operations)

미사일 방어에 있어서 공격작전은 미사일을 개발하고 생산하는 직간접적인 시설은 물론이고, 미사일의 지휘 및 통제시설이나 군수 지원시설 등에 대한 공격 그리고 이동 또는 발사준비 중인 발사대를 공격함으로써 미사일에 관한 작전능력을 저지, 무력화 및 파괴시키는 작전이다.[8]

공격작전에 사용될 수 있는 대표적인 수단은 유·무인 항공기(공대지 미사일 또는 폭탄)이지만, 지대지 미사일 및 특수작전부대 등도 사용할 수 있다. 미국을 중심으로 상당한 성공을 거두기는 하였지만 미사일 적극방어의 완전성은 여전히 미흡한 상태이기 때문에 공격작전의 필요성이 크고, 실제로 공격작전은 성공의 가능성도 크고 효과적일 수 있다. 현대의 발전된 정밀유도탄(PGM: Precision Guided Munitions)은 최소한의 노력으로서 최대한의 공격 효과를 거두게 만들고 있다. 다만, 공격수단들의 효과적인 기능과 협조를 위해서는 적 탄도미사일의 발사를 조기에 탐지할 수 있는 센서를 구비한 인공위성이나 공중조기경보

---

[8] 김병용·엄종선, "탄도미사일 방어체계 특징과 우리의 방향", 『국방정책연구』 제69호 (2005. 가을), p.81.

기 등을 비롯한 조기경보 및 감시수단이 필요하고, 이들로부터 자료를 제공받아서 공격작전에 필요한 제원을 산출하고 공격을 지시, 통제하는 첨단의 지휘통제체제가 필수적이다.

공격작전에서 어려운 점은 기술적인 측면이라기보다는 공격에 대한 정당성을 확보하는 등의 정치적인 사항이다. 전쟁이 일단 개시된 이후에 이러한 공격작전을 시행하는 것은 허용될 수 있다고 하더라도, 전쟁이 아닌 상태에서 발사되지도 않은 적의 미사일과 그 관련시설을 그 이전에 파괴하는 것이 정치적으로 허용되기는 어렵기 때문이다. 특히 공격을 통하여 적의 미사일을 제거해버릴 경우 그 미사일로 인한 피해가 예방되어 버리기 때문에 공격작전 자체가 침략행위로 역선전될 우려가 있고, 공격 중에 민간인에 대한 부수피해(Collateral Damage)가 발생할 경우에는 정치적 공격의 빌미가 될 소지가 있다.

2) 적극방어(Active Defense)

적극방어는 현재 각국이 추진하고 있는 미사일 방어의 핵심 부분 또는 좁은 의미의 미사일 방어에 해당된다. 적의 미사일이 발사되어 표적에 도착하기 전에 그것을 무력화함으로써 피해를 받지 않기 위한 모든 활동이라고 할 수 있는데, 편의상 발사되는 미사일의 비행과정을 기준으로 부스트단계(boost phase), 중간경로단계(midcourse phase), 종말단계(terminal phase)로 구분하여 체계화하고 있다.

첫 번째의 부스트단계 방어란 목표지점까지 도달할 수 있는 속도를 얻기 위해 추력을 사용하는 단계로서, 이 단계의 미사일은 중력과 반대방향으로 상승해야 하는 어려움이 있고, 미사일의 속도도 상대적으로 느리기 때문에 타격이 용이하다. 그리고 타격 시 파편이 미사일을 발사한 나라에 떨어지고, 발사체계 부분에 대한 작은 손상도 미사일의 성능 발휘에 결정적인 장애를 줄 수 있어 적은 노력으로도 큰 성과를 거둘 수 있다. 다만, 이 단계의 미사일은 탐지가 어려워 대응시간이 제한되고 가용 요격수단도 제한되는 어려움이 있다. 두 번째의 중간경로 방어란 부스트단계 이후부터 종말단계까지 주로 외기권을 비행하는 탄도미사일을 요격하는 활동으로서, 비행경로 예측이 용이하고, 가용시간이 많아 다양한 수단을 수차례에 걸쳐 사용할 수 있는 장점이 있다. 다만, 미사일을 직접 타격하거나 미사일과 기만체(decoy)를 구별하는 등 고도의 기술이 요구된다. 세 번째의 종말단계는 미사일 탄두가 대기권으로 진입하여 목표를 타격하는 단계로서, 탐지나 방어의 범위가 제한되는 장점이 있다. 그러나 반응시간이 제한되고, 타격을 하였다고 하더라도 파편이나 탄두 내용물에 의한 피해가 발생할 수 있으며, 대기권 진입에 따른 마찰로 탄두가 불규칙하게 움직이기 때문에 정확한 진로 예측이 곤란하다.

적극방어의 핵심은 항공기에 대한 방어개념을 그대로 적용하는 것으로서, 적의 미사일을 공중에서 격추시키는 것을 지향하고 있다. 다만, 항공기에 비해서 미사일은 속도가 빠르고 그 크기도 제한되며 고고도를 비행하기 때문에 그만큼 타격이 힘들다. 더구나 타격했다고 하더라도 그 잔해가 피해를 끼칠 수 있기 때문에 항공기에 대해서 사용하고 있는 것과 같은 파편을 이용한 격추 기술은 그 보장도가 약하고, 적 미사일의 몸통을 직격, 파괴하는 방식이 되어야 한다. 따라서 적극 방어의 성공을 위해서는 막대한 비용과 고도의 기술이 소요될 수밖에 없다. 음속의 수배 정도의 고속으로 비행하는 미사일을 유사하거나 더욱 빠른 속도로 비행하는 미사일을 사용하여 대기권이나 외기권에서 직격, 파괴하는 기술은 당연히 어렵고 복잡할 것이기 때문이다.

3) 소극방어

소극방어 작전은 적의 공격에 대한 표적제공을 억제함으로써 미사일의 공격확률을 감소시키고 적의 탄도미사일 공격에 의한 피해를 최소화하는 작전이다. 적의 미사일 공격으로부터 표적을 최소화하거나 숨기는 활동이라고 할 수 있다. 이러한 소극방어에는 적의 미사일 공격에 대한 경보, 분산, 은폐와 엄폐, 모의장비 설치, 벙커화, 기동력 향상 등이 포함될 수 있다. 이 또한 적의 미사일 공격을 신속하고 정확하게 예측하고 분석할 수 있는 전장 정보체계가 가용해야 하고, 예상 탄도 및 피격지점을 음성·데이터 통신망을 통하여 신속하게 전파할 수 있어야 하며, 소산 및 대피를 위한 제반 절차 및 대비태세가 강구되어야 한다.

소극방어는 비용소요가 적고 가장 간단한 방법이기는 하지만, 그만큼 완전성은 떨어진다. 소극방어 자체가 충분한 방호를 제공할 수 없고, 종심이 짧은 국가의 경우에는 미사일 발사 후에 경보를 한다고 하더라도 조치할 수 있는 시간 자체가 절대적으로 부족할 수 있다. 특정한 시설이나 표적에 대해서는 이러한 소극방어책이 어느 정도 유용할 수도 있으나, 인구중심지를 타격하려는 적 미사일의 경우에는 성과가 제한적이다. 이러한 점에서 미사일 방어에 대한 소극방어는 보완적인 대안에 불과하다고 할 것이다.

2. 세계적 추진 현황[9]

미국은 1950년대부터 미사일 방어의 필요성을 인식하고 추진해왔으나 새로운 군비경쟁 자극에 대한 우려와 기술적 어려움으로 성과를 거두지 못하였다. 그러다가 부시 대통령(아들)이 집권하면서 미사일 방어 체제 구축을 공약으로 내걸었고, 이를 위한 국가적 노력을 경주하게 되었으며, 그 결과로 미국은 2011년 현재 장거리 지상배치 요격미사일 (GBI: Ground-based Intercepter)[10]을 알래스카에 21기, 캘리포니아에 4기

---

9) 이 내용은 기존의 연구노력과 다양한 자료를 통합하여 구성하였지만 핵심적인 근거는 다음 사이트이다. Missile Defense Advocacy Alliance, Available at: http://www.missiledefenseadvocacy.org/Testing(검색일: 2011. 7. 3).

10) 미국 국가미사일 방어의 가장 신뢰성 있는 무기체계로서 미국에 접근하는 중간경로 단

를 배치한 상태이고, 해상배치 요격미사일(Sea-based Intercepter)을 장비한 이지스(Aegis)함 21척과 SM-3 해상 요격미사일 61기, THAAD(Theater High Altitude Area Defense)[11] 2개 포대 25기 그리고 PAC-3 미사일 52개 포대와 791기를 배치한 상태로 계속적으로 그 질을 향상해나가고 있다.

러시아와 중국의 경우에도 나름대로 미사일 방어망을 구축하고 있는 것으로 믿어지고는 있지만, 자료가 공개되지 않아서 정확한 실상을 파악하기는 어렵다. 대신에 미사일 방어에 매진하여 실질적 성과를 나타낸 국가는 이스라엘이다. 이스라엘은 한국과 같이 영토가 협소하여 공격작전에 의존할 수밖에 없는 상황이고, 공격의 가능성과 피해를 최소화하기 위한 소극적 방어(passive defense) 대책도 강구하고 있지만, 그것으로는 방어를 보장할 수 없기 때문에 요격을 통한 미사일 방어도 추진하지 않을 수 없었다. 이스라엘은 미국의 지원을 바탕으로 1988년부터 Arrow 미사일 개발에 착수하여 1992년 9월 최종 시험을 완료한 후, 1994년에는 Arrow-2 프로그램으로 전환하였으며, 1998년 9월 시험에 성공한 후 텔아비브 및 하이파 등 주요 도시지역을 방어하도록 배치한 상태이다. 또한 이스라엘은 Arrow 미사일의 성능을 지속적으로 향상시키고 있고, 이동형의 전방추진 X-밴드 레이더를 개발하고 있으며, 종심이 짧은 제한점을 극복할 수 있도록 레이저를 활용한 다양한 형태의 요격수단을 개발하고 있는 것으로 알려지고 있다.

1998년 북한의 미사일 발사 시험에 자극받은 후 단기간에 기본적인 미사일 적극방어체제 구축에 성공한 국가는 일본이다. 일본은 미사일 방어에 관한 미국과의 연구에 적극적으로 동참하였고, 2006년부터 미국이 일본 북부에 설치한 전방 추진 X-밴드 레이더를 공유함으로써 탄

계의 대륙간탄도미사일을 대기권 바깥에서 요격하는 임무이다.

11) 중단거리 미사일 위협에 대한 대응책으로 미 육군이 개발한 미사일로서, 적의 미사일을 직격파괴하며, 자체의 X-밴드 레이드를 사용하여 200km의 사거리와 150km의 고도를 담당할 수 있다. 이것은 C-17 수송기로 이동시킬 수 있고, 2009년 6월 미국은 북한 미사일 위협에 대처하기 위하여 하와이에 1개 포대를 배치하였다.

도미사일에 대한 효과적인 감시 및 추적 능력을 보유하게 되었으며, 2007년 미국을 제외한 국가 중 최초로 SM-3 미사일을 탑재한 이지스함 1척(콩고)을 작전배치한 후 4척까지 증대시켰고, PAC-3 요격미사일 포대들을 일본의 주요 도시 근처에 배치하였다. 일본은 해상에서 대륙간 탄도미사일을 요격할 수 있는 SM-3 Block II 개발을 미국과 함께 추진하고 있고, 지상에서 대륙간 탄도미사일을 요격할 수 있는 THAAD 미사일을 확보하기 위하여 노력하고 있다.

이외에 영국, 오스트레일리아, 독일, 네덜란드, 이탈리아, 프랑스, 인도 등이 미국과 미사일 적극방어에 관한 협력을 시행하고 있고, 아랍에미리트 등 중동의 국가들도 미국의 미사일 요격체계를 구입하고자 하는 의향을 보이고 있는 등 이제 세계는 미사일과 이에 대한 요격이라는 창과 방패의 게임을 본격화해 나가는 양상을 보이고 있다.

Ⅲ. 한국에 대한 미사일 위협과 적극방어의 필요성

1. 한국에 대한 미사일 위협

북한은 1980년대 초에 이집트로부터 확보한 소련제 Scud-B를 역설계하여 자체의 미사일을 개발하고, 1984년 시험발사에 성공하였다. 그 이후 북한은 사정거리 300km의 Scud-B와 500km의 Scud-C를 생산하여 배치하였다. 1990년대에는 사정거리 1,300km인 노동미사일을 배치하였고, 2007년에는 사정거리 3,000km 이상의 중거리 탄도미사일을 배치함으로써 일본과 괌을 직접 타격할 수 있게 되었다. 또한 북한은 1990년대부터 장거리 탄도미사일 개발에 착수하여 1998년 대포동 1호, 2006년과 2009년에 대포동 2호를 시험 발사하였다. 북한은 사거리는 120km에 불과하지만 정확성이 높고(공산오차가 100~200m에 불과), 고체연료를 사용하면서 이동식인 KN-02 미사일을 개발한 것으로 알려져 수도 서울이 휴전선에 근접한 한국에게는 심각한 위협으로 인식되고 있다. 공개된 자료를 통하여 북한이 보유하고 있는 미사일과 그 제원을 살펴보면 <표 10-1>과 같다.

〈표 10-1〉 북한의 미사일 제원

구분	SCUD-B	SCUD-C	노동	중거리 미사일	대포동1호	대포동2호
사거리(km)	300	500	1,300	3,000	2,500	6,700 이상
탄두중량(kg)	1,000	770	700	650	500	650~1,000 (추정)
보유규모	600여 기		200	?	10~12	?
비고	배치	배치	배치	배치	시험발사	개발 중

출처: 국회도서관 입법정보실, 『북한 장거리 로켓-미사일 한눈에 보기』(국회도서관, 2009), p.7.

북한은 1983년 미사일의 시험 및 평가를 위한 특수부대를 창설하였고, 1985년에는 최초의 지대지 미사일부대를 창설하였으며, 1988년에는 4군단 예하에 Scud-B 연대를 설치하는 등 미사일 개발과 더불어 관련 부대를 지속적으로 확충하였다. 또한 북한은 4개의 미사일 공장과 12개 이상의 미사일 기지를 보유한 것으로 알려지고 있고, 그중에서 강원도 지하리에 위치한 기지는 비무장지대로부터 50km 정도밖에 떨어지지 않아 이곳에서 단거리 미사일을 발사할 경우 한국으로서는 식별 및 대처할 수 있는 시간이 극히 제한될 수 있다.[12]

북한이 보유하고 있는 대부분의 미사일은 한국의 주요 지역 및 시설을 언제든지 타격할 수 있다. 특히 수도 서울이 휴전선에서 40km 정도밖에 떨어져 있지 않기 때문에 북한의 모든 미사일이 서울을 타격할 수 있고, KN-02 미사일에서 보듯이 북한 미사일의 기동성, 나아가 정확성과 사거리도 점점 향상되고 있다. 북한이 지하시설을 이용할 경우

---

12) 국회도서관 입법정보실, 『북한 장거리 로켓-미사일 한눈에 보기』(서울: 국회도서관, 2009), p.9.

한국으로서는 공격징후의 포착이 매우 어려울 수밖에 없다. 또한 북한의 장거리 미사일은 괌(북한으로부터 3,500km 이격)의 미군기지도 위협할 수 있고, 대포동 2호의 완성도가 높아질 경우 알래스카(5,600km) 및 하와이(7,100km)까지 타격할 수도 있으며, 중량을 줄일 경우 워싱턴(10,700km)도 타격할 수 있어 한반도 유사시 미군의 지원을 저지하는 방편으로 사용될 수도 있다. 핵무기를 투하할 수 있는지 여부는 불투명하더라도 북한은 미사일을 통하여 생물학무기나 화학무기를 투하할 수 있고, 미사일에 탑재할 수 있을 정도로 핵무기를 소형화하게 될 경우에는 대재앙을 초래할 수 있다.

아직 그 가능성이 낮지만 북한 이외의 주변국들도 한국에 대한 잠재적 위협일 수 있다. 국제관계란 어떤 상황에서 어떠한 방향으로 변화될지 알 수 없기 때문이다. 현재는 우방관계를 유지하고 있지만 독도 문제로 충돌의 소지를 안고 있는 일본의 경우 공격용 미사일은 보유하고 있지 않더라도 5,000km급의 민간위성 발사체를 보유하고 있다. 일본은 미국과의 협력을 바탕으로 '세계 최고 수준'의 미사일 관련 기술을 확보하였다는 점에서 필요 시 우수한 성능을 가진 탄도미사일을 금방 생산할 수 있다. 더구나 일본은 미사일 방어체제를 어느 정도 확보한 상태이기 때문에 공격력만 구비하게 되면 미사일 전력에서 일방적 우세를 확보하게 된다.

중국의 경우에도 1955년부터 탄도미사일 개발에 착수하여 DF-31A는 사정거리 10,000~14,000km로 미국과 유럽의 주요도시들을 핵탄두로 타격할 수 있고, 이를 잠수함에 사용하도록 변형하여 시험에 성공하였으며, 계속하여 이러한 미사일들의 사정거리와 성능을 향성시키고 있다. 러시아는 세계적인 차원에서 미국과 경쟁을 하고 있는 국가로서 그 미사일의 양과 위력이 막강할 뿐만 아니라 최근에는 미국의 MD를 무력화시킬 수 있는 다탄두의 전략핵미사일 개발에 성공한 상태이다.[13]

---

13) 중국과 러시아를 비롯한 세계 국가들의 탄도미사일 현황에 대해서는 다음을 참조. The Claremont Institute, "Ballistic Missile of the World", Available:

2. 적극방어의 필요성

위협의 심각성 정도에서 볼 때, 북한은 800기 이상의 대규모 미사일을 보유하고 있는 상태로서 한국의 어느 지역도 공격 가능하고, 미사일에 탑재할 수 있는 2,500~5,000여 톤의 화학작용제와 함께 탄저균, 천연두, 콜레라 등의 생물무기를 자체적으로 배양할 수 있는 능력을 보유하고 있으며, 장차에는 핵무기 탑재도 우려되고 있다. 당연히 이에 대한 방어책을 강구하지 않을 수 없다. 특히 미사일 방어망은 마음먹는다고 하여 금방 구축할 수 있는 사안이 아니기 때문에 위협이 실제화되기 이전부터 장기적인 관점에서 추진되어야 한다.

미사일 방어를 위한 경제적 소요는 어느 정도의 포괄적이고 다층적인 미사일 방어체제를 구축하느냐에 따라서 달라지지만, 미사일 방어가 대규모 비용을 소요하는 것은 사실이다. 한국의 입장에서는 경제발전이 더욱 시급하고, 국방비 중에서도 인건비 등의 경상비가 차지하는 비중이 커서 이에 필요한 정도의 대규모 예산을 쉽게 확보할 수 있을 것이라고 말하기는 어렵다. 과거 율곡사업 식으로 '방위세'라는 별도의 세금항목을 부과하는 방법도 있으나 국민적인 동의를 확보하기는 쉽지 않을 것으로 판단된다. 그러나 일본의 사례를 잘 활용할 경우 수년만 지속적으로 투자한다면 기본적인 미사일 방어체제는 구축할 수 있고, 이것은 한국의 절대적 경제규모를 고려할 때 그다지 어려운 것은 아니다. 한국의 상황에 부합되는 저비용 고효율의 다양한 미사일 방어방법을 모색할수록 그만큼 추진속도는 가속화될 수 있다.

기술적인 측면에서 봤을 때 미사일 방어는 현재 개발되어 있는 기술 중에서도 최첨단일 뿐만 아니라 미래에 개발될 것을 전제하여 추진해야 하는 점이 있을 정도로 고도의 기술을 필요로 한다. 미사일에 대한 충분한 방어를 위해서는 조기경보 및 감시, 요격 그리고 전장관리 및

http://www.missilethreat.com/missilesoftheworld/id.134/default.asp(검색일: 2011. 7. 3).

지휘통제의 모든 부분에 걸쳐 최첨단의 기술을 확보해야 하고, 특히 직격파괴는 난해한 기술을 요구한다. 한국의 경우에도 현무탄도미사일, 천룡순항미사일을 개발 및 생산할 수는 있는 기술을 보유하고 있으나 미사일 방어에 관한 기술은 충분하지 못하다. 미국과 협력할 경우 기술적 공조가 가능할 수는 있지만, 대부분의 MD 기술 자체가 MTCR의 통제품목이라는 점에서 현실성이 높지 않을 수 있다. 따라서 미사일 방어에 관해서는 기술적 난해성이 가장 핵심적인 제한사항으로 작용할 가능성이 크다. 이러한 점에서 한미동맹을 활용한 미국과의 긴밀한 협조가 미사일 방어망 구축에는 최우선적으로 필요한 사항이라고 할 것이다.

국민정서의 경우, 그동안 반미정서를 바탕으로 하여 '미사일 방어=미국 MD 참여'라는 등식이 형성되어 전반적인 위협, 핵 위협, 미사일 위협에 대한 국민들의 인식은 낮고, 미사일 방어의 필요성에 관해서는 부정적인 편이다. 그러나 시간이 지나면서 그러한 논리의 허점이 드러난 상태이기 때문에 미사일 방어에 관한 토론이 적극화될 경우 지지여론이 강화될 가능성이 크다. 따라서 정부에서 의지를 갖고 추진할 경우 크게 문제될 요소는 아니라고 판단된다.

주변국 및 남북관계의 경우에는 그동안 우리 스스로가 우려를 만들어낸 측면이 적지 않다. 다른 국가의 어떠한 군비증강에 대해서도 주변국들이 긍정적인 태도를 취할 수는 없듯이 한국이 미사일 방어망을 구축할 경우 중국과 북한은 당연히 부정적인 입장을 나타내겠지만, 일본의 미사일 방어 추진에 중국이 강력히 반대하지 못한 데서 알 수 있듯이 방어적인 성격의 사업에 대하여 막강한 미사일 공격력을 보유한 주변국들이 강력한 반대의견을 표명하기는 어렵다. 미사일 방어체제의 원인을 제공한 국가가 북한이라는 차원에서 미사일 방어의 추진과 관련하여 북한의 입장을 고려하는 것은 합리적이지 못하다. 한국이 방어적이면서 점진적인 방향으로 미사일 방어에 관한 제반사항을 검토하고 필요한 조치를 구현할 경우 주변국들을 자극한다고 보기는 어렵고, 오히려 북한의 미사일 개발 의지를 억제하는 효과를 초래할 수 있을 것으로 판단된다.

한국의 미사일 방어에서 가장 중요하게 고려해야 하는 사항은 지리적 여건이다. 즉 "거리의 폭정(tyranny of distance)"으로 일컬어지듯이,[14] 한국은 비무장지대로부터 40~50km 이내에 수도권이 위치하고 있고, 남북 약 380km, 동서 약 260km로 매우 협소하여 미사일 방어를 위한 지리적 종심이 매우 제한되는 상태이기 때문이다. 미사일 이외에도 1만 문 정도의 대포와 2,000문 정도의 방사포들이 대규모 인구가 거주하는 수도권에 대하여 언제든지 화력을 발사할 수 있다. 그렇기 때문에 미사일 방어에 대한 당위성이나 의지와 상관없이 실제적인 측면에서 미사일 방어는 무척 어렵고, 미사일은 방어하더라도 적의 야포 공격은 허용하지 않을 수가 없어 방어효과가 크지 않을 수 있다. 다른 국가보다 창의적인 미사일 방어체제의 구축이 필요하다고 할 것이다.

이러한 요소들을 종합적으로 고려할 때 원칙적으로 한국은 미사일 방어를 추진하여야 한다. 응징보복을 할 수 있는 전력이 부족한 한국의 입장에서 방어체제마저 구축하지 않는다면, 창도 없고 방패도 없는 무기력한 국가로 전락할 수 있다. 다만, 미사일 방어에 소요되는 천문학적인 비용을 고려하여 저비용 고효율의 추진방안을 모색해야 하고, 미국과의 협력을 통하여 기술적인 해결책을 모색할 수 있어야 하며, 가급적이면 주변국이나 북한의 경계심을 자극하지 않도록 추진의 범위와 정도를 조정할 필요가 있고, 무엇보다 한국의 지리적 여건에 맞는 창의적인 미사일 방어 방책을 도출할 수 있어야 한다.

---

14) Wakter B. Slocombe et al., *Missile Defense in Asia,* policy paper, The Atlantic Council, June 2003, p.18.

Ⅳ. 한국의 미사일 방어망 구축 방향

한국의 경우 이상에만 치우쳐 모든 위협에 대처할 수 있는 포괄적 적극방어체제를 지향하기는 어렵다. 이에 필요한 충분한 기술이나 예산을 확보하기도 어렵지만, '짧은 반응허용 시간, 근접한 거리, 서울의 취약성, 북한 의도 파악의 곤란성'이라는 한국 특유의 제한사항을[15) 고려하지 않을 수 없기 때문이다. 한국은 핵심적인 시설이나 지역의 방호를 위한 적극방어체제를 구축하더라도 상당한 부분은 공격작전에 의존하는 계산된 위험(calculated risk)을 감수하지 않을 수 없다. 이러한 방향에서 한국이 채택 가능한 적극방어의 단계별 방어개념 및 무기체계의 개략적 소요(requirements)를 제시하고자 한다.

1. 단계별 방어개념

미국은 부스트단계, 중간경로단계, 종말단계로 구분하여 미사일 적극방어를 추진하고 있지만, 국토가 좁고 종심이 제한되는 한국에게는 중간경로 단계가 무의미하다. 북한의 단거리 미사일은 대기권을 벗어나지 않고, 장거리 미사일이라고 하더라도 외기권 비행시간은 극히 제한되기 때문이다. 한국의 경우에는 미국이 전구미사일 방어(TMD)에서 적용하고 있는 개념, 즉 중간경로단계와 종말단계의 상층부분을 통합하는 상층방어(Upper Tier Defense)와 종말단계의 하층부분인 하층방어(Lower Tier Defense)로 구분하고, 여기에 부스트단계를 포함하는 것이 타당하다고 판단된다.

---

15) Kenneth W. Allen et al., *Theater Missile Defenses in the Asia-Pacific Region,* A Hery L. Stimson Center Working Group Report, Washington DC: Henry L. Stimson Center, June 2000, p.33.

1) 부스트단계 방어

가능하다면 부스트단계에서 적의 미사일 및 그 발사시설을 파괴하는 것이 효과적이다. 미사일의 몸체가 아닌 발사시설을 타격해도 되고, 타격으로 인한 피해도 적지에 가해지기 때문이다. 그러나 이 단계에서는 미사일 발사를 탐지하기도 어렵고, 탐지했다고 하더라도 대응시간이 극히 제한된다. 더구나 한국의 입장에서는 불가피한 상황이어서 부스트단계에서 타격했다고 하더라도, 그 불가피성에 대한 판단이 다를 수 있어 자칫 국제적이거나 국내적인 비판에 직면할 수 있다.

부스트단계의 타격을 위해서 한국은 무엇보다 적의 미사일 발사 징후를 즉각적으로 발견하고 조치할 수 있는 첨단의 감시장비를 확보하는 것이 중요하다. 정확한 탐지 결과 없이는 아무런 조치도 취할 수 없기 때문이다. 특히 이 단계에서는 대상이 되는 발사체가 기상 및 상업용의 로켓인지 미사일인지를 정확하게 식별하여야 하고, 믿을 수 있고(reliable), 조치 가능한(actionable) 정보를 확보하여야 한다. 또한 촉박한 대응을 위해서는 제대별로 먼저 조치한 후 승인을 받을 수 있는 상황을 구상하고 필요한 권한 위임과 절차도 구체적으로 발전시켜야 할 것이다.

부스트단계의 시간적 촉박함을 고려하여 이스라엘은 레이저 빔을 통한 다양한 공격방법을 개발하고 있다고 분석하였는데, 한국의 경우에도 이 방법의 비중을 증대시킬 필요가 있다. 미국의 경우 '우주의 무기화(weaponization of space)' 우려로 부분적인 예산만 제공되고 있는 상황이지만, 미래에는 이것 이외에 대안이 없을 수 있어 개발이 불가피하다는 인식도 적지 않다.16) 아직 실용단계에 이르지 못했지만, 빛의 빠르기를 가진 레이저 빔을 발사하여 부스트단계에 있는 미사일을 파괴할 수만 있다면, 한국으로서는 '짧은 반응허용 시간, 근접한 거리, 지형

---

16) Kay Baily Hutchison, *The Imperative of Missile Defense*, Senate Republican Policy Committee Report, Sep. 9, 2008, p.7.

적 불리점, 북한의 의도 파악의 곤란성' 등의 제약사항 대부분을 극복할 수 있다.

2) 상층방어

상층방어는 대기권 내외에서 미사일을 요격하는 활동으로 하층방어보다 훨씬 넓은 지역을 방어할 수 있고, 중장거리 미사일 요격이 모두 가능하다. 특히 상층방어체제는 북한의 장거리 미사일은 물론이고, 주변국의 잠재적 미사일 위협에 대해서도 어느 정도의 방어를 제공할 수 있고, 특히 해상방어체제는 이동이 가능하여 융통성 있는 운용이 가능하며, 미사일 방어를 위한 다른 국가와의 협력에 유용할 수 있다.

다만, 북한의 단거리 미사일은 THAAD의 최저교전고도(minimum engagement altitude)인 40km 정도가 정점(頂點, apogee-미사일이 최고로 높이 올라가는 고도)이기 때문에 지상배치 상층방어의 경우 단거리 미사일에 대한 유용성은 크게 떨어진다.[17] 해상배치 상층방어체계의 경우에는 최저요격고도가 100km라서 더욱 어렵고, 남해에 위치할 경우 한국의 북쪽 2/3의 범위에 대해서는 방호를 제공하기 어렵다.[18] 즉 북한이 단거리 미사일로 서울 근처를 타격한다고 할 경우 상층방어체제는 제대로 기능하기 어렵다는 것이다.

3) 하층방어

하층방어는 저고도 대기권에서 표적을 향하여 돌진하는 미사일을 요격하는 활동이다. 대기권을 비행하는 미사일은 속도가 느려서 이론적으로는 요격이 쉬우나, 대기와의 마찰로 탄두가 불규칙적하게 움직일 수 있어 정확하게 추적하여 격추하는 것이 간단한 것은 아니다. 또한

---

17) Department of Defense, *Report to Congress on Theater Missile Defense Architecture Options for the Asia-Pacific Region*, Washington DC: DoD, 1999, p.11.

18) Ibid.

하층방어의 경우 공격해오는 미사일을 타격했다고 하더라도 그 잔해가 피해를 끼칠 수가 있고, 표적 근처의 좁은 지역만 방어할 수 있어 방어의 범위가 제한되거나 많은 수의 요격 미사일이 필요하다. 따라서 하층방어는 대체적으로 미사일 기지와 같은 중요시설, 국가행정의 중심부 등 특별한 지역이나 시설을 보호하기 위한 목적으로 사용한다.

한국의 경우 비록 다수의 체계가 배치되어야 하고, 개별 무기체계의 담당 범위가 제한되는 단점은 있지만, 정점이 낮은 북한의 대규모 단거리 미사일 보유 사실과 한반도의 제한된 종심을 고려할 때 하층방어가 유일하게 신뢰성이 높은 대안인 것은 명확하다. 그리고 어떠한 형태의 미사일 적극방어에서도 하층방어는 필수적이고, 이를 기본으로 한 상태에서 다른 무기체계를 추가하여 중첩방어(multi-layered defense)를 계획한다. 또한 하층방어는 순수한 방어용 목적이기 때문에 국민적 공감대를 형성하기도 용이하고, 외국으로부터 기술과 무기체계를 도입하는 것도 어렵지 않다. 하층방어의 대부분은 항공기와 크루즈 미사일을 요격하는 데도 효과적이어서 다목적으로 사용될 수 있다. 따라서 한국의 경우 하층방어체계를 구비하는 것은 기본이라고 할 것이다.

2. 적극방어를 위한 무기체계 소요

한국의 미사일 적극방어를 위하여 어떠한 무기체계를 어느 정도 구비하는 것이 타당한지에 대해서는 구체적으로 검토된 바가 없거나 그 결과가 공개된 적이 없다. 다만, 1999년 미국 의회의 요청에 의하여 미국 국방부가 아시아·태평양 지역 국가들의 전구 미사일 방어소요를 검토한 내용에 부분적으로 포함된 바가 있다. 실제의 구축방향은 한국의 의도나 상황과 여건 판단결과에 따라 조정되어야겠지만, 토의의 출발을 위하여 미국 국방부에서 검토한 내용을 소개하면 <표 10-2>와 같다.

<표 10-2> 북한 미사일에 대한 한국의 적극방어 소요

가능한 대안의 종류	상층방어 자산 수	하층방어 자산 수
① 지상배치 하층방어	-	25
② 해상배치 하층 방어	-	11
③ 지상배치 대·외기권 미사일 상층방어·상층방어레이더 + 지상배치 하층방어	4 이상	7
④ 해상배치 외기권 미사일 상층방어·해상배치 상층방어 레이더 + 지상배치 하층방어	1 이상	25
⑤ 해상배치 고속 외기권 미사일 상층방어·해상배치 상층 방어 레이더 + 지상배치 하층방어	1 이상	19

출처: Department of Defense, *Report to Congress on Theater Missile Defense Architecture Options for the Asia-Pacific Region*, Washington DC: DoD, 1999, p.11.

미 국방부가 제시하고 있는 내용은 한국은 하층방어만을 구축하거나 (이 경우에도 지상배치나 해상배치 중에서 선택 가능), 지상배치 상층 방어나 해상배치 상층방어를 통하여 보완하는 5가지 방안을 고려해볼 수 있다는 것이다. 이 경우 상층방어 무기체계를 통하여 하층방어 무기체계의 소요를 어느 정도 줄일 수는 있으나 최저교전고도와 한반도 의 협소성을 고려할 때 감소 자체에 한계가 있을 수밖에 없고, 상층방 어 무기체계를 증대시킨다고 하여 방어효과가 증대되는 것은 아니다. 특히 해상배치 상층방어체제의 경우 동해와 서해에 위치할 경우 적의 공격에 취약할 뿐만 아니라 포목선(包目線: 적의 미사일과 표적을 연장 한 선)에서 지나치게 이격되어 남해에 위치한 하나의 무기체계로 충분 하다는 것이다.[19]

미 국방부의 분석에 의하면, 한국이 하층방어만을 추진할 경우 필요 한 그 규모는 약 25개 포대(4개 대대+)이고, 추가적으로 주변국 미사 일을 비롯한 미래 위협에 대비하여 지상 상층방어체제 1개 포대와 해 상배치 방어체제 1개 포대, 그리고 하층방어체계의 숫자를 감소시키기 위해서는 고속의 해상배치 방어체계를 확보하는 방안을 검토할 수 있 다. 다만, 전체적인 무기체계를 한꺼번에 확보하는 것이 아니기 때문에

---

19) 한국 미사일 방어체제의 담당범위 계산은 Ibid., p.16.

구축해가는 과정에서 변화되는 사항을 반영하여 수정해나갈 필요가 있다. 그리고 지리적인 제한사항을 고려하여 한국은 다른 국가에 비해서 부스트단계의 타격을 더욱 비중 있게 고려하여 항공기 탑재 레이저나 요격미사일의 개발에 관심을 가질 필요가 있다.

현재까지 개발된 무기체계를 고려할 경우 하층방어는 PAC-3(사거리 15~45km+, 고도 10~15km), 지상배치 상층방어는 THAAD(사거리 200km+, 고도 150km, 트럭탑재, C-17로 1개 포대 전체 이동)급으로 편성할 필요가 있고, 해상배치 상층방어는 SM-3(사거리 500km, 고도 160km) 미사일을 확보해나갈 필요가 있다. 이러한 무기체계들은 이미 개발이 완료된 상태에서 성능을 향상해나가는 상황이기 때문에 검토와 획득이 용이할 수 있고, 일본은 PAC-3과 SM-3 미사일을 확보하여 배치한 상태에서 THAAD 획득도 검토하고 있는 단계이기 때문에 참고모델이 존재한다는 장점이 있다.[20]

미사일 방어를 위해서는 미사일을 탐지 및 추적하여 조기경보를 제공하고, 적극방어에 필요한 정보를 분석하여 조치를 지시하며, 관련된 제반활동을 효과적으로 통합 및 통제하는 조기경보 및 감시체계, 지휘통제체제가 구비되어야 한다. 이 경우 초음속으로 비행하는 탄도미사일을 추적하는 것이 어렵기 때문에 특별한 X-band 레이더[21]를 구비해야 한다. 한국은 미사일의 위협에 대한 정찰감시를 강조하면서 '고고도 무인정찰기' 정도를 언급하고 있는데, 이로써는 미사일을 제대로 탐지 및 추적하는 것이 어렵다. 특히 X-band 레이더는 비용이 비싸고 고도의 기술이 소요되기 때문에 일본도 현재 미국의 레이더 설치를 허용하여 이를 공유하고 있다. 따라서 한국의 경우도 일본과 유사한 형태의

---

20) 한국의 미사일 방어체제 편성에 관해서는, 박휘락·권용수,『한국의 미사일 방어 추진 방향』, 08-2 현안과제연구(국방대학교 안보문제연구소, 2008. 6. 19), p.39.

21) 이것은 8.0 to 12.0 기가헤르츠(GHz)에 해당하는 주파수 대역으로서, 정식명칭은 '확장된 AM 방송대역(extended AM broadcast band)'이고, 여기에서 'X'는 'extended'의 의미이다. 이러한 주파수 대역을 사용해야 초음속으로 비행하는 미사일을 효과적으로 추적할 수 있다. 미국은 이동이 가능한 지상의 전방배치 X-밴드 레이더를 개발하여 일본 등에 배치한 상태이고, 다수의 해상배치 X-밴드 레이더를 운용하고 있다.

대미협력 추진을 검토할 필요가 있다.

미사일 적극방어체제와 관련하여 한국은 구축의 속도를 높일 필요가 있다. 북한이 미사일에 탑재할 수 있을 정도로 핵무기를 소형화할 가능성이 높기 때문이다.[22] 미군의 경우 급박한 상황에서 획득의 속도를 높이기 위하여 진보적 획득(Evolutionary Acquisition) 또는 나선형 개발 (spiral development)의 개념을 채택하고 있는데,[23] 이는 특별한 상황에서 절차를 단순화하여 획득의 속도를 높이겠다는 의도이다. 한국의 경우 어떤 대안을 선택하든 하층방어 무기체계는 필수적이므로, 그의 일부를 신속하게 확보하고자 노력할 필요가 있고, 한편으로 심층 깊은 분석과 다른 국가의 사례를 참고하여 포괄적인 청사진을 발전시켜나가는 것이 효과적이다.

3. 공격작전(Attack Operations)을 통한 보완

적극방어체제가 구비되기 이전은 물론이고, 구비되고 나서도 미사일 방어를 위한 한국의 노력은 상당 부분 공격작전에 의존하지 않을 수 없다. 적극방어만으로는 '짧은 반응 허용 시간, 근접한 거리, 서울의 취약성, 북한의 의도 파악의 곤란성'이라는 한국의 근본적 제한사항을 완전히 극복할 수 없기 때문이다. 미군의 분석도 한반도에서는 적극방어보다 공군을 통한 공격작전이 훨씬 효과적이면서 저렴하다(far more effective and less costly)는 결론이다.[24] 선제공격이 어려워 적의 1격을

---

22) 박창규 한국국방과학연구소 소장은 북한이 스커드, 노동, 대포동 미사일에 탑재 가능하도록 핵무기를 소형화했을 가능성이 있다고 언급한 바 있다. 유용원, "북(北), 핵탄두 소형화 성공했을 가능성", 『조선일보』, 2009년 6월 16일자, A5면.

23) '나선형 개발'은 나사의 선처럼, 최단거리로 진행하지는 못하여 다소의 시행착오는 겪지만 전체적으로는 올바른 방향으로 나가는 모양을 암시하고 있는데, 현재 가용한 기술의 범위 내에서 필요한 무기체계를 신속하게 개발하여 배치한 다음에 지속적으로 개선을 추구해나간다는 개념이다.

24) Kenneth W. Allen et al., *Theater Missile Defenses in the Asia-Pacific Region*, p.37.

받은 후에 공격해야 하는 어려움이 있고, 적이 미사일을 지하나 산악 지역에 은닉한 상태에서 발사 후 은폐해버릴 경우 탐지하기가 어려우며, 완벽한 제거가 불가능하다는 단점은 있지만, 신속하면서도 광범위하게 적 미사일을 제거하는 데는 공격작전이 효과적이다.

공격작전은 제2차 세계대전 시 독일이 V-2 미사일로 영국을 공격하였을 때, 그리고 1991년 걸프전쟁에서 이라크가 미사일을 사용하였을 때 영국과 미국이 활용한 핵심적인 방법이었다. 예를 들면, 1991년 걸프전쟁에서 이라크는 이스라엘에 대하여 40발, 사우디아라비아에 48발, 바레인에 3발 등 총 91발을 발사하였는데, 그중의 1발이 사우디아라비아의 미군 막사에 명중함으로써 미군 사망 28명, 부상 97명의 피해를 입었다. 이에 대하여 그 당시 미군이 보유하고 있던 PAC-2 미사일은 직격파괴 능력이 없어서 효과가 없었고, 결국 미군은 전체 항공기 출격 회수의 약 30%를 스커드 미사일 발사대 파괴에 할당하게 되었다. 비록 이동미사일 발사대 공격에는 어려움이 있었지만, 500~600발 정도의 미사일을 보유하고 있었던 이라크가 91발밖에 사용하지 못한 것은 공격작전으로 인한 억제효과라고 할 수 있다.[25]

공격작전에는 특정한 국가가 보유하고 있는 우주, 공중, 지상, 해상의 모든 타격수단이 동원될 수 있지만, 가장 보편적이고 일반적인 수단은 공군력이고, 한국, 나아가 한미연합전력은 이 분야에 관하여 상당한 질적 우위를 확보하고 있다. 다만 한국군 자체로도 충분한 공격능력을 보유하고자 한다면 공군의 스텔스 능력과 정밀타격력을 강화시키는 것이 중요하다. 그리고 인명손실을 우려하지 않아도 된다는 점에서 미사일도 효과적인 공격수단이기 때문에 한국은 탄도미사일의 사거리연장과 성능을 향상시킬 수 있도록 대미협의를 재개할 필요가 있고, 순항미사일의 사거리와 정확성 그리고 은밀성도 지속적으로 향상시킬 필요가 있다.

---

25) 걸프전쟁 시 미군의 미사일 방어활동에 관해서는 윤기철, 『전구미사일 방어』, pp.193-202.

4. 선제행동의 검토

한국의 입장에서 최악의 시나리오는 북한이 핵무기를 소형화하는 데 성공하여 미사일을 통하여 한국 전역으로 발사할 수 있는 능력을 구비하는 경우인데, 이런 상황에서 한국은 선제행동(preemptive action)도 적극적으로 고려하지 않을 수 없다. 북한이 미사일을 발사할 경우 제대로 요격할 수 없는데 그대까지 기다린다는 것은 합리적이지 못하기 때문이다. 핵무기의 경우 그 파괴력이 너무나 엄청나서[26] 공격을 받은 후 자위권(right of self-defense)을 발동하는 것이 의미가 없고, 따라서 최근에는 '예방적 자위권(anticipatory self-defense)'의 개념이 국제사회에서 활발하게 토론되고 있을 뿐만 아니라 그에 대한 긍정적 여론도 강화되는 측면이 있다.[27] 일본에서도 북한의 핵미사일에 대한 거부능력이 제한된다는 현실적 판단을 바탕으로 선제행동의 불가피성이 제기되고 있고,[28] 한국에서도 김태영 전 국방부장관은 북한의 공격의사가 있을 경우 선제타격밖에 대안이 없다는 점을 강조한 바 있다.

한국의 입장에서는 핵탄두를 탑재한 북한 미사일이 발사될 때까지 기다릴 것이 아니라 1981년 이라크의 오시라크 발전소를 선제공격하여 파괴시킨 이스라엘의 사례처럼 위협이 임박한 상황에서 북한의 미사일 발사대를 타격하는 방안도 고려하지 않을 수 없다. 비록 수반될 수 있

---

26) 어느 시뮬레이션 결과를 보면, 통상적인 기상조건하에서 서울을 대상으로 20kt급 핵무기가 지면폭발 방식으로 사용된다면 24시간 이내 90만 명이 사망하고, 136만 명이 부상하며 시간이 경과할수록 낙진 등으로 사망자가 증가한다. 100kt의 경우 인구의 절반인 580만 명이 사망하거나 다친다. 용산 상공 300m에서 20kt급 핵무기가 폭발하는 경우 30일 이내 49만 명이 사망하고 48만 명이 부상당할 것이고, 100kt급 핵무기를 300m 상공에서 폭발시키는 경우 180만 명이 사명하고 110만 명이 부상당할 것으로 예상된다. 김태우, "북한 핵실험과 확대억제 강화의 필요성", 백승주 외, 『한국의 안보와 국방』(서울: 한국국방연구원, 2010), p.319.

27) 제성호, "유엔헌장상의 자위권 규정 재검토: 천안함사건에서 한국의 무력대응과 관련해서", 『서울국제법연구』 제17권 1호(2010), pp.69-71.

28) 남창희·이종성, "북한의 핵과 미사일 위협에 대한 일본의 대응: 패턴과 전망", 『국가전략』 16권 2호(2010), pp.80-81.

는 문제점을 충분히 검토하여야겠지만 한국은 불가피하다고 판단될 경우 선제행동을 실행할 수 있는 계획과 능력을 구비할 필요가 있고, 그것이 전면전으로 악화되는 상황도 각오하여 승리할 수 있는 태세를 구비할 필요가 있다. 이러한 점에서 북한의 핵과 미사일 위협과 그 사용 가능성을 조기에 경보하고, 필요시에 핵무기 발사와 관련된 시설을 타격할 수 있는 정밀 폭격능력을 향상시키며 지휘통제체제를 첨단화시키고 감시정찰능력을 확보해나가는 것은 너무나 중요한 과제라고 할 수 있다. 국민들도 선제행동의 불가피성을 이해하는 바탕 위에서 그 후과(consequence)를 감당한 마음의 자세를 갖출 필요가 있다.

V. 결론

미사일에 탑재할 수 있도록 핵무기를 소형화하고 있는 북한의 능력을 고려할 때 한국은 더 이상 미사일 적극방어체제 구축을 지체해서는 곤란하다. 핵무기를 보유한 북한이 미사일로 한국의 주요 도시를 타격하거나 그러하겠다고 위협할 경우 한국은 북한의 인질이 될 수 있기 때문이다. 한국은 하층방어와 상층방어를 중심으로 한 전반적인 미사일 방어체제의 구축방향을 토의 및 연구하는 한편으로, 수도와 핵심 전략시설을 방호할 수 있는 정도의 PAC-3 미사일을 최단 기간 내에 획득할 필요가 있다. 또한 북한 탄도미사일에 대한 실제적인 감시 및 추적이 가능한 X-밴드 레이더를 조기에 확보하기 위한 대미협력을 추진하고, 해상배치 요격미사일인 SM-3 미사일도 획득할 필요가 있다. 막강한 한미연합 공군력이 존재하고 있음에도 불구하고 관성처럼 항공기 방어용인 PAC-2나 SM-2 미사일을 계속하여 확보하는 것은 이해하기 어렵다.

지금까지 지체된 노력을 조기에 보충하는 가운데 장기적인 일관성과

체계성을 보장할 수 있도록 한국은 국가 수준의 미사일 방어 담당조직을 설치할 필요가 있고, 최소한 국방부 예하에 독립된 '미사일 사령부'를 설치할 필요가 있다. 현재 지역방공 임무는 공군이 맡고 있으나 미사일에 대해서는 책임소재가 불분명하고, 전략적 시설이나 도시의 방호책임은 육군이라는 점에서 미사일 적극방어와 관련한 군 간의 책임소재도 명확하게 밝힐 필요가 있다. 하나의 군에서 미사일 적극방어를 위한 소요를 포괄적이면서 지속적으로 제기하고, 이를 합동 차원에서 검토하는 체제가 구축되어야 할 것이다.

이러한 조치에 앞서서 전제되어야 할 사항은 모든 국민들이 미사일 방어에 관하여 정확한 지식과 건전한 인식을 갖는 것이다. 지금까지 국민들은 '한국의 미사일 방어 추진은 미국의 MD 참여이고, 이것은 남북관계와 주변국관계를 극단적으로 악화시킬 수 있다'는 일방적인 주장에 호도되어 온 측면이 있기 때문이다. 미국 MD에 대한 참여와 한국의 미사일 적극방어체제 구축은 동일한 사안이 아니고, '참여'라기보다는 '협력'이며, F-15 전투기의 획득을 위해서는 미국과 협력하면서 미사일 방어 무기체계에 대한 협력은 곤란하다는 것은 논리적이지 않다. 또한 미사일 방어의 원인을 제공한 북한을 자극할까 봐 적극방어를 추진하지 않는다는 것은 말 자체가 되지 않고, 일본의 미사일 적극방어체제 구축의 예에서 보듯이 방어적인 성격의 조치에 대하여 주변국이 크게 반대할 수는 없다.

| 참고문헌 |

고성윤, "북한의 미사일의 위협과 주변국 대응전략", 『국방논집』 제3권 제2호(1994).

국방부, 『국방개혁 307계획 보도 참고자료』(서울: 국방부, 2011).

국회도서관 입법정보실, 『북한 장거리 로켓-미사일 한눈에 보기』 서울: 국회도서관, 2009.

김병용·엄종선, "탄도미사일 방어체제 특징과 우리의 방향" 『국방정책 연구』 제69호(2005, 가을).

김태우, "북한 핵실험과 확대억제 강화의 필요성" 백승주 외, 『한국의 안보와 국방』 서울: 한국국방연구원, 2010.

남창희·이종성, "북한의 핵과 미사일 위협에 대한 일본의 대응: 패턴과 전망", 『국가전략』 제16권 제2호(2010).

박휘락, "미사일 방어에 관한 쟁점 분석", 『국가전략』 통권 제43호 (2008. 3).

박휘락, "북한의 미사일 위협과 한국의 미사일 방어 추진방향" 『군사논 단』 통권 제52호(2007. 12).

_____, "한국의 미사일 방어: 방향과 과제", 『군사논단』 제58호(2009, 여름).

_____, "한국의 미사일 적극방어(Active Defense)체제 구축방향", 『NEW ASIA(신아세아)』(Autumn, 2009).

박휘락·권용수, 『한국의 미사일 방어 추진방향』 08-2 현안과제연구(국 방대학교 안보문제연구소, 2008. 6. 19).

윤기철, 『전구미사일 방어』 서울: 평단문화사, 2000.

이상훈, "북한의 탄도미사일 개발과 주변국 인식" 『군사논단』 통권 제 46호(2006).

정욱식, 『미사일 방어체제(MD)』 서울: 살림, 2003.

이재욱, "북한의 미사일 위협과 아국의 대응방향", 『국방정책연구』 제50 호(2000, 겨울).

장준익, 『북한 핵·미사일 전쟁』 서울: 서문당, 1999.

제성호, "유엔헌장상의 자위권 규정 재검토: 천안함사건에서 한국의 무 력대응과 관련해서", 『서울국제법연구』 제17권 제1호(2010).

Allen, Kenneth W. et al., *Theater Missile Defenses in the Asia-Pacific Region,* A Hery L. Stimson Center Working Group Report, Washington DC: Henry L. Stimson Center, June 2000.

Department of Defense, *Report to Congress on Theater Missile Defense Architecture Options for the Asia-Pacific Region.* Washington DC: DoD, 1999.

Hutchison, Kay Baily, *The Imperative of Missile Defense.* Senate Republican Policy Committee Report, Sep. 9, 2008.

Slocombe, Wakter B. et al., *Missile Defense in Asia.* policy paper, The Atlantic Council, June 2003.

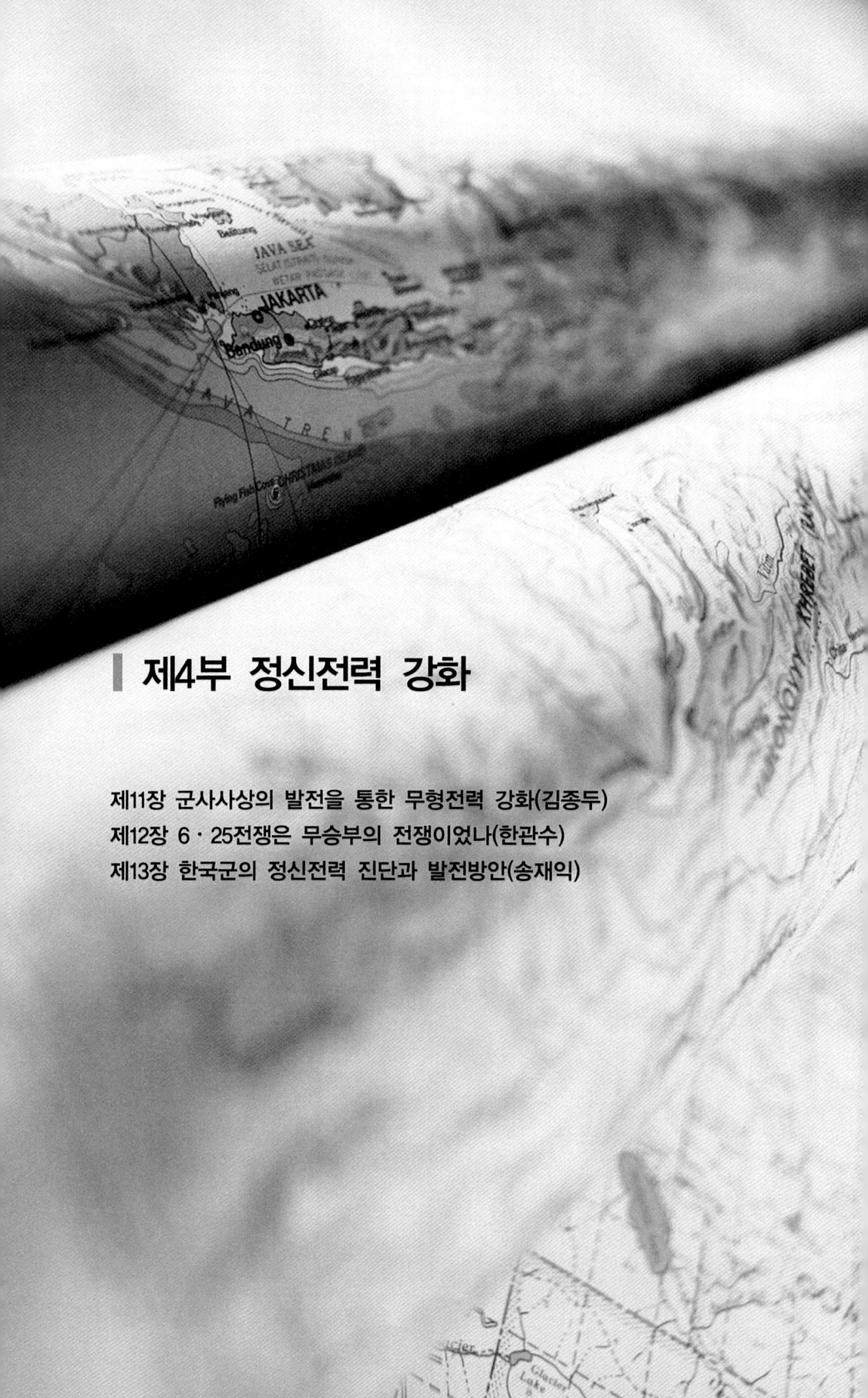

제4부 정신전력 강화

제11장 군사사상의 발전을 통한 무형전력 강화

김종두

요약

군사사상은 전쟁관, 전쟁의지 및 신념, 군사력 운용, 군사력 건설이라는 구성요소로 볼 때 무형전력과 밀접한 관련이 있다. 그러나 유감스럽게도 군사력 건설이나 운용 면에서는 군사 선진국의 영향을 받아 어느 정도 궤도에 올랐다고 할 수 있지만 전쟁의지 분야는 그렇지 못한 형편이다. 따라서 말단 병사로부터 최고 리더에 이르기까지 전군에 걸쳐 공통적으로 일치되는 인식이나 합의에 의해 군사적 노력이 목표달성에 집중되어 정신적 구심점을 설정하고 이러한 공통의 합의에 따라 사상적 기조를 정립해야 한다. 특히 현대 및 미래전은 '전자적 진주만 공격' 용어에서 알 수 있듯이 적의 기습은 컴퓨터 네트워크를 축으로 디지털 정밀타격과 화력전투의 비중이 높아질 것이라는 점에서 군사사상의 발전은 중요하다.

대한민국 군대의 군사사상은 상고시대에서부터 뿌리를 찾고 있다. 고조선시대의 도의원리(道義原理), 고구려의 상무정신(尙武精神), 신라의 화랑도정신(花郎徒精神), 고려의 호국정신(護國精神), 조선시대의 충효정신(忠孝精神)에 근거를 두고 발전되어왔다. 그러므로 21세기적 군사사상은 어떠해야 할 것인가에 대해 문제를 제기하고자 하는 것이 본 본고를 작성하게 된 목적이자 배경이다. 따라서 본 논문의 전개는 먼저 군사사상과 무형전력의 일반적인 내용을 고찰해보고, 이를 바탕으로 육성체계의 현상을 살펴본 다음 군사사상과 연계하여 무형전력을 강화하는 방안을 기본적인 문제와 군사사상과 연계한 무형전력 강화방안으로 구분하여 제안하였다. 먼저 기본적 문제는 군사사상의 연구 및 교육, 무형전력 육성기구 복원을 제시하였고, 다음 군사사상과 연계한 무형전력 강화는 전쟁에 대한 인식을 통한 무형전력 강화, 역사의식을 통한 전쟁의지 및 신념 고양, 한국적 여건에 맞는 군사력 건설 및 운용에 대하여 제시하였다.

Ⅰ. 문제의 제기

사람들은 대체로 누군가가 본분을 망각하고 있을 성싶으면 '정신 차려!'라고 말해주고 싶어 한다. 가령 학생이 공부 안 하고 엉뚱한 짓을 하고 있거나, 농사꾼이 농사일에 손을 놓고 다른 일에 팔려 있을 때면 으레 '정신 차려!'라는 말을 해주곤 하는 것이다. 그리고 '호랑이 굴에 끌려가도 정신만 차리면 살 수 있다', '정신을 하나로 모으면 이루지 못하는 일이 없다(精神一到何事不成)'하여 정신을 중시한다. 이렇듯 인간에게 있어 정신이 중요하고 군인에게는 군인정신이 중요하며 군대는 군대정신이 중요하다. 그렇다면 군대의 정신으로 작용되는 '그 무엇'이 있어야 할 것인데, 필자는 그것을 '군사사상'으로 보았다.

군사사상(軍事思想)이란 '군대의 일에 관한 견해, 또는 전쟁지도 및 수행에 대한 신념'[1]이다. 즉 군인으로서 전쟁을 어떻게 생각하고 어떤 의지와 신념으로 싸울 것인가, 군사력을 어떻게 운용하고 이에 요구되는 군사력은 어떻게 건설할 것인가에 대한 바른 견해이자 사고(思考)의 결과로 얻어진 의식체계이다. 그리고 무형전력(無形戰力)이란 유형전력과 대비되는 용어로 형태는 없으나 분명히 그 실체와 가치가 존재하는 힘이다. 일찍이 손자(孫子)는 군사의 문제는 나라의 중대한 일이므로

---

1) 『군사용어사전』(계룡: 육군본부, 1999), p.98.

깊이 살피지 아니할 수 없다고 하면서 다섯 가지의 요건으로 국력의 기본을 경영해야 한다고 했는데, 그 첫 번째로 도(道)를 꼽았다. 여기서 말하는 '도(道)는 백성들로 하여금 통수권자와 뜻을 같이하여 가히 함께 죽기도 하고 살기도 하여 백성들이 위험을 두려워하지 않게 하는 것(道者令民 與上同意 可與之死 可與之生 而民不畏爲也)'[2]이다. 그러면서 그중의 하나로 '부하 보기를 어린아이 보듯 하면 병사들은 깊고 험한 골짜기도 함께 들어가게 할 수 있고 병사 보기를 사랑스런 자식같이 하면 함께 죽을 수 있게 한다(視卒如嬰兒故 可與之赴深谿 視卒如愛子故 可與之俱死)'고 했다.

군사사상은 인간의 정신사고(精神思考)에 군사이론이 일정한 체계와 형식을 갖추고 내면화되어 무형의 역할을 수행하고 있는 상태[3]이다. 특히 전쟁관, 전쟁의지 및 신념, 군사력 운용, 군사력 건설이라는 군사사상 구성요소와 연관시켜볼 때 군사사상은 무형전력과 밀접한 관련이 있음을 알 수 있다. 그러나 유감스럽게도 군사사상이 무엇인가에 대해서 논리적이며 체계적으로 학문적 정의를 내려놓은 것은 거의 없다. 있다 해도 개념을 기술하는 사람의 시각이 각각 다르고 시대와 환경변화에 따라 끊임없이 그 본질이 달라지기 때문에 명확히 결정하기가 어려운 점은 있다. 그렇지만 그럴수록 군사사상에 대한 연구와 교육은 필요한 것이다.

따라서 본고에서는 군사사상의 발전을 통해 무형전력을 강화하는 방안을 제안함에 있어서 먼저 군사사상과 무형전력의 일반적인 내용을 고찰해보고, 이를 바탕으로 육성체계의 현상을 살펴본 다음 군사사상과 연계하여 무형전력을 강화하는 방안에 대하여 현대전과 미래전 대응에 초점을 두고 제안하고자 한다.

---

2) 손무 저, 남일성 역, 『손자병법』(서울: 현암사, 1969), p.13.
3) 『군사이론 대국화 추진방향』(계룡: 육군본부, 1983), pp.22-23.

Ⅱ. 군사사상과 무형전력의 일반적 고찰

1. 군사사상의 이해

혹자는 '북한의 군사사상, 그 형성 배경 등을 설명하려면 길고 자세한 설명이 가능한데 우리의 군사사상이 무엇이냐는 질문을 받으면 명쾌한 답변을 하지 못한 채 우물쭈물하게 된다. 그 이유는 기본적으로 우리 스스로가 그에 대한 생각을 깊이 해보지 않았던 학문적 게으름의 탓이겠지만, 그에 못지않게 '우리의 생각은 이런 것이다'라고 내세울만한 군사적 공감대(consensus)를 아직 한 번도 가져보지 못했기 때문일 것이다. 그것은 창군 이래 이미 40여 년간 우리 나름대로의 군사적 의식 같은 것이 없을 리는 없지만 그것이 어떠한 군사학적(軍事學的) 사고과정(思考過程)을 거쳐 정착된 것이라기보다는 한국 동란 시의 경험과 미군 군사교리의 절대적 영향으로 막연히 체질화되어가고 있던, 우리의 필요에 맞는 우리의 군사사상이라고 말하기에는 좀 낯 뜨거운 그러한 상황이기 때문일 것이다'[4]라고 말한다. 따라서 이런 상태에서 군사사상이란 무엇이고 그 구성요소와 영향요인은 무엇인가에 대하여 일반적인 관점에서 살펴보고자 한다.

1) 군사사상의 개념

군사사상이라는 어원은 군사(military affairs)라는 단어와 사상(thought)이라는 단어의 합성어로 군사(軍事)를 사상(思想)하는 것, 즉 군(軍)에 관한 일(事)에 대하여 생각하는 체계로 풀이되는 용어이다. 때문에 '군사'와 '사상'의 의미와 성격을 명확히 규명하고 그 범위를 확실하게 한정한다면 '군사사상(軍事思想)'의 개념은 알 수 있게 된다.

---

4) 김희상, 『한국적 군사 발전을 위한 모색』(서울: 전광, 2000), pp.330-331.

먼저 '군사'에 대하여 살펴보면, '군사는 국가기능의 일부로서 군대의 관리와 운용을 그 고유기능으로 하고 있으며 전시에 국가가 무력을 어떻게 준비하고 사용하여 국가 목표 달성에 기여할 것인가 하는 군사적 임무수행을 그 목적으로 한다'[5]로, '사상'은 개념적 측면과 이념적 측면으로 나누어서 생각해볼 수 있는데, 먼저 개념적 측면에서의 사상은 '특정 사물에 대한 사유(思惟) 작용을 통하여 일정한 체계와 형식이 갖추어진 인식체계'[6]이고, 이념적 측면에서 보면 '당면한 현실에 대처하기 위한 실천적 기준 또는 신념체계로서 개인이나 집단, 민족의 내부에 잠재하여 그 시대의 현실을 움직이는 원동력 내지 판단의 기준이 되는 가치 및 개념체계'[7]로 해석할 수 있다. 각종 문헌에 나타난 군사사상의 정의(定義)를 살펴보면 <표 1>과 같다.

〈표 1〉 군사사상의 개념과 정의

① 군사사상이란 국가목표를 달성하기 위해서 현재 및 장차 전쟁에 대한 올바른 인식을 토대로 어떠한 전쟁의지와 신념으로 어떻게 전쟁을 준비하고 수행할 것인가에 관한 개념적 사고체계이다. (『한국군사사상』, 육군본부, 1992)

② 군사사상이란 전쟁지도 및 수행에 관한 신념으로서 군사이론의 개념체계이다. 군사사상은 두 가지 개념을 포함하는데 상위의 개념은 전쟁의 특성, 전쟁의 목적, 전승요인을 밝히는, 전쟁에 대한 올바른 인식과 의지를 말하며 통수권자로부터 말단 국민에 이르기까지 통일된 사상의 구심점이며 방위에 대한 정신적 기조이고, 하위의 개념은 군사력 운용 및 소요의 기준으로서 효과적인 전쟁수행 방법인 용병과 전략 및 전술의 기준이며 노력의 종합과 능력의 집중을 가능케 하는 근거이다. (『군사용어사전』, 육군본부, 1994)

---

5) 유재갑 외,『전쟁과 정치』(서울: 한원출판사, 1977), pp.12-23.
6) 『철학대사전』(서울: 을유문화사, 1977), p.179.
7) 김영완, "일본군의 전통적 군사사상에 관한 고찰"(서울: 국방대학교, 석사학위 논문, 1996)

③ 군사사상이란 전쟁에 관한 인식을 바탕으로 한 전투력의 건설과 그 운용에 관한 기본적인 정신(관념) 및 주장으로 첫째 전쟁에 대한 올바른 인식을 바탕으로 예상되는 장차전의 특성, 목적, 형태 및 전승요인의 소재를 명확하게 간파하고 둘째, 이와 같은 여건에서 전승을 획득할 수 있는 최선의 전쟁지도, 준비, 수행 방법이 무엇인가를 구상하는 것이다. (『중국의 군사사상』, 대만 발간)

④ 군사사상은 군사이론을 그 주제로 하고 있으며, 군사이론을 군사문제에 관한 연구와 그 속에서 귀납적으로 보편화된 원리를 탐구하는 과학적 노력이다. (줄리안 라이더)

⑤ 군사사상은 군사과학, 전쟁 실천에 관한 역사와 현상, 용병술 등을 그 내용으로 하고 있지만 오히려 그때그때 시대적 결정체인 군사적 이데올로기로서의 사상성(思想性)과 그 시대가 제기하는 객관적인 군사상의 과제를 해결하기 위한 노력이 병술(兵術)의 형태를 취하여 구체화되는 전체적인 병학 체계의 내면적 계보를 다루는 것이다. (小山弘健의 『군사사상 연구』)

<표 1>에서 보듯이, 군사사상은 '군사에 대한 추상적이고 광범위하며 주로 본질론적인 사고의 측면을 모색하는 것이라기보다는 마음이나 두뇌 속에 군사에 관한 체계의 틀을 갖추는 인식적인 측면'[8]으로 볼 수 있다.

따라서 군사사상은 '전쟁에 대한 올바른 인식과 의지를 기초로 어떤 전쟁의지와 신념으로 싸울 것인가, 군사력을 어떻게 운용하여 승리를 도모할 것인가, 이에 필요한 군사력을 어떻게 건설할 것인가'에 관한 것으로 구심점을 이루게 하는 사고체계(思考體系)라고 할 수 있다.

2) 군사사상의 구성요소

문헌에 제시되어 있는 내용을 기초로 군사사상의 구성요소를 살펴보면, 『군사이론 대국화 추진방향』에는 '군사사상은 전쟁인식, 군사력 건

---

8) 박휘락, 『한국 군사전략 연구』(서울: 법문사, 1989), p.25.

설, 군사력 운용의 세 가지 분야를 포함한다'⁹⁾고 기록하고 있고, 『한국 군 군사사상』에는 '군사사상이란 국가목표를 달성하기 위해서 현재 및 장차 전쟁에 대한 올바른 인식을 토대로 어떠한 전쟁의지와 신념(전쟁 수행 신념)으로 어떻게 전쟁을 준비(군사력 건설)하고 어떻게 전쟁을 수 행(군사력 운용)할 것인가에 관한 개념적 사고체계'¹⁰⁾라고 설명하고 있다.

따라서 군사사상을 구성하는 요소¹¹⁾는 첫째, 전쟁에 대한 인식으로 전쟁을 어떻게 볼 것인가에 대한 전쟁관(戰爭觀), 둘째는 전쟁을 어떻게 대비하고 싸울 것인가에 대한 '전쟁의지·신념[意志·信念]', 셋째는 군 사력을 어떻게 운용할 것인가에 대한 '군사력 운용[用兵思想]', 넷째는 군사력을 어떻게 건설할 것인가에 대한 '군사력 건설[養兵思想]'로 정리 할 수 있다.

3) 군사사상의 육성체계 및 영향요인

군사사상의 형성 및 육성에 영향을 미치는 요인들을 살펴보면, 『군 사기본교리연구(Ⅰ)』에는 '지리적 환경·무기체계와 전쟁양상·전쟁인 식과 개념 및 체계·의식구조, 위협과 적의 군사사상·국력과 국가목 표'¹²⁾를, 『군사이론 대국화 추진방향』에서는 민족정신, 군사적 전통, 지전략적(地戰略的) 환경, 의식구조¹³⁾를 영향요인으로 들고 있다. 그리 고 군사사상에서는 의지가 매우 중요한 것으로 나타나 있는데, 럼멜(R. Rummel) 교수는 '국력=의지×능력×결단력'이라 했고, 파인(James L. Payne)은 그의 저서 『국가는 왜 무장하는가』¹⁴⁾에서 군사력 비율 결정 요인을 경제적 요인과 합리적·비합리적 요인으로 구분하였는데, 경제

---

9) 『군사이론 대국화 추진방향』(계룡: 육군본부, 1983), pp.22-23.
10) 『한국군 군사사상』(계룡: 육군본부, 1994), p.36.
11) 『한국군 군사사상 연구』(대전: 육군교육사령부, 1985), pp.163-220.
12) 이영환 외, 『군사기본교리연구(Ⅰ)』(서울: 한국국방연구원, 1990), p.50.
13) 『군사이론 대국화 추진방향』(계룡: 육군본부, 1983), pp.194-196.
14) James L. Payne, 『*Why Nations Army*』, New York: Basil Blackwell Ltd., 1989, p.177.

적 요인(12%)이나 합리적 요인(22%)보다도 일반적인 문화적 변수와 역사적 전통 등의 비합리적 요인(66%)에 의한 영향이 더 큰 것으로 나타나 있다. 이를 통해서 보면 군사사상은 군사적 전통과 전쟁인식, 지전략적(地戰略的) 요인, 이념 및 사회체제, 민족의식과 정신, 그 나라의 역사와 문화, 국력과 국가목표, 위협과 적의 군사사상, 대외적 관계, 과학기술과 장차전의 양상 등과 관계되어 형성되는 것임을 알 수 있다.

2. 무형전력의 이해

1) 무형전력의 개념

무형전력은 유형전력과 대비되는 용어로 설명하고 있다. 즉, 형태는 없으나 분명히 그 실체와 가치가 존재하는 힘으로, 이는 인간으로서 발휘될 수 있는 육체적 · 정신적 능력과 내재적 가치가 결합된 총화로써 나타나는 힘이다. 그리고 전력은 정치전력, 경제전력, 사상전력, 군사전력 등에 의해 형성되는 '총화'의 성격을 가진다. 따라서 무형전력은 '어떤 힘'을 발휘하는 것과 관련되는 여러 요인들 중에서 눈에 보이지는 않지만 그 실체가 존재하는 힘으로 이해할 수 있으며, 인간 내면의 정신적 작용과 관계됨을 알 수 있다.

일찍이 손자(孫子)는 '전쟁의 승리를 미리 알 수 있는 것이 다섯 가지가 있는데, 그중의 하나가 윗사람과 아랫사람의 하고자 하는 마음이 같으면 승리한다(知勝有五 上下同欲者 勝)'는 것이다. 여기서 '하고자 하는 마음이 같다'는 의미는 리더와 구성원의 마음이 하나로 작용하는 상태를 말하는 것으로, 이는 리더십과 관련된다.

2) 무형전력의 구성요소

무형전력은 정신전력, 기술전력, 운용전력15)으로 구성된다. 정신전력은 글자 그대로 정신(精神)에 의해 형성되고 발휘되는 힘으로, 모든 장병이 지휘관을 중심으로 투철한 군인정신, 엄정한 군기, 충천된 사기, 공고화된 단결로 부여된 임무를 능동적으로 완수할 수 있는 조직화된 전투의지력이다.[16) 기술전력은 무기나 장비를 다룰 때 기술의 숙련(熟練) 정도에 의해 형성되고 발휘되는 전력으로 무기, 장비, 물자 등에 대한 사용법 숙달 및 기량 향상을 통하여 전력의 효율을 최고의 수준으로 발휘케 하는 전력이다.[17) 운용전력은 병력, 장비, 물자를 보다 통합적으로 운용하여 승리를 쟁취하고자 하는 전력으로 운용의 효율화(效率化)를 통해 형성되고 발휘되는 전략, 지휘통솔, 부대관리, 전략전술능력 등[18)을 의미한다.

3) 무형전력의 육성체계 및 영향요인

무형전력의 육성은 정신과 기술, 부대 운용을 통해 전력을 향상시켜나가는 것이다. 군대는 그 속성상 아무리 좋은 무기체계를 갖추었다 해도 리더와 구성원이 하나 되는 전투의지력이나 장비를 효율적으로 다룰 수 있는 기술력, 부대 구조 및 편성, 리더십 역량 등 부대 운용이 잘못된다면 무용지물이 되고 만다. 그러므로 무엇보다도 장병 각 개인의 정신을 집단정신으로 규합, 승화시켜나가는 것이 중요하다. 먼저 정신전력의 육성체계는 생활교육, 정신교육, 교육훈련, 부대환경 조성, 홍보활동 등 5개 분야이고, 정신전력의 구성요소는 개인적인 차원의 명예심, 충성심, 용기, 필승의 신념, 임전무퇴의 기상, 애국애족의 정신 등이며 집단적인 차원에서 군기, 사기, 단결 등이다.[19) 무형(정신)전력에 영향을 주는 요인에는 그 영향 범위에 따라 조직의 내외적 요인,[20)

---

15) 『정신전력지도지침서』(서울: 국방부, 1997), p.27.

16) 『정신전력지도지침서』(서울: 국방부, 1997), p.31.

17) 『정신전력지도지침서』(서울: 국방부, 1997), p.25.

18) 『정신전력지도지침서』(서울: 국방부, 1997), p.25.

19) 『정신전력지도지침서』(서울: 국방부, 1997), pp.40-55.

국력 공식을 통해 본 영향요인, 역사의식에 바탕을 둔 귀속의식 등으로 나타나 있다.

첫째, 조직의 내외적 요인이다. 군 조직은 사회를 모체로 한 2차적 집단이기 때문에 군과 사회는 밀접한 연관성을 갖는다. 따라서 장병들의 정신전력은 군 외부의 영향을 받을 수밖에 없는데, 군대 외적인 정치전력, 경제전력, 사상전력 등 국민들의 전쟁에 대한 태도와 심리적 특성(국민성), 군과 사회의 연관성, 군대의 역사와 전통, 생존에의 위협 등 사회 심리적 현상, 정치사회적 요인과 과학기술의 발달, 국토의 크기 및 인구, 경제력, 기술 등에 영향을 받는다.

군 내적 영향요인으로는, 지휘관과 부하가 하나 되는 전투의지력의 정도, 기술전력과 운용전력 등의 영향을 받는다. 예컨대 장비를 다루는 기술전력이 낮아지면 장병들의 자신감 저하로 이어지고, 지휘관의 통솔력과 편제운용 등의 결핍에서 오는 운용전력이 낮아질 경우 부대 단결의 저하로 이어지기 때문이다.

둘째, 국력 공식을 통해 본 영향요인이다. 미국의 클라인(Ray S. Cline) 교수는 '국력 공식'을 제안한 바 있다. 당시 국력에 대한 일반적인 견해는 무형적인 것보다 유형적인 것을 계량화하여 측정하던 때라는 점[21])에 비추어볼 때 클라인 교수의 견해는 다소 의외적인 것으로 받아들여졌다. 클라인 교수가 제시한 국력에 대한 공식[22])에 의하면 국력은 무형적인 요소(S · W)와 유형적인 요소(C · E · M)의 '곱'에 의해서 형성되는 것으로 제시되고 있다. 다시 말하면 아무리 영토의 크기가 크고 경제 및 군사력이 크다 해도 국가방위전략(S)이나 국민들의 전쟁의지(W)가 약하면 국가의 능력 발휘가 어렵게 된다는 점이다.

셋째, 역사의식에 바탕을 둔 귀속의식이다. 백낙서 교수는 '역사상 수많은 전쟁의 교훈은 국토의 광대함이나 인구, 병력, 무기 등 단순한

---

20) 김학옥, 『정신전력의 개발』(서울: 배영사, 1989), pp.19-21.
21) 김성완, 『정신력이 통하는 리더십』(서울: 가을문화사, 1998), p.186.
22) 『국력분석론』, 안보총서 제28권(서울: 국방대학원, 1980), p.158.

물질무장력의 우세가 전쟁의 승리를 보장해주지 못한다는 것을 명백히 제시하고 있다'[23]면서 일반적으로 군의 정신전력을 전장에서 나타나는 단순한 '전투의식', 즉 높은 사기, 담력, 용맹성, 인내심, 복종심 등으로만 인식되는 경향이 있으나 이는 잘못된 것이라고 지적하고 있다. 그러면서 그는 '정신전력은 현존 및 잠재적 전쟁수행 능력의 모든 요소 중 물질무장력을 제외한 무형적 정신요소의 총화로 정의할 수 있으며, 여기에는 정신전력의 3요소인 ① 국가 또는 체제에의 귀속의식, ② 군의 관리 및 통솔능력, ③ 장병의 전투의식을 포괄한다'고 하였다.

3. 군사상과 무형전력의 연계성

군사사상과 무형 전력의 연계성은 목적적인 면과 개념적인 면, 구성요소와 영향요인 등에서 연계성을 찾아볼 수 있다. 첫째, 목적과 비전상의 연계성이다. 군사사상과 무형 전력은 전쟁을 대비하고 전쟁에서 승리를 추구한다는 공통점이 있다.

둘째, 개념상의 연계성이다. 개념이란 여러 관념 중에서 공통분모적인 관념을 뽑아 정리한 것이다. 군사상의 개념은 군에 관한 일에 대하여 생각하는 인식과 의지로 통일된 사상의 구심점을 이루는 의식체계이고, 무형전력은 눈에 보이지는 않지만 분명히 그 실체와 가치가 존재하는 힘이다. 개념상으로 볼 때 형체가 없으면서 군사전력에 영향을 미치는 무형의 영역이라는 점에서 연계성이 있다.

셋째, 구성요소 면에서 연계성이다. 군사상의 구성요소는 전쟁관, 전쟁의지 및 신념, 군사력 운용, 군사력 건설 등이고 무형전력의 구성요소는 정신전력, 운용전력, 기술전력으로 명시하고 있는데, 전쟁의지 및 신념 등 정신적인 힘을 중시한다는 공통점이 있다.

---

23) 백낙서 외, "북한군의 정신전력 형성에 관한 연구"(서울: 국토통일원 조사연구실, 1976), p.5.

넷째, 영향요인 면에서의 연계성이다. 군사상의 영향 요인은 여러 가지 요인이 있지만 그중에서도 전쟁에 대한 인식, 구성원의 의식구조, 국력과 국가목표, 민족정신과 전통의식 등으로 나타나 있고 무형전력의 영향요인은 군 조직의 내외적 요인, 국력공식에 나타난 국가전략과 전쟁의지, 리더십과 관리능력 등인데, 보다시피 전쟁에 대한 인식과 개인의 의식구조와 리더의 리더십 및 관리 능력을 들고 있다.

이처럼 군사사상과 무형전력은 눈에 보이지 않는 인식과 의지, 내면적이라는 점에서 상보적(相補的) 관계임을 알 수 있다. 따라서 군사사상의 구성요소에 대한 내실화를 통하여 무형전력을 강화하기 위해 연구하고 교육할 수 있는 기능을 보강해야 할 것이다.

Ⅲ. 군사사상과 무형전력 육성 및 운용체계의 현상 평가

군대는 그 속성상 유형전력과 무형전력의 조화를 이루는 가운데 전장의 환경 변화들을 끊임없이 관찰하고 대비하지 않으면 안 된다. '전자적 진주만 공격'[24] 용어가 말해주고 있듯이 적의 기습은 컴퓨터 네트워크를 축으로 디지털 정밀타격과 화력전투의 비중이 높아질 것이다. 그런 와중에도 무형전력과 유형전력의 조화는 변함없이 중요시될 것이다. 유형전력이 아무리 잘 준비되어 있다 해도 무형전력의 뒷받침이 없이는 무용지물에 불과하기 때문이다. 또한 장병 개개인의 정신이 아무리 강인하다 해도 때와 장소를 가리지 않고 무례를 범하거나 그릇된 방향으로의 행동이 나타나게 된다면, 그것은 만용이나 범죄행위로 연계될 수 있으며 전쟁 수행에 필요한 전력이 되지 못한다. 그러므로 전투력의 관리와 발휘 측면에서 군사력을 건설하고 운영해야 하며, 장

---

24) 문장렬 역, Bruce Berkowiz 저, 『새로운 전쟁양상』(서울: 국방대학교 안보문제연구소, 2008), p.227

병 각 개인의 정신을 집단정신으로 규합, 승화시켜 필요한 시간 및 장소에서 부대목표 달성에 기여할 수 있도록 육성되어야 한다.

현재의 한국군 군사사상에 대한 평가는 다음의 표현에서 잘 읽을 수 있다. '한국군 군사사상은 군사력 건설이나 운용 면에서는 군사 선진국의 영향을 받아 어느 정도 수준에 올랐다고 할 수 있지만 국방의지 분야는 그렇지 못한 것으로 나타나고 있다. 즉 우리는 왜, 싸워야 하고 어떤 의지를 가지고 장차 또는 당면한 전쟁을 준비하고 수행할 것인가 하는 점에 대한 정신적 구심점을 제공하는 국방의지의 체계화에는 미흡한 실정이다. 따라서 말단 병사로부터 최고사령관에 이르기까지 전군에 걸쳐 공통적으로 일치되는 인식이나 합의에 의해 모든 군사적 노력이 군의 목표달성에 집중되어 전승을 보장해줄 수 있는 정신적 구심점을 설정하고 이러한 공통의 합의에 따라 북한과 주변국의 위협을 거부하고 억제하기 위한 군사력 건설과 운용의 사상적 기조를 정립하는 데 목적을 두어야 한다'[25]는 내용이다. 이런 맥락에서 군사사상과 무형 전력의 육성 및 운용체계의 현상 및 문제점을 기본적인 문제와 육성체계로 구분하여 살펴본다.

1. 기본적인 문제

군사사상과 무형전력의 육성체계와 운용문제는 미래전의 양상이 빠른 속도로 변화하고 전쟁수단 또한 그 우선순위가 변화하고 있다는 점에서 이를 뒷받침할 사상적 기조를 필요로 한다. 그리고 국가안보의 중요성은 불변하는 가운데 정보기술의 진보는 군사력 운용과 건설에 중요한 변화를 가져오고 있다. 그러함에도 불구하고 국민들이 전쟁을 어떻게 인식하느냐, 전쟁에 대비하는 의지와 신념이 어떠냐하는 문제 또한 중요하다. 군에 입대하는 젊은이들 중에 상당수는 6·25남침을 북

---

25) 『한국군 군사사상』(계룡: 육군본부, 1994), p.14.

침으로, 천안함 피격사건을 조작된 사건으로 알고 있는 경우가 많다고 한다. 국가를 이끌어가는 고위층 리더 계층에서도 그런 인식을 하는 이가 있고, 법정에서 '김정일 장군 만세'를 외치는 일도 일어나고 있다. 만일 전쟁이 난다면 남쪽보다 북쪽에 협력할 마음을 가진 사람들, 이른바 간첩들이 얼마가 있는지에 대한 우려도 높아지고 있다. 따라서 군사사상과 무형전력의 현상 및 문제점을 제시하기 전에 기본적인 사항을 짚어보지 않을 수 없다.

첫째, 대한민국의 정체성과 상하동욕(上下同欲)을 도모할 수 있는 제도적 장치 마련이 필요하다. 군대의 외적인 사항까지 감당이 어렵다면 군에 입대하는 장병들에게만이라도 이념교육을 강화하고 이들이 전역해서 사회에 나가면 국민들을 계도하도록 하는 것도 하나의 방법이다. 또한 상하동욕(上下同欲)의 문화를 조성하기 위해서는 고급제대 리더들의 인격을 높이는 방안도 고려되어야 할 것이다. 하급제대 장병들의 구타가혹 행위가 줄어든 것만큼 상급제대도 변해야 한다. 상위 리더의 무차별 언어폭력으로 부하의 건강과 가정에 고통을 주어서는 안 되기 때문이다.

둘째, 군사사상과 무형전력을 담당할 전문가를 양성해야 한다. 군사사상과 무형전력의 문제를 정상화하기 위해서는 담당할 사람이 있어야 하고, 조직이 있어야 한다. 그러나 우리 군에는 이 분야의 전문가가 없어 보인다.

셋째, 군사사상과 무형전력에 대한 책자(교범)를 보급해야 한다. 군사사상과 무형전력의 문제를 시대에 맞게 적용하기 위해서는 연구하고 교육할 수 있는 기본서(基本書)가 있어야 한다. 그러나 우리 군은 이 분야의 전문가나 교범 따위의 기본서가 없다. 관련분야 책을 살펴보면, 『한국군 군사사상』 책이 발간된 것은 1992년도와 1994년도이고, 무형전력에 관하여 발간된 책은 아직 없다. 다만 무형전력의 일부인 정신전력을 다룬 『정신전력지도지침서』가 나온 것은 1997년도이다. 교범을 5년 주기로 발행하는 관례를 본다면, 군사사상과 무형전력 관련 분야 책자에 대해 관심을 가져야 한다.

2. 군사사상 육성체계상의 현상 및 문제

대한민국 군대의 정신의 기틀인 군사사상은 상고시대에서부터 뿌리를 찾고 있다.[26] 따라서 대한민국의 군사사상의 맥(脈)은 고조선시대의 도의원리(道義原理),[27] 고구려의 상무(尙武精神), 신라의 화랑도정신(花郎徒精神), 고려의 호국정신(護國精神), 조선시대의 충효정신(忠孝精神)에 뿌리를 두고 있다.[28] 그렇다면 21세기인 현대의 군사사상은 어떠해야 할 것인가에 대해 방안을 제안하기 위해 현상 및 문제점을 살펴보고 구조상의 문제와 시스템상의 문제로 나누어서 제시하기로 한다.

1) 구조 및 편성에 관하여

구조란 어떤 부분이나 요소가 전체를 이루는 것이다. 그러므로 군사사상을 육성함에 있어서 구조상의 준비는 중요하다. 군사사상과 연계해볼 때 현재 한국군의 문제점은 군사사상을 연구하는 기관과 부서 그리고 군사사상을 체계적으로 교육하는 기관이나 과정이 없다는 점이다. 젊은 장교들에게 군사사상이 무엇이고, 한국적 군사사상은 어떤 것인지에 대하여 질문하면 대부분 '군사사상은 클라우제비츠나 리델하트, 손자 등이 얘기한 것 아닌가요?!'하는 정도이다. 클라우제비츠를 비롯한 사상가들이 군사사상에 대하여 이론을 발전시켰다는 내용을 배웠다

---

26) 안호상은 『민족의 정통과 역사』에서 '고조선시대에는 오상지도(五常之道)가 있었는데, 이는 배달국시대의 도의원리(道義原理)와 같은 것으로 훗날에 고구려에는 오상지도(五常之道)로, 신라에는 세속오계(世俗五戒)로 이어졌다'고 기술하고 있음.

27) 고동영, 『한국상고군사사』(서울: 한뿌리, 1994). p.138.

28) 『한국군 군사사상』(계룡: 육군본부, 1994), p.174.

면 한국적 군사사상, 한국군대의 사상이 무엇인가에 대하여 의견을 제시할 수 있어야 한다.

또한 군사력을 운용하거나 건설하는 과정에 있어서도 절차의 합리성과 도덕적 정당성이 뒷받침되어야 한다. 과정이란 어떤 일이 되어가는 경로를 말한다. 그러기 위해서는 바람직한 군대문화를 조성하고 진흥하는 방향에서 전쟁을 바라보는 관점을 정렬(Alignment)시키고 군사력의 건설과 운용이 잘되어야 한다. 또한 전쟁의지와 신념을 고양시킬 수 있는 커뮤니케이션과 합리적 의사결정을 통하여 전쟁의지 및 신념을 고양할 수 있는 분위기 조성이 필요하다.

2) 조직의 시스템에 관하여

시스템이란 필요한 기능을 실현하기 위하여 관련요소를 어떠한 법칙에 따라 조합한 집합체를 말하는 것으로 시스템이 제대로 작동하기 위해서는 올바른 사람(Right People), 올바른 정보(Right Information), 올바른 결심(Right Decision), 올바른 보상(Right Reward) 등이 따라야 한다. 첫째, 올바른 사람(Right People)을 필요로 한다. 여기서 올바른 사람이란 군사사상을 이해하고 발전시킬 수 있는 전문성 있는 인재를 말한다. 그러나 우리 군은 이 분야에 전문성을 가진 고급 리더들이 보이지 않는다. 군사사상 전문인을 육성해야 할 것이다.

둘째, 올바른 정보(Right Information) 공유를 필요로 한다. 육군과 해군, 공군이 정보를 공유하는 것은 합동성(合同性)을 위해 대단히 중요하다. 육군 내에서도 보병과 포병, 병과 간, 인사와 정보 등 참모부서 간 정보를 고유하는 것은 중요하다. 그러나 현재 한국군의 경우, 천안함 사건 등에서 보듯이 정보공유는 원활하지 못하다는 것이 중론이다.

셋째, 적재적소에서 올바른 결심(Right Decision)을 필요로 한다. 리더의 의사결정은 전쟁의 승패에 결정적 영향을 미친다. 노르망디 상륙작전이나 인천상륙작전 등은 좋은 사례이다. 넷째, 진급과 보직, 각종 포상에서 올바른 보상(Right Reward)을 필요로 한다. 우리 군은 고질적으로 출신에 대한 연고를 중시하는 경향이 짙다. 고향이 같고 출신학교가 같다는 등의 이유로 보상에 영향을 주어서는 안 된다.

3. 무형전력 육성체계상의 현상 및 문제

정신전력, 기술전력, 운용전력으로 구성되는 무형전력이 한국군에서 중요하게 다루어진 것은 1970년대 중후반기부터이다. 즉 중동전에서 유형전력이 월등히 우세한 아랍공화국이 유형전력 면에서 매우 열세한 이스라엘에 패하고, 베트남전에서 막강한 미군이 월맹군에게 고전하면서 한국군에도 정신전력을 비롯한 무형전력에 관심을 가지게 된 것이다.

정신전력이란 용어가 처음으로 사용된 것은 1973년 2월 20일 국방부 연두순시에서 박정희 대통령이 "전쟁의 승패는 장비의 우월보다도 정신전력에 좌우되므로 모든 부대의 정신전력을 높은 수준으로 끌어올려야 한다"[29]고 강조한 데서 비롯되었다. 이때는 시기적으로 베트남전에서 미군이 승리하지 못한 채 전쟁이 종결되고, 곧이어 공산화되자 당시 박정희 대통령이 정신전력의 중요성을 더욱 더 강조하였으며 국군정신교육원의 창설과 각급 제대 정훈장교 계급을 상향 조정하였다.[30] 그 후 1975년 10월 29일 국방부내에 정신전력 강화 연구위원회가 설치되었는데, 1986년 국군정신전력학교에서 발간된 "군 정신전력 개념 연구"에서는 정신전력의 개념을 '국가 차원'의 광의적인 시각과 '군사 차원'의 협의의 시각에서 파악했다. 광의의 개념으로는 '국민정신을 바탕으로 발휘되는 국민투쟁의지의 총화', 협의의 개념으로 '전투의지를 지속적으로 유지하면서 승리를 쟁취하고자 하는 장병들의 단합된 무형적

---

29) 김종찬, "군 정신전력 구성요소에 관한 실증적 분석", 『정신전력 연구』제10호(국군정신전력학교, 1989), pp.196-197 참고.

30) 지금과는 달리 당시의 정훈장교 계급은 대대급에 대위, 연대급에 소령, 사단급에 중령이 보직됨으로써 제대별 일반참모와 동급 위치에서 정신전력 업무를 수행할 수 있었음.

인 힘'[31]으로 정의하고 있다. 또한 1997년 국방부에서 발행한 정신전력 지도지침서에서는 '모든 장병들이 투철한 군인정신의 바탕 위에 지휘관을 중심으로 굳게 뭉쳐 부여된 임무를 성공적으로 완수할 수 있는 조직화된 의지력'으로 정의하고 있다.

1) 구조 및 편성에 관하여

무형전력이 발휘되기 위한 구조적인 문제는 정신전력과 운용전력, 기술전력이 보존되도록 구조 및 편성이 뒷받침되어야 하는데, 우리 군은 그렇지 못하다. 예를 들어 정신전력의 경우, 정신전력의 환경은 오히려 악화되고 있음에도 관련조직이 너무 많이 줄었다. 정신전력학교가 없어졌고 정신전력을 담당하는 계급이 낮아졌으며 인원도 줄었다. 구조상의 문제가 심각하다. 이런 상태로 정신전력 발휘를 기대할 수 없고 기대해서도 안 된다.

기술전력은 무기, 장비, 물자 등에 대한 사용법 숙달 및 기량 향상을 통하여 전력의 효율을 최고의 수준으로 발휘케 하는 전력이다.[32] 기술전력 발휘를 위해서는 상부구조는 방위사업청을 비롯한 무기체계 분야, 하부구조면에서 보면 부사관 편제조정을 비롯한 기술병과 간부 비율의 적절성 등이 고려되어야 한다. 기술전력의 주체는 사람이다. 부사관 계층에 대한 숫자를 1990년대 전반 수준으로 환원해야 할 것인데, 그 이유는 두 가지 때문이다. 첫째는 첨단 과학화되어가는 고가장비를 경제적으로 운용해야 할 뿐 아니라 유사시 장비성능을 보장할 수 있어야 하기 때문이고, 둘째는 6·25 남침 전쟁 때 그러했듯이[33] 전시가 되면 부사관의 손실이 장교나 병사보다도 많아지게 되기 때문이다. 예를

---

31) 『군 정신전력』(서울: 국군정신전력학교, 1986), p.102.

32) 『정신전력지도지침서』(서울: 국방부, 1997), p.25.

33) 6·25 통계자료에 의하면 전쟁 종료 1년 전부터 종료 시까지의 부사관의 전사자가 148,470명이었는데 이는 장교의 18.6배, 병의 1.6배에 해당하는 것으로 나타나 있음(『국방일보』, 2001년 3월 29일자).

들어 미군 포병(155밀 자주 곡사포)의 경우는 부사관 비율이 대대원의 48%나 되는데, 이는 포병이라는 특성 때문으로 똑같은 무기체계를 가진 우리 군의 포병을 비교해본다면 당연히 부사관 편성 비율은 재고되어야 할 것이다.

운용전력은 부대구성 및 편성, 리더십 등에 의해 발휘되는 전력이다. 운용전력이 발휘되기 위해서는 리더십 연구 및 교육이 제대수준에 적합한지를 점검 및 보완해야 하고 부대별 협력과 조화가 이루어져야 한다. 또한 정신전력과 기술전력, 운용전력을 극대화하기 위해서는 평소 운용하는 과정에서 절차의 합리성과 도덕적 정당성이 뒷받침되어야 한다. 과정이란 어떤 일이 되어가는 경로를 말하는데, 이를 위해서는 바람직한 군대문화를 조성하고 진흥하는 방향에서 전쟁을 바라보는 관점을 정렬(Alignment)시키고 군대가 합리적으로 운용되어야 한다. 또한 전쟁의지와 신념을 고양시킬 수 있는 커뮤니케이션과 합리적 의사결정을 통하여 전쟁의지 및 신념을 고양할 수 있는 분위기 조성이 필요한데, 무형전력은 지휘관과 부하가 하나 되는 전투의지력이므로 하모니를 이루도록 하는 제도적 장치 및 절차가 필요한 것이다.

또 운용전력이 발휘되기 위해서는 부대를 이끌어가는 리더십에서 커뮤니케이션과 모티베이션, 의사결정 등이 절차의 합리성과 도덕적 정당성을 바탕으로 이루어져야 한다. 얼마 전 일반 매스컴에 회자된 바 있는, 고급제대 리더의 독보적 리더십 스타일이 이슈화된 일이 있다. 군대는 제대에 따른 주요 참모특기로 구성되어 임무가 수행되어야 함에도 불구하고 '인사와 군수 특기 장교는 군인이 아니다'라면서 고급제대 리더 자리의 진출을 배제하는 형태의 리더십을 보여준 바 있다.

2) 조직의 시스템에 관하여

무형전력 육성 및 운영상의 현상 및 문제점에서 시스템의 작동이 어떻게 되었는가를 살펴보면 많은 문제가 있었음을 볼 수 있다. 첫째, 올바른 사람(Right people)이 중심적 역할을 하고 있느냐 하는 점이다. 여기서 올바른 사람이란 무형전력을 관장할 만한 사람이어야 함을 말한다. 우리 군은 그동안 무형전력을 정훈병과 장교들이 해야 하는 것으로 인식한 면이 있었다. 그러나 정훈병과 장교는 특별참모나 개인참모로서의 역할을 해온 경험지식을 갖고 있어서 정신전력, 기술전력, 운용전력을 이해하고 발휘토록 하는 데는 한계가 있다. 때문에 무형전력의 주무참모는 기본병과 장교가 해야 하고 정훈장교는 이념이나 공보 등 해당분야를 담당하도록 할 필요가 있다. 또 하나는 고급제대 리더의 인격 요소를 거론하지 않을 수 없다. 수많은 참모나 실무 장교들이 리더의 언어폭력 등으로 건강을 잃는 경우도 많았다. 인격과 실력으로 부하를 이끌어가는 리더의 리더십이 있을 때 무형전력은 강화될 수 있다.

둘째, 올바른 정보(Right Information)의 공유이다. 시스템이 원활히 작동하기 위해서는 리더들의 정보화(情報化) 능력을 필요로 한다. 정보화(情報化)의 의미는 내가 가지고 있는 의지나 뜻[情]을 상대방에게 알려서[報] 변화[化]되도록 하는 능력이다. 따라서 서로가 협력하도록 마음을 움직이는 데 필요한 정보를 공유하는 일은 중요하다.

셋째, 올바른 결심, 즉 의사결정(Right Decision)이다. 고급제대로 올라갈수록 의사결정 체계가 경직되고 과정이 생략될 수가 있는데, 이런 경우의 합리성은 더욱 중요시된다. 무형전력에서 상하동욕(上下同欲)의 중요성은 두말할 필요가 없을 정도로 중요하다. 때문에 올바른 의사결정이 중요한 것이다.

넷째, 올바른 보상(Right Reward)이다. 군대에서의 올바른 보상은 뭐니 뭐니 해도 진급과 보직이라 할 수 있다. 또한 표창과 복지 혜택의 공정성도 중요하다. 정신전력, 기술전력, 운용전력이 각각의 기능이 발휘되도록 하기 위해서는 지공무사(至公無私)적인 보상이 이루어져야 한다. 이러한 것들은 절차의 합리성과 도덕적 정당성에 의해 가능하다고 본다.

다섯째, 올바른 피드백(Right Feed back)이다. 조직의 제반요소에 있어서 어떤 과정과 단계가 마무리되면, 그에 대한 피드백을 필요로 한다. 그리고 피드백이 되는 과정은 최말단의 의견이 적절한 여과과정을 거쳐 상급 리더에게까지 도달하도록 하는 것이 중요하다. 정신전력, 기술전력, 운용전력의 속성상 유형적인 전력에 비해 피드백이 더욱 중요하다고 할 수 있다.

Ⅳ. 군사사상과 연계한 무형전력 강화방안

군사사상과 연계하여 무형전력을 강화하는 것은 곧 전쟁을 정확히 이해해야 하고, 이를 통하여 전쟁에 대한 의지와 신념을 고양하며, 이를 기초로 군사력을 건설하고 운용하도록 하는 것이다. 그리고 특별히 군사사상의 구성요소 중에서 무형전력과 연관되는 요소는 '전쟁의지 및 신념'이다. 의지와 신념을 강화하기 위해서는 왜 싸워야 하는지를 분명하게 알도록 하고 싸우면 기필코 이긴다는 강한 의지와 신념을 가지도록 하는 것이다. 이런 정신으로 임했을 때 유형전력 발휘를 극대화할 수 있는 것이다.

따라서 무형전력을 강화함에 있어 군사사상과 연계하는 방안으로서는 먼저 이 분야에 대한 구조적인 문제를 살펴보고 이를 바탕으로 군사사상의 구성요소와 연계하는 방안을 제안하고자 한다.

1. 기본적인 문제

1) 군사사상 연구 및 교육기능 강화

구조적으로 한국적 군사사상을 연구하고 교육할 수 있는 시스템이 가동되어야 한다. 국방부 차원에서 국방대학과 합동참모대학에서 군사 사상을 연구할 수 있는 기구를 개설하고 국방대학교 및 합참대학 그리고 각 군 대학에서 이를 가르쳐야 한다. 현재 한국이 국방개혁의 당위성에 대해서는 공감하면서도 추진에 어려움을 겪고 있는데, 이 또한 군사사상의 관점에서 공감을 얻지 않은 채 힘으로 밀어붙인다는 느낌을 주기 때문이다. 국가보다는 자군(自軍), 자군보다는 개인의 입장을 고려한 상태에서 추진하다 보니 각 군 및 개인 간에 이해관계가 맞물려 있는 것처럼 보인다. 군사사상을 기반으로 추진하지 못하는 것이 문제라고 본다. 외국의 경우, 독일이나 프랑스 등 RMA 과정에 잘 나타나 있듯이 각국의 군사사상에 기초하여 군의 구조조정이 이루어졌음을 상기할 필요가 있다.

2) 무형전력 육성 관련기구 기능 복원

현재 한국군에서 무형전력 육성관련기구라고 하면 정신전력과 관련된 연구 및 교육기관으로 볼 수 있다. 1970년대 후반기 이후에 강화된 정신전력 육성분야가 국민의 정부 시절에 폐기되거나 축소됨으로써 크게 약화되었다. 2000년대 이후 이념교육을 비롯한 정신전력을 강화해야 한다는 당위성이 증가되었음에도 불구하고 정신전력 육성기관은 축소된 점은 문제가 있다. 따라서 지금이라도 이 기관들을 복원해야 한다고 본다. 그러나 복원하는 방법에 있어서는 여러 면에서 검토되어야 한다. 이를 테면 과거처럼 정훈병과 중심으로 할 것인가, 아니면 기본(전투)병과를 중심으로 할 것인가 하는 점이다. 또한 시대성에 있어서도 정신전력이 강조되었던 1970~1980년대와 현대의 상황은 달라졌다. 국제관계와 수교 범위가 넓어졌고, 장병의 성장환경 등에 의해 정신력에 미치는 영향요인이 다양해졌음을 간과해서는 안되는 것이다.

2. 군사사상과 연계한 무형전력 강화

1) 전쟁에 대한 인식을 통한 무형전력 강화

무형전력의 관점에서 전쟁을 어떻게 인식하느냐 하는 문제는 중요하다. 전쟁은 그 속성상 자체의 논리와 진행과정을 가지고 있고 정치적 개입의 필연 등의 이유로 매우 복잡한 특징을 가진다. 때문에 전쟁을 어떻게 볼 것인가에 영향을 주는 전쟁철학을 필요로 하게 된다. 전쟁철학은 근본적으로 전쟁의 본질과 당위성에 관한 인식적 사고체계를 뜻하지만, 기본적으로 전쟁에서 승리하기 위해서는 어떤 전쟁의지와 신념을 가질 것인가에 대한 신념체계를 필요로 한다. 현재 우리가 당면하고 있거나 장차 예상되는 한반도 전쟁을 어떻게 인식해서 어떤 의미를 부여할 것이냐 하는 측면에서 본 것이 전쟁을 보는 관(觀)이다.

현대 및 장차전의 양상은 많은 분야에서 많은 변화를 수반하게 될 것이다. 고대, 근대전쟁이 달랐고, 태평양전쟁과 중동전쟁, 베트남전쟁, 이라크전쟁에 이르기까지 많은 변화가 있었다. 만일 한반도에서 전쟁이 난다면 어떤 형태의 전쟁이 될 것인가, 산악지형을 중심으로 싸우게 될 것인가, 도로를 중심으로 싸우게 될 것인가 등에 대해서도 패러다임의 전환을 필요로 한다. 그럼에도 작전계획 5027은 산악진지와 교통호에서 싸우게 될 것으로 보고, 이에 대한 준비를 해놓고 있다. 현재 한국의 산악지형은 진지를 편성하거나 위장을 유지하는 자체가 어려워졌다. 산악으로 들어간 적은 베트남전에서와 같이 게릴라전으로 싸울 수밖에 없다. 또한 정보전은 더욱 증대될 것이고 의존도는 더욱 높아질 것이고, 군수지원이 차지하는 비중도 높아질 것이다. 그러함에도 불구하고 어떤 고급제대 리더는 '인사와 군수 특기 장교는 군인이 아니다'는 농담과 함께 고급제대 지휘관 진출을 제한시키기도 했다. 이것도 전쟁철학의 문제로 본다. 그 리더 역시 군사적 지식이 누구 못지않은 풍부한 군인으로 인식되고 있었지만, 현대전쟁을 읽는 데는 결함이 있었다.

2) 역사의식을 통한 전쟁의지 및 신념 고양

역사의식은 국민 각자가 나라에 대한 귀속의식을 갖게 하는 데 지름길로 작용한다. 내 나라의 뿌리를 알고 그동안 조국이 안고 있었던 아픔을 알 때 자기 조국에 대하여 더 애착을 갖게 되는 것이다. 그래서 고난을 겪어본 민족이 역사의 소중함을 잘 안다고 했고 독립운동을 했던 사람들도 '역사는 애국심의 원천이다. 역사를 버리고서는 민족이 없고 민족을 버리고서는 역사가 없다(단재 신채호)'[34], '나라를 망하게 할 수 있으나 역사는 없앨 수 없으니 역사는 민족의 혼이기 때문이다(백암 박은식)'[35]라고 하면서 역사의식의 중요성을 역설했다. 그러나 우리나라의 역사교육은 입시교육 등에 밀려 비중이 줄다 보니 그만큼 관심도 낮아졌다. 그러다 보니 최근 일본의 고이즈미 총리마저 독도가 일본 영토라고 공식 거론[36]하는 단계에 이르렀고, 중국에서는 소위 '동북공정'을 내세워 고구려를 중국의 변방 역사로 편입하려 하고 있다.

이렇게 된 이유는 사이토의 '교육시책' 즉, '먼저 조선사람들이 자신의 일, 역사, 전통을 알지 못하게 함으로써 민족혼, 민족문화를 상실케 하고 그들의 조상과 선인들의 무위, 무능, 악행을 들추어내어 부조(父祖)들을 멸시하는 감정을 일으켜라. 그렇게 되면 조선의 청소년들이 자

---

34) 계연수 편저, 『환단고기』(서울: 한뿌리, 1986), p.339.
35) 계연수 편저, 『환단고기』(서울: 한뿌리, 1986), p.339.
36) 신용하, "독도 망언 또 침묵하나"(서울: 『조선일보』, 2004년 2월 14일자).

국의 인물과 서적에 관해 부정적인 지식을 얻어 허무감에 빠지게 될 것이니 이때 일본인 정신을 주입시키는 것이 반(半)일본인으로 만드는 요결'[37]이라는 역사문화말살정책의 영향도 있지만, 우리의 역사교육이 부족했던 것도 큰 원인이다.

참고로 우리 민족의 932회라는 외침수난사를 분석해보면, 삼국시대 이전 11회, 삼국시대 143회, 고려시대 417회, 조선시대 이후 361회의 침략을 받은 것으로 나타나 있다.[38] 보다시피 고려시대와 조선시대에 집중되어 있음을 볼 수 있는데, 이를 군사사상의 흐름에 비추어 분석 해보면 상고시대부터 삼국시대까지는 도의원리(道義原理), 오상지도(五常之道), 세속오계(世俗五戒)로 표현되는 '忠(事君以忠), 孝(事親以孝), 信(交友以信), 勇(臨戰無退), 仁(殺生有擇)'이 근간을 이루어왔으나 고려 후기에 안향(安珦, 1243~1306)에 의해 성리학이 도입되면서 오륜(五倫), 즉 '孝(父子有親), 忠(君臣有義), 敬(夫婦有別), 愛(長幼有序), 信(朋友有信)'이 근간을 이루면서 삼국시대까지 지켜져 오던 세속오계의 勇(臨戰無退)과 仁(殺生有擇)이 빠지고, 대신 敬(夫婦有別)과 愛(長幼有序)가 들어오면서 국가나 군대보다는 '부부', '형제' 등 가정을 우선시하는 성향으로 변모하게 되었고, 이렇게 되다 보니 안보의식 약화로 이어진 것으로 볼 수 있다.

3) 한국적 환경과 여건에 맞는 군사력 건설과 군사력 운용

최근 상부지휘구조 개편을 비롯한 국방개혁안에 대한 논쟁이 한창이다. 이는 다분히 군사력 운용과 건설과 관련된다는 점에서 국민의 관심이 높다. 국방개혁에 대하여 일반국민은 77.4%가 찬성[39]하는 것으로

---

37) 서희건, 『잃어버린 역사를 찾아서』(서울: 고려원, 1988), p.5.

38) 황인수, 『한국적 지휘통솔』(서울: 국군홍보관리소, 1987), p.62.

39) 여의도연구소에서 2011년 10월 6일과 7일 양일간 전국의 20세 이상 남녀 2,750명을 대상으로 ARS로 설문 조사한 결과 "국방개혁 어떻게 생각하십니까?"에 대하여 찬성 77.4%, 반대 10.9%로 나타났고, "합참의장의 작전지휘권 일부를 각 군 총장에게 부여하는 방안"에 대한 찬성 이유 공감도에서는 공감 81.4%, 비공감 11.2%로 나타났음(『국방일보』, 2011년 10월 13일자).

나타났지만 여전히 국회를 비롯한 의사결정 과정에서 난항을 겪고 있다. 이는 군사력을 건설하고 운용하는 문제를 의사결정하게 된다는 점에서 초미의 관심사일 뿐 아니라 각 군의 이해관계의 차이에서 오는 것으로 보이지만, 이 문제도 군사사상과 관련된다고 본다. 때문에 국가중심적 사고를 바탕으로 판단해야 할 필요가 있다. 그리고 이를 위해서는 인간의 속성이, 가치 지향적 성향을 가진다는 점에서 충효예 교육과 같은 '가치교육'을 지휘관의 관심 속에서 지속적으로 추진할 필요가 있다. 왜냐하면 충효예 교육은 '나라에 충성하고 부모님께 효도하며 군인으로서의 도리를 다하는 교육'이라는 표현에서 보듯이 '국가', '부모', '전우'를 생각하게 하는 교육이기 때문이다. 그러함에도 필자가 경험한 바로는, 필자가 육군본부 충효예 교육 담당관 보직을 마치고 연대장으로 보직을 받는 자리에서 신고 받는 지휘관이 '자네 충효예하다왔지, 여기서는 충효예의 '충'자도 꺼내서는 안 된다'고 하는 얘기를 듣고 '그러면 군단장님은 나라에 충성하는 교육을 하지 말고, 부모님께 효도하는 교육도 하지 말며, 군인으로서 예의를 갖추는 교육도 하지 말라는 말씀입니까?'라고 반문한 적이 있다. 고급제대 리더의 일면이지만, 이와 비슷한 사례가 많은 것이 사실이다. 이러한 현상이 나타나게 된 배경은 충효예 교육을 부사관에게 맡겨놓고 무관심했던 지휘관의 관행 때문이라고 판단된다. 따라서 리더 자신부터 나라에 충성하고 부모님께 효도하며 군인으로서 도리를 다하는 모습을 보여야 한다. 그럼으로써 충은 국가윤리 교육, 효는 가정윤리 교육, 예는 사회윤리 교육이라는 점에서, 충효예 교육은 가치교육이고 윤리교육인 것이다. 그리고 이러한 충효예 사상이 군사사상의 구성요소를 이해하고 구현하는데 기초가 되는 것이다.

군사력 운용은 군사력 건설과 마찬가지로 현재 및 장차 전쟁을 지도하고 수행하기 위한 신념으로서 '자유', '평화', '번영수호로 통일국가를 건설'하는 데 있다. 한 국가의 군사력 운용사상은 앞의 요건을 기초로 외국군의 군사사상 발전 추세와 민족사에 나타난 군사사상, 6.26남침전쟁의 역사적 교훈 등 한반도 여건을 감안해서 수용해야 할 요소들을 분석하여 공통분모를 뽑아 이를 군사력 운용의 사상적 기초로 삼아야 한다.

군사력 건설은 군사력 운용과 마찬가지로 전쟁을 지도하고 수행하고자 하는 신념 및 의지와 동일한 맥락에서 구현되어야 한다. 왜냐하면 전쟁수행신념이 장차 겪게 될 전쟁에 대해 어떤 자세와 의지로 임할 것이냐 하는 통일된 사고 방향이라고 한다면 군사력 건설은 이 의지를 구현하기 위해 어떤 수단과 방법, 능력을 구비해야 할 것인가에 대한 실천방향이기 때문이다.[40]

따라서 장차 어떻게 군사력을 건설할 것인가 하는 사상적 기조(基調)는 우리 민족이 장차 당면하게 될 전쟁을 올바르게 인식하고 대비하는 데 필요한 신념, 즉 '자유', '평화', '번영수호로 통일국가건설'이라는 목표를 어떻게 달성할 것이냐에 맞춰져야 한다.

V. 맺음말

일찍이 충무공 이순신은 '전쟁에서 이기고 지는 것은 군사의 많고 적음에 있지 아니하고 군인의 마음가짐에 달려 있다'고 했고, 클라우제비츠는 '물질요소가 칼집이라면 정신요소는 칼날'이라고 하여 정신적인 요소를 강조한 바 있다. 예컨대 베트남전에서 막강한 군사력을 가진 미군이 소총 한 자루도 만들지 못하던 월맹군에게 패한 경우나 4차 중동전 당시 인구 250만의 작은 나라 이스라엘이 1억이 넘는 아랍국과 싸워 승리할 수 있었던 원동력은 물질보다 정신력에 있었다.

---

40) 『한국군 군사사상』(계룡: 육군본부, 1994), p.284.

월맹군이나 이스라엘군에게서 볼 수 있었던 '싸우면 기필코 이기고야 만다'는 정신으로 작용한 '그 무엇'이 있었던 것인데, 여기에서의 '그 무엇'이란 전투의지력이 작용되도록 하는 것으로, 동양인 특유의 민족성, 이를테면 월맹군의 정신적 지주였던 호치민이라는 '민족지도자'의 리더십 그리고 이스라엘군이 간직하고 있는 선민사상에서의 '민족애' 등을 들 수 있을 것이다.

무형전력은 군대라는 조직에서 보면 지휘관과 부하 간의 전투의지력에서 출발하지만, 국가차원에서 보면 최고통수권자와 국민과의 총화단결된 마음이다. 그렇기 때문에 군과 국민 모두를 하나 되도록 구심점 역할을 할 수 있는 '그 무엇'을 교육해야 할 필요가 있으며, 그 방안의 하나가 군사사상과 무형전력을 연계하는 방안임을 제안하였다. 특히 주변국가 및 남북 간의 관계가 다각도로 변화되고 있는 현 시점에서 보면, 상대적으로 무형전력 강화의 필요성이 대두되고 있지만 현실적 여건 면에서 보면 과거에 비해 더 어려운 입장에서 정신교육을 실시하고 있는 것이 사실이다. 일부 언론에서 보도된 바 있듯이, 군 입대 전 잘못 인식된 대적관을 바로잡아주지 않고서는 '정신이 육체를 이끌 수 없는 이치'에서 볼 때, 매우 시급한 문제라 아니할 수 없다.

이런 때야말로 전쟁을 어떻게 볼 것인가, 어떤 전쟁의지와 신념으로 싸울 것인가, 군사력을 어떻게 운용할 것인가, 이를 위해서는 어떤 군사력을 건설해야 할 것인가에 대한 군사사상을 이 시대에 맞게 연구하고 교육함으로써 전력화하는 일에 관심을 가져야 할 때이다. 또한 그런 가운데에서도 옛것을 오늘의 현실에 맞게 적용할 수 있는 고위금용(古爲今用)의 지혜를 살려야 하며, 이런 관점에서 군사사상이라는 큰 틀 속에서 무형전력을 강화하고 그 체계를 발전시켜나가야 할 것이다.

제12장 6·25전쟁은 무승부 전쟁이었나

한관수

요약

6·25전쟁 이후 전쟁당사자 양측은 각각 자신들이 승리했다고 주장했지만, 최근의 평가는 '승자로 패자도 없는 '무승부의 전쟁'이 정설로 되어 있었다. 그러나 『2010 국방백서』는 과거의 무승부 주장과 달리 6·25전쟁을 '자유민주주의가 승리한 전쟁'으로 재평가했다.

본 연구는 클라우제비츠가 전쟁의 목적에서 제시한 전쟁승패에 관한 이론을 기초로 국방백서의 내용을 분석하였다. 연구 결과 북한은 전쟁목적 달성에 실패하였고, 전쟁 명분도 설득력을 갖지 못했으며, 전쟁의 결과도 독재체제의 세습과 주민의 기본권도 보장하지 못하는 불량국가로 전락하였음을 밝혀낼 수 있었다.

따라서 국방백서가 제시한 6·25전쟁의 성격 및 승패에 대한 평가는 적절한 내용인 것으로 확인되었다. 이와 같은 내용은 정부가 국민 모두에게 널리 전파될 수 있도록 토론의 기회를 더욱 확대하면서, 전쟁에 대한 인식과 안보의 중요성을 인식시킬 필요성이 요구된다.

---

* 이 논문은 『군사』, 제81호(2011년 12월)에 게재된 내용을 수정·보완하였음.

Ⅰ. 서론

6 · 25전쟁이 멈추자 양측은 각각 자신들이 승리했다고 주장했다. 북한의 김일성은 그들이 '남한의 북침을 저지했고, 세계 최강의 미국에게 역사상 첫 패배를 안겨준 전쟁'임을 자랑했다. 반면 남한의 이승만은 '북한의 남침을 물리치고, 남한 정부의 전복을 막았기 때문에 승리한 전쟁'이라고 주장했다.[1]

그렇다면 현 시점에서 6 · 25전쟁에 대한 평가는 어떠한가? 대부분의 중고등학교 교과서와 전문연구서 및 논문들은 '6 · 25전쟁은 승자도 패자도 없는 참혹한 동족상잔의 전쟁이었다' 또는 '6 · 25전쟁은 무승부의 전쟁이었다'라고 기술하고 있다.[2] 대부분의 일반국민도 그 같은 평가에 이의를 제기하지 않는다. 따라서 '6 · 25전쟁의 무승부 이론'은 국내외에서 정설(established theory)로 받아들여지고 있다. 이 정설이 과거 전쟁의 교훈에 기초하여 미래의 전쟁을 준비하는 장병들에게 그대로 교육이 된다면 정신전력에도 영향을 미치게 될 것이므로 재조명이 필요하다고 볼 수 있다.

그런데 최근 기존의 '무승부 이론'을 뒤집는 새로운 해석이 나왔다. 2011년 초에 발간, 배포된 『2010 국방백서』(이하 국방백서)의 내용이 그것이다. 국방백서는 이제까지의 통설과 다르게 '6 · 25전쟁에 대한 역사적 평가'라는 주제로 6 · 25전쟁의 성격과 결과를 다음과 같이 기술했다.

> "6 · 25전쟁은 제2차 세계대전 후, 미 · 소가 첨예하게 대립하는 상황에서 스탈린과 마오쩌둥의 지원을 받아 '김일성이 일으킨 전쟁으로 국제전이면서 내전(內戰)과 같은 성격의 전쟁'이었다."

---

1) 양영조 · 남정옥, 『알아봅시다! 6 · 25전쟁사』, 국방부 군사편찬연구소, 2008(2쇄), p.146. United States Security Agreements and Commitments Abroad, *Symington Hearings* Vol. Ⅱ Parts 6, U. S. Government Printing Office, Washington: 1971, pp.1519-1524.

2) 박명림, 『한국 1950 전쟁과 평화』, 나남출판, 2002, p.21, 703.

"6 · 25전쟁은 동족상잔의 비극이었지만 대한민국이 유엔참전국과 함께
　공산주의 확산을 저지한 '세계자유수호전쟁'이며, '자유민주주의가 승리한
　전쟁'이었다."3)

　　국방백서의 내용은 6 · 25전쟁 발발 60주년을 기해 6 · 25전쟁에 대한
평가를 역사적 차원에서 접근해 그 의미를 새롭게 해석한 것이다. 그
것은 곧 '6 · 25전쟁의 결과에 대한 정부의 공식적인 평가'가 변화된 것
이라는 점에서 의의가 크다. 그 뿐만 아니라 정부가 최초로 기존의 '무승
부' 이론을 뛰어넘는 내용을 공식적으로 제시했다는 점에서 많은 논란
을 불러일으킬 수도 있다. 그러나 정부의 새로운 해석은 언론과 국민
의 주목을 받지 못해 6 · 25전쟁 전문연구자들조차도 그런 변화가 있었
다는 사실을 알지 못하고 있다. 중고등학교 및 대학에서도 기존의 '무
승부' 이론이 그대로 교육되고 있다.

　　정부가 아무리 올바른 내용을 발표하더라도 전문연구자와 국민의 공
감을 얻지 못하고, 후세에게, 특히 국방을 담당하는 장병들에게 교육되
지 못한다면 그것은 한갓 스쳐가는 구름에 불과할 것이다. 그렇다면
정부는 새롭게 평가된 내용을 국방백서의 부록에 슬쩍 끼워 넣는 식의
소극적인 자세에서 벗어나 국민과 전문연구자들에게 적극 알려 학계의
활발한 토론과 검증을 유도할 필요가 있다. 일상적인 주입식 교육보다
는 토론과 검증절차를 이용하는 방법이 국민과 후세에게 미치는 교육
적 효과가 더욱 클 것이기 때문이다.4)

　　본 연구는 그 같은 맥락에서 6 · 25전쟁 이후 미국이 치른 베트남전쟁
과 걸프전 및 이라크전쟁의 사례를 통해 6 · 25전쟁이 무승부의 전쟁인
지, 또는 승리한 전쟁인지를 검증해보고자 한다. 이를 위해 제2장에서
베트남전쟁, 걸프전쟁, 이라크전쟁의 사례를 제시한 후 전쟁의 승패인

---

3) 국방부, 『2010 국방백서』, 대한민국 국방부, 2010, p.249.
4) 국방백서의 해당부분을 집필했던 국방부 군사편찬연구소의 관계자에게 문의한 결과 '변
　화된 6 · 25전쟁의 평가에 대해 정부차원의 추가적인 연구나 발표는 계획되어 있지 않다'
　며 '학계연구자들의 활발한 토의와 연구가 필요하다'고 말했다.

식에 대한 이론적 배경을 기초로 객관적인 평가를 위한 요소를 선정할 것이다. 이어 제3장에서 제시된 6·25전쟁의 도발주체와 승패 평가요소의 영향을 반영해 제4장에서 6·25전쟁의 승패인식에 대해 선정된 평가요소를 적용 단기적·장기적, 미시적·거시적 관점에서 분석하고자 한다.

Ⅱ. 전쟁의 승패에 대한 인식 및 평가요소

1. 전쟁의 승패 인식의 사례

전쟁의 승패는 전쟁이 진행되고 있는 동안에도 부분적으로 평가될 수 있지만 대부분은 강화조약 또는 휴전 등으로 전쟁이 마무리된 후 내려지는 것이 일반적인 사례다.[5] 그러나 전쟁은 많은 시간이 지난 후에도 그 연원이 되었던 지난날의 전쟁에 대해서도 자연스럽게 재평가하게 되면서 승패의 판정이 엇갈리게 되는 경우도 발생한다. 대표적인 전쟁으로 미국이 주도했던 베트남전쟁(1965~1973)과 이라크전쟁(2003)을 꼽을 수 있고, 걸프전쟁(1990~1991)도 유사한 범주에 포함시킬 수 있다. 구체적인 상황이나 내용이 우리의 현실과 같을 수는 없으나, 6·25전쟁의 승패인식을 재조명하는 데 관련되므로 그 내용을 요약하면 다음과 같다.

1) 베트남전쟁의 경우

1965년 7월, 존슨 미국 대통령이 전투병력을 베트남에 파병 시의 최

---

5) 전쟁의 종결에 관한 연구로는 다음의 자료를 참고할 수 있다. 최북진, "사례를 통해 본 전쟁종결에 관한 연구", 동국대학교 행정대학원 석사학위 논문, 2009. 박영준, "전쟁의 종결과 영향에 관한 이론적 고찰", 한국정치학회, 2007. 구영록, 『인간과 전쟁: 국제정치 이론의 체계』, 법문사, 1977, pp.168-180.

초 전략은 베트콩 및 북베트남 공산주의자들을 굴복시키는 것이었으나, 1968년 1월 31일 시작된 베트콩과 북베트남의 '뗏(Tet)공세'를 계기로 미국은 베트콩과 북베트남을 굴복시키기보다는 협상을 통해 명예로운 철수전략을 추구했다. 미국은 1971년 '핑퐁외교'를 시작으로 수교한 중국의 지원을 받아 1973년 1월 27일에 평화협정을 조인할 수 있었으며, 10년 가까이 계속되었던 제2차 베트남전쟁(항미전쟁)이 종료되어 미군 등 우방국의 군대는 모두 철수했다.

여기까지 상황으로만 본다면 미국은 베트콩과 북베트남을 굴복시키지 못했기 때문에 전쟁에서 승리하지 못했다. 반면 협상과정에서 그들에게 많은 양보를 했지만 일단 평화협정이라는 장치를 마련한 후 철수했다. 따라서 미국이 패배한 것도 아니다. 또한 미국이 공산주의자들을 굴복시킨 것과 평화협정으로 철수한 것을 비교해본다면 미국의 국익에 절대적인 영향을 미치는 것도 아니었다. 당시로서는 '무승부' 정도로 평가하는 것이 적절했다.

그러나 미군과 자유진영의 연합군이 철수한 후 2년이 지난 1975년 4월 30일, 남베트남이 베트콩과 북베트남에 의해 점령되고 말았다. 그러자 미국이 수행했던 베트남전쟁에 대한 평가도 달라졌다. 무승부가 패배로 굳어진 것이다. 그때부터 '6·25전쟁은 미국이 무승부를 기록한 최초의 전쟁이었으며, 베트남전쟁은 최초의 패배를 기록한 전쟁이었다'는 평가가 정설로 자리 잡게 되었다.

베트남전쟁과 미국에 대한 평가는 또다시 바뀔 수 있는 여지가 있다. 베트남은 공산화 통일 이후 고립주의를 자초하면서 세계 최빈국 중 하나로 전락하고 말았으며, 이어 1995년 미국과 국교를 정상화했다. 이제 미국은 베트남에 영향력을 행사하기 위해 무력을 사용할 필요가 없다. 달러를 사용하면 되는 것이다. 오히려 베트남이 시장경제발전을 위해 미국의 투자와 참여를 적극 요청하고 있다. 그렇다면 1975년 남베트남이 패망하면서 미국에게 씌워진 '역사상 최초의 패배'라는 굴레는 벗겨질 수 있는 것인가? 현재까지 그 같은 평가는 논리의 비약이 될 것 같다. 그러나 국제정치적 관점에서 검토할 가치가 충분한 주제라고 할 수 있다.

2) 걸프전쟁의 경우

1990년 8월 2일 02시, 이라크군이 쿠웨이트를 기습 침공해 07시경 쿠웨이트시티의 정부청사와 왕궁을 점령하고, 쿠웨이트를 이라크의 19번째 주로 편입했다고 발표했다. 유엔이 이라크군의 철수를 요구하는 결의안을 즉각 발표하자, 미국, 영국이 파병을 결정하고 이집트, 터키, 모로코 등 이슬람국가도 동참했다.

미국이 주도하는 다국적 지상군이 1991년 2월 14일 공격을 개시, 지상군이 바그다드를 향해 진격을 계속하자 2월 25일 후세인은 항복을 선언하고, 유엔의 중재를 요청했다. 이어 파월 미 합참의장은 부시 대통령에게 '더 이상 싸울 상대가 없다'고 보고했다. 부시 대통령은 2월 28일 08시부로 종전을 발표했다. 다국적군이 후세인 정부를 완전히 제거하지 않고 바그다드 진입 직전에 멈춘 것은 후세인을 제거할 경우 아랍민족주의를 자극할 우려와 이란의 호메이니를 견제할 구심점이 없어진다는 점을 고려한 것이었다.[6]

걸프전쟁과 같이 상대의 심장부를 점령하지도 않고, 전쟁지도부를 제거하지도 않은 채 종결한 전쟁도 승리했다고 평가할 수 있을 것인가? 물론이다. 쿠웨이트의 원상회복이라는 전쟁의 목적을 확실하게 달성했기 때문이다. 그렇지만 후세인의 응징을 주장하는 일부 강경파는 반쪽짜리 승리라며 부시 대통령의 전쟁지도를 비난했다. 그러나 2003년 이라크전쟁을 거치면서 부시 대통령의 전쟁지도와 걸프전쟁의 승리는 더욱 빛을 발휘하고 있다.

---

6) 송인영, "5사(事)7계(計)로 본 걸프전쟁의 평가 및 분석", 『군사 제45호』, 국방부 군사편찬연구소, 2002, pp.203-213.

3) 이라크전쟁의 경우

미국은 9.11테러에 대한 보복으로 2003년 3월 20일 이라크에 대한 공격을 개시하여 불과 20일 만인 4월 9일 바그다드를 점령한 후 후세인의 추종자들을 제거하고 과도정부를 수립하였다. 미국의 부시 대통령은 5월 1일 종전을 선언함으로써 승리의 기쁨을 만끽했다. 후세인은 2003년 12월 13일, 자신의 고향 티크리트 부근의 동굴에서 체포되어 2006년 12월에 교수형에 처해졌다.

여기까지만 본다면 미국의 대 이라크전쟁은 과거 걸프전쟁에서 거두지 못했던 완벽한 승리를 거두었다고 할 수 있다. 이라크전쟁이 걸프전쟁의 마무리라는 평가에 걸프전쟁의 승리가 빛을 발하는 듯했다. 그러나 문제는 그 후의 상황이었다.

이라크 안정화 작전에 돌입한 미군은 무장세력이 된 주민들의 강력한 저항에 부딪쳐 결국 2010년 8월 31일, 오바마 대통령이 또다시 종전을 선언하고 미군의 철수를 발표했다. 미국은 이라크 공격을 시작한 2003년 3월 20일부터 오바마 대통령의 종전선언까지 7년 5개월여 동안 4천4백여 명의 미군이 전사하고, 9천억 달러의 전쟁비용을 소모했다.[7] 그러고도 미국의 의지를 달성했다고 보기는 힘들다. 따라서 2003년 5월 부시의 종전선언이 승리를 의미한 것이었다면 오바마의 그것은 '무승부' 또는 '미국의 우세' 정도로 평가할 수 있을 것이다.

만약 베트남전쟁의 경우처럼 이라크의 친미정권이 가까운 시일 내에 반미무장단체의 무력에 의해 붕괴된다면 이라크전쟁의 결과는 미국의 패배로 인식될 수밖에 없을 것이다. 이 같은 이라크의 상황을 지켜보면서 걸프전쟁의 승리가 더욱 값진 것으로 다가오고 있다.

---

7) 『국방일보』, 2010년 9월 2일자, 제9면.

2. 전쟁의 승패 평가이론과 분석요소 및 적용방법

위에서 사례로 제시한 베트남전쟁, 걸프전쟁, 이라크전쟁의 승패에 대한 평가는 다분히 당시 상황과 국제정세를 감안한 정성적인 평가라고 할 수 있다. 스포츠경기에는 경기의 규칙(rule)과 그 규칙에 따라 경기를 진행하는 심판(umpire)이 있어 승자와 패자에 대한 객관적인 판정이 선언된다. 그리고 특수한 경우를 제외하고는 모두가 그 결과에 승복한다.

고대전쟁, 나폴레옹의 총력전 그리고 제2차 세계대전까지 장기간에 걸쳐 전쟁의 승자와 패자는 명확하게 구분되었다. 그러나 제2차 세계대전 이후의 전쟁, 그중에서도 6 · 25전쟁이 전쟁의 승패 인식을 재조명하게 되는 계기가 되었다.

이러한 이유로 전쟁론을 연구하는 학자들도 승자와 패자를 구분하는 기준에 대해서는 큰 관심을 두지 않았다. 전쟁론(Vom Kriege)을 집필한 클라우제비츠(Carl von Clausewitz, 1780~1831)도, 간접접근 전략을 제시한 군사이론의 대가 리델하트(B. H. Liddell Hart, 1895~1970)도, 전쟁연구(A Study of War)를 집필한 퀸시 라이트(Quincy Wright, 1890~1970) 교수도 승자와 패자를 판정하는 기준을 제시하지는 않았다.[8]

최근에는 국내에서도 전쟁관련 연구자를 중심으로 전쟁의 결과를 사전에 도상(圖上)에서 예측하고, 대비책을 강구하기 위한 워 게임(war game) 기법과[9] 손자의 5사7계(五事七計)를 적용한 전쟁의 결과 예측 시도가[10] 부분적으로는 앞서 제시한 전쟁의 종결조건과 시기에 관한

---

8) 클라우제비츠의 전쟁론에서도 제4편 전투의 제7장에서 '전투의 승패, 또는 전투의 승패 결정'을 제시하고 있지만 승패의 판정기준을 제시하고 있지는 않다. 퀸시 라이트 교수의 『전쟁연구(A Study of War)』는 1979년 육군본부 군사연구실에서 『전쟁연구 병서연구 제7집』으로 번역 출간했다.

9) 진범주, "워 게임 운용과 전쟁의 승패: 베트남전과 걸프전을 중심으로", 중앙대학교 대학원 석사학위 논문, 2003. pp.22-47.

10) 송인영, "5사(事)7계(計)로 본 걸프전쟁의 평가 및 분석", 『군사 제45호』, 국방부 군사편찬연구소, 2002, pp.203-232. 국중태, "손자병법을 통한 전쟁의 승패 결과 분석: 5

연구라 할 수 있다.[11] 그러나 이러한 요소들은 전쟁의 대비태세와 개전의 명분, 전쟁수행상의 미비점을 보완하기 위한 참고자료로 활용할 수는 있겠지만, 전쟁의 승패를 판정하는 결정적인 요소가 될 수는 없다. 따라서 전쟁의 승패 평가는 객관성이 증대될 수 있도록 별도의 요소를 선정해 평가할 필요가 있다.

국제정치와 그 수단 중 하나인 전쟁의 분석은 국가를 행위의 단위로 보는 거시적 분석(macro analysis)과 함께 특정집단 또는 개인을 단위로 보는 미시적 분석(micro analysis)이 있을 수 있다.[12] 따라서 본 연구의 평가방법도 사안에 따라 거시적·미시적 분석을 혼용해 적용할 필요가 있다. 위의 베트남전, 걸프전, 이라크전의 사례에서 볼 수 있듯이 미시적으로는 전쟁 목적의 달성 여부, 거시적으로는 전쟁의 명분과 전쟁이 전후 국가발전과 국제관계에 미친 영향분석이 될 것이다. 이를 요소별로 설명하면 다음과 같다.

첫째, 전쟁목적의 달성 여부다. 클라우제비츠가 전쟁론에서 전쟁의 목적과 수단으로 제시한 '적의 전투력, 적의 영토, 적의 의지'를 주요소로 선정할 수 있다.[13] 이 부분에 전쟁의 명분을 포함해 접근할 수 있다. 구체적으로 상대의 병력 및 산업시설에 대한 피해 정도, 영토의 점령, 특히 적국의 수도 점령 여부, 전쟁지도부의 항복 및 체포 여부 등이 될 것이다. 이러한 요소와 분석은 다음의 두 번째 요소에 비해 비교적 협의의 미시적 분석방법이라고 할 수 있다.

둘째 전쟁의 명분과 전후 국가발전 및 국제정치에 미친 영향이다. 전쟁의 명분은 전쟁의 목적에 포함될 수도 있고 별도의 항목으로 분석

사·7계 및 궤도를 중심으로", 해군대학 학생장교 논문, 1995, pp171-210. 박용호, "전쟁의 승패에 미치는 영향분석: 조직론적 연구를 중심으로", 명지대학교 대학원 석사학위 논문, 1998, pp.10-125.

11) 최북진, "사례를 통해 본 전쟁종결에 관한 연구", 동국대학교 행정대학원 석사학위 논문, 2009, pp.28-79.

12) 구영록, 『인간과 전쟁: 국제정치 이론의 체계』, 법문사, 1977, p.3.

13) Carl von Claisewitz, 김만수 역, 『전쟁론(제1권)』, 갈무리, 2006, p.84.

될 수도 있다. 그러나 전쟁의 영향과 함께 제시한 것은 그 평가가 보다 장기적이기 때문이다. 따라서 전쟁의 명분이 합당했느냐와 전쟁이 미친 영향은 보다 장기적·거시적 관점의 분석이라고 할 수 있다.

결국 전쟁의 승패인식에 대한 평가는 단기적, 미시적으로 전쟁의 목적달성 여부를 평가하는 것과 함께 보다 장기적·거시적 관점에서 전쟁명분의 타당성과 전후복구 및 국가발전, 국제관계의 증진 등의 전쟁이 미친 영향을 종합해 평가할 수 있다. 반면 위의 요소 외도 다양한 평가요소와 방법을 적용해 복합적으로 평가할 수도 있다. 따라서 6·25전쟁을 포함해 전쟁의 승패인식에 대한 복합적이고 계량화된 평가를 위해서는 추가적인 연구가 필요하다.

Ⅲ. 6·25전쟁의 도발주체와 승패 평가요소

'전쟁을 어느 편에서 먼저 시작했느냐?' 즉, 도발주체를 명확히 하는 것은 전쟁의 전반적인 평가에 결정적인 영향을 미친다. 전쟁의 도발주체에 따라 전쟁의 목적과 명분은 물론 승패의 판정과 전쟁의 성격에까지 영향을 미치기 때문이다. 국방백서에서는 6·25전쟁의 도발주체를 먼저 제시하면서 다음과 같이 전쟁의 성격을 규정하고 있다.

> "6·25전쟁은 제2차 세계대전 후, 미·소가 첨예하게 대립하는 상황에서 스탈린과 마오쩌둥의 지원을 받아 '김일성이 일으킨 전쟁으로 국제전이면서 내전(內戰)과 같은 성격의 전쟁'이었다."

국방백서가 발간되기 전, 대략 1990년대 초까지만 해도 6·25전쟁에 대한 해석은 정치적 입장이나 이념적 시각에 따라 제각각이었다. 즉, '전쟁의 도발주체를 누구로 보느냐'의 시각을 놓고, '북침이다', '남침

이다', '남침을 유도했다'는 견해들이다.[14] '김일성이 주도하고 스탈린이 지원했다', '스탈린의 사주를 받아 김일성이 꼭두각시 역할을 했다'는 주장이 난무했다.

전쟁의 배경에 대해서도 '공산주의의 침략에 대한 집단안보 차원의 전쟁이었다', '해방 이후 지속되어온 한반도 내에서의 이념적 갈등의 연장이다', '내전에 대한 강대국의 개입이다'라는 등의 다양한 평가가 있다. 따라서 위에 제시된 국방백서의 내용에 대해 그 타당성과 배경을 다음과 같이 좀 더 구체적으로 검토할 필요가 있다.

첫째, 6·25전쟁은 김일성이 스탈린과 마오쩌둥의 지원을 받아 일으켰다는 것이다. 과거에 제기되었던 '북침설, 남침설, 남침유도설'의 논란은 1994년 러시아를 방문한 김영삼 대통령에게 옐친 러시아 대통령이 극비자료로 관리되고 있던 6·25전쟁 관련문서를 제공하면서 종지부를 찍었다고 할 수 있다. 나아가 최근엔 러시아 및 중국의 교과서에도 남침사실이 수록된 것을 확인한 바 있다.[15] 도발의 주체도 관련문서의 공개에 따라 김일성이 누차 스탈린에게 남침의 승인을 간청했으며, 김일성의 제안을 만류하던 스탈린이 1950년 4월 초에 남침을 승인한 것으로 확인된 바 있다.[16] 따라서 '도발주체가 김일성이며 스탈린과 마오쩌둥은 김일성의 후견인 역할을 수행했다'는 내용의 『2010 국방백서』의 내용은 타당하다고 할 수 있다.

둘째, 6·25전쟁이 '내전인가, 국제전인가'의 문제다. 이 문제에 대해 김학준은 '한반도 외부의 국제적 여건이 세력팽창의 돌파구로 한반도

---

14) 『한국전쟁의 기원』으로 남침유도설, 즉 수정주의 이론을 제기한 브루스 커밍스 교수는 '누가 한국전쟁을 시작했나에 대한 질문에는 답할 수가 없다(Who started the Korean War? This question cannot be answered)'고 했다. Bruce Cumings, *The Origins of the Korean War: the Roaring of the Cataract, 1947~1950*, Princeton University Press. 1990.

15) 1974년 발간된 러시아의 대학교재는 6·25를 '북침'이라고 기술하고 있었으나 2008년 발간된 신판교재는 '남침'으로 정정했다. 『조선일보』 보도자료, 전쟁기념관 6·25전쟁 60주년 전시자료.

16) 예프게니 바자노프, 나딸리아 바자노바 공저, 『소련의 자료로 본 한국전쟁의 전말』, 도서출판 열림, 1998, pp.53-54.

를 택함으로써, 6·25전쟁이 발발하게 되었다'라는 해석이 가능한 주장을 했다.[17] 그러나 한반도의 전쟁이 강대국들의 정책목표에 일치하는 것이었다고 할지라도 '전쟁을 시작할 당사자들이 없었다면 전쟁은 일어날 수 없다'는 점을 깊이 생각해야 한다. 특히 최근의 자료에 의하면 스탈린 역시 미국과 같이 한반도의 전략적 가치를 높게 보지 않아 북한의 지원에 적극적이지 않았다. 그런 스탈린의 입장이 바뀐 것은 1950년 1월에 들어서였다.[18] 따라서 6·25전쟁은 한반도 내부에는 전쟁이 발발할 수 있는 여건이 성숙되어 있었고, 김일성이 자신의 정치적 목적을 위해 전쟁을 간절히 원했기 때문이다.

이상과 같은 사실을 반영해 국방백서는 6·25전쟁의 성격에 대해 '국제전이면서 내전과 같은 성격의 전쟁'으로 다소 애매하게 표현하고 있다. 따라서 국방백서의 내용을 좀 더 구체화한다면 6·25전쟁은 '한반도 내부적 요인과 국제적 요인이 복합적으로 작용한 결과로 발생한 국제전적 내전'으로 정의할 수 있을 것이다.[19]

Ⅳ. 6·25전쟁의 승패 평가요소별 분석

일반적으로 6·25전쟁은 '승자도 패자도 없는 동족상잔의 참혹한 전란'으로 평가된다. 그중 '동족상잔의 참혹한 전란이었다'는 내용에 대해서는 누구나 동의하지만, '승자도 패자도 없는 전쟁이었다'는 내용은

---

17) 김학준은 6·25전쟁을 '동서 양대 진영의 냉전이 그 축소판인 한반도에서 열전으로 바뀐 것으로 볼 수 있고, 또 국제전에 내쟁(內爭)이 겹친 것으로 볼 수도 있다. 또는 동서의 국제냉전이 남북의 국내내쟁을 가져오고 남북의 국내냉전이 국제냉전을 악화시키면서 양자가 상승·복합작용을 거듭한 결과로 파악할 수 있다'고 주장했다. 김학준, 「한국전쟁」, 『군사 제20호: 한국전쟁 제40주년 특집』, 국방부 전사편찬위원회, 1990, pp. 34-35.
18) 기광서, 「한국전 개입에 나타난 스탈린의 역할 실상」, 『군사 제63호: 6.25전쟁 기념 특집』, 국방부 군사편찬연구소, 2007, pp.89-90. 외교통상부 사료, "한국전쟁관련 소련외교극비문서(4)", 암호전문, 1998, pp.17-33.
19) 최용호, 『6.25전쟁의 실패사례와 교훈』, 육군본부, 2004, pp.451-452.

보다 객관적이고 엄격한 평가가 필요하다. 장차 유사한 사태의 예방과 민족통합을 위한 교훈으로 삼기 위함이다.

이를 위해 제2장에서 제시된 평가요소를 적용해 분석하되 전개 순서를 바꾸어 전쟁의 명분, 전쟁의 목적, 전쟁의 영향 순으로 제시하고자 한다.

1. 전쟁의 명분

전쟁의 명분은 전쟁의 승패에 결정적인 영향을 미치는 가장 핵심적인 요소다. 따라서 전쟁명분은 무력을 사용해 상대를 완전하게 제압한 경우에도 전쟁의 정당성에 대한 시비를 불러 일으켜 먼 훗날까지 전쟁의 승패를 평가하는 데 영향을 미친다.

6·25전쟁 시 북한이 내세운 명분은 '미제의 식민지인 남반부를 해방시킨다'는 소위 적화통일전략이었다. 따라서 그들이 주장하는 남침전쟁은 이념전쟁인 동시에 통일전쟁이면서 '남반부를 미제의 식민지로부터 독립시킨다'는 독립전쟁의 완성이라는 명분을 내세웠다.

그러나 북한의 남침명분은 김일성 등 북한 집권세력의 의지였을 뿐 북한주민들로부터 적극적인 지지를 받았다는 증거도 없다. 국제사회의 지지도 소련과 중국 등 소수 공산권국가에 한정된 것이었으며, 그들이 진정으로 한민족의 통일을 원해서라기보다는 냉전구도 속에서 미국과 자유진영을 의식한 결과였다.

결과적으로 북한의 남침도발은 소수의 집권층과 소련, 중국 등 일부 공산권국가의 지지를 얻는데 국한된 것으로 타당한 전쟁명분을 구비했다고 볼 수 없다. 역사는 승자의 기록이라고 한다. 따라서 '북한의 남침전쟁이 성공했다면 그들의 전쟁명분도 더욱 설득력을 얻게 되었을 것이다'라는 가정도 있을 수 있다. 그러나 공산화로 통일된 중국·베트남 등의 사례를 볼 때 고려할 가치가 없는 궤변이라고 할 수 있다.

2. 전쟁의 목적

전쟁이 '어느 쪽의 의지로 시작되었는가?'의 문제는 전쟁의 승패를 평가하는데 매우 중요한 요소다. 전쟁을 도발하는 공격자는 명확한 전쟁목적을 선정한 후 그 목적을 달성하기 위한 전략을 구사할 것이며, 방어자의 입장은 상대의 도발을 저지해야 하기 때문이다. 따라서 전쟁의 목적 달성 여부는 전쟁을 도발한 공격자(攻者)를 기준으로 판단해야 한다.

6·25전쟁 시 북한의 도발 목적은 남한을 완전히 점령해 공산주의 이념을 가진 통일국가를 수립하는 것이었다.[20] 따라서 수세적 입장에 있던 남한의 응전목적은 당연히 북한의 남침을 저지하는 것이었다. 이와 같은 개전 당시 북한의 전쟁목적을 중심으로 전쟁결과를 평가하면 다음과 같다.[21]

1) 전투력의 파쇄 및 전쟁의 피해

전쟁은 자신의 의지를 실현하기 위해 상대방의 굴복을 강요하는 폭력행위다. 상대방을 굴복시키기 위해 폭력행위(무력)를 수단으로 적의 무장력을 격파하고 적의 저항력의 기지가 되는 영토를 점령해 저항의지를 말살하는 것이다.[22] 따라서 전쟁은 가공할 파괴력을 지니게 되며 엄청난 피해가 발생하면서 영토의 변화를 수반하게 된다. 그 피해를 객관적으로 산출하기는 어려우며, 6·25전쟁의 경우도 크게 다르지 않다. 정부가 공식적으로 인정하여 신뢰성이 가장 높은 국방백서에서는 6·25전쟁의 피해현황을 한국군은 621,479명(전사·사망: 137,899, 전상·부상: 450,742, 실종·포로: 32,838)인 반면, 공산군은 1,773,600여

---

20) 국방부 군사편찬연구소 역, 『라주바예프의 6.25전쟁 보고서(제1권)』, 2001, pp.133-137.

21) 외교통상부 사료, "한국전쟁관련 소련외교극비문서(2)", 암호전문, 1998, p.1-4.

22) Carl von Claisewitz, 김만수 역, 『전쟁론(제1권)』, 갈무리, 2006, p.84.

명(사망·부상: 1,646,000명, 실종·포로: 127,600명)으로, 민간인은 한국 990,968명(학살·사망: 373,599, 부상: 229,625, 납치·행방불명: 387,744), 북한은 150여 만 명으로 추정하고 있다.[23]

위의 자료를 기초로 6·25전쟁 기간 중 남북한의 피해를 비교해보면 북한의 피해가 훨씬 더 큰 것을 확인할 수 있다. 당시 북한의 인구가 남한의 1/2에 미치지 못했다는 사실에 비추어볼 때 북한에 미치는 피해 정도는 남한의 그것과 결코 비교될 수 없었을 것이다.

결과적으로 북한은 클라우제비츠가 제시한 전쟁의 목적 중 상대 전투력의 파쇄 및 전쟁의 피해요소로 평가해볼 때 남한에 비해 그들 자신의 피해가 훨씬 컸다. 따라서 그들은 전투력의 파쇄 및 전쟁의 피해요소에서 그들의 목적을 달성하지 못했다. 그러나 전투력의 파쇄 및 전쟁의 피해가 전쟁의 승패 판정에 미치는 영향은 크지 않다고 할 수 있다.

2) 영토의 점령

전쟁 시 영토는 전투력을 생산해내는 기지라는 점에서 중요성을 가진다. 또한 수도를 점령하는 것은 심리적인 면에서 그 영향이 지대하다.

남침을 감행한 북한군의 목표는 8월 15일까지 부산을 점령해 남한의 전 영토를 석권하는 것이었다. 북한군은 개전 3일 만에 서울을 점령해 3개월 동안 주민들을 통치하면서 10만여 명의 전투병력과 30만여 명의 노무자를 동원해 전선에 투입했다. 그러나 인천상륙작전으로 3개월 만에 서울을 수복한 국군과 유엔군은 북한지역으로 진격해 1950년 10월 19일, 평양을 점령했지만 12월 4일 중공군에게 밀려 철수했다. 이어 1951년 중공군의 제6차 공세(5월 공세) 이후 휴전이 논의되면서 아군이 개성을 포기한 대신 동부지역에서 38도선을 넘어 북상함으로써 보다 많은 영토를 차지한 채 정전협정이 체결되었다.

---

23) 국방부, 『2010 국방백서』, 대한민국 국방부, 2010, p.249.

이상과 같은 결과를 두고 볼 때 북한은 클라우제비츠가 제시한 전쟁의 목적 중 영토의 변화 그 자체로서 6·25전쟁의 승패 평가에 미치는 영향은 크지 않다고 할 수 있다. 그러나 전쟁을 도발했던 북한의 목표가 '남한을 미제의 식민지로부터 해방시켜 적화통일을 달성한다'는 것이었음을 고려한다면 북한의 전쟁목적은 달성되지 못했음을 알 수 있다.

3) 전쟁의 의지

1950년 4월, 스탈린과 회담한 김일성과 박헌영은 그들이 남침을 감행할 경우 남한지역에서 30만여 명의 게릴라가 그들을 지원할 것이라고 호언했다. 아울러 그들이 서울을 점령할 경우 남한의 전쟁지도부가 항복하거나 또는 강화협상에 응해올 것으로 판단했다. 그러나 그들의 예상과 달리 남한지역에서 북한군을 지원하는 조직적인 게릴라활동은 발생하지 않았다.[24] 이승만 정부도 부산까지 피란하기는 했지만 조기에 북한군과 협상하거나 나중에라도 항복할 의사는 전혀 없었다.

물론 유엔군의 참전이 예상보다 조기에 성사되었기 때문에 초래된 결과일 수도 있지만 남한의 전쟁지도부가 북한군과 끝까지 싸우겠다는 강렬한 의지를 가지고 있었던 것만은 틀림없는 사실이다. 남한 주민의 대다수도 결코 북한 체제에 동조하지 않았다. 따라서 북한군은 초전에서 남한의 전투병력 대부분을 무력화하고 1950년 8월 초에는 낙동강 일대까지 진출하면서 남한 영토의 대부분을 점령했지만 남한의 전쟁지도부와 주민들의 저항의지를 꺾지는 못했다. 아울러 김일성은 1951년 후반기부터 휴전의 조기 성사를 원했던 것으로 볼 때 북한군은 전쟁목적을 달성하지 못한 것이다.

결과적으로 북한은 클라우제비츠가 제시한 전쟁의 목적 중 전쟁수행 의지 면에서, 북한은 남한에서 많은 동조자가 발생해 그들을 지원하는 게릴라전이 발생할 것으로 예상하며 남한의 전쟁지도부와 주민의 저항

---

24) 외교통상부 사료, "한국전쟁관련 소련외교극비문서(3)", 암호전문, 1998, p.29

의지를 조기에 말살할 수 있다고 판단했으나 그들의 목적은 달성되지 못했다.

이상과 같이 북한은 클라우제비츠가 제시한 전쟁의 목적 즉 3개 요소 중 어느 하나도 그들의 도발목적을 달성하지 못했다. 따라서 전쟁의 목적에 의한 단기적·미시적 평가에서도 김일성과 북한이 그들의 승리를 주장할 근거는 아무것도 없다.

3. 전쟁의 영향

1) 남한에 미친 영향

6·25전쟁은 남한의 모든 것을 바꿔 놓았다. 전쟁으로 인해 강요된 변화요인들은 단기적으로 볼 때는 모두에게 시련을 안겨준 부정적인 면이 컸다. 그러나 남한의 국민과 정부는 그것을 새로운 도약의 계기로 삼아 전화위복의 기회로 활용했다. 전쟁의 결과에 대한 평가와 관련해 이 같은 변화요인과 결과를 분야별로 요약해보면 다음과 같다.

첫째, 정치·외교의 변화다. 정치적으로 6·25전쟁은 남한의 반공보수의 토대가 되었다. 10만여 명에 불과했던 국군은 60만 대군으로 급격히 성장했다. 경찰력도 증강되면서 안보체제가 강화되었다. 외교적으로는 남한의 친미, 친서방화, 친UN화를 촉진시켰다. 특히 미국은 한미안보동맹을 통해 후견국의 위치를 굳혔으며, 한동안 국내정치에 큰 영향을 미쳤다.

둘째, 사회·문화·의식의 변화다. 6·25전쟁은 남한인구의 재배치를 몰고 왔다. 1950년 12월 북진했던 국군과 유엔군의 철수와 1·4후퇴로 인해 중부권 인구가 대규모로 강제 이동됐다. 양반(兩班)제도에 의한 뿌리 깊은 봉건체제도 막을 내릴 수밖에 없었다. 전화(戰禍)의 소용돌이 속에서 기존의 신분질서가 붕괴되면서 국민은 새로운 것을 갈망하게 되었고 그것은 문화·의식의 변화를 가져왔다. 최근 긍정적·부정적인 요소로 평가되고 있는 '빨리빨리 문화'도 전후에 형성된 행동양식이었다.

셋째 경제생활의 변화다. 전쟁의 참화는 열악한 상태에 있던 국가기간사업 시설과 함께 개인의 재산까지도 송두리째 앗아가 버렸다. 대다수의 국민이 미국 등 자유진영의 원조물자에 의존해 생활해야 할 만큼 빈곤은 극에 달했다. 그러나 미국 등 우방국의 지원은 경제발전의 기초를 제공했고, 4·19혁명과 5·16군사정변 그리고 베트남파병을 거치면서 한국이 오늘날과 같은 세계 10위권의 경제대국으로 발돋움할 수 있었다.

결과적으로 6·25전쟁은 한국이 오늘날과 같은 국가의 위치를 확보하고 경제대국으로 발전하게 된 시발점이 되었다. 전후 한국의 정치, 사회, 문화, 경제 등 모든 면에서 국민과 국가를 역동적으로 작동하게 만들어 비약적인 속도의 발전을 거듭하게 될 수 있었던 배경에서 6·25전쟁을 제외할 수는 없을 것이다.

2) 북한에 미친 영향

북한 역시 남한만큼은 아니지만 6·25전쟁의 영향은 지대했다. 그 첫 번째는 김일성의 독재체제 구축이다. 김일성은 정권 내의 도전세력을 제거하는데 6·25전쟁을 활용했다. 그는 정전협정이 체결된 직후인 1953년 7월, 부수상 겸 외상 박헌영 등 전 남로당 간부를 제거하는 계기로 삼았고, 1956년에는 '8월 종파사건'을 계기로 연안파와 소련파를 제거함으로써 김일성 1인 독재체제를 완성했다.

김일성 독재하의 북한은 강력한 행정력과 강제동원력을 발동해 조기에 전후복구사업에 착수함으로써 일정한 성과를 거두었으나, 동구권의 공산주의 국가와 마찬가지로 변화하는 사회와 환경에 효과적으로 적응할 수 없었다. 따라서 북한은 1965년을 정점으로 점차 남한에 뒤지는 것은 물론 주민들의 식량조차 제대로 공급하지 못하는 국가로 전락하고 말았던 것이다.

결과적으로 북한이 오늘날과 같은 독재 및 세습체제가 구축될 수 있었던 것은 김일성이 6·25전쟁을 활용해 반대파를 무자비하게 숙청한 결과였다. 또한 김정일의 선군정치 등 군사모험주의 역시 6·25전쟁으로부터 연유된 것이며, 경제문제도 같은 맥락으로 볼 수 있는 것이다. 남한이 6·25전쟁에 의한 변화를 긍정적으로 활용했다면 북한은 정적의 숙청과 독재체제 구축 등 부정적인 측면에서 작용함으로써 오늘날과 같은 결과가 초래된 것이라고 할 수 있다.

3) 국제정치 및 역학구도에 미친 영향

6·25전쟁은 한반도를 둘러싸고 있는 4대 강국의 세력구도에 막대한 영향을 미쳤다. 그중에서 공산주의 확산의 불길을 잡는 데 크게 기여했다. 스탈린이 '남침을 감행하겠다'는 김일성의 간청을 승인한 것은 공산주의를 남한까지 확산시켜 소련의 위성국으로 삼고자 하는 의도가 있었다. 트루먼 미국 대통령의 신속한 참전결정도 공산주의 확산의 불길을 진화하기 위함이었다.

따라서 6·25전쟁을 세계사적 측면에서 본다면, 불안정했던 세계질서가 6·25전쟁을 통해 냉전체제를 구축하고, 냉전체제하에서 안정을 찾게 된 전쟁이었다. 그 결과 도미노처럼 번져가던 세계 공산화의 물결이 6·25전쟁과 베트남전쟁을 계기로 그 기세가 꺾이기 시작했던 것이다. 따라서 6·25전쟁은 베트남전쟁과 함께 세계 공산화의 불길을 진화하는 데 기여한 전쟁으로 볼 수 있는 것이다.

결과적으로 6·25전쟁이 남북한과 국제정치에 영향을 고려할 때 어느 편이 승리하고, 어느 편이 패배했는가의 답은 명확해진다. 결국 오늘날의 대한민국이 세계10권의 경제대국으로 부상(浮上)하게 된 배경과 북한이 국민들의 식량조차도 해결하지 못하는 세습·독재체제의 국가로 전락한 배경이 모두 6·25전쟁으로부터 시작되었기 때문이다.

V. 결론

전쟁의 승패에 대한 평가는 종전 또는 휴전의 시점에서 전쟁의 목적 달성 여부에 따라 가려지는 것이 일반적이다. 그러나 전쟁은 국민과 국가에 미치는 파급효과가 워낙 크기 때문에 보다 장기적·거시적 관점에서 전쟁의 명분과 영향까지 감안한 평가도 반영되어야 한다. 6·25전쟁이 정전협정에 의해 멈춘 후 양측은 각각 자신들이 승리했다고 주장했지만 최근의 평가는 '승자도 패자도 없는 참혹한 동족상잔의 전쟁이었다'는 개념에 기초해 '무승부'라는 평가가 정설로 되어 있다. 이 같은 평가는 정전협정의 시점에 근거를 둔 평가다. 또한 동족 간에 발생한 아픈 상처를 덮어두자는 정서를 반영한 것이다. 그러나 유사한 사태의 재발을 예방하고 민족의 장래를 위한 교훈으로 삼기 위해서는 전쟁의 책임과 영향 등에 대한 평가를 보다 명확히 할 필요가 있다.

국방백서는 6·25전쟁 60주년을 기해 6·25전쟁에 대한 역사적 차원의 재해석으로 과거의 '무승부 주장'과 다르게 6·25전쟁을 '자유민주주의가 승리한 전쟁'으로 규정했다. 그러나 국방백서의 재해석은 국민은 물론 전문연구자들에게조차 제대로 알려지지 않고 있다. 따라서 국방백서에 수록된 6·25전쟁과 관련된 내용은 보다 심도 깊은 토론과 검증을 통해 국민과 연구자들에게 주지시킬 필요가 있다.

본 연구는 클라우제비츠가 전쟁의 목적에서 제시한 '상대 전투력의 파쇄, 영토점령, 저항의지 말살' 등의 3개 요소와 함께 전쟁의 명분, 전쟁이 국민과 국가에 미친 영향 등을 중심으로 6.25전쟁의 승패인식을 재조명한 결과 다음과 같은 결과를 얻었다.

첫째, 전쟁의 목적달성 여부다. 전쟁을 도발한 북한군은 개전 초기

국군의 주력을 무력화하고 서울을 점령하면서 기세를 올렸지만 남한의 주민과 전쟁지도부의 저항의지를 극복하지 못함으로써 결국 전쟁의 3개 목적 중 어느 것도 달성하지 못했다.

둘째, 전쟁의 명분이다. 전쟁의 명분은 자국의 주민은 물론 상대의 주민들에게도 설득력이 있어야 한다. 그러나 북한이 제시한 명분, 즉 '미제의 식민지상태에 있는 남조선의 해방'이라는 명분은 김일성 등 소수 북한 지배층의 주장이었을 뿐 남한의 주민은 물론 북한의 주민들에게조차 설득력을 갖지 못했다.

셋째, 전쟁의 결과가 국민과 국가발전에 미친 영향이다. 가장 결정적인 요소라고 할 수 있는데, 남한은 전쟁에 의해 야기된 변화를 역동적으로 수용해 세계 10위권의 경제대국으로 성장할 수 있었다. 반면 북한은 전쟁의 결과를 반대파를 제거하는 구실로 삼아 김일성 독재 및 세습체제를 구축했다. 이어 김일성과 김정일로 이어지는 군사적 모험주의는 국민들의 식량문제조차도 해결하지 못하는 국가로 만들고 말았다.

이상과 같은 분석결과를 감안해볼 때, 『2010 국방백서』가 제시한 6·25전쟁의 성격 및 승패에 대한 평가는 적절한 내용인 것으로 확인되었다. 본 논문의 주제에서 의문을 제시한 것처럼 '무승부'가 아니라 '자유민주주의가 승리한 전쟁'이라는 것이다. 따라서 정부는 이 같은 내용이 국민 모두에게, 특히 군 장병들에게 널리 전파될 수 있도록 토론의 기회를 더욱 확대하면서 전쟁에 대한 인식과 안보의 중요성을 일깨우는 계기가 되기를 기대한다.

| 참고문헌 |

구영록, 『인간과 전쟁: 국제정치 이론의 체계』(서울: 법문사, 1977).

국중태, "손자병법을 통한 전쟁의 승패 결과 분석: 5사·7계 및 궤도를 중심으로", 해군대학학생장교 논문(1995).

김학준, "한국전쟁", 『군사 제20호: 한국전쟁 제40주년 특집』, 국방부 전사편찬위원회(1990).

기광서, "한국전 개입에 나타난 스탈린의 역할 실상", 『군사 제63호: 6.25전쟁 기념특집』, 국방부 군사편찬연구소, 2007).

박명림, 『한국 1950 전쟁과 평화』(서울: 나남출판, 2002).

박영준, "전쟁의 종결과 영향에 관한 이론적 고찰", 한국정치학회(2007).

박용호, "전쟁의 승패에 미치는 영향분석: 조직론적 연구를 중심으로", 명지대학교 대학원 석사학위 논문(1998).

송인영, "5사(事)7계(計)로 본 걸프전쟁의 평가 및 분석", 『군사 제45호』, 국방부 군사편찬연구소(2002).

양영조·남정옥, 『알아봅시다! 6.25전쟁사』, 국방부 군사편찬연구소, 2008(2쇄).

예프게니 바자노프, 나딸리아 바자노바 공저, 『소련의 자료로 본 한국전쟁의 전말』(서울: 도서출판 열림, 1998).

온창일, 『전쟁론』(서울: 집문당, 2008).

진범주, "워게임 운용과 전쟁의 승패: 베트남전과 걸프전을 중심으로", 중앙대학교 대학원 석사학위 논문(2003).

최북진, "사례를 통해 본 전쟁종결에 관한 연구", 동국대학교 행정대학원 석사학위 논문(2009).

최용호, 『6.25전쟁의 실패사례와 교훈』, 육군본부(2004).

국방부 군사편찬연구소 역, 『라주바예프의 6.25전쟁 보고서(제1권)』(2001).

외교통상부 사료, "한국전쟁관련 소련외교극비문서(2)(3)(4)", 암호전문, 1998.

국방부, 『2010 국방백서』, 대한민국 국방부(2010).

『국방일보』, 2010년 9월 2일자, 제9면.

Bruce Cumings, The Origins of the Korean War: the Roaring of the Cataract, 1947-1950, Princeton University Press. 1990.

Carl von Claisewitz, 김만수 역, 『전쟁론(제1권)』, 갈무리, 2006.

United States Security Agreements and Commitments Abroad, Symington Hearings Vol. Ⅱ Parts 6, U. S. Government Printing Office, Washington, 1971.

제13장 한국군의 정신전력 진단과 발전방안
- 선 정신전력 혁신, 후 선진국방 달성 -

송재익

요약

2010년 3월 26일 천안함 피격 침몰 사건과 11월 23일 연평도 포격 돌발은 국가안보가 도전을 받은 날이다. 해군과 해병대 장병의 희생을 통해서 북한의 호전성을 알게 되었고 국민안보의식은 어느 정도 회복되었으며, 우리 군도 지난 정부부터 추진해온 국방개혁을 현 국내외 여건을 고려한 수정 및 보완안인「국방개혁 2011-2030」을 발표하였다. 발표된 국방개혁은 목표를 다기능 고효율의 선진국방에 두고 중점으로는 합동성 강화, 적극적 억제능력 제고와 효율성 극대화 3가지를 설정하였다. 군 및 사회 공감대 형성을 위해 공청회 및 토론, 세미나 등을 가졌으나 일부 군 원로들의 반대와 각 군들의 견해 차이로 반대에 부딪쳐 국회 국방위원회에서 심의대기 중에 있다.

국방개혁 추진 상황과 반대 주장을 보면서 군 및 원로들이 상부지휘구조 및 전력구조 등 보이는 유형전력에만 관심이 있고 미래 전장에서 더욱 중요시되는 무형전력 특히 정신전력에는 관심이 저조하다는 생각을 지워버릴 수가 없다. 천안함 피격 사건 이후 이명박 대통령은 2010년 4월 19일「천안함 장병 추모 담화」를 낭독하면서 '강한 군대는 강한 무기뿐만 아니라 강한 정신력에서 나오는 것이며, 지금 우리에게 필요한 것은 그 무엇보다도 강한 정신력'이라고 말했다. 군 통수권자인 대통령의 발언으로 군은 여러 분야에서 장병들의 강한 정신력을 강화하기 위한 노력을 추진하였다. 부대별로 특별 집중 정신교육을 실시하고, 특히 '주간 정신교육의 날'이 2011년 9월부터 다시 시행되었다. 그러나 '국방정신전력학교(안)' 창설문제는 중단되었다. 국민정신이 군 정신전력에 영향을 주는 현대사회 구조 속에서 국방정신전력학교는 군과 사회를 연결하고 군 복무기간에는 '강한 전사'로서 전역 후 사회에서는 '건전한 민주시민'을 양성하는 데 중요한 역할을 할 것이다.

따라서 본 논문은 정신전력 국방환경을 고찰하여 현 한국군의 정신전력을 진단해보고 한국군의 정신전력 강화를 위한 발전과제를 제안해보고자 한다.

Ⅰ. 서론: 문제제기

최근 1~2년 사이에 한국에서 발생한 사건인 2010년 3월 26일의 천안함 피격 침몰, 2011년 7월 서울지역 집중폭우로 인한 우면산 산사태 인명피해, 2011년 9월 15일 정전대란을 볼 때 대비태세에 있어서 전혀 준비가 되어 있지 않고, 정신적인 면에서 정신을 딴 곳에 두고 있는 해이된 모습을 보여주면서 국가안보와 안전에 불안을 여기시켰다.

천안함 사태는 우리 초계정이 북한의 어뢰정에 피격되어 침몰된 사건이다. 적의 활동을 정찰하고 감시하기 위해 최전선에 투입된 함정이 어제도 적이 나타나지 않았으니 오늘 저녁도 이상이 없겠지 하는 마음에 후방에 있는 함정처럼 21시 이후에 상황근무자만 위치시키고 긴장을 풀고 있다가 적의 기습공격에 얻어맞고 침몰한 상황이다. 이는 우리가 적과 대치된 상황에서 적에 대한 긴장을 갖추지 못해 일어난 사태이다. 우면산 산사태 인명피해 사건은 기후변화로 인한 일부 지역의 집중호우 등과 같은 기상이변 현상에 대한 대비를 잘못하여 발생하였다. 즉 자연재해라 할 수 있지만 기후변화 등에 대한 대비를 평상시처럼 하다가 인명피해를 키웠다. 그리고 9월 15일 정전대란은 국가가 정전상태(Blackout)로 들어가 국가에 엄청난 경제적·사회적 손실을 입힐 수 있었던 사태였다. 이 사태 역시 전기 수요를 제대로 예측하지 못해 빚어진 결과였다. 이처럼 최근 발생한 사태를 분석해보면 사회집단의 공직에 있는 사람들과 관계된 사건으로써 불가항력적인 일이라기보다는 정신적인 면에서 문제가 있었다고 볼 수 있다.

대한민국 국군은 전시 작전통제권을 2015년 환수를 앞두고 국방개혁을 추진하고 있다. 국방개혁 내용은 가시적인 구조 및 무기체계에 집중되어 있다. 그러나 합동성과 관련하여 각 군이 자기 입장에서의 이기적인 주장, 현역과 예비역의 갈등 등으로 국방개혁은 더 앞으로 나아가지 못하고 지지부진하여 국민들에게 불안을 야기하고 있는 상황이다.

특히 2010년 천안함 피격 사태와 연평도 포격 도발 사건을 통해서 북한의 호전성에 즉각 응징할 수 있는 군사작전태세와 정신력 구비는 아직 많이 미흡하다고 평가받고 있다. 우리 군이 국민의 군대라 한다면 국민들의 요구, 즉 명령에 대답해야 하는 책무가 있다.

연구의 목적은 21세기 들어 사회도 급격한 속도로 변하고 있고, 적도 새로운 상황에 새로운 전략전술의 변화를 도모해 있으며 옛날의 적이 아닌 것이다. 이러한 변화시대에 국방개혁의 명령을 받은 군 관련 조직이나 이에 몸을 담았던 사람들은 실질적인 개혁을 추진하여야 한다. 그러나 현 상황은 군별, 병과별, 계급별(장교, 부사관, 병), 남군과 여군, 현역과 예비역 나아가 군과 국민들 간에 벽을 높이 쌓아가는 현상을 보이고 있다. 역사적으로 싸워서 이기는 강한 군대는 성을 쌓지 않았다. 그들은 군대를 성 안에서 안주하지 않고 유연하게 기동력을 높이려고 노력하였다. 본 연구는 이러한 차원에서 한국군의 정신전력을 진단해보고 국민정신과 군대문화와 국방개혁을 고찰하여 정신전력의 혁신과 강화를 통한 선진국방을 논하고자 한다.

Ⅱ. 국방환경 변화와 정신전력 고찰

1. 국방환경 변화와 군 조직

1) 사회와 군대와의 관계

한국사회는 한때 사회와 군의 관계를 별개로 생각하는 시기가 있었다. 어떤 민간인이 군인만 타고 있던 버스에 타고서는 하는 말이 '사람은 없고 군인만 타고 있네'라고 말하였다고 한다. 이는 사회에서 군을 바라보는 시각이 군 조직을 사회와 동떨어진 집단으로 생각하는 방증이라 할 수 있다. 또한 군에 종사하는 구성인들 역시 군복만 입으면 별개의 집단이라고 생각하는 경향이 있었다. 군 조직은 사회가 발전하지 않은 상태에서 한국사회에 긍정적인 작용도 하였지만 부정적인 결과도 초래하였다.

20세기 후반에 대한민국은 건국 후 산업발전과 민주발전을 거둔 국가로 외국으로부터 인정을 받고 있다. 이제 한국은 경제적으로 세계 10위권의 경제국가로 발돋움했고 사회적으로도 자유민주주의 사회로 성공적으로 발전을 이루었다. 한국사회와 군과의 관계에서도 군은 헌법에 명시한 대로 '국군은 국가의 안전보장과 국토방위의 신성한 의무를 수행함을 사명으로 하며, 그 정치적 중립성은 준수된다(헌법 제5장 2항)'고 규정하고 있는 것처럼 대한민국 사회의 일원으로서 군의 역할과 기능을 다하여야 한다.

사회와 군의 관계를 논하기에 앞서 사회와 개인의 관계를 먼저 말하면, 사회도 개인들이 모여 형성되었다. 그리스의 아리스토텔레스는 '인간은 사회적 동물'이라고 말하였고, 미국의 국제정치학자이며 역사가인 카(E. H. Carr)는 '사회와 개인은 분리될 수 없다. 그것들은 서로에게 필수적이고 보완적이지 대립적인 것이 아니다'라고 하였다.[1] 그리고 미국의 헌팅턴 학자는 국가와 군인에서 '군대란 국민들로 구성되어 생명과 재산을 지키며, 충성과 희생을 그 요체로 하는 신성한 정신을 추구하는 명예로운 집단'이라고 하였다.[2] 따라서 군과 사회의 관계 변화는 아래 <그림 1>로 나타낼 수 있다.

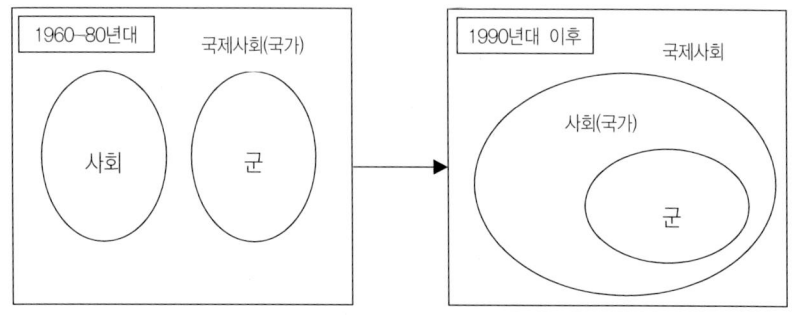

〈그림 1〉 사회와 군과의 관계 변화

2) 국방환경 변화

가. 사회환경 변화

국제사회의 변화에 대해서 앨빈 토플러(Alvin Toffler)는 그의 책『제3물결, 1989년』에서 제3물결 시대를 예견하면서 하이테크 상품 및 다품종을 소량 생산하는 지식정보화시대가 오고 있다고 하였다. 이러한 변화는 과학기술의 변화와 발전에 따라 현대사회에 나타나고 있다. 통신과 교통수단의 발달은 전 일류를 지구촌화하는 데 기여하였으며, 특히 비용의 절감은 인류의 급격한 이동을 증가시켰다. PC의 발명과 통신과의 융합은 인터넷으로 발전하였다. 인터넷의 발명은 현대국제사회에 혁명을 가져왔다. 인터넷 발달은 정보를 실시간으로 획득할 수 있도록 만들었으며, 그러나 각국의 네트워크망이 세계 국가들과 연결됨으로써 해커들에 의한 사이버 공격에 취약성을 갖게 되었다.

1) E. H. Carr 저, 김택현 역, 『역사란 무엇인가』(서울: 까치, 2006). p.51.
2) Sammuel P., Huntington, 『The Soldier and The State』, 1977. p.27.

21세기 들어 이러한 변화는 초경쟁(Hyper Competion)시대로 변화되면서 변화의 내용과 속도 면에서 가히 혁명적이다.[3] 이러한 초경쟁 경영에서는 나타나는 3가지 현상이 있다. 첫째가 산업경영 경계가 없어지고, 둘째는 안전한 산업이 없고, 셋째는 미래에 대한 예측이 불가하다는 것이다. 이러한 변화시대에서 살아남기 위해서는 안주하지 않고 속도에 맞춰 변화하며 변화의 흐름에 적응하여야 한다.

나. 안보환경 변화

21세기 국제안보환경 질서는 근본적으로 변화하고 있다. 1990년 초 냉전체제가 붕괴된 이후 미국과 소련의 양 강대국 진영에서 벗어나 지역적·민족적·종교적 분쟁과 내전이 증가하는 현상을 보이고 있다. 테러리즘의 등장으로 위협은 다양화되고, 각 국가들은 국가이익 차원에서 실리를 추구하고 있으며, 국가경제 및 복지에 힘을 쏟고 협력과 경쟁을 동시에 추구하고 있다. 또한 국제사회는 정보화 도래로 인해 세계화, 초국가, 탈국경화 현상이 심화되고 있다.

그러나 동북아 정세는 냉전체제를 벗어나지 못하고 한반도는 아직 분단되어 군사적 대결 상태가 지속되고 있다. 동북아는 군사적·경제적 강대국들이 밀집해 있는 지역으로 협력과 대립구도가 공존하고 있으며, 이러한 안보구도에서 역내 강국들은 주도적 지위를 확보하기 위해 상호협력과 견제를 병행하고 있다. 남북한 관계도 탈냉전을 맞이하여 1990년대 대북정책을 추진하여 남북 간에 불가침조약 등 남북기본합의서도 체결하였고, 2000년에는 남북정상회담도 가졌다. 그에 따라 금강산 관광과 개성공업지구를 개발하여 남북한 협력이 증대하였으며 남북이산가족 상봉 등 대화와 인도적 지원이 활발히 전개되었다. 그러나 2008년 금강산에서 관광하던 여행자가 북한군의 사격으로 사망하고, 천안함 피격과 연평도 포격 도발 사태로 남북한은 대결상태로 치

---

3) 경영학에서 Hyper Competion을 초경쟁으로 표현하지만 Hyper는 극단적으로 너무 강해서 도를 넘어서고 미쳤다 할 정도로 강하다는 의미를 내포하고 있다.

달았으며, 남북한의 교류와 협력사업은 중단된 상태이며, 민간차원의 협력과 교류, 인도적 차원의 지원만 이뤄지고 있는 상황이다.

3) 군 조직 내 변화

가. 군 신세대 장병의식과 병영생활 변화

신세대에 대한 개념의 변천과정을 알아보면 X세대, Y세대, N세대, Na세대로 용어가 변화되어 왔음을 알 수 있다. 우리 사회에서는 대체로 젊은 청소년을 가리키는 말로써 기성세대와 대치되는 용어가 되었다. 신세대는 통상 10대 후반에서 20대 중반까지를 의미하는 말이다.

N세대는 인터넷을 대표하는 네트워크 세대로서 현재의 10대를 일컫는 말이다. 오락과 학습은 물론 쇼핑과 의사소통까지 모든 활동을 컴퓨터, 비디오게임, 콤팩트디스크 등 디지털 매체를 통해 해결하려고 한다. 그리고 Na세대는 나를 강조하는 세대로서 현재 20대를 일컫는 말이다. 특히 Na세대는 20대 초반과 후반에서도 세대차를 느낀다. 이들은 물질적 풍요 속에서 성장하여 어려움을 극복하지 못하고 쉽게 포기하며, 스스로 문제를 해결하는 능력이 부족하고 학연, 지연보다는 '넷연'을 중요시한다. 위에서 설명한 개념을 포함하는 정신교육과 관련한 신세대 장병은 통상 군대에 입대하는 20대 초반에서 중반까지의 젊은 청소년을 신세대라 할 수 있다.

군대라는 조직은 헌법에 명시된 국방의 의무를 하는 조직으로 생각해야 함에도 불구하고, 상명하복만이 있는 위계질서, 딱딱하고 무조건적인 엄격한 군기, 군 생활 동안에는 외부사회와 단절되고 통제된 단체생활만을 떠올리게 한다.

이러한 한국의 병영문화 및 병영생활도 사회의 변화에 영향을 받아 변하기 시작하였다. 1970년대까지는 군이 사회변화를 선도하였지만 1980년대 이후 사회변화 속도가 빠르게 군을 앞서기 시작하였고, 사회변화가 가속화되자 군도 변화하기 시작하였다. 경제발전과 민주화가 달성되면서 개인의 복지와 자유에 대한 요구가 커지기 시작하였고, IT강국으로 지식정보화사회로 진입하며 통신과 인터넷의 발달로 국가와 일부 조직이 독점하던 중요 정보를 국민 대다수가 공유하게 되었다. 한국사회의 모든 조직이 개방되고 정보가 서로 소통됨으로써 군 조직 역시 개방의 분위기를 비켜갈 수 없었다. 또한 한국사회의 가족구성원은 핵가족으로 자녀가 아들, 딸 두 명 정도인 상태에서 아들이 군에 입대하면 부모는 최대한 관심을 가질 수밖에 없어 군에 대한 사회의 관심은 높아지게 되었다.

나. 국방개혁 추진: 국방개혁 2011~2030

우리 군은 지난 2005년 「국방개혁 2020」 기본계획을 수립 발표하였다. 이후 국방개혁을 일관되고 지속적으로 추진할 수 있는 기반을 마련하기 위해 법률화를 추진하였다.[4] 2005년 국방개혁은 '보다 멀리 보고 보다 빠르며 보다 정밀한 첨단 정보과학군'을 건설하기 위해서 병력 위주의 양적 군 구조를 정보・지식 중심의 기술집약형 군 구조로 전환하는 데 목적을 두었다. 이에 병력구조는 2005년도 68.1만 명에서 2020년에 50만 명으로, 육군은 54.8만 명에서 37.1만 명으로 단계적으로 감축하면서 첨단무기체계를 확보하고 정예화하고자 하였다.

그러나 이명박 정부가 들어서면서 대외적으로 글로벌 금융위기로 한국의 경제성장률 저하와 국내적으로 저출산 고령화시대 대비 그리고 과학기술의 발전에 따른 국방개혁 추진 변화 요구로 2009년도에 기존 국방개혁을 수정하여 「국방개혁 기본계획 2009-2020」을 발표하였다. 국방부와 합참은 국방개혁의 목표를 '정예화된 선진강군' 육성으로 미래지향적인 선진국방 역량의 강화에 두고 국방운영 전반의 질적 도약을 위해 'Hard Power'와 'Soft Power'가 조화롭게 증진되도록 추진하고자 하였다.

---

4) 「국방개혁에 관한 법률」은 2006년 12월에, 「국방개혁에 관한 법률 시행령」은 2007년 3월에 제정하여 법적 기반을 마련하였다.

그러나 국방부는 2009년부터 활동해온 국방선진화추진위원회와 2010년도 발생한 북한의 천안함 피격 사건과 연평도 포격 도발에 대한 대응책을 마련하기 위해 소집된 국가안보총괄점검회의에서 분석한 사항들을 종합하여 2011년에 「국방개혁 307계획」을 발표하였다. 이 계획에 대한 군 원로들의 반발과 해·공군이 이견을 제시하였으나, 동년 6월 15일 서북도서방위사령부를 창설하였다. 이후 제시된 문제점을 보완 검토하여 「국방개혁 기본계획 2011-2030」 수립하여 국회에 상정 중에 있다.

최근의 국방개혁은 개혁을 통해서 현재의 '행정중심의 군대 또는 관리형 군대'에서 '전투형 군대, 싸워서 승리할 수 있는 군대 및 작전중심 군대'로 변환시켜야 한다는 인식하에 국방개혁의 목표를 '적과 싸워서 승리할 수 있는 효율적인 시스템을 구축'하는 데 두었다. 이러한 국방개혁추진을 위해서 군 구조 분야 34개 과제, 국방운영 분야 39개 과제, 총 73개 과제를 선정하였다. 총 73개 과제는 추진 일정에 따라 37개 단기과제, 19개 중기과제, 17개 장기과제로 나누어 추진하고 있다.[5] 기간별로 분류된 과제들을 추진 중점에 따라서 13개의 범주로 과제를 분류하면 아래 <표 1>과 같다.

〈표 1〉 추진과제 기간별 추진 중점

기간별 과제	추진중점
단기과제 (8)	- 적극적 억제전략 개념 구현 - 적 도발대비 태세완비 - 전투형 군대 육성 - 상부지휘구조 개편 - 합동성 강화 - 국방 효율화 및 국방산업 발전전략 구현 - 장병 복무여건 개선 - 국방인력 및 인사관리 제도개선
중기과제 (2)	- 전작권 전환대비 핵심능력 구비 - 국방 선진화 기반확대
장기과제 (3)	- 포괄적인 위협대처가 가능한 군사구조로 변혁 - 한국형 작전환경을 고려한 맞춤형 군 구조로 전환 - 국방 선진화 기반정착

---

5) 단기과제는 2011-2012년에 완수하는 과제, 중기과제는 2013-2015년 완수하는 과제, 장기과제는 2016-2030년까지 완수해야 할 과제이다.

현재 군에서 추진하고 있는 국방개혁을 분석해보면, 상부지휘구조 및 합동성 강화와 각 군의 부대 및 전력구조 개혁에만 치중하며, 군 현직과 전역한 원로들은 각 군의 입장에서만 국방개혁의 문제점을 제시하고 군 전체의 발전된 모습을 보지 못하고 개혁추진을 저지하기 위해 발목을 잡으려 하고 있다. 특히 미래전장에서 중요한 개혁과제인 정신전력 분야의 개혁에 관심이 없다. 현재 단기과제의 전투형 군대 육성에 정신전력 개혁이 일부 포함되어 있지만, 개혁과제의 추진 중점의 하부 내용으로 중요도에서 떨어져 있고 관심도에서도 멀리 있는 실정이다.

2. 현대전쟁의 전투력과 정신전력

　현대전쟁 이전의 전쟁에서도 정신력은 전쟁의 승패요인으로 중요시하였다. 프랑스 혁명시기에 등장한 나폴레옹은 황제가 되어 많은 전투를 수행하면서 정신력을 중요시하였다. 그는 강인한 정신력을 강조하면서 '승전을 가져다주는 것은 병사의 수가 아니라 정신력'이라고 하였다. 또한 '승리는 가장 끈기 있는 자의 것이고, 정신적 힘은 물리적 힘의 3배 효과를 낸다'는 명언도 남겼다. 『나폴레옹의 리더십』의 저자 제리 마나스는 나폴레옹의 리더십 원칙 6가지 중에서 가장 으뜸으로 여긴 것은 '정신력'이라고 하였다.[6]

　'전쟁이란 다른 수단을 가지고 하는 정치의 계속에 지나지 않으며 전쟁은 정치적 행위'라고 정치와 전쟁의 관계를 정립하고, 전쟁의 본질에 대해 '전쟁이란 적을 굴복시켜 자기의 의지를 실현시키기 위해 사용하는 폭력행위'라고 한 클라우제비츠는 전쟁을 수행하는 인간적인 요인 중에서 정신적·비물질적 요소의 우월성을 강조하였다. 전쟁이 수행되는 전장은 위험, 육체적 고통, 불확실성 및 우연의 4가지 분위기

---

6) 제리 마나스 저, 정진영 역, 『나폴레옹 리더십』(서울: 김영사, 2006).

가 구성된다고 보았다. 이런 전장의 분위기를 극복하기 위하여 인간은 정의(情意)와 지성(知性)의 힘이 필요하다는 것이다. 따라서 클라우제비츠는 정신력을 전략의 요소로 분류하였으며, 정신적인 힘으로는 장수의 재능, 군대의 무덕(武德), 군에 있어서의 민족정신 3가지로 부류하였다. 그리고 '물질력이 목제의 칼집이라고 한다면, 정신력은 칼의 시퍼런 칼날'이라고 하였다.[7]

러일전쟁 시 일본의 기동함대는 러시아의 발틱함대와의 결전을 앞두고 최종 작전계획과 작전준비를 완료한 후에 전투의 승패는 전투수행 최고사령관의 리더십과 장병의 정신력으로 판가름 난다고 보았다『언덕 위의 구름』, (시바 료타로 저).

정신전력의 개념은 무형전력의 하나로 '정신전력이란 모든 장병이 지휘관을 중심으로 투철한 군인정신, 엄정한 군기, 충천한 사기, 공고화된 단결로 부여된 임무를 능동적으로 완수할 수 있는 조직화된 전투의지력'으로 정의할 수 있다.[8] 이러한 정신전력은 개인적 차원의 군인정신과 집단적 차원의 군기와 사기 그리고 단결을 통하여 발현되며, 이들은 생활교육, 정신교육, 훈련, 부대환경 조성 그리고 홍보 등 다섯 가지 영역의 다양한 활동을 통하여 육성된다고 명시하고 있다. 정신전력을 타 전력과 구분하면 아래 <표 2>와 같다.

〈표 2〉 무형전력의 3대 요소

구분	내용	전투력 창출
정신전력	모든 장병이 지휘관을 중심으로 투철한 군인정신, 엄정한 군기, 충천된 사기, 공고화된 단결로 부여된 임무를 완수할 수 있는 조직화된 전투 의지력	전투력 = 유형전력 × 무형전력
기술전력	무기, 장비, 물자 등에 대한 사용법 숙달 및 기량향상을 통하여 전력의 효율을 최고의 수준으로 발휘하게 하는 전력	
운용전력	병력, 장비, 물자를 보다 통합적으로 운용하여 승리를 쟁취하고자 하는 전략전술, 지휘통솔, 부대관리능력	

---

7) 클라우제비츠 저, 이종학 역, 『전쟁론: 증보신판』(서울: 일조각, 1987).

8) 국방정신교육원, 『정신전력지도지침서』(서울: 국방부, 1997), p.23.

미래 전장에서도 역시 주체는 어디까지나 인간이기 때문에 전쟁이 시작되기 이전부터 전쟁종료 시까지 계속 아군의 전투의지를 고무시키고 적의 전투의지를 말살시키는 것은 전쟁의 승리에 중요한 관건이 된다. 따라서 전쟁을 왜, 그리고 무엇을 위해 수행해야 하는가에 대한 전쟁의 목표 설정과 함께 사상전과 적군의 사기와 전투의지를 저하시키는 심리전과 선전전이 병행되어 수행된다. 그리고 미래전에서는 언론매체의 발달로 정신전력의 요소가 더 중요해지고 있다.

Ⅲ. 한국군 정신전력 현상 진단

1. 국방환경변화 인식 문제

1) 사회변화 인식

사회의 변화는 급속도로 급변하고 있다. 앨빈 토플러도 현 시기의 역사가 지난 시기와 뚜렷하게 다른 점은 변화의 가속화에 있다고 하였다. 사건이 빨리 진행되고 있다는 것을 피부로 느낄 수 있다. 빨라진 통신의 덕분이기도 한 이 같은 가속화는 분쟁지역이 떠오르면 거의 하룻밤 사이에 글로벌체제의 전쟁이 터질 수 있게 되었다는 것을 의미한다. 극적인 사건들은 각국 정부가 미처 사건의 중요성을 소화해내기도 전에 반응을 요구한다. 정치인들은 갈수록 모르는 사태에 더 빠른 속도로 정책결정을 내리도록 강요받고 있다. 외딴 지역에서 시작된 소규모 전쟁도 예측할 수 없는 일련의 사태를 겪으며 눈덩이처럼 커져 큰 전쟁으로 발전하게 된다.[9]

이러한 사회변화 속도는 반도체 메모리 기술이나 인터넷의 발달을

---

9) 앨빈 토플러 저, 이규행 역, 『전쟁과 반전쟁』(서울: 한국경제신문사, 1993), pp.355-360.

보면 알 수 있다. 지난 10년이나 20년 걸리던 기술이 수년 아니 몇 개월 사이에 변화발전하며, 주식은 같은 시간대의 주식시장과 파이프라인에 연결된 것처럼 변동하고 있다. 현대사회는 경제뿐만 아니라 군사 분야에서도 각 분야들의 경계가 없어지고 융합하는 시기에 들었으며, 안전한 것은 잠시뿐이고 안전하다고 생각하면 경쟁자들에 의해 도전받고 침해받기 쉬운 상황이다. 즉 안전하다고 안주하는 순간 조직과 회사들이 망할 수 있는 것이다. 또한 미래에 대한 예측이 불가능해지는 것이다. 지난 시기에는 여러 변수들을 적용하면 예측이 가능하였다. 그러나 미래시대에는 너무 빠른 속도로 변화하기 때문에 예측이 불가하여 불확실성이 증가하게 되고 그에 따라 불안이 가중되는 것이다.

이러한 속도의 변화는 2010년 천안함이 적의 어뢰정에 피격되어 격침되었을 때도 볼 수 있다. 군과 정부가 잘못된 사건 내용을 발표하고 수정할 여유도 없이 언론이 보도하여 군에서 정책결정을 하기가 매우 어려웠던 것이다. 이처럼 사건에 대해 참모들이 앉아서 토의하고 결정하는 옛날 방식으로는 새로운 사태에 대처하기 어려워지고 있는 것이다. 우리 군은 천안함 피격 사건과 연평도 포격 도발에 대응하면서 체험하였다. 어떤 면에서는 군과 정부가 잘 대처한 점도 있지만 국민적 요구 수준에 미흡한 것은 주지의 사실이다. 군 조직의 정책결정자들은 이 같은 변화속도를 확실히 인식하여 새로운 사고의 전환이 필요하다.

2) 국민의 요구수준 인식

사회변화에 따라서 국민의 요구수준도 크게 높아졌다. 현대사회는 인터넷의 발달과 SNS(소셜 네트워크 서비스) 등으로 사회의 개방화와 정보의 공유가 이루어졌다. 그리고 한국사회의 가정은 핵가족으로 군에 들어오는 신세대 젊은이들은 수직적 사고보다는 수평적 사고를 하며 군에 많은 요구를 하고 있다. 또한 높은 교육열로 지식수준 역시 높아져서 다양한 요구와 즉각적인 해결책을 듣고 싶어 한다. 이러한 국민의 요구에 언론 매체가 한몫하고 있다.

천안함 피격사건이나 연평도 도발사태 때 대처했던 잘못된 조치를 숨기려고 하다가 언론에 의해 알려져 사태해결을 더 어렵게 만들기도 하였다. 숨길 것이 아니라 잘못된 조치는 인정하고 다른 해결책을 모색하는 자세가 중요하다.

군에 대한 국민의 요구는 그 어느 때보다도 높다. 군을 지지하더라도 숨기는 태도와 잘못을 인정하지 않는 것은 용납하지 않을 것이다. 이러한 국민의 요구에 부응하는 군의 자세변화가 시급하다.

2. 군 정신전력 약화요인 분석

1) 군 외부요인

가. 사회적 요인

우리 한국사회는 1970년대 이후 산업화를 달성하고 경제적 발전을 이루면서 경제적 풍요를 이루었다. 그리고 1980년대 중반 이후 민주화를 달성하여 자유, 평등, 인간존중의 민주주의 기본정신을 형성하기 시작하였다. 또한 현대사회를 지식정보사회 또는 디지털시대라고 하여 과학기술, 교통, 통신 특히 PC와 인터넷 발달은 가히 혁명적으로 현대사회를 빠르게 변화시키고 있다. 이러한 사회변화는 한국사회도 변화를 요구하여 산업화는 늦었지만 정보화는 한국이 선두에 진입하고 있다고 할 수 있다. 이러한 사회변화는 군의 정신전력에 긍정적인 영향보다는 부정적인 요인으로 작용하였다. 그 사회적 요인을 분석하면 다음과 같다.

첫째, 군대조직에 대한 피해의식과 군사문화에 대한 부정적인 시각이다. 한국사회는 25년 이상 군사정권을 거치면서 권위주의 정권에 국민들은 거부감을 갖게 되었다. 그러나 1987년 민주항쟁에 의해 한국정치에도 민주화를 달성하였고 그 후에 문민적·민주적 정권이 들어선 후부터는 군사문화에 대한 무조건적인 매도가 형성되었다. 예술 및 문학 그리고 영화까지 군대문화를 때리기를 하면 성공하였다.[10] 물론 이런 분위기는 사실과 달리 군대문화를 왜곡하고 군 조직의 사기를 떨어뜨리며 군에 대한 국민들의 신뢰를 떨어뜨림으로써 군 전력에 부정적인 영향을 주었다.

그리고 국민들은 군 조직을 일반사회와 별도로 생각하는 시각이 있다. 군도 사회구성의 한 부분인데 군을 사회발전의 저해집단으로 그리고 불필요한 집단으로 생각하는 잘못된 인식이 있다. 예를 들면 군부대가 변두리에 위치하고 있다가 지역사회가 발전해 군부대 주변까지 확장되면, 군이 떠나라는 주장과 사례가 우리 사회에 팽배해 있다. 이러한 군 조직에 대한 부정적인 편견은 군 정신전력에 막대한 피해를 준다.

둘째, 경제우선주의에 따른 물질만능주의 팽배와 준법정신 해이이다. 한국사회는 먹는 문제를 해결하기 위하여 경제성장에 초점을 두고 온 국민이 매진하였다. 이렇게 노력한 결과 한국은 짧은 기간에 세계 10대 경제대국으로 성장할 수 있었다. 경제성장만을 강조하다 보니 사회의 가치는 물질과 돈이 최고의 가치가 되었다. 돈이면 안 되는 것이 없다는 풍조가 형성되어 불법, 탈법을 서슴지 않았으며, 사회는 경제발전을 빌미로 불법, 탈법을 눈감아주기도 하였다. 이러한 경제우선정책에 따른 물질만능주의와 준법정신 해이는 군 정신전력 약화를 초래하였다.

셋째, 평화지속과 남북화해, 협력에 따른 안보의식 해이이다. 한반도는 남북으로 휴전선을 경계로 많은 군 전력이 대치하고 있다. 그러나 김대중 정부 출범 이후 남북화해, 협력정책으로 남북은 대화와 교류의 물꼬를 트기 시작하였으며 2000년 6·15남북정상회담 이후 남북교류는 더욱 활발하게 진행되었다. 이어 노무현 정부에서도 앞 정권의 대

---

10) 「공동경비구역 JSA」, 「실미도」, 「화려한 휴가」 등은 사실과 달리 작가의 상상력으로 만들어낸 작품으로, 문제는 영화를 보는 국민들이 영화내용을 사실처럼 믿는다는 데 있다.

북정책을 이어받아 남북교류를 계속 진행하였다. 특히 김대중·노무현 정부에서는 같은 민족끼리라는 사고에 젖어 북한의 위협을 과소평가하며 국민들을 교육하여 북한의 핵과 미사일은 남한을 지향하는 것이 아니라는 생각을 갖게 하였고 변화하지 않은 북한의 대남적화전략을 오도하게 만들었다. 이러한 남북화해협력에 따른 교류증가와 평화지속은 안보의식을 해이하게 만들었다. 안보불감증은 군 조직에 대한 부정적인 사고를 형성하여 군 정신전력에 부정적인 영향을 미쳤다 할 수 있다.

셋째, PC와 인터넷 확산에 따른 네티즌의 사이버공간에서의 윤리 부족이다. 군대에 입영하는 한국의 젊은이들은 PC와 인터넷을 잘 다루는 신세대이다. 인터넷이 급격하게 발전하였으나 사이버공간에서 이루어지는 윤리의식은 낮다. 인터넷상에서 상대방에 대한 '악플'은 인신공격이 되어 자살로까지 이어지는 결과를 초래하여 사회병폐가 되고 있다. 이러한 익명성의 무자비한 상대방 공격은 군 조직에도 전파되어 부정적인 영향을 미치고 있는 게 사실이다.

넷째, 핵가족 사회에서 군에 들어오는 장병들은 부모로부터 과잉보호 아래 성장하여 자기중심적이다. 이러한 젊은이들은 스스로 문제를 해결하려고 하지 않고 부모의 도움을 받으려고 하며, 이러한 습관이 몸에 배어 공동체를 생각하지 않고 자기중심적으로 생각하고 어려우면 일찍 포기하고 좌절하기도 한다. 자기 적성보다는 부모의 권유에 따라 대학과 전공을 선택하고 학점이나 성적에만 관심을 기울이며 스스로 진로를 선택하고 결정하는 것을 부모에게 미루는 경향이 형성된다. 이러한 젊은이는 군이라는 통제되고 규율에 얽매이는 군 조직의 특성을 이해 못해 군복무 부적응으로 나타나 군 전력에 좋지 않는 영향을 미치는 것이다.

결론적으로 위에서 말한 사회적 현상은 총체적으로 국민안보의식 해이 현상으로 나타났다. 결국은 군 정신전력 약화를 초래하고 있다.

나. 학교교육적 요인

전교조 등 편향된 교사들이 잘못된 역사 그리고 편향된 국가관 및 안보관을 감수성이 민감하고 성숙되지 않은 초중고 학생들을 교육해 의식화된 상태에서 군에 입대한 장병을 상대로 한 군정신교육은 어려움이 있다.

서영길 교수는 전교조가 교육하고 있는 계기수업의 내용을 다음과 같이 지적하였다. 전교조는 통일교육으로 한민족이 하나 되어야 한다는 기치 아래 친북좌경이념교육과 반미교육으로 일관되어 국가관, 역사관을 훼손하고 국익과 국가안보에 막대한 영향을 미치고 있다. 또한 체제 면에서는 자유주의와 시장경제에 대한 부정적인 시각과 내용으로 자유보다는 평등을, 성장보다는 분배위주의 사회주의사상으로 점철되어 젊은 세대들에게 헌법을 훼손하고 체제를 부정하는 사고를 심어주고, 다른 한편으로는 적개심과 증오심을 심어주고 있다. 이는 진실을 알고 바로 실천하며 함께 더불어 사는 사회 구축에 초점을 맞춘 참교육의 교육이념에 비추어볼 때 바람직하지 못한 내용이다.

계기수업의 학습자료는 전교조 본부나 지부에서 내려보내는 것으로 통일과 연관하여 획일적이고 이분법적인 내용이며, 교육방법은 교육 자체가 지향하는 창의성을 무시하고 내용이 획일적이고 하향적인 것으로, 이는 좌파 관료주의의 한 교육방법으로 비추어지고 있다. 시대상황에 따라 내려지는 학습자료는 주로 시사적이며, 사회현상을 중심으로 한 사회, 인문분야가 주를 이루며, 전문성이 결여된 비전문성향을 가진 전교조 교사가 하향식으로 내려진 노동투쟁과 전교조의 이념 성향으로 교육을 실시하고 있는 실정이다.

다. 사회 리더십(개인적) 요인

지도자급의 리더십은 국민에게 많은 영향을 미친다. 사회에서도 마찬가지로 '윗물이 맑아야 아래 물도 맑은 것'처럼, 특히 정치적 리더십은 국민에게 결정적으로 영향을 미친다. 강한 국가 또는 선진국일수록 지도자들의 리더십이 중요한 역할을 하고 있음을 본다. 즉 '노블레스 오블리주(Noblesse Oblige)'를 실천하고 있다. 즉 사회로부터 '높은 신분에 따르는 존경을 받은 만큼의 사회적 도덕상의 의무'를 다하는 것이다. 군 통수권자인 대통령이 헌법에 의한 군복무를 '군대에서 썩는다'라는 표현을 사용하는 것은 국민들뿐만 아니라 군 조직의 구성원 모두에게 사기를 떨어뜨리고 군 정신전력에도 치명적이라 할 수 있다. 사회 공인이라 할 수 있는 재벌 및 기업 경영인들의 자식 군대 안 보내기와 연예인들의 군대 입대 회피 방법들은 군에 입대하는 대부분의 한국 젊은이들의 사기를 저하시키고 군 정신전력 약화에도 일조하고 있는 것이다.

2) 군 내부요인

한국군의 정신전력 약화요인은 군 외부요인도 있지만 군 내부요인도 작용하고 있다. 한 국가에서 가장 보수적인 조직이 군 조직이라고 한다. 변화를 거부하고 현 체제에 안주하려는 경향이 강하다는 의미라고 할 수 있다. 세계가 변화하고 국가 사회가 정치, 경제, 문화, 과학기술 등 모든 분야에서 변화와 혁신이 일어나고 있는데 군사문제 및 군 조직만 변화하지 않는다면 문제라 아니 할 수 없다. 그러나 한국 군 조직은 사회변화보다는 느리게 변화하고 있다고 할 수 있다. 대한민국 건국 후 군이 사회를 선도하였으나 현대에서는 군이 사회 및 기업경영 문화를 배우고 있는 실정이다. 그러면 정신전력을 약화시키는 군 내부요인은 다음과 같다.

첫째는 군 조직의 경직성이다. 군대는 외부침략으로부터 국가를 수호하기 위한 공인된 폭력조직으로 일반사회의 다른 조직과는 그 임무와 성격이 근본적으로 다르다. 폭력을 효과적으로 관리하고 사용하지 못하면 테러집단보다도 더 위험한 집단이 될 수 있기 때문에 일사불란한 지휘체제와 엄격한 상명하복의 위계질서를 유지하고 있다. 일반사회도 사회적 질서를 유지하기 위한 규범이 있지만, 군대는 일반사회에 비해 개인의 행동과 자유를 광범위한 영역에서 엄격하게 통제하기 때문에 특수한 조직사회의 규범을 유지하고 있다. 따라서 군대조직은 명령과 복종의 규범을 강조하는 '권위적 위계질서', 단체생활을 유지하기 위한 '엄격한 군기'와 '강한 단체성'이라는 특성을 가지고 있다.

이러한 군대라는 조직의 특수성과 6·25전쟁 이후 정전체제하에서 '북한군'이라는 현실적인 적과 대치하고 있는 상황에서 군 본연의 목적과 임무를 수행하기 위하여 군 내적으로 변화와 개혁을 해왔지만 사회변화의 속도에 따라가지 못함에 따라 군대는 비효율적인 조직, 권위주의 조직, 아직도 '구타와 가혹행위'가 존재하는 조직, 내부 부조리에 의한 사고들이 발생하는 조직으로 부정적인 이미지가 일반사회에 각인되어 있다.

그러므로 군대라는 조직의 특성상 사회의 변화와 같은 속도로 변화는 하지 못하더라도 사회변화의 패러다임을 파악하면서 군대라는 조직도 변화하지 않으면 안 된다. 군은 사회발전에 비해 정체 내지 퇴보하고 있다고 자각하고 군 본연의 목적과 임무에 반하지 않는 변화와 혁신을 이뤄야 국민으로부터 신뢰를 받는 국민의 군으로 태어날 수 있다고 본다.

둘째, 군 조직 내에 권위주의적 리더십이 존재한다. 군대 내에는 아직도 구성원을 고려하지 않고 '하라면 하라'라는 식의 일방적인 지시 위주의 권위주의 리더십이 존재하여 조직의 효율성을 떨어뜨리고 있다. 군대라는 특수성이 있지만 군 조직이 임무를 효과적으로 수행하기 위해서는 지휘관과 구성원이 일체가 되어 합심으로 노력할 때 효율성은 극대화될 수 있다. 권위주의적 리더십은 지휘관과 구성원의 의사소통이 결여되어 있어 그 효율성을 기대하기 어렵다.

따라서 군에서도 과거 산업화시대의 직위나 직책만으로 부하들에게 영향을 주는 리더에서 지식정보화사회의 변화에 적응하는 새로운 리더십이 요구된다. 지식정보화사회와 디지털시대의 신세대 장병들에게 더 효과적인 민주적 리더십을 개발하고 연구하여 지휘관과 구성원의 의사소통이 원활히 이루어질 수 있는 민주적 리더십이 발휘되어야 정신전력의 약화를 방지할 수 있다.

셋째는 간부들의 가치관의 변화이다. 군이라는 조직에서 간부는 글자 그대로 조직의 핵심이다. 간부는 장교와 부사관으로 형성되어 있으며 조직에서 지휘관, 지휘자, 주요 참모 및 실무자를 수행하면서 병사들에게 많은 영향을 미치고 있다. 이런 간부들의 가치관과 언행이 일치된 솔선수범으로 병사들은 따르고 존경하게 되는 것이다. 그러나 사회의 경제성장우선주의와 물질만능주의는 간부들의 가치관을 변화시키고 있다. 간부들이 우선 생각하는 것이 부대와 주어진 업무, 자기개발 그리고 부하들을 생각하는 것이 아니라 개인 일과 재테크를 생각하는 경향이 나타나고 초급장교들이 한탕주의라 할 수 있는 투기에 관심을 가짐으로써 군 정신전력에 심각한 타격을 주고 있는 상황이다.

넷째는 병영문화의 부정적 이미지에 편승해 전통적인 군사문화의 가치회복 노력 부족이다. 군대라는 병영문화는 '억압과 통제', '권위주의', '구타 및 가혹행위' 등의 부정적 이미지를 벗고 환골탈태하는 새로운 '탈권위주의', '인본주의'의 새로운 병영문화 패러다임으로 개선되어야 군 정신전력에 긍정적인 영향을 미칠 수 있는 것이다. 한국군의 문화적 전통의 긍정적 측면은 계승하면서 부정적인 측면은 최소화하는 방향으로 추진되어야 할 것이다.

Ⅳ. 한국군 정신전력 강화를 위한 발전과제 제안

1. 국방환경 변화 인식과 군의 자기성찰

군의 국방환경 변화인식을 제대로 하여야 한다. 국방환경의 변화에 따라 군도 변화되어야 한다. 물론 군의 전통적 문화는 변화됨이 없이 계승시켜야겠지만 주변 환경의 변화에 부응하여야 할 내용이 있다. 군의 조직 특수성 때문에 보수성이 강한 집단이다. 사회변화에 적응하기가 어렵고 느릴 수밖에 없을 것이다. 군이 사회변화에 적응하면서 높은 국민적 요구수준에 부응하기 위해서는 군도 변화해야 하며, 자기성찰 및 반성이 선행되어야 한다.

천안함 피격사건 시 초기에 군이 보여준 대응 및 조치는 국민적 요구에 부응하지 못했다. 잘못은 인정하고 국민들의 이해를 구하고 차후에 정확한 발표를 했어야 했다. 천안함 사태는 안일한 생각으로 북한의 위협에 효과적으로 대처하지 못하고 보고하는 계선상의 잘못이 있었으며, 구조작업도 군 기관 및 민간요소들 통과하지 못했다. 또한 군의 초창기에 보였던 군기강만을 강조하며 구성원들의 변화된 마인드를 읽지 못하고 강요하는 식의 지휘는 사건과 사고로 이어졌다. 군에서 일어난 구타사고와 자살사건 역시 기존의 인식으로는 이해하지 못해 일어난 사고로 반복적으로 일어나고 있는 것이다. 따라서 군 외부 및 내부변화를 인식하고 군이 자기성찰 나아가 창조적인 자기파괴를 통하여 환골탈태하는 정신이 필요한 것이다.

2. 사회와 군 관계(Two-Track) 접근: 국민정신과 장병정신무장

2장에서 사회와 군의 관계를 설명하였다. 군 역시 사회의 일원이며 사회의 젊은 구성원들이 들어와 군이라는 군 조직을 형성하고 있다. 당연히 군은 사회의 영향을 받게 되어 있다. 따라서 장병 정신무장을 강화하기 위해서는 국민정신과 연계하여 접근할 필요가 있다.

하나의 트랙(Track)은, 국민들의 가치관으로 나라사랑과 국가정체성 확립과 안보의식 고취는 군의 정신무장과 직결되는 것이다. 물론 학교에서 이뤄지는 올바른 역사의식 교육을 통한 역사관 확립은 군에서의 국가관과 안보관에 중요한 역할을 한다. 군에서는 군 목적에 부합하게 군인정신만 교육하고 신념화하면 되는 것이다.

다른 하나의 트랙(Track)에서는 이러한 국민정신을 통해서 경험하고 체득한 젊은이들이 군 조직에 들어오면, 군에서는 신병교육 및 학교교육과 부대교육 훈련을 통해 정신무장을 할 수 있는 것이다. 국가관, 안보관, 군인정신을 교육하되 군인정신에 집중하여 유사시 군에서 필요한 군인으로 만들 수 있는 것이다. 이러한 국민정신과 군 정신무장은 상호 연계되어 있어 상호작용으로 상승효과를 낸다고 할 수 있다.

3. 올바른 군대문화 정립을 통한 정신전력 강화

군사혁명 및 군대의 잘못된 관행으로 군대문화가 사회에 나쁜 모습으로 나타난 것은 역사적인 사실이다. 한국사회가 민주화되면서 군의 정치적 개입과 잘못된 관습이 군의 잘못된 점만을 부각시키며 매도하게 하는 역할을 했다. 이제 우리 군도 60여 년이라는 기간을 보냈다. 초창기 군대는 미군의 조직과 교리를 받아들이면서 사회를 선도하였다. 그러나 사회는 경제발전과 더불어 발전하였지만 군은 그 특수성으로 정체하면서 사회에 뒤지게 되었다.

우리 한국군도 새로운 군대문화를 정립할 때가 되었다. 북한의 군대는 혁명과 해방의 이념으로 무장하였으며, 미국 군대는 자신들의 자유민주주의 가치와 보수에 대한 가치를 부여하여 군에 복무한다. 우리 군의 가치는 무엇인가 자문하면서 우리 한국군도 헌법에서 명시한 사항과 역사경험, 안보환경과 사회 가치를 포함하는 군의 정체성과 핵심 가치를 사회와 군이 공감대를 형성하여 정립하여야 한다.

한국군은 국민의 군대이다. 자유민주주의를 수호하고 국민의 생명과 재산을 보호하는 것이다. 그리고 병영생활을 통해서 전우들과 생활하면서 전우를 위해서 싸운다. 군대를 마치면 민주시민으로 나가 사회생활을 한다. 군에 있는 동안 군복 입은 민주시민으로 또한 군에 복무하는 것이다. 우리 군이 지향할 가치는 통일한국을 건설하는 데 가치를 부여해야 한다. 평화적 통일 여건이 도달하였을 때 군은 든든한 기반이 되어야 하는 것이다. 이러한 군대문화는 군 복무를 정당화하고 의욕을 높이며 병영생활을 활기차게 한다. 모든 국민이 군 복무에 대한 자부심을 갖도록 국민들도 격려와 지원이 있어야 한다. 군 복무는 신성한 국방의무를 다하는 것으로 민주시민으로서 책무이자 의무인 것이다.

4. 신뢰의 리더십 발휘를 통한 정신력 무장

한국군의 정신전력이 약화된 원인에는 여러 가지가 있겠지만 리더십 (상부 및 군 수뇌부)의 부재가 큰 몫을 하였다. 먼저 정치적 리더십에서 정부(정권)가 바뀔 때마다 정책의 변경에 따라 많은 국민적 가치의 혼란과 분열이 있었다. 특히 생존권 차원의 국가안보에 있어서 정파에 관계없이 국가정책이 추진되어야 하지만 혼선이 있었다.

예를 들면 한미동맹관계와 주적 개념 국방백서의 표기 문제이다. 먼저 한미동맹관계에 있어 우리 군 지휘관들은 한미동맹이 국가안보의 핵심이라고 교육하고 있는 데 반해 정치적 리더십에서는 이제 반미를 언급한다. 북한의 미사일을 군에서는 군사적 큰 위협으로 교육하는 데 반해 정치적 리더십에서는 같은 민족인 남한을 향하는 것이 아니라고 언급하였다. 국방백서 주적 개념 표기 문제도 1995년부터 국방백서에 처음 명기하여 사용하다가 정부에 따라 주적 개념이 논란이 되다가 아예 2001~2003년에는 국방백서가 발간되지 않았고, 2004년에는 국방백서에 주적이라는 표현을 '직접적인 군사위협'이란 문구로 대신 표기해 발간되었다. 이어 2006년에는 북한의 핵실험을 고려해 '심각한 위협'으로, 2008년에는 중거리 미사일 배치 등 북한의 위협 변화를 고려해 '직접적이고 심각한 위협'으로 표기했다.

남북의 군사적 대치 상황에서 주적 개념으로 혼선을 초래하는 것은 군 장병의 정신무장에 혼란과 약화를 초래하였다.

그리고 정신전력에 많은 영향을 미치는 정신교육의 날 운영이 국방부 수뇌부에 의해 신중한 검토 없이 변경되었다. 2008년에는 정신교육의 날 시행이 중단되다가 2011년 9월부터 다시 시행되었으며, 또한 국방 정신전력 연구와 교육을 담당하던 국방정신교육원이 1998년 해체되었다. 여러 검토를 통해 간호사관학교와 국군체육부대와 같이 해체하기로 결정되었으나 정치적인 이유로 국방정신교육원만 해체되고 간호사관학교와 국군체육부대는 회생되었다. 국방에 있어서 주방정신교육원이 간호문제와 국방체육보다 못하단 말인가. 이것은 군 수뇌부의 잘못된 결정이 분명하다.

장병을 사지에 보내야 하는 군의 조직 특성상, 정치적·군사적 리더십을 발휘하기 위해서는 이제라도 장병들에 대한 리더십 회복을 통해 장병들의 정신전력을 강화하는 노력이 있어야 한다.

5. 정신전력 혁신을 통한 국방개혁 추진

현재 추진하려는 「국방개혁 기본계획 2011-2030」은 국방환경 변화를 고려하여 합동성 강화를 목적으로 추진하고 있다. 상부지휘구조 개편을 위해 합참의장에게 권한을 강화하고 각 군 참모총장에게 작전지휘권을 부여하며, 부대 구조 및 전력구조를 개혁하여 각 군의 전투력을 높이는 데 초점이 있다. 그러나 국방개혁에 가시적인 지휘체계 및 부대, 전력구조 혁신이 위주로 되어 있고 정신전력 혁신에는 관심이 결여되어 있다. 군통수권자인 대통령이 장병 대적관과 군 간부의 이완된 정신력을 혁신하기 위한 지침을 내렸고, 국방선진화추진위원회에서 장병의 정신전력을 강화하기 위해 국방정신전력학교(안) 설치를 과제에 포함시켜 추진하겠다고 하였으나, 국방정신전력학교 설치안은 더이상 추진되지 못하고 동력을 상실하였다. 현재 국방개혁안이 국회에서 지지부진하다면 합동군사대학 창설처럼 학교기관인 국방정신전력학교를 창설하여 한국군의 정신무장을 강화하는 기관으로 설립하여야 한다. 국방정신전력학교가 사회와 군과의 관계에서 가교역할을 하는 것이다. 입대하는 장병을 교육하여 군에서 필요로 하는 '전사'로 만들고, 전역하는 병사는 '민주시민'이 될 수 있도록 교육해 국민정신을 함양하는 역할을 수행하는 모습은 아래 <그림 2>와 같다.

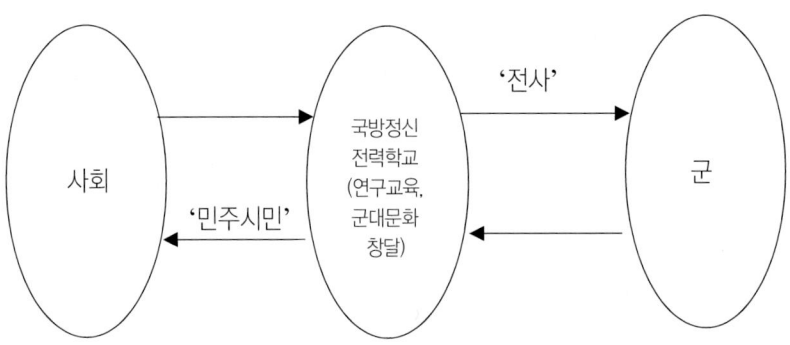

〈그림 2〉 사회와 군과 국방정신전력학교의 관계

Ⅴ. 결론

　경제적 풍요와 인터넷 발달, 사회지도층의 도덕의식 해이, 정치적 리더십의 대북관 혼란과 정책의 혼선(주적 개념 국방백서 명기 문제), 사회에서의 한국역사에 대한 보수와 진보진영의 역사관 차이, 사회의 자살 분위기 등은 군에 들어오는 장병들뿐만 아니라 군내 직업군인들에게까지 영향을 끼쳐 전투력에서 중요한 요소인 정신력의 약화를 가져왔다. 특히 6·25전쟁 정전협정 이후 58년이 경과되어 남북분단의 한반도의 현실을 잊음으로써 장병의 정신무장이 해이해지는 결과를 초래하였다. 2010년에는 천안함이 적의 어뢰정에 의해 피격되어 침몰되었으며, 연평도가 적의 포격 도발로 민간인과 장병이 희생되었다. 또한 군은 적의 도발에 대해 국민의 요구수준에 미치지 못하는 대응자세를 보여줬다.

　군에서는 추진 중인 국방개혁을 국내외 정세 및 여건을 고려하여 군사대비 전략개념을 북한 위협에 우선 대비하는 방향으로 수정 보완하여 국방개혁을 발표하였다. 그러나 국방개혁에 대해 일부 군내 인원과 원로들이 반대하고 나섰다. 그러나 이러한 반대 주장 역시 상부지휘구조 및 전력구조에 초점이 집중되고 정신전력에는 관심이 없는 현상이다. 국군 통수권자인 대통령이 「천안함 장병 추모담화」에서 '강한 군대는 강한 무기뿐만 아니라 강한 정신력에서 나오는 것이며, 우리에게 지금 필요한 것은 그 무엇보다도 강한 정신력'이라고 언급한 내용이 무색하게 국방개혁 세부 내용을 들여다보면 정신전력 분야는 지지부진하다. 국방정신전력학교 창설 문제도 관심이 없고 우선순위에서 뒤로 밀려 있다. 지난 1998년 국방개혁을 추진하면서 국방정신교육원, 간호사관학교, 국군체육부대가 해체되기로 하였다가 국방정신교육원만 해체되고 2개 기관은 남게 되었다. 국방정신교육원은 중요하지 않아 개혁차원에서 해체하고 간호사관학교와 국군체육부대는 중요해서 존속하게 되었는가, 다시금 현실에서 생각나게 하는 문제이다.

　현재 정부의 국정운영 목표는 '선진일류국가' 달성이며 이를 위해 국방부는 '선진국방'에 국방목표를 설정하여 국방개혁을 추진하고 있다. 전쟁에서 승리하기 위해서는 유·무형전력이 균형이 있어야 하듯이 국방개혁에도 보이지 않는 정신전력개혁에 관심과 진정성을 보여야 한다. 사회에서는 군대문화를 부정적인 시각으로 보고 있다. 차제에 국민으로부터 신뢰받는 군대문화 정립을 위해 군대문화를 새롭게 혁신하고 정립하는 데 군 전 구성원이 집중하여야 한다. 이를 위해 군의 신뢰회복 리더십이 필요한 때이다. 국방개혁은 정신전력 혁신이 전제되어야 그 목표인 선진국방을 달성할 수 있는 것이다.

| 참고문헌 |

국방부 정책실, 『정신전력 지도 지침서』(서울: 국방부, 1998).

국방부 국방교육정책관실, 『과거, 현재 그리고 미래의 가치: 대한민국』
　　　서울: 국방부, 2009.

국방대학교 정신전력개발실, 『제1회 국방정신전력 세미나』 서울: 국방대,
　　　2010.

국방대학교 정신전력개발실, 『제2회 국방정신전력 세미나』 서울: 국방대,
　　　2011.

국방대학교, 『국방연구제51권 3호』 서울: 국방대, 2008.

김학옥, 『정신전력의 개발』 서울: 배영사, 1989.

김용삼 외, 『군 가치체계 정립을 통한 정신전력 강화』 서울: 국방대, 2007.

노훈・독고순, 『미래전장』 서울: 한국국방연구원, 2011.

앨빈 토플러 저, 이규행 역, 『전쟁과 반전쟁』 서울: 서울경제신문사, 1994.

클라우제비츠 저, 이종학 역, 『전쟁론』 서울: 일조각, 1987.

하광희 외, 『21세기 전쟁: 비대칭의 4세대 전쟁』 서울: 한국국방연구원,
　　　2010.

색 인

김종두(金鍾頭)

현재 경민대학교 효충사관과 교수로 재직 중이다. 육군3사관학교와 육군대학교 정규과정을 졸업했으며, 영남대학교에서 정책분석학 석사, 효대학원대학교에서 효학 박사학위를 취득했다. 육군대학 리더십 교관, 육군본부 충효예 담당관, 제5포병단장, 국방대학교 리더십 교수 겸 리더십 센터장을 역임했으며 현재 다산문화교육원 이사를 맡고 있다.

주요 논문으로는 「한국적 군사사상의 구현방안」(『군사연구』 117집, 1999), 「군사사상과 연계한 정신전력 강화방안」(『정신전력연구』 34호, 2004), 주요 저서는 『지휘통솔 지침서』(공저, 1996), 『효의 패러다임과 현대적 개념』(2011) 등이 있다. 연구분야는 군사사상, 리더십, 충효사상, 무형전력 등이다.

김태준(金泰俊)

현재 한반도안보문제연구소장이며 국방대학교 명예교수, 국민대학교와 아주대학교에서 외래교수로 활동 중이다. 해군사관학교를 졸업하고, 미 기뢰전장교과정(MCM), 영국 해상선임장교과정(IPWO)을 수료하고, 국방대학원을 졸업(안전보장학 석사)하였고, 미 Wayne State University에서 국제정치학 박사를 취득했다. 고속정 정장, 편대장, 공주함 함장을 했고, 해군본부에서 <해양전략과 해군비전 2020> 등을 작성했다. 국방대학교에서 조교수, 부교수, 정교수를 거치면서, <군사전략>, <해양전략>, <테러리즘과 국제분쟁>, <해양분쟁론>, <해전사> 등을 강의했다.

저서는 『테러리즘-이론과 실제』(2006), 『논문작성의 길잡이』(2000, 2001) 등 8권이 있고, 연구논문은 약 80여 편이 있다. 주제는 주로 주한미군, 해양분쟁 그리고 테러리즘에 관련된 내용이다. 천안함 폭침사건과 연평도 포격사건에 대한 언론 활동이 활발했다.

박휘락(朴輝洛)

현재 국민대학교 정치대학원 초빙교수로 재직 중이다. 연세대학교와 미 전쟁대학원(National War College)에서 석사학위 취득 후, 경기대학교 정치전문대학원에서 '국방개혁'에 관한 주제로 국제정치학 박사를 취득했다. 야전에서 연대장까지 역임했고, 국방대학교 안전보장대학원 군 교수를 재직한 바 있다.

주요 저서로는 『평화와 국방』(2012), 『평화를 원하거든』(2011), 『자주국방의 조건』(2009)이 있고, 최근 발표 논문으로는 「북한 핵에 대한 대응방안 모색: 선제행동(preemptive actions) 검토의 필요성을 중심으로」(『국방정책연구』, 2011), 「군 상부지휘구조 개편분석과 국방개혁 활성화를 위한 제언」(『국가전략』, 2011) 등이 있다.

송재익(宋在翼)

현재 강남대학교 안보학 교수 재직, 육군사관학교 졸업하고, 한양대학교 행정학 석사, 한양대학교 정치학 박사를 취득했다. 연합사 작전참모부(연합계획장교), 유엔사 군사정전위원회(정책기획장교), 한국국방연구원 군사기획연구센터(현역 연구원), 국방대학교 국방정신전력리더십개발원(전문연구원), 안양대학교 평생교육원 녹색경영컨설턴트과정(주임교수), 한양대학교 국가전략연구소 연구위원임.

주요 논문과 저서로는 「간부 양성 보수교육과정 정신교육 발전방안 연구」(대한민국 성우회 국제전략연구원, 2009), 「한국군의 작전통제권 연구」(『국방정책연구』 한국국방연구원, 2004), 「한반도 정전체제와 유엔사 재고찰」(『국방논단』, 한국국방연구원, 2004), 「동북아 군사력 2003-2004」(한국국방연구원, 2004) 등이 있다.

이원우(李源祐)

인하대학교 국제관계연구소 연구교수, 국민대학교 정치대학원 외래교수이다. 연세대학교 행정학 석사 및 경남대학교 정치학 박사, 오스트리아 국제문제연구소(AIIA)와 유럽안보협력회의(CSCE) 사무국에서 다자안보를 연구하였다. 합참과 국방부에서 군사정책, 다자안보협력, 대북정책업무를 담당하고 공군대령으로 예편하였다.

저서와 논문으로『다자안보협력의 한계와 제약』(한국학술정보(주), 2009),「안보협력 개념들의 의미 분화와 적용: 안보연구와 정책에 주는 함의」(『국제정치논총』, 2011),「한국의 동맹네트워크 확대와 한중관계 발전 병행전략: 전략과제 도출을 위한 시론」(공저, 『국제관계연구』, 2011),「남중국해분쟁의 쟁점과 안보적 함의: 국제법과 실효적 지배 중심으로」(『의정논총』, 2012) 등이 있다. 연구 및 관심분야는 동맹, 다자안보, 지역분쟁, 국가리더십 등이다.

정경영(鄭京泳)

현재 서경대학교 군사학 안보학 교수로 재직 중이다. 육군사관학교를 졸업하고, 미 육군지휘참모대학과 미 University of Southern California 대학원을 졸업하였으며, University of Maryland, College Park 대학원에서 국제정치학 박사학위를 취득하였다. 합동참모본부, 한미연합사, 육군본부에서 군사전략 수립과 작전계획 발전, 군사외교 활동을 했으며, 전방부대 지휘관과 국방대학교 교수를 거쳤다.

연구분야는 한미군사관계, 북한군사, 분쟁관리, 안보협력 등이다.

주요 논문은 「한미동맹공동비전 안보분야 이행방향」(외교안보연구, 2010), 「The Role and Status of the United Nations Commands」(『The Korean Journal of Security Affairs』, 2008) 등, 저서로는『동북아재편과 한국의 출구전략』(21세기군사연구소, 2011),『글로벌 이슈와 한국의 전략』(공저, 2010) 등이 있다.

한관수(韓寬洙)

현재 조선대학교 군사학부 교수로 재직하면서 조선대학교 군사학연구소 소장을 맡고 있다. 연세대학교에서 행정학 석사, 단국대학교에서 정치학 박사 학위를 수위하였으며, 한미군 정보직위, 특히 한미연합군사령부(CFC)에서 다년간 연합정보운용을 경험하였다.

주요 논문과 저서로는『군사이론』(공저),「통일한국의 군사통합방안에 관한 연구」,「이명박 정부의 대북정책 평가」,「탈냉전기 북한 대남도발의 전략적 의도와 행태」,「한국 보수와 진보의 대북관에 관한 연구」,「독일의 통일외교 재조명」등이 있으며, 주요 관심분야는 국제관계, 북한문제, 남북통일, 군사학 등이다.

한국 국방의
도전과 대응

초판인쇄 | 2012년 8월 10일
초판발행 | 2012년 8월 10일

지 은 이 | 국방전문가포럼(DEF: Defense Experts Forum)
펴 낸 이 | 채종준
펴 낸 곳 | 한국학술정보㈜
주   소 | 경기도 파주시 문발동 파주출판문화정보산업단지 513-5
전   화 | 031) 908-3181(대표)
팩   스 | 031) 908-3189
홈페이지 | http://ebook.kstudy.com
E-mail | 출판사업부 publish@kstudy.com
등   록 | 제일산-115호(2000. 6. 19)

ISBN   978-89-268-3634-7 93390 (Paper Book)
        978-89-268-3635-4 95390 (e-Book)